ELEMENTOS ESTRUCTURALES DEL VEHÍCULO

TÉCNICO EN CARROCERÍA

ELEMENTOS ESTRUCTURALES DEL VEHÍCULO

Tomás Gómez Morales | José Martín Navarro
Eduardo Águeda Casado | José Luis García Jiménez
Joaquín Gonzalo Gracia

Paraninfo
ciclos formativos

Paraninfo

Elementos estructurales del vehículo

© Tomás Gómez Morales, José Martín Navarro,
Eduardo Águeda Casado, José Luis García Jiménez, Joaquín Gonzalo Gracia

Gerente Editorial
María José López Raso

Equipo Técnico Editorial
Paola Paz Otero
Sofía Durán Tamayo

Editora de Adquisiciones
Carmen Lara Carmona

Producción
Nacho Cabal Ramos

Diseño de Cubierta
Ediciones Nobel

Preimpresión
Alejandra García Blázquez

4.ª edición, 2023

C/ Sierra de Guadarrama 35. Naves 2, 3, 4 y 5
Polígono Industrial San Fernando II
28830 San Fernando de Henares, Madrid
Teléfono: 914 463 350 / Fax: 914 456 218
clientes@paraninfo.es / www.paraninfo.es

ISBN: 978-84-283-5993-1
Depósito legal: M-

(26.386)

Impreso en España /*Printed in Spain*

La editorial recomienda que el alumnado realice las actividades sobre su cuaderno y no sobre el libro.

Presentación

El libro desarrolla los contenidos del módulo profesional de **Elementos Estructurales del Vehículo,** del Ciclo Formativo de grado medio en Carrocería, perteneciente a la familia profesional de Transporte y Mantenimiento de Vehículos.

Las unidades del libro se acompañan de multitud de **recursos didácticos** que ayudarán al futuro profesional a comprender la materia y acercarlo a su inminente realidad laboral:

- Esta **nueva edición** ha sido actualizada incorporando las nuevas técnicas de medición y reparación de los elementos estructurales de la carrocería con la colaboración de las empresas más representativas del sector.
- Definición de los conceptos más importantes.
- Multitud de ilustraciones y fotografías con alto nivel de detalle que facilitarán el aprendizaje.
- Numerosos recuadros de texto con información complementaria.
- Procesos prácticos ilustrados paso a paso.
- Gran cantidad de actividades (cuestiones y actividades propuestas) al final de cada unidad.

Este libro dispone de los siguientes **materiales y recursos** disponibles en línea para el **profesorado** que **confirme su adopción** como libro de texto para impartir la materia:

- **Programación didáctica.**
- **Solucionario.**
- **Presentación en PowerPoint.**
- **Examina.**
- **LDP (Libro Digital Proyectable).**

ÍNDICE DE CONTENIDOS

3. CARACTERÍSTICAS ESTRUCTURALES DE LA CARROCERÍA. PLAN DE SEGURIDAD PASIVA 53

4. INFLUENCIA DE UN GOLPE EN UN VEHÍCULO 99

8. TIROS DE TRACCIÓN Y PROCESO DE REPARACIÓN CON BANCADA 201

PRÓLOGO

Hoy operamos en un entorno muy competitivo, donde la satisfacción del cliente por el trabajo bien realizado es uno de los factores más importantes para la supervivencia y el crecimiento empresarial. Por tanto, es esencial que los profesionales del sector tengan las competencias requeridas.

Los automóviles existen desde hace más de un siglo y el material tradicionalmente utilizado para su fabricación ha sido en su mayor parte el acero. A lo largo de los años los materiales se han ido mejorando y cada vez son más avanzados, como el acero de alta resistencia, las aleaciones de aluminio o de magnesio, hasta compuestos de fibra de carbono.

Esto significa que los componentes de la carrocería disminuyen de peso y los vehículos se vuelven más livianos, lo que conduce a un menor consumo de combustible, contribuyendo a un transporte más sostenible. El acero especialmente endurecido se utiliza en ciertos elementos de la carrocería para fortalecerla con el fin de mejorar la seguridad, pero también para reducir el peso de los componentes sin comprometer su resistencia.

Estos cambios de los diferentes materiales en las carrocerías de automóvil tienen un gran impacto en el proceso de reparación. Car-O-Liner aporta conocimiento para sumar excelencia a la seguridad, la calidad y la eficiencia de los profesionales del sector.

El libro que ahora tienes en tus manos, en el que hemos colaborado con los autores, ha sido elaborado para transmitiros las últimas técnicas de reparación con el objeto de que os convirtáis en unos profesionales de excelencia.

La reparación de la carrocería seguirá evolucionando, es un sector con mucho futuro, en el que os deseamos que os encontréis a gusto y os brinde un porvenir atractivo.

Johan Wallenthin

Director Business Development CAR-O-LINER
Director de Desarrollo de Negocio

AGRADECIMIENTOS

La formación es la base de todo profesional. Partiendo de esta premisa, y con el buen hacer diario, se van adquiriendo una experiencia y una destreza que hacen ser más eficaz al profesional.

Con el fin de ayudar a la formación de los futuros profesionales hemos realizado este libro. En el transcurso de su elaboración hemos podido contar con la inestimable colaboración de personas y empresas que nos han proporcionado su apoyo técnico y, sobre todo, su ilusión por la formación. El resultado de esta colaboración es una obra documentada y actualizada que puede servir de referente para la formación de los futuros profesionales del sector y como libro de consulta a los profesionales actuales.

A todos, nuestro más sincero agradecimiento.

ARCELOR
BLACKHAWK
BMW IBÉRICA
CAR-O-LINER
CELETTE IBÉRICA
CELIBER
CITROËN HISPANIA
FIAT AUTO ESPAÑA
FORD ESPAÑA
GMS WILÄNDERSVHILL
HENKEL IBÉRICA
INSAMA
MERCEDES-BENZ ESPAÑA
NISSAN
OPEL ESPAÑA
PEUGEOT ESPAÑA
3M ESPAÑA (Servicio Técnico del Departamento de Reparación del Automóvil)
RENAULT
SEAT
TOYOTA
VOLKSWAGEN/AUDI ESPAÑA
VOLVO
WÜRTH

1

CONCEPCIÓN, DISEÑO Y FABRICACIÓN DE UNA CARROCERÍA

CONTENIDO

OBJETIVOS

- Conocer los condicionantes habituales que contemplan los fabricantes a la hora de abordar la fase de diseño de un nuevo modelo de vehículo.
- Identificar la secuencia lógica habitual que da como resultado la aparición de un nuevo modelo en el mercado.
- Saber cuáles son las características más relevantes de las factorías de fabricación de vehículos y las diferentes fases en que se estructura el proceso de ensamblado.

INTRODUCCIÓN

Para abordar el estudio de los elementos estructurales que forman parte de la carrocería de un automóvil y su funcionalidad e interacción dentro del conjunto, resulta conveniente comenzar por conocer algunos aspectos relacionados con el diseño y la fabricación del vehículo.

A la hora de proyectar un nuevo modelo, los fabricantes de vehículos deben conjugar de forma satisfactoria una serie de factores encaminados a obtener un producto que ofrezca una potencia significativa basada en una notable economía de consumo, y todo ello con una línea estética que refleje las tendencias del momento, armonizada, hasta cierto punto, con la imagen de la marca. Como factores determinantes a la hora de abordar el diseño de un nuevo modelo pueden citarse: la habitabilidad, el confort, la ergonomía, la aerodinámica, el peso del conjunto y la seguridad. La importancia que cada uno de ellos tendrá en la concepción del vehículo vendrá dada por la finalidad del mismo. En un vehículo deportivo la carrocería está al servicio de las prestaciones (sacrificando habitabilidad a favor de aerodinámica y estética); en cambio, en un monovolumen lo que prima es la habitabilidad interior, pasando a un segundo plano las cualidades dinámicas del vehículo.

Figura 1.1. Boceto de un nuevo modelo.

Para reducir el tiempo de lanzamiento de un nuevo modelo y los costes de producción fundamentalmente, los fabricantes de vehículos suelen compartir plataformas de carrocería entre los modelos de la misma marca o grupo. De hecho, cuando se plantea desarrollar un nuevo modelo, los cambios a veces solo se limitan a la carrocería, el interior y algunos detalles exclusivos. Por ello los procesos de diseño se hallan condicionados por la parte «reaprovechable» que se utiliza como punto de partida del nuevo modelo, lo que permite capturar y reutilizar los contenidos de diseño de un proyecto al otro, capitalizando y sacando máximo provecho del *know-how*[1] de la empresa.

a)

b)

Figura 1.2. Plataformas de carrocerías. a) Plataforma utilizada por modelos del grupo PSA. b) Plataforma utilizada por modelos del grupo Volkswagen/Audi.

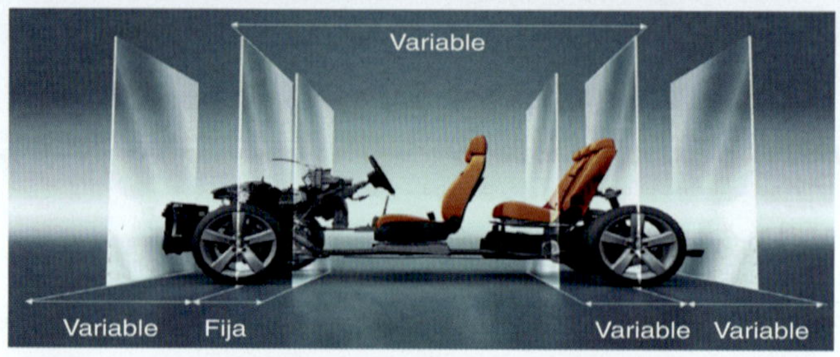

Figura 1.3. Las plataformas modulares establecen una serie de elementos fijos y otros variables. En el caso de la figura, solo es fija la distancia entre el eje delantero y el panel de separación delantero; el resto puede adaptarse a las características de cada modelo.

En esta línea, en los últimos años han proliferado iniciativas empresariales como las *joint ventures* o alianzas estratégicas, en las que varios constructores de vehículos se unen para desarrollar la fabricación conjunta de modelos concretos. En algunas ocasiones el acuerdo se limita simplemente a algún componente específico como puede ser el motor, caja de cambios, elementos tecnológicos complejos, etcétera.

Además de las dos opciones anteriores, existe una modalidad que consiste en fabricar un determinado modelo de

[1] Proviene del inglés y significa «saber cómo» o «saber hacer». Consiste en las capacidades y habilidades que un individuo o una empresa posee en cuanto a la realización de una tarea específica. Tiene una relación directa con la innovación tecnológica.

vehículo bajo licencia. En este caso una compañía, que generalmente no tiene la capacidad económica o tecnológica para desarrollar un determinado modelo por su cuenta, compra los derechos a la compañía propietaria y se lanza a su producción, bajo su propia marca. Esta opción se usa frecuentemente entre empresas pequeñas (o de países en vías de desarrollo) y grandes constructores que tienen un elevado ritmo de actualización de sus modelos (para no quedarse atrás con respecto a sus competidores).

Figura 1.4. Modelos de vehículos producidos mediante una *joint venture* entre marcas del mismo grupo (Volkswagen Up y Seat Mii).

Figura 1.5. Modelos de vehículos producidos mediante una *joint venture* entre diferentes constructores (Peugeot 107 y Toyota Aygo).

Por lo que respecta al proyecto de una carrocería propiamente dicho, además de la estética y funcionalidad del diseño, se trata de conseguir una carrocería que sea aerodinámica, ligera, resistente y segura. Su diseño debe permitir que la resistencia del aire a la penetración del vehículo sea mínima (para que influya positivamente tanto en el consumo de combustible como en los ruidos del viento de marcha perceptibles en el interior), y tenga una buena estabilidad a elevada velocidad, incluso con viento lateral. Todo ello encaminado a mejorar las prestaciones, economizar energía y proteger a los ocupantes.

La idea de la seguridad se encuentra en un primer plano a la hora de diseñar una carrocería. Aparte del objetivo de conseguir un aspecto atractivo del vehículo, el trabajo de los diseñadores se centra en el estudio de la deformabilidad de sus creaciones y en dotar a los habitáculos de una elevada estabilidad de forma.

Caso aparte merecen los ejercicios de diseño realizados por ciertos diseñadores de prestigio cuyas creaciones en el terreno de los vehículos con carácter deportivo o de ocio consiguen impactar tanto al público en general, como a los fabricantes de vehículos, aportando en muchos casos soluciones técnicas imaginativas y novedosas. Algunas de las creaciones, denominadas *concept cars,* realizadas tanto por los «estilistas» como por los departamentos de diseño de los fabricantes de vehículos, solo son ejercicios

Figura 1.6. *Concept cars.*

y propuestas de estilos de los diseñadores que pretenden crear una moda, estilo o tendencia adelantándose a los gustos del usuario y que no siempre se adaptan al mercado ni resulta factible su construcción.

Teniendo en cuenta que cada constructor aplica su propio método secuencial en la ejecución del proyecto de un nuevo modelo, para el estudio del proceso en sí se puede partir de una secuencia típica en la que una vez establecidas las condiciones o características principales que debe cumplir el nuevo modelo, el proyecto se suele desarrollar en las siguientes etapas: concepción, diseño, creación de maquetas, construcción de prototipos, pruebas y fase de fabricación.

De todas ellas, a continuación se describen determinados aspectos de interés relacionados con la estructura de la carrocería.

1.1. Fase de concepción

El primer paso importante en la creación de un automóvil es la propia definición estética del modelo tanto en su aspecto externo como interno, pues de su acierto dependerá que el futuro vehículo atraiga el interés de los clientes.

En esta fase se realizan los primeros bocetos a partir de dibujos a mano utilizando instrumentos clásicos de dibujo como: lápices, reglas, plantillas de formas curvas, etc. El trabajo culmina con la aprobación del mejor boceto propuesto, que normalmente será aquel que con más alta nota haya superado los más duros exámenes críticos, técnicos y, sobre todo, de viabilidad y facilidad de construcción.

A continuación los diseñadores determinan las dimensiones del vehículo y se realiza el diseño exterior de la carrocería, atendiendo a los siguientes criterios: dimensiones totales del vehículo, dimensiones del habitáculo de pasajeros, volumen del maletero y coeficiente aerodinámico.

Figura 1.7. Concepción de un nuevo modelo.

1.2. Fase de diseño

Una vez definido el vehículo se pasa a la fase de diseño, en la que se emplean medios altamente sofisticados que adoptan diferentes denominaciones como: DAO (Diseño Asistido por Ordenador), CAO (Concepción Asistida por Ordenador), CFAO (Concepción y Fabricación Asistida por Ordenador), o CAE (Ingeniería Asistida por Ordenador). En la actualidad, son varios los programas más utilizados en la industria del automóvil: Siemens Nx, Catia, Cadd5, Unigrafics, Ideas, Pro-Enginier, Solid Edge, Ramsis, etc. Mediante estos desarrollos informáticos se sustituyen las maquetas físicas por maquetas numéricas a partir de los parámetros geométricos obtenidos en la fase de concepción del vehículo.

Para ello, los proyectistas hacen uso de potentes superordenadores, rápidos y de gran capacidad de cálculo, por medio de los cuales se evitan largas horas de trabajo, enorme cantidad de cálculos matemáticos, y costosas operaciones de pruebas preliminares.

Una de las últimas innovaciones en el diseño de vehículos consiste en la utilización de técnicas de realidad virtual. Estos procesos de diseño ofrecen la posibilidad de

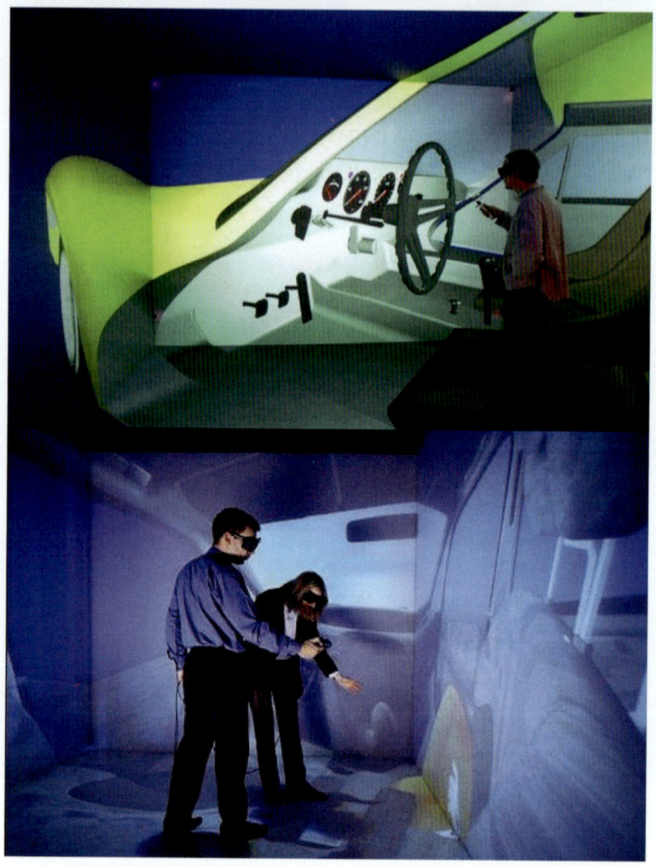

Figura 1.8. Diseño en un entorno de realidad virtual.

concebir nuevas formas de acortar los ciclos de desarrollo de vehículos, una mejora en el control de los costes y una mayor creatividad.

Básicamente, este tipo de instalaciones son habitaciones en forma de cubo, equipadas con proyectores de vídeo, superordenadores para el procesamiento de imágenes en tiempo real, gafas estereoscópicas, sistema de sonido y un sistema de navegación para crear la ilusión de inmersión total en un entorno virtual. Con ello, los ingenieros y diseñadores tienen la posibilidad de visualizar e interactuar con el diseño creado en tres dimensiones.

En la etapa de diseño es en la que se realizan diferentes procesos de cálculos, entre los que destacan los cálculos para definir la estructura, la resistencia y el comportamiento ante colisiones.

1.2.1. Cálculo del comportamiento ante las colisiones

Hasta hace bien poco, los estudios que realizaban los fabricantes en los ensayos de accidentes para la puesta a punto del proyecto (choques frontales, traseros, laterales o vuelcos), se encontraban condicionados en gran medida por las grandes deformaciones plásticas que se producen (debido a su fuerte carácter no lineal y dinámico).

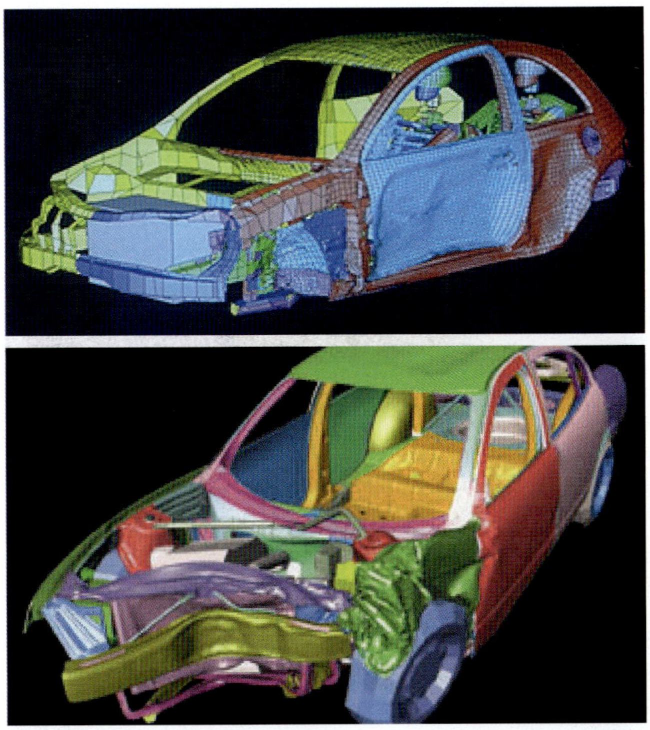

Figura 1.9. Visualización virtual de los efectos que sufre la estructura tras una deformación.

Por ello, los estudios de las partes principales de la estructura se realizaban mediante cálculos de secciones, cálculos de modelos y ensayos de estructuras parciales, cuyos resultados se comparaban con grupos constructivos de carrocerías que ya estaban comprobadas.

En cambio, hoy en día, el uso del ordenador y de sofisticados instrumentos de cálculo permiten realizar ensayos virtuales de colisiones en los que se ejecutan megaoperaciones de cálculo en nanosegundos, que por una parte permiten dar el planteamiento correcto al vehículo sin haber destruido ni siquiera un solo prototipo, y por otra hacen más evidente la interpretación de los datos experimentales a lo largo de todo el desarrollo del vehículo, facilitando las modificaciones de perfeccionamiento y puesta a punto del proyecto.

De esta manera, las simulaciones virtuales de *crash test,* completadas con pruebas reales, permiten validar las dimensiones y el comportamiento por separado de ciertos elementos de la carrocería tales como los largueros, el travesaño delantero, las traviesas bajo el asiento, el travesaño del techo, etcétera.

1.2.2. Estudio aerodinámico

Este es un factor fundamental que condiciona en gran medida el proyecto de un vehículo. La correcta circulación del aire resulta decisiva a la hora de:

- Obtener una adecuada economía de consumo.
- Conseguir un buen comportamiento dinámico limitando el empuje ascensional a altas velocidades.
- Conseguir una adecuada evacuación del agua que salpica para evitar que ensucie las ventanillas, los retrovisores, los faros, etcétera.

Por todo ello, el trabajo de los diseñadores se centra en conseguir el menor valor de resistencia aerodinámica evitando los posibles efectos negativos que pudiera provocar.

Para conseguir la forma aerodinámica óptima, lo ideal sería que se asemejase a una gota de agua, ya que esta en su caída se moldea con el aire para obtener la menor resistencia posible. Teniendo en cuenta lo anteriormente expuesto, esta forma altamente aerodinámica tendría una escasa habitabilidad interior (requisito imprescindible hoy en día), por lo que en la búsqueda del diseño ideal se conjugan la forma y la habitabilidad.

Por otra parte, no solo es importante la forma sino también las proporciones del vehículo; por ello la relación entre anchura y longitud debe estar en torno a 1/3 para conseguir una resistencia mínima. En definitiva, se pretende conseguir una forma estilizada que limite las turbulencias que se forman en la parte posterior (si es suave y alargada, el aire forma menos turbulencias); de hecho, la parte trasera es mucho más importante que la delantera en cuanto a aerodinámica se refiere.

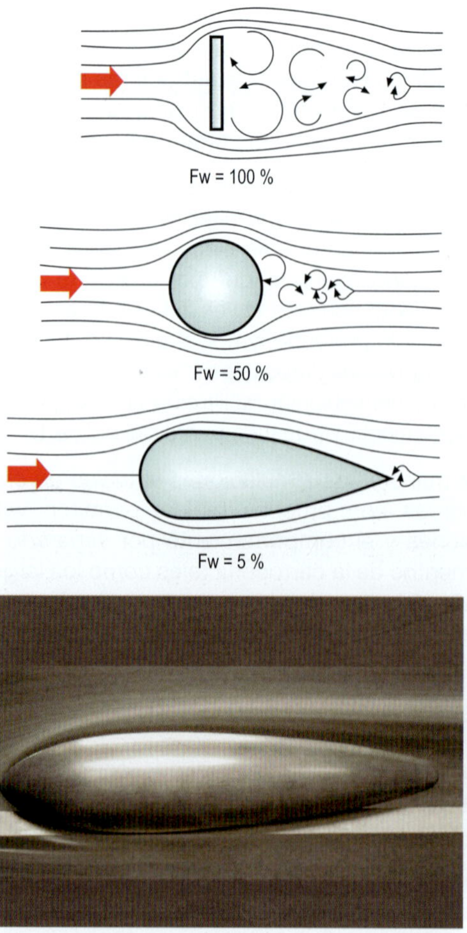

Figura 1.10. Comparación de la resistencia al avance de tres formas aerodinámicas diferenciadas.

1.3. Fase de creación de maquetas

La siguiente fase consiste en «dar volumen» al dibujo. Como resultado del estudio anterior se construyen maquetas de escayola, arcilla, plastilina, o materiales sintéticos; primero a escala 1:5 y luego a tamaño natural. Las

Figura 1.11. Comparación entre el antiguo modelo Rumpler con forma aerodinámica en forma de gota suspendida, y un modelo más actual.

maquetas a escala reducida se utilizan normalmente para buscar las proporciones de soporte, con el fin de estudiar los detalles del tratado de volúmenes. En esta fase el diseñador determina la agresividad de las formas curvas y afirma las líneas direccionales, determinando el volumen en todos sus aspectos. La fabricación de maquetas a escala permite analizar su comportamiento aerodinámico, así como obtener una referencia directa para seleccionar las ideas que se llevarán a la práctica.

Los datos de estos modelos a escala se utilizan para crear una maqueta del mismo tamaño del diseño final, utilizando para ello una máquina calibradora tridimensional que anota la posición en el espacio de unos 10 000 puntos en la carrocería.

Posteriormente, con máquinas fresadoras CNC de 5 ejes, el modelo se clona sobre un bloque de material termoplástico (generalmente poliestireno).

El acabado del modelo puede ser totalmente de arcilla, o también se puede pintar, aunque lo más habitual es recubrirla con unas láminas de plástico fino y elástico, disponibles en varios colores, que se denominan DI-NOC. En este

Figura 1.12. Creación de maquetas modeladas en arcilla.

caso, lo más normal suele ser utilizar las láminas de color plateado para la chapa y de color negro para los cristales.

En otras ocasiones, al modelo de arcilla se pueden añadir piezas de plástico o incluso componentes reales, como faros o llantas.

1.4. Fase de construcción de prototipos

Una vez finalizado el modelado, se realizan los prototipos reales. Estos suelen montarse en instalaciones específicas (talleres piloto) utilizando prensas de estampación, talleres de fresado y salas para ensamblaje de carrocerías y montaje del vehículo completo.

Figura 1.13. Fabricación de prototipos.

En esta fase se definen las matrices, los moldes y el utillaje necesarios para la construcción. Aunque la fabricación de las distintas piezas se realiza por robots y maquinaria sofisticada, los primeros prototipos se montan a mano, e incluso las soldaduras se realizan manualmente.

Esto sirve para ir calibrando los ajustes finos de cada una de las máquinas, a la vez que permite corregir los pequeños defectos que pudieran producirse.

En la fase de construcción de los prototipos se analizan en profundidad hasta los detalles más insignificantes, prestándose especial atención al control geométrico de la carrocería.

Como resultado de todo ello se determina el proceso de estampación más idóneo, se ultiman los útiles de las prensas (matrices), a la vez que se realizan los estudios de tolerancias, de referencias, sistemas de unión y se regulan los equipos de ensamblaje.

1.5. Fase de pruebas

Una vez fabricado el prototipo se inician una serie de pruebas para analizarlo a fondo. Por un lado se comprueban los motores sometiéndolos a ensayos acústicos y de vibraciones. Por otro, los materiales se controlan con microscopios electrónicos y equipos de metalurgia, y se comprueba la resistencia a la fatiga de algunos elementos en complejos bancos hidráulicos. El modelo también pasa por una prueba de seguridad para comprobar su rigidez estructural. En las pruebas climáticas se le somete a extremas condiciones de temperatura, que van desde los 40 grados bajo cero hasta los 180 grados. En la fase de laboratorio también se comprueba la resistencia de la carrocería frente a la corrosión introduciéndola en cámaras húmedas, cálidas y salinas, y se simulan climas polares, tropicales, etcétera.

Durante estos ensayos se someten a las carrocerías a cargas extremas en el banco de pruebas de vibraciones (como ejemplo, 70 horas en el banco de ensayos corresponden a 200 000 kilómetros sobre firme irregular).

Estos vehículos sufren un gran número de pruebas de fatiga en laboratorios (frenadas, vibraciones, derrapajes, oscilaciones de la suspensión, *crash test,* etc.). Asimismo, se realizan diferentes ensayos dinámicos en circuitos cerrados (con calzadas de todo tipo) para analizar su comportamiento y características más significativas, con el fin de poner a punto la geometría de los distintos componentes del mismo. Para ello se necesitan equipos que detecten rápidamente cualquier cambio de aceleración, fuerza, torsión, inclinación, etc. Básicamente, es necesario un equipo especial de sensores específicos (sensores de inercia, acelerómetros, giroscopios, etc.), que permita medir fuerzas en ejes de rueda, referencias inerciales para analizar la aceleración y el giro del vehículo, láseres especiales para trabajar en condiciones de alta luminosidad, etcétera.

Figura 1.14. Prueba de comportamiento dinámico.

De los prototipos se pasa al vehículo de preserie, que antes de iniciar la fabricación se utiliza en programas de circulación real. Durante los mismos, estos vehículos (debidamente camuflados para no desvelar sus secretos) recorren un gran número de kilómetros en diferentes zonas del planeta con climas y condiciones extremas. De esta forma, los vehículos «preserie» se convierten en auténticos laboratorios rodantes, que se utilizan para confirmar las virtudes o defectos del modelo, cuyo resultado marcará la evolución definitiva que llevará a la fabricación en serie; si el resultado es favorable, el vehículo pasará a la producción; si no, se retrocederá para reestudiar aquellos puntos susceptibles de mejora.

Figura 1.15. Vehículos preserie «camuflados».

1.6. Fabricación del vehículo

Una vez que el prototipo ha superado todas las fases anteriores y se confirma la viabilidad técnica y económica del proyecto, se comienza con la planificación de su fabricación. Normalmente, los nuevos vehículos se fabrican en líneas de ensamblaje de modelos predecesores, por lo que se trata de adaptar las líneas existentes, de forma que, en algunas ocasiones, tanto el modelo antiguo como el nuevo puedan fabricarse a la vez. Esta simultaneidad resulta necesaria porque, entre 6 y 12 meses antes de lanzar un nuevo modelo, este ya comienza a fabricarse en la factoría. El reto de adaptar la línea radica en que la producción del modelo existente ha de perturbarse lo menos posible para seguir con el volumen de producción previsto.

Las líneas de producción cuentan con numerosas estaciones donde los operarios, fijos en cada estación, realizan el

Figura 1.16. Línea de ensamblaje.

mismo trabajo en cada vehículo que llega. En unos casos, los operarios pueden rotar de estación a estación por razones ergonómicas, y en otros trabajan de forma permanente en una estación. El desplazamiento de los vehículos de una estación a otra se basa en el principio de una cinta transportadora.

En la actualidad, los constructores fabrican el vehículo a partir de la configuración elegida por el cliente, en lugar de crear vehículos con diferentes equipamientos, colores y variantes entre los que el cliente pueda elegir. Esto le permite adecuarse más a los gustos del mercado y reducir los gravosos *stocks* de unidades sin vender.

En las factorías se realiza el proceso de ensamblaje del vehículo con componentes que llegan de otras factorías del mismo grupo o de empresas auxiliares, mediante el método *just in time* (justo a tiempo), que consiste en que los componentes llegan a la factoría el mismo día en que van a ser ensamblados. Este sistema de organización de la producción permite aumentar la productividad y reducir el coste de la gestión y de las pérdidas en almacenes debido a *stocks* innecesarios.

Las factorías suelen tener cuatro áreas perfectamente definidas:

- Área de estampación.
- Área de soldadura.
- Área de pintura.
- Área de ensamblaje.

El proceso de fabricación de un automóvil arranca con la llegada del acero de diversos proveedores en bobinas de distinto tamaño, anchura y grosor, algunas de ellas con un peso de más de 20 Tm. La chapa de acero dispone de un recubrimiento de cinc de varios tipos: electrocincado (recubiertos por electrodeposición), Hot Dip (acero sumergido en cinc líquido) o galvanizado (con tratamiento térmico).

Figura 1.17. Distribución de las bobinas de acero.

1.6.1. Fase de estampación

Tomando como referencia el material servido en bobinas, el primer paso consiste en enderezar la chapa mediante una serie de rodillos para deshacer la curvatura. A continuación se procede al recorte en cizallas automáticas de las piezas de chapa (según las dimensiones de la pieza que hay que fabricar) para ser introducidas en la cadena de estampación.

La estampación consiste en un proceso de conformado por el que se transforma una chapa plana en un cuerpo hueco adaptándola a la forma definida por una matriz, mediante la presión ejercida por una prensa. En este proceso de conformado por deformación plástica la chapa sufre simultáneamente transformaciones por estirado y por recalcado, produciéndose variaciones en su espesor. La estampación es el proceso ideal para la fabricación de piezas con superficies complejas y altas exigencias dimensionales.

El proceso puede realizarse en frío o en caliente. Entre las ventajas y capacidades de la estampación en frío destaca la posibilidad de trabajar con materiales de alta resistencia que posibilitan soluciones de reducción de peso de la estructura del vehículo. Este hecho es especialmente relevante para piezas del chasis, en las que los requerimientos de espesor y resistencia de los materiales son mayores.

Por su parte, la estampación en caliente es un proceso innovador a través del cual se moldean los aceros ultrarresistentes en formas complejas, de una forma más eficiente que con la estampación convencional en frío (los aceros avanzados de alta y ultra alta resistencia deben conformarse en caliente dada su dureza). El proceso implica el calentamiento del acero hasta que se vuelve maleable, seguido del conformado y rápido enfriamiento en troqueles especialmente diseñados para ello, creando durante este proceso un material transformado y endurecido. Gracias a esta capacidad de combinar eficazmente resistencia y complejidad, la estampación en caliente consigue piezas ligeras que de ser producidas con estampación en frío exigirían soldar piezas más gruesas y pesadas, lo que se traduciría en un mayor tiempo de fabricación empleando varios procesos. Actualmente, este procedimiento es una de las soluciones más avanzadas para el aligeramiento de peso de la estructura de la carrocería, garantizando un óptimo comportamiento en caso de colisión.

Durante la estampación, cada recorte de chapa se introduce, mediante robots alimentadores, en el interior de una prensa tipo *transfer* que dispone de varias matrices en línea, cada una encargada de realizar una secuencia en el conformado total de la pieza. Durante todo el proceso, el *transfer* es el elemento encargado de desplazar las piezas de una estación (matriz) a la siguiente para realizar las sucesivas operaciones necesarias para el conformado de la pieza.

El tener que realizar el conformado de una pieza en varias fases viene dado porque algunas formas no pueden obtenerse con un solo golpe, sino que es necesario diseñar adecuadamente la forma de las matrices para permitir que el material fluya plásticamente sin alcanzar la rotura (la presión ejercida puede llegar a las 20 Tm).

De esta forma se fabrican todas las de alrededor de 350 piezas (según el vehículo) que conformarán la caja del vehículo: laterales, piso, aletas, puertas, etcétera.

Figura 1.18. Matrices y diverso utillaje de la línea de prensas.

En una línea de estampación puede haber más de 600 matrices disponibles, que en función de las necesidades de producción se van cambiando en las prensas mediante una grúa elevada.

Para tener una idea de las características de las prensas de gran tamaño empleadas en las factorías de automóviles basta enumerar los siguientes datos: una prensa *transfer* puede pesar 2500 Tm, medir 50 m de largo, 12 m de alto y 10 m de ancho, y proporcionar una potencia de 5400 Tm.

Como ejemplo, el área de estampación de una factoría puede contar con:

Figura 1.19. Prensa de estampación con matriz.

- Cinco líneas de prensas grandes.
- Una línea de prensas pequeñas.
- Un desapilador alimentador de doble efecto.
- Cinco robots interprensas de extracción y alimentación.

Figura 1.20. Pieza estampada.

Evidentemente, la línea de grandes prensas resulta una instalación enormemente costosa; por esta razón los fabricantes solo disponen de unas pocas unidades por factoría, por lo que para conseguir la gran variedad de piezas que conforman la carrocería solo se cambian sistemáticamente las matrices de las prensas.

Figura 1.21. Instalaciones de prensas de tipo *transfer*.

1.6.2. Fase de soldadura

A nivel constructivo, la carrocería autoportante consta de cuerpos huecos de chapa y de láminas que se unen en las instalaciones de soldadura continua o por puntos múltiples realizados por robots automatizados, ya que su introducción en las cadenas de montaje supone una rapidez y exactitud de ensamblado difícil de conseguir por otros medios. Según el vehículo, se necesitan aproximadamente 5000 puntos de soldadura a lo largo de 120 a 200 m de borde de chapa. La anchura de pestaña solapada suele estar comprendida entre 10 y 18 mm. Las piezas exteriores de la carrocería (aletas delanteras, puertas, capó del motor y tapa del maletero) suelen ir atornilladas sobre la carrocería.

La soldadura proporciona alta resistencia mecánica y buena transmisión de esfuerzos entre las distintas piezas estructurales (fijas). Las uniones atornilladas, sin embargo, proporcionan una excelente reparabilidad de las piezas (amovibles) tras un siniestro.

En el ensamblado de la carrocería se suelen utilizar soldadura MIG y soldadura por puntos de resistencia para unir toda la gama de aceros de alta resistencia y piezas de estampación en caliente, aunque también se emplean otros métodos de unión como:

- **Soldadura láser (3D).** Este tipo de soldadura solo puede ejecutarse en fábrica y, entre otros usos, se emplea frecuentemente para unir el techo a los montantes. La soldadura láser se emplea con el fin de mejorar la resistencia estática y dinámica de las uniones, y en las zonas en las que solo se dispone de acceso desde un lado. Esta técnica aporta numerosas ventajas entre las que destacan:
  - Aumento de la rigidez.
  - Permite una gran variedad de geometrías de soldadura con alta precisión en los ensamblajes.
  - Conservación de las propiedades anticorrosivas.
  - Reduce la distorsión dimensional y las variaciones en las propiedades del material, ya que la zona de soldadura afectada por el calor tiene un área muy pequeña.
  - Reducción de ruidos.
  - La soldadura láser (borde contra borde) de chapas con distintos espesores permite optimizar las zonas que se deben reforzar.
  - Los tiempos de soldadura pueden ser hasta 40 veces más rápidos que la soldadura tradicional, aumentando la productividad.
- **Soldadura láser-híbrida.** Se trata, asimismo, de una técnica de soldadura que solo puede aplicarse en el proceso de fabricación, y que combina la excelente velocidad de ejecución de la soldadura láser y los buenos niveles de penetración que aporta la soldadura MIG. Para ello, en un mismo procedimiento se asocia la energía generada por una fuente de energía láser y por un arco voltaico.
- **Soldadura MIG-Brazing.** Se trata de un procedimiento de soldadura al arco bajo gas protector en el que se alcanzan unas temperaturas lo suficientemente bajas como para no eliminar la capa protectora de cinc.
- **Soldadura láser-Brazing.** Es un procedimiento de soldadura heterogénea similar al anterior. En este caso, la soldadura se produce mediante la fusión de un hilo de cobre y silicio al 3 % con la ayuda de una fuente de energía láser. De esta forma, la soldadura no producirá excesivas concentraciones de calor y, por tanto, permite mantener el recubrimiento protector de cinc de la chapa galvanizada. Con esta técnica se consigue un cordón continuo de mucha longitud y muy poca anchura, con una alta velocidad de ejecución y muy buena penetración.

Figura 1.22. Unión mediante soldadura láser.

- **Soldadura de latón.** Este método de soldadura cobra de nuevo actualidad debido principalmente a la reducción de los huecos de las chapas para aumentar la rigidez de la carrocería, lo que elimina la posibilidad de soldar mediante puntos de resistencia (al no disponer de acceso a la zona de unión). Este método consiste en una soldadura continua realizada bajo atmósfera de gas protector y cuyo material de aportación es principalmente el latón.
- **Piezas pegadas.** Uno de los objetivos fundamentales que se contemplan en el plan de diseño de una carrocería autoportante consiste en que el acero con el que está construida cada pieza soporte niveles de carga equivalentes. De esta transmisión de esfuerzos se encargan fundamentalmente los puntos y cordones de soldadura. Sin embargo, este tipo de uniones suponen la concentración local de esfuerzos (tensiones). Este problema puede resolverse mediante las uniones pegadas estructurales, en las cuales se consigue que la transmisión de tensiones se «reparta», algo que tiene mucha influencia, por ejemplo, cuando ocurre un siniestro y es necesario involucrar en la deformación

al mayor número de piezas posible. Los adhesivos estructurales utilizados más frecuentemente son de naturaleza epoxi, generalmente bicomponentes, debido a su excelente resistencia al ataque químico, poseen excelentes propiedades mecánicas y buenas propiedades de aplicación. Existen dos tipos de uniones pegadas: aquellas en las que se utiliza el adhesivo estructural para unir dos chapas, y aquellas en las que además se realizan puntos de soldadura. En ambos casos se aporta una mejora de la rigidez de la carrocería, ya que estas uniones tienen una especial resistencia a los esfuerzos de cizalladura y de tracción.

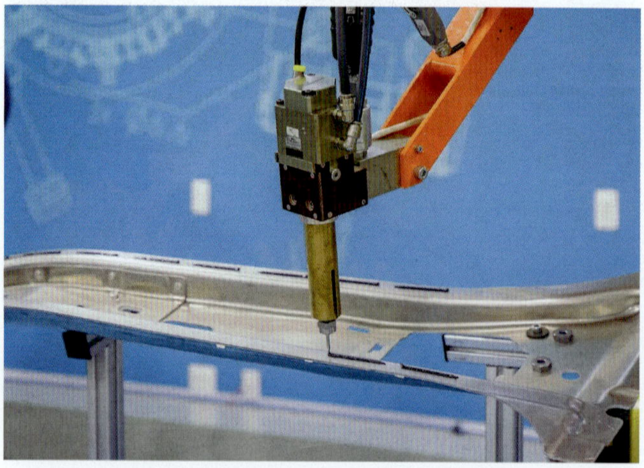

Figura 1.23. Aplicación del adhesivo.

- **Piezas remachadas.** La incorporación de nuevos materiales y la utilización de técnicas «híbridas» de fabricación de carrocerías ha impulsado la utilización de los remaches como un método más de unión utilizado en el ensamblaje. Su empleo más habitual se centra en las carrocerías de aluminio en sustitución de la soldadura por puntos de resistencia, aunque su uso también se ha extendido a las carrocerías de acero. Las uniones remachadas suelen combinarse con las pegadas, complementándose perfectamente ambos sistemas.

Figura 1.24. Área automatizada de remachado.

Las diferentes uniones que conforman la estructura de la carrocería de un vehículo actual pueden consistir en la aplicación de unos 60 metros de adhesivo, 4000 puntos de soldadura y más de 60 uniones atornilladas. Además, se aplican soldadura MAG y MIG, soldadura por rayos láser y uniones con reborde, remachadas y clinchadas.

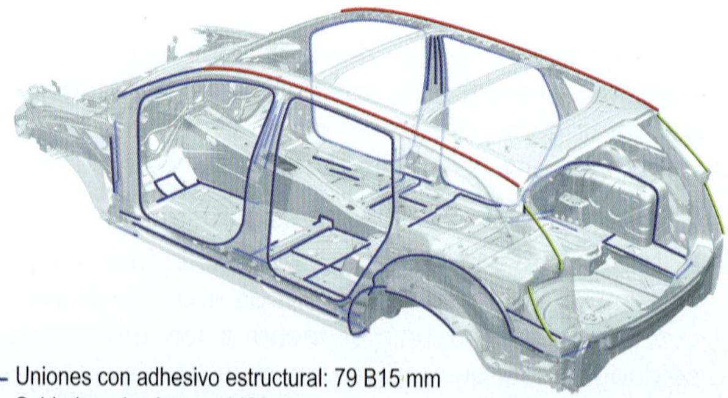

Figura 1.25. Diferentes métodos de unión utilizados en la estructura de una carrocería.

El área de soldadura de la factoría de fabricación de vehículos está distribuida en varias zonas diferenciadas:

- Área dedicada al ensamblaje de los elementos amovibles de la carrocería como: puertas, capós, portones, etcétera.

Figura 1.26. Ensamblado del capó.

- Área dedicada a la unión de elementos o subconjuntos integrantes de la carrocería como: plataforma, paneles laterales, etcétera.
- Área dedicada a la conformación y soldadura de la carrocería. En esta línea se unen los grandes subconjuntos como: plataforma, paneles laterales, techo, etcétera.

- Área de acabado donde se le añaden a la caja ya conformada los elementos separados y se finaliza el conjunto.

Como ejemplo, el área de soldadura de una factoría puede disponer de:

- 80 robots de soldadura.
- 4 robots de control geométrico de la carrocería.
- 5 robots de manipulación.
- 11 *transfers* mecanizados.
- 15 aerovías.
- 48 autómatas.
- 2 prensas de soldadura.
- 7 minisistemas con ordenadores industriales.

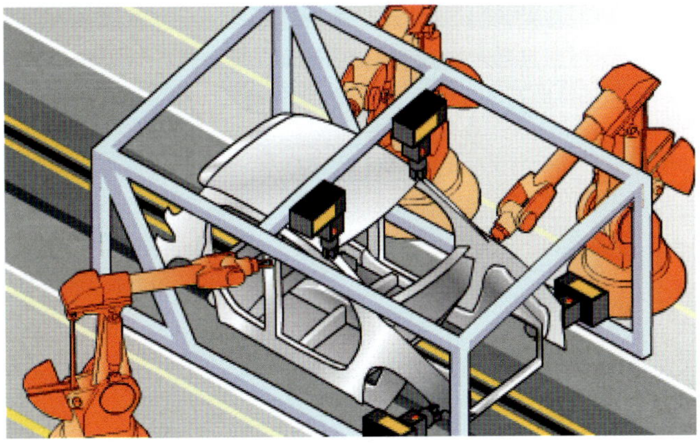

Figura 1.27. Control de la geometría de la carrocería durante la soldadura.

La fase de soldadura está completamente automatizada mediante robots programables; unos sitúan convenientemente las piezas y otros reconocen a gran velocidad el punto que soldar. Según el modelo de vehículo pueden realizar más de 4500 puntos de soldadura.

Una vez que las distintas piezas han sido estampadas es necesario proceder a su unión para conformar la estructura de la carrocería. En algunos casos se unen varias de ellas para componer una pieza más compleja, como es el caso de la unión por soldadura de varias chapas para formar una parte de un larguero.

En primer lugar se ensamblan la plataforma y los laterales en dos líneas diferentes. Seguidamente se une la plataforma a los laterales y a continuación se suelda el techo, un paso denominado *framing* y que da forma a la carrocería. Por último se unen las aletas, las puertas, los capós y demás subconjuntos complementarios (cuyo ensamblaje se suele realizar en sectores anexos).

Para verificar el correcto posicionado de las diferentes piezas, durante todo este proceso, interviene un mecanismo conformador geométrico de lectura por láser que mide hasta 90 características dimensionales de la carrocería en 30 segundos. Para verificar la correcta configuración de las piezas, aleatoriamente se comprueban una serie de piezas de la carrocería y se verifican las soldaduras destruyendo una carrocería por día.

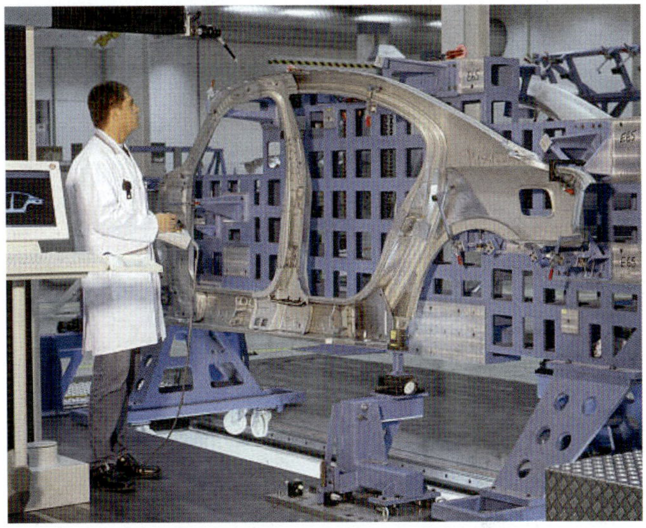

Figura 1.28. Comprobación de un lateral de la caja.

Para finalizar el proceso, se somete la carrocería a un baño de componentes químicos que permiten detectar posibles problemas superficiales que se retocan en un área específica.

Una vez conformada la carrocería, se le aplican los productos anticorrosivos, cordones de estanqueidad, la imprimación y la capa de pintura y de laca que dan al vehículo su color definitivo.

A continuación, las carrocerías se clasifican por familias de colores en un área de almacenamiento por niveles, de donde saldrán hacia el ensamblaje definitivo según la planificación de fabricación.

1.6.3. Fase de ensamblaje

En el área de ensamblaje se completa la carrocería desnuda con todas las piezas necesarias. Para ello se suelen desmontar las puertas y en ocasiones también la puerta del maletero para ser ensamblados de forma paralela y así facilitar el acceso al interior del vehículo.

Al entrar la carrocería en esta área, se le añade una ficha identificativa en la que se especifican todas las piezas que hay que montar. Paralelamente, cada subconjunto o módulo que ha de ser montado también lleva la misma referencia de esta ficha (Figura 1.30).

En la fase de ensamblaje también intervienen los autómatas programables: colocación del panel de instrumentos, parabrisas, etcétera.

Figura 1.29. Conformado de la carrocería en la línea robotizada de soldadura.

Figura 1.30. Ficha de especificaciones de montaje.

La fase de ensamblaje suele realizarse por niveles:

- **Primer nivel.** En esta fase se desmontan las puertas de la carrocería para instalar en ellas todos sus componentes, y se montan las unidades de control, cables, y diferentes elementos electrónicos y de insonorización. A continuación se montan el depósito de combustible, los pedales y los conductos de gasolina y de frenos.
- **Segundo nivel.** Es en el que se monta el equipamiento del habitáculo: revestimientos, panel de instrumentos (salpicadero), parabrisas, asientos, etcétera.
- **Tercer nivel.** En esta fase del proceso se montan el grupo propulsor y los ejes. Una vez completado el ensamblaje de la carrocería, el motor, las puertas y el resto de los elementos exteriores e interiores, se introducen los diferentes fluidos y se pone en funcionamiento el motor por primera vez.

Figura 1.31. Montaje de los conjuntos mecánicos.

1.6.4. Pruebas

Antes de realizar la distribución del vehículo para su comercialización, se le somete a un exhaustivo proceso de control: ajuste de luces, funcionamiento de indicadores luminosos, sistemas de alerta, de seguridad, de confort, etc. Por último, se realizan comprobaciones del comportamiento de todos los órganos mecánicos en bancos de rodadura o en pistas exteriores.

1.6.5. Nuevas técnicas de fabricación

En la actualidad, las técnicas tradicionales de fabricación y ensamblaje tienden a complementarse con unos novedosos conceptos de fabricación que reportan importantes ventajas en cuanto al peso de la carrocería se refiere, con el propósito de reducir los niveles de consumo de combustible y las emisiones de gases contaminantes del vehículo, sin comprometer la resistencia estructural del mismo.

Con este objetivo, se comenzaron a utilizar nuevos tipos de aceros denominados AHSS *(Advanced High Strength Steels)*. Bajo esta denominación se incluyen tanto los aceros de muy alta resistencia (DP, CP y TRIP) como los aceros de ultra alta resistencia (martensíticos y al boro), con cuyo empleo se consigue un notable aligeramiento de la carrocería.

A la vez que se investigan nuevos tipos de aceros, se han desarrollado nuevas técnicas de fabricación que permiten continuar avanzando en el objetivo de la reducción de peso. Entre estas técnicas destacan la utilización de *tailored blanks* (estampación a medida), la hidroconformación, la tecnología híbrida y el empleo de paneles tipo sándwich.

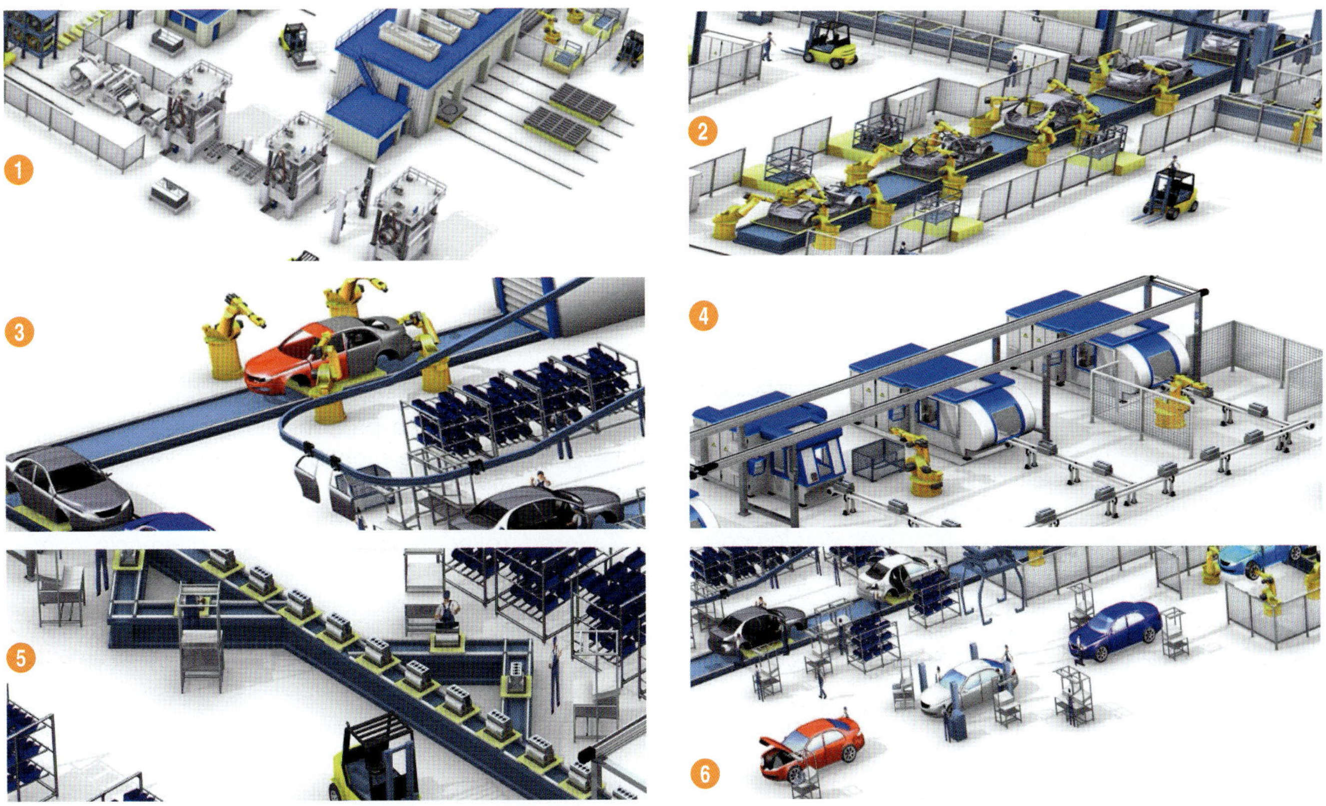

Figura 1.32. Esquema de algunas zonas de una factoría de automóviles. 1 Zona de prensas de estampación. 2 Zona de soldadura para la conformación de la carrocería. 3 Zona de pintura. 4 Zona de mecanizado (fabricación de elementos mecánicos). 5 Zona de montaje de componentes mecánicos. 6 Zona de ensamblaje final.

Tailored blanks

Habitualmente, el acero que se utiliza para estampar las piezas de la carrocería se sirve en bobinas de espesor uniforme. Por otro lado, determinadas piezas de la carrocería no se ven sometidas a los mismos esfuerzos en toda su estructura, aunque, sin embargo, se hace necesario fabricarlas del espesor necesario que permita soportar la carga máxima que pueda aplicarse sobre alguna parte de la misma.

Como resultado de ello, aparece la técnica de fabricación denominada *tailored blanks,* que permite conseguir componentes de una sola pieza de espesor variable, con un diseño complejo que combina aceros de varios espesores, recubrimientos y distinto grado de resistencia, lo cual redunda en unos mayores niveles de seguridad, una importante reducción de peso y número de componentes, mayor precisión y menor tiempo de fabricación, a la vez que se amplían las posibilidades de diseño.

Figura 1.33. Bobina de acero para fabricar componentes de la carrocería de un automóvil.

Esta técnica permite colocar con precisión varios aceros diferentes dentro de la estructura de una pieza, precisamente donde más se necesitan sus cualidades, eliminando cualquier masa que no contribuya a las prestaciones del conjunto. Los componentes así fabricados tienen la capacidad de optimizar la función estructural asegurando, en caso de impacto, un proceso de absorción más progresivo y efectivo sin necesidad de refuerzos adicionales y con un peso mucho más reducido en comparación con los componentes tradicionales.

Partiendo del concepto general de la técnica de fabricación mediante *tailored blanks,* existen dos variedades principales de la misma:

- ***Tailored welded blanks* (TWB) o formatos soldados.** Este concepto permite obtener componentes fabricados con varios tipos (calidades) de acero con espesor suficiente en el lugar adecuado. Este procedimiento de fabricación consiste en soldar las piezas con láser, obteniendo un único desarrollo a partir del cual se conforma la pieza.

El componente así formado pasa luego a las planchas de estampado (en frío o en caliente), consiguiendo una pieza rígida (casi monolítica) de distintos tipos de acero; solo falta unirla al resto de la carrocería. De esta forma, al combinar chapas individuales de diferentes tipos pueden adaptarse selectivamente la resistencia y la rigidez de los diferentes tipos de chapas a los esfuerzos locales en la ubicación respectiva de la pieza. Asimismo, también puede modificarse el comportamiento de la estructura en caso de impacto de un vehículo.

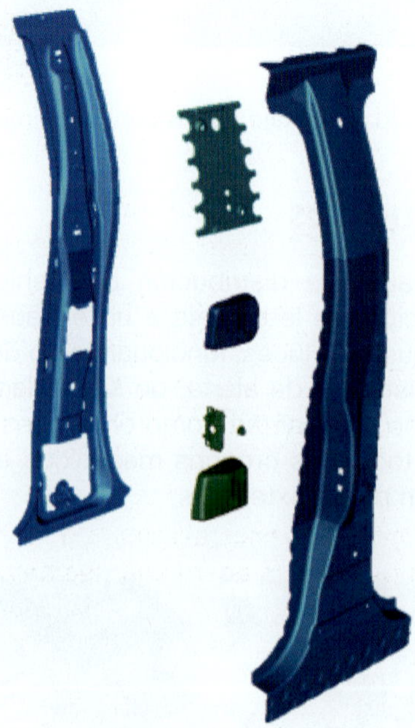

Figura 1.34. Pilar central fabricado mediante la técnica *tailored blanks.*

Una variante de este procedimiento de fabricación consiste en estampar por separado cada una de las partes de la pieza con diferente espesor, para posteriormente unirlas por soldadura laser y obtener finalmente la pieza completa.

De esta manera, la tecnología de formatos soldados permite la obtención de componentes estampados multiespesor con aceros de alta resistencia de diferentes características mecánicas.

- ***Tailored rolled blanks* (TRB).** La diferencia con el método anterior radica en el proceso de laminado de la bobina de acero que se utiliza para estampar la pieza. En este caso, durante el proceso de laminación el hueco existente entre los rodillos del tren de laminación va variando, obteniéndose de esta forma una bobina de acero con diferentes espesores. Posteriormente, se lleva a cabo el proceso de estampación, obteniéndose como resultado una pieza con sección variable uniforme en la que, al igual que en el caso anterior, se consigue adaptar el espesor de la pieza a las solicitaciones de carga a las que está sometida.

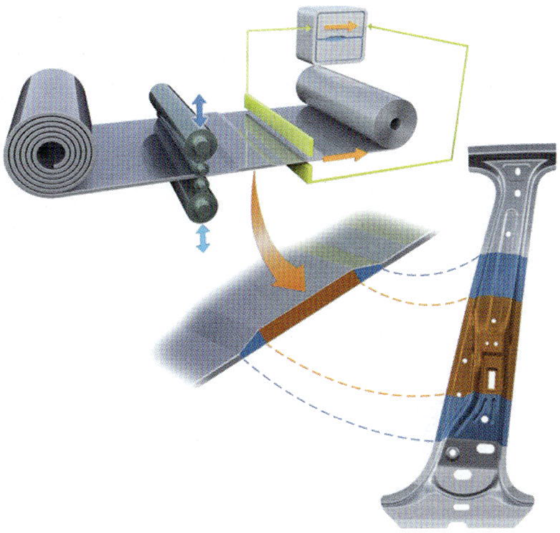

Figura 1.35. Laminado con una bobina de acero con espesor variable.

Mediante la técnica de *tailored blanks* se fabrican componentes de la carrocería como puertas, pilares, laterales, suelos, etcétera.

- **Pilares.** Como ejemplo, en el caso del pilar B (central) de una carrocería, la zona sometida a un mayor esfuerzo es la parte superior, por lo que puede fabricarse mediante la técnica *tailored blanks,* utilizando un acero al boro en su parte superior y un acero con una menor resistencia en su parte inferior.
- **Puertas.** Es otro de los componentes con zonas de resistencia diferenciada en su estructura. La zona que se encuentra sometida a los mayores esfuerzos se sitúa en el punto de anclaje de las bisagras, por tanto es esta la zona de la pieza que se fabrica con un acero de mayor resistencia y mayor espesor que el resto de la puerta. En el caso de los portones, también se trata de un componente habitualmente fabricado mediante *tailored blanks,* ya que se hace necesario reforzar tanto la zona de las bisagras como de los puntos de anclaje de los cilindros hidráulicos, pues aquí es donde se producen los mayores esfuerzos, disminuyéndose el espesor en el resto del armazón.

Figura 1.36. Estructura de puerta fabricada mediante la técnica *tailored blanks.*

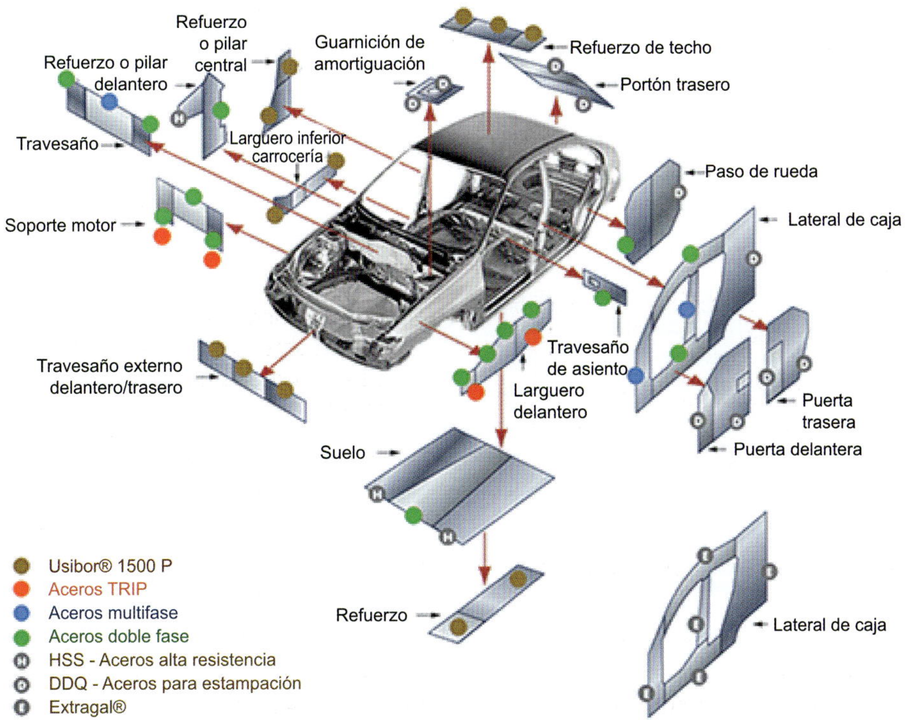

Figura 1.37. Aplicaciones más frecuentes y calidades de acero existentes sobre la base de las últimas técnicas de fabricación (*tailored blanks*).

- **Traviesa de paragolpes.** En este caso, el objetivo es reducir el daño de las piezas que se sitúan tras ella, en caso de impacto. Por ello, se aumenta la rigidez en su parte central aumentando el espesor respecto a los extremos de la pieza.
  Como ejemplo, en caso de una colisión frontal, la fabricación de un larguero delantero mediante *tailored blanks* utilizando el material más fino/más blando en la zona de la parte frontal del vehículo, elimina una gran parte de la energía liberada, en el punto inicial de deformación. También puede asegurarse la protección del habitáculo mediante la fabricación como *tailored blanks* (en forma más gruesa/resistente) de las áreas de la estructura más próximas a los ocupantes.

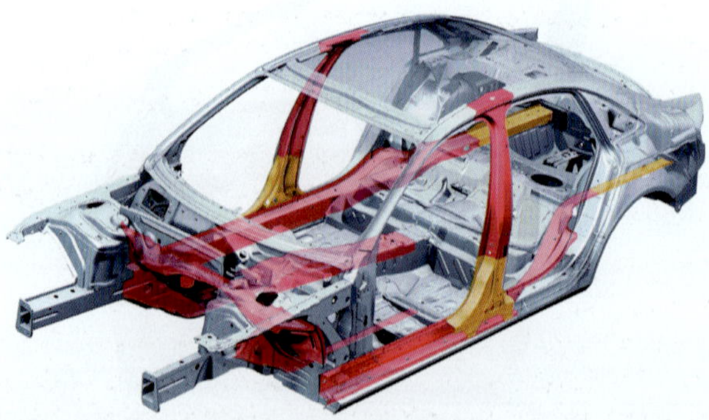

Figura 1.38. Ejemplo de carrocería fabricada con diferentes técnicas de procesamiento de la chapa de acero.

Hidroconformación

Es un proceso de conformación plástica en frío, que emplea un fluido hidráulico como medio para transmitir la energía. Con esta técnica se fabrican formas complejas en paneles y componentes tubulares de zonas en las que la carrocería forma una sección cerrada (como largueros, montantes, traviesas, etc.). El proceso de hidroconformado se basa en la expansión de un tubo recto de chapa de acero en una matriz cerrada (molde) con la forma que se desea para el tubo. A continuación se introduce agua a alta presión por el interior del tubo para que lo presione contra las paredes de la matriz, consiguiéndose así la forma deseada en el tubo.

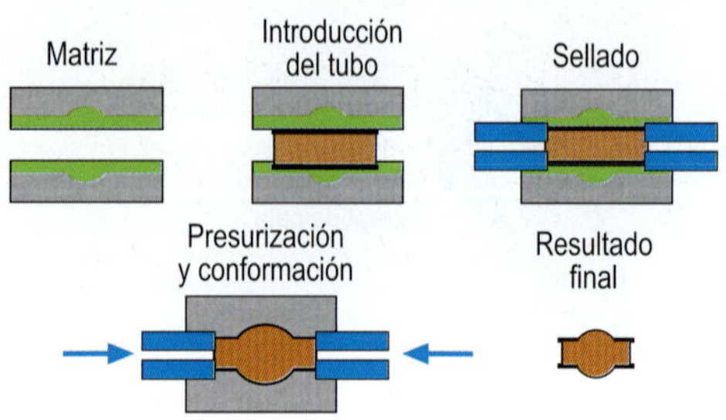

Figura 1.39. Proceso de hidroconformado.

Las técnicas de hidroconformación representan una alternativa a los métodos de conformación mecánica convencionales, por razones de flexibilidad (simplificación de utillajes) y mejora de las condiciones de proceso (esencialmente reducción de fuerzas de fricción), que permiten mayores deformaciones, mejor precisión y mejoras en las tensiones residuales, y finalmente posibilitan la obtención por deformación de piezas muy difíciles de producir hasta hoy por los procedimientos convencionales (particularmente en la fabricación de piezas a partir de elementos tubulares y en componentes donde resulta crítica la relación peso/resistencia).

El hidroconformado proporciona una gran estabilidad de dimensiones y un alto límite elástico de la pieza al realizarse en frío el proceso de trabajo. Asimismo, esta técnica permite conseguir piezas simples, que de otra forma se obtendrían combinando en un subconjunto una serie de piezas estampadas y soldadas por resistencia.

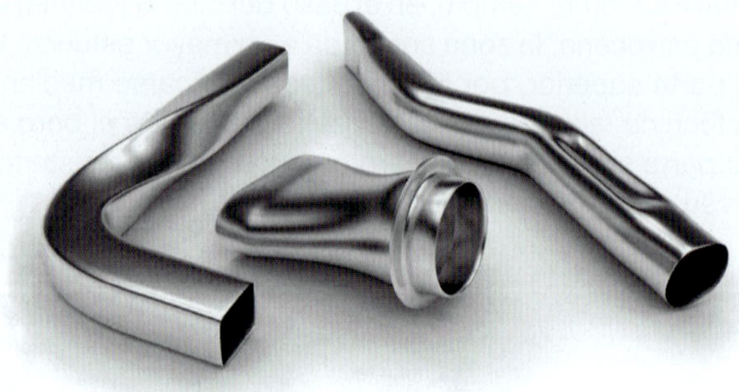

Figura 1.40. Ejemplo de piezas hidroconformadas.

Como resumen, la hidroconformación aporta las siguientes ventajas:

- Permite conseguir un espesor uniforme en la pieza.
- Se alcanza una mayor calidad superficial al evitar el contacto de metal con metal.
- Mejora la corrosión (elimina las soldaduras).
- Consigue una apreciable reducción de peso.

Tomando como referencia una pieza, por ejemplo el larguero de techo, la hidroconformación consigue reducir el peso de dos formas distintas:

- Aprovechando al máximo el tamaño de la sección de la pieza al eliminar la necesidad de disponer de pestañas de soldadura.
- El larguero hidroconformado de techo distribuye las cargas de una forma mucho más eficiente en función de las

prestaciones estructurales y la conducción de la energía en caso de choque. Con este tipo de larguero se eliminan las necesidades de material en otras zonas de la carrocería para conseguir el mismo efecto.

Como ejemplo, una de las evoluciones que cada vez más fabricantes están adoptando es el uso de *crash box* (piezas de colisión) hidroconformadas, ubicadas entre la traviesa y los largueros, principalmente en la parte delantera. Estas piezas realizan su función de absorción de energía con una alta eficacia, gracias a su mayor longitud y a las zonas de deformación programada que presentan.

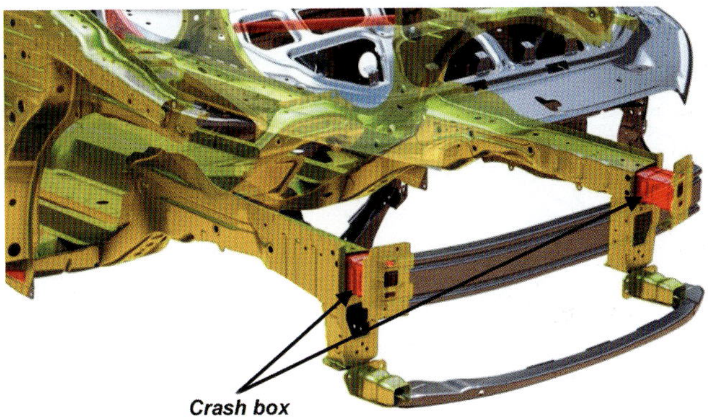

Figura 1.41. *Crash box*. En caso de choque, esta pieza hidroconformada puede absorber una gran parte de la energía del impacto sin deformar los largueros.

Perfilado

El diseño de piezas complejas de carrocería con aceros ultrarresistentes hace que su fabricación mediante procesos tradicionales de estampación resulte cada vez más complicada y costosa, a la vez que resulta difícil controlar el efecto muelle (*spring-back*) de estos nuevos aceros (la pieza pierde las tolerancias con las que fue estampada).

Figura 1.42. Pieza procesada mediante perfilado.

Como respuesta a este problema se ha desarrollado un proceso de fabricación de piezas mediante perfilado. En síntesis, es un procedimiento de conformado en frío, en que se somete a una bobina de chapa (de anchura adecuada) a una operación de doblado, pasándola consecutivamente por una serie de rodillos que realizan un proceso de deformación continua. Cada grupo de rodillos lleva a cabo una parte secuencial del doblado, hasta que se obtiene el perfil de sección transversal deseado. Este procedimiento es idóneo para producir piezas de perfil constante. Sin embargo, el hecho de que los rodillos de conformación sean fijos hace que las piezas deban ser normalmente rectas, lo que limita de manera importante su utilización de forma masiva en la fase de fabricación.

Como resumen, entre las ventajas que aporta el perfilado se encuentran las siguientes:

- Se aprovecha mejor el material, hecho especialmente relevante cuando se trata de aceros de alto coste (aceros al boro, Trip, IF, etc.). Se estima que en el proceso de perfilado puede llegarse a aprovechar un porcentaje superior al 85 % del material que entra a la instalación, mientras que en los procesos de estampación el porcentaje se sitúa alrededor del 70 % (por efecto de los recortes en las piezas y las chatarras que se generan).
- Los tiempos de preparación y adaptación a nuevos modelos son mucho menores, ya que se trata de fabricar (o ajustar) juegos sencillos de rodillos, en vez de complicados útiles.
- Se pueden realizar cortes y orificios en posiciones de difícil acceso que serían más difíciles de hacer con troqueles. La ventaja del perfilado reside en que, en muchos casos, los orificios pueden realizarse antes de perfilar el material.
- El material de partida son bobinas, mientras que en las prensas es más habitual partir de formatos que han necesitado previamente operaciones de corte y aplanado (se reduce el coste de la operación de proceso).

Tecnología híbrida

Consiste en fabricar un componente combinando dos materiales de distinta naturaleza, aprovechando las características que cada uno aporta. Los materiales que normalmente se suelen combinar son un metal (normalmente chapa de acero o aluminio) y un plástico (casi siempre un termoplástico). El acero aporta resistencia y ductilidad, y el plástico, rigidez y posibilidad de conformación. La fabricación suele realizarse mediante un proceso de moldeo por inyección. Sobre el molde se coloca el armazón metálico ya terminado; a continuación se inyecta el plástico, que fluye a través de las formas de la pieza y de los taladros que se han practicado al efecto, dando lugar a una íntima unión mecánica entre ambos materiales.

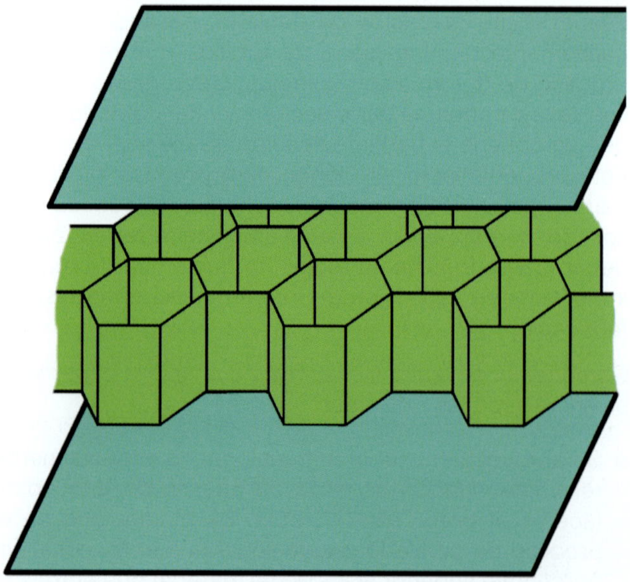

Figura 1.43. Estructura de un panel tipo sándwich con núcleo de nido de abeja.

Una variedad de esta tecnología la representan los paneles tipo sándwich. En estos casos el componente consiste en un núcleo termoplástico (generalmente polipropileno) en un sándwich de dos recubrimientos de aluminio o de acero de bajo espesor. Con ello se consigue una notable reducción de peso (puede ser hasta un 50 % más ligero que una sección comparable de acero homogéneo) sin comprometer las prestaciones. Con los paneles tipo sándwich de aluminio se fabrican piezas como los techos rígidos de los modelos convertibles. Los fabricados con acero se utilizan en piezas como la chapa del salpicadero.

Aparte de estos tipos de estructuras que contienen acero y aluminio, existen otras como Nomex y LWRT fabricadas con materiales compuestos.

- El **LWRT** (*Low Weight Reinforced Thermoplastics*) es un material compuesto sintético (termoplástico ligero reforzado) que es un 30 % más liviano que los plásticos usados tradicionalmente. Se suele utilizar en piezas exteriores de la carrocería para mejorar las propiedades acústicas y la protección contra agua e impactos ocasionados por piedras pequeñas. El proceso de fabricación consiste en utilizar un procedimiento especial para recubrir con una lámina termoplástica ambos lados de una capa central de termoplástico reforzado con fibra de vidrio. De esta manera se obtiene una pieza plana que constituye un producto intermedio dentro del proceso de fabricación. Esta pieza tipo sándwich se somete a continuación a temperaturas elevadas y, aplicando presión, se le da su forma geométrica definitiva. En los cantos y en los puntos que posteriormente se atornillarán a la carrocería se prensa el material para compactarlo. En las demás zonas se mantiene la estructura tipo sándwich, lo que aumenta la rigidez y resistencia a la flexión de la pieza.

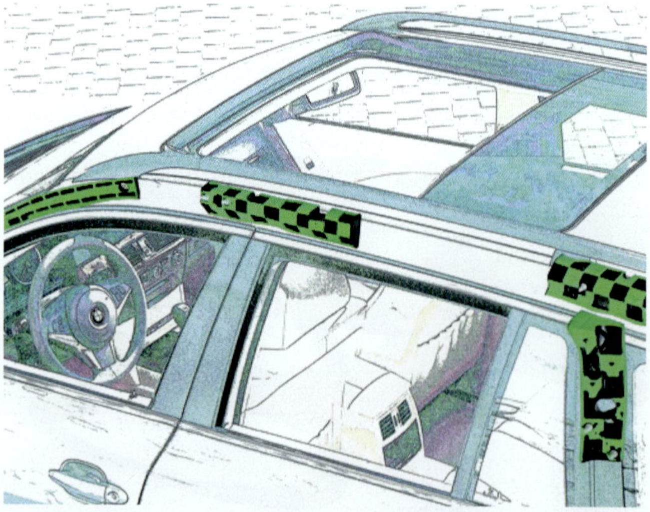

Figura 1.44. Componentes de la carrocería fabricados en estructura sándwich con material LWRT.

- El **Nomex** está formado por una capa intermedia en forma de nido de abeja y unas capas exteriores de fibra de carbono y kevlar.

Figura 1.45. Componente cuya estructura está fabricada con material compuesto Nomex (geometría en forma de nido de abeja).

Otras tendencias constructivas

Los fabricantes de vehículos están en continua búsqueda de soluciones que permitan optimizar los diseños y reducir el peso del vehículo. Como ejemplo, el BMW GINA Light Visionary Model es un proyecto con una carrocería exenta de ranuras y con un aspecto flexible, cuya base está formada por un nuevo material compuesto por licra muy resistente que se monta sobre una estructura metálica deformable. Mediante una serie de impulsos electrohidráulicos varios motores empujan el tejido que envuelve el bastidor del vehículo, de forma que el motor y los accesos a los depósitos quedan descubiertos a través de la carrocería. Los faros, como si fueran dos ojos de verdad, cuentan igualmente con pestañas que solo se abren cuando están en uso.

La protección estructural en caso de impacto la realiza el propio chasis, que está compuesto por cables reforzados con barras de fibra de carbono.

Figura 1.46. Aspecto exterior del BMW GINA Light Visionary Model, cuya carrocería tiene como base un material textil de licra resistente.

1.6.6. Impacto medioambiental de los procesos de fabricación

En la actual dinámica de explotación de los recursos naturales y dado el alto nivel de consumo de energía, la industria del automóvil, como muchas otras, produce un elevado impacto medioambiental por la gran cantidad de materias primas que necesita en el proceso de fabricación, y en la gran cantidad de energía que se necesita en cada fase de dicho proceso, lo que se traduce en una considerable emisión de sustancias nocivas y contaminación del agua, principalmente en las operaciones de protección/recubrimiento de superficies, pintura y procesos de soldadura. Asimismo, se genera una apreciable cantidad de residuos sólidos, como los lodos resultantes del tratamiento de aguas residuales, desechos de componentes metálicos, residuos de aceite, residuos propios de la planta de montaje, etcétera.

Aparte del impacto medioambiental que produce este tipo de emisiones, se encuentra el elevado coste económico que suponen las plantas de montaje poco eficientes. Por todo ello, los fabricantes de vehículos se vuelcan en la búsqueda de mejoras en los procesos de fabricación que se traduzcan en conseguir un mayor grado de eficiencia energética, una menor generación de residuos y emisión de sustancias contaminantes, así como diseños de vehículos que permitan un elevado porcentaje de recuperación al final de su vida útil.

Entre las medidas encaminadas a conseguir este último objetivo durante la fase de producción se encuentran las de reducir las mezclas de materiales de diferentes naturalezas y el empleo de técnicas de unión que permitan un sencillo proceso de reciclado posterior. En cuanto al uso de materias primas se refiere, la optimización debe pasar por el uso de materiales cuya extracción represente un menor consumo energético o un menor impacto medioambiental, y que sean reciclables en un alto grado.

Una de las iniciativas más importantes en esta materia es la denominada Alianza para la innovación (*Green Carbody Technologies*), más conocida como Innocat, formada por un consorcio de 60 empresas y diferentes centros de investigación en Alemania, con el objetivo de ahorrar hasta un 50 % de la energía que se consume en la fabricación de un automóvil, mediante el diseño de una planta de producción basada en criterios medioambientales. La colaboración de todos los agentes implicados en esta alianza se materializa en 5 proyectos y 30 subproyectos o líneas de actuación.

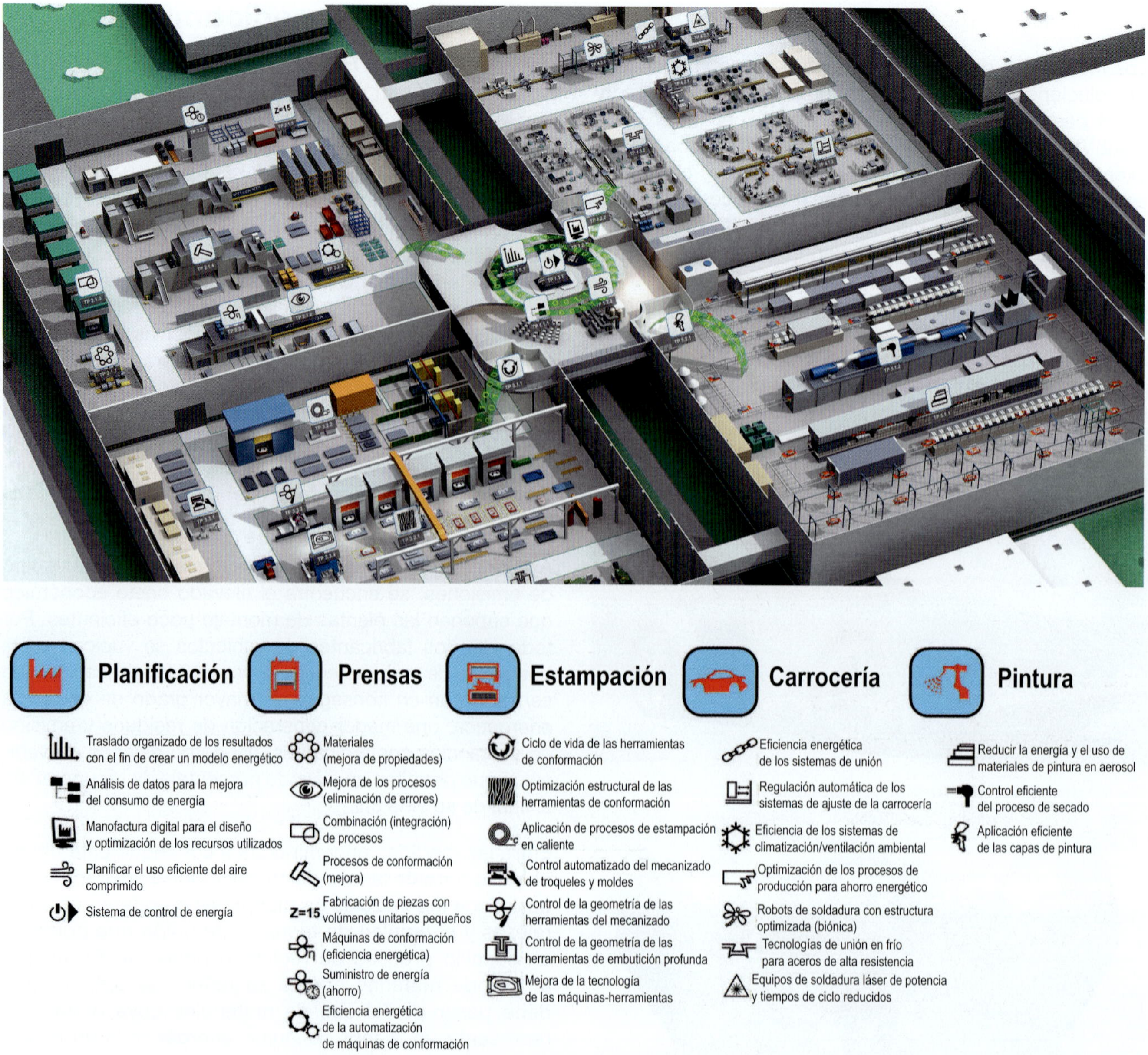

Figura 1.47. Fábrica de referencia del proyecto Innocat.

CUESTIONES

1.1. ¿Qué son los denominados *concept cars*? ¿Cuál es su utilidad?

1.2. Indica la respuesta correcta. El término *joint venture* hace referencia a:

a) Sistemas en los que varios modelos de un mismo fabricante comparten la misma plataforma.
b) Modelos de vehículos que disponen de plataformas modulares.
c) Alianzas estratégicas, en las que varios constructores de vehículos se unen para desarrollar la fabricación conjunta de modelos concretos.
d) Fabricación bajo licencia.

1.3. Enumera tres de los aspectos más importantes en los que incide una buena aerodinámica (circulación del aire durante la marcha).

1.4. ¿A qué tipo de ensayos se está sometiendo al vehículo de la figura? Indica qué se trata de analizar o medir con estos ensayos.

1.5. Indica la respuesta correcta. Los vehículos denominados «preserie» se suelen utilizar para:

a) Analizar las características estáticas de la carrocería.
b) Realizar ensayos de corrosión, introduciendo el vehículo en cámaras húmedas, cálidas y salinas, que simulan climas polares, tropicales, etcétera.
c) Someterlos a cargas extremas en el banco de pruebas de vibraciones.
d) Recorrer un gran número de kilómetros en diferentes zonas del planeta con climas y condiciones extremas.

1.6. Durante la fase de diseño, ¿cuál es el proceso que se ha utilizado más habitualmente para determinar la agresividad de las formas curvas, afirmar las líneas direccionales, y determinar el volumen en todos sus aspectos?

a) Mediante aplicaciones informáticas específicas.
b) Mediante entornos virtuales.
c) Mediante ensayos virtuales de colisiones.
d) Mediante la construcción de maquetas físicas, generalmente de arcilla.

1.7. ¿En qué consiste el procedimiento de aprovisionamiento de los fabricantes de vehículos, denominado *just in time*?

1.8. Indica las cuatro grandes áreas que, en términos generales, suelen tener las factorías de automóviles.

1.9. ¿Qué son las denominadas prensas de tipo *transfer*?

1.10. Explica por qué el conformado de las piezas en las prensas se realiza en diferentes fases.

1.11. Indica cuáles son los principales métodos de unión de las diferentes piezas que constituyen la estructura de una carrocería.

1.12. ¿Qué efectos tienen las soldaduras de tipo *brazing* sobre los revestimientos protectores de las piezas?

1.13. Indica en qué consiste la fase de fabricación de la carrocería denominada *framing*.

1.14. ¿En qué consiste el procedimiento de fabricación de piezas de la carrocería denominado *tailored blanks*?

1.15. Indica cuál es la principal diferencia entre los siguientes métodos de fabricación de piezas: *Tailored welded blanks* (TWB) y *Tailored rolled blanks* (TRB).

1.16. Enumera las principales ventajas que aporta el método de fabricación de piezas de la carrocería mediante hidroconformación.

1.17. ¿En qué consiste la tecnología híbrida en la fabricación de piezas de la carrocería? ¿Qué materiales se suelen combinar? ¿Qué ventajas aporta cada uno?

1.18. Señala la respuesta correcta. El LWRT (*Low Weight Reinforced Thermoplastics*) es un material:

a) Compuesto sintético (termoplástico ligero reforzado).

b) Compuesto híbrido (termoestable ligero reforzado).

c) Compuesto sintético (plástico y metal ligero reforzado).

d) Compuesto híbrido (acero y plástico ligero reforzado).

1.19. ¿Qué son los elementos denominados *crash box*?

1.20. Identifica el material con el que está fabricada la estructura de esta pieza.

ACTIVIDADES PROPUESTAS

1.1. Compara, utilizando un muestreo lo más extenso posible, los vehículos de tu centro educativo, analizando factores como:

- Línea estética.
- Dimensiones (solo en vehículos del mismo tipo).
- Enrasamiento de los accesorios exteriores de la carrocería.
- Inclinación de los cristales.
- Entradas frontales de aire.
- Altura libre al suelo.

1.2. En función de los datos obtenidos, ¿cuál es la tendencia más generalizada en la evolución de los diseños de los vehículos utilitarios y del segmento medio?

1.3. En una carrocería lo más desnuda posible, observa los diferentes métodos de ensamblaje de los componentes de la estructura de la carrocería.

1.4. Mediante el acceso a internet, localiza diferentes acuerdos del tipo *joint venture*. Identifica las diferencias estéticas más aparentes.

1.5. Mediante el acceso a internet, localiza diferentes acuerdos de fabricación bajo licencia. Identifica las diferencias más significativas en cada caso.

1.6. Mediante el acceso a internet, localiza diferentes proyectos de *concept car*, valorando las innovaciones que aporta cada caso, en cuanto a diseño se refiere. Según tu criterio, determina las posibilidades de viabilidad que presenta cada modelo.

1.7. Mediante el acceso a internet, navega por páginas que alojen vídeos sobre procesos de fabricación de carrocerías. Determina las diferencias más significativas entre dichos procesos.

1.8. Mediante el acceso a internet, navega por páginas que alojen vídeos sobre procesos de hidroconformación. Determina las diferencias más significativas entre los procesos localizados.

2

CARACTERÍSTICAS CONSTRUCTIVAS DE LA CARROCERÍA. MATERIALES EMPLEADOS

CONTENIDO

OBJETIVOS

- Conocer las características más significativas de los diferentes tipos de carrocerías.
- Identificar los componentes de la carrocería autoportante, con su denominación habitual.
- Saber cuáles son los distintos tipos de materiales que se utilizan en la construcción de carrocerías.
- Determinar la influencia del tipo de material en el comportamiento y las características de la carrocería de un vehículo.

INTRODUCCIÓN

A lo largo del tiempo la carrocería ha experimentado una profunda evolución, ya que, inicialmente, las exigencias, en cuanto a rigidez se refiere, condicionaron un tipo de construcción integrada basada en un elemento portante formado por un bastidor de doble viga unida con travesaños, al que posteriormente se acoplaba la carrocería propiamente dicha. En la actualidad predomina la estructura denominada «autoportante», en la que el chasis y la carrocería propiamente dicha están integrados en un solo elemento, que en la práctica ha resultado la mejor solución capaz de conseguir óptimos niveles de resistencia estructural y capacidad de absorción de energía en caso de impacto.

Figura 2.1. Carrocería autoportante.

2.1. Tipos de carrocerías según su construcción

La carrocería de un automóvil se puede considerar como el elemento o conjunto de elementos que representan el perfil de la estructura exterior de un automóvil, que en mayor o menor medida tiende hacia líneas de marcada belleza estética y un perfecto acabado. Entre sus características destacan su rigidez y su capacidad para absorber esfuerzos, golpes y vibraciones.

Por su parte, los diferentes conjuntos mecánicos se sustentan en un robusto armazón denominado bastidor. La interacción de ambos elementos, carrocería y bastidor, determina tres concepciones constructivas distintas, que presentan notables diferencias en cuanto a resistencia y peso del conjunto. Estos sistemas de construcción son:

- Carrocería y chasis separados.
- Carrocería con plataforma-chasis.
- Carrocería autoportante.

2.1.1. Carrocería y chasis separados

Este sistema es el más antiguo de los utilizados en el automóvil y en la actualidad solo se aplica en la construcción de vehículos industriales (camiones, autocares, etc.), en vehículos «todoterreno» y en automóviles con carrocería de fibra. La configuración básica está constituida por la unión de dos estructuras distintas:

- El bastidor.
- La carrocería.

Figura 2.2. Conjunto de carrocería y chasis separados.

El bastidor es una estructura constituida por un armazón de vigas o largueros de acero a lo largo del vehículo, unidas mediante travesaños soldados, atornillados o remachados, dispuestos transversal o diagonalmente. El elemento así formado posee una elevada resistencia y rigidez, constituyendo la base o bastidor sobre el que se montan los órganos mecánicos y la carrocería; por este motivo recibe y absorbe todos los esfuerzos de flexión y torsión derivados del normal funcionamiento del motor y la marcha del vehículo.

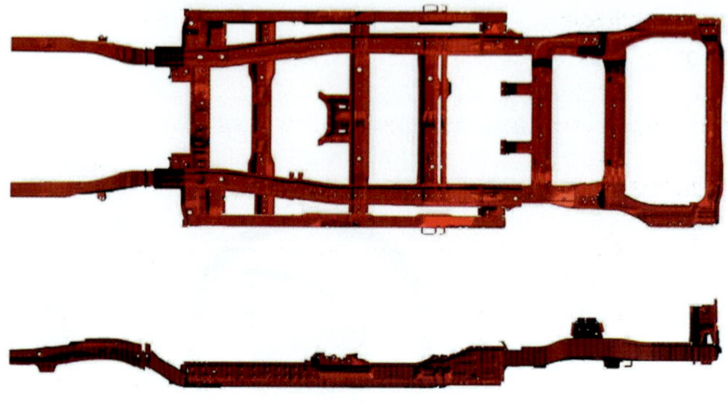

Figura 2.3. Bastidor.

Habitualmente, cuando el bastidor ha recibido todos los órganos mecánicos forma un conjunto denominado **chasis.**

Generalmente, la carrocería constituye la envoltura externa del vehículo y no tiene una gran contribución a nivel de resistencia. Para su montaje, se atornilla al bastidor a través de unas juntas de caucho, quedando perfectamente fijada.

El sistema de carrocería y chasis separados presenta una gran versatilidad, permitiendo conseguir:

- Gran robustez y resistencia para transportar cargas elevadas.
- Elevada rigidez para poder soportar grandes esfuerzos estáticos y dinámicos.

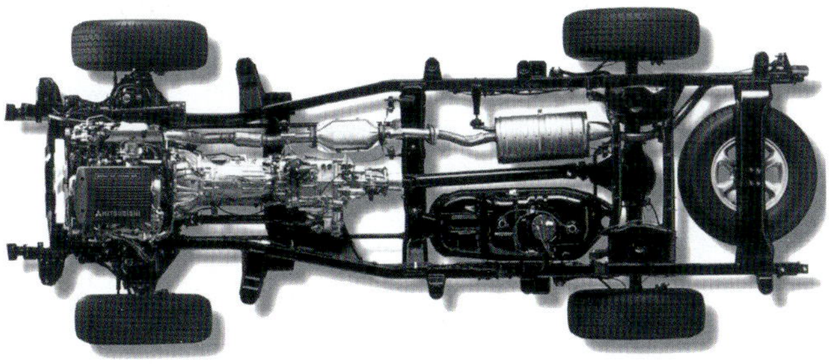

Figura 2.4. Chasis.

En el automóvil, este sistema no está muy extendido, debido a, entre otras razones:

- Aumento considerable del peso del vehículo.
- Menor control sobre las zonas de deformación.
- Centro de gravedad más alto, que hace disminuir la estabilidad y aumenta el coeficiente aerodinámico (C_x).
- Mayor coste de fabricación.

Tipos de bastidores

Los bastidores suelen diseñarse con diferentes formas y geometría, en función de diversas solicitaciones como: resistencia, distribución especial de la carga, flexiones y torsiones elevadas y frecuentes, etcétera.

Algunos de los más usuales son:

- **En escalera (en H).** Consiste en dos largueros laterales de chapa laminada o embutida y soldada, con perfil cajeado o en «U», paralelos o no, unidos mediante una serie de travesaños. En su día fue uno de los más utilizados, centrándose su uso en la actualidad en camiones y algunos furgones ligeros, debido a su gran solidez.

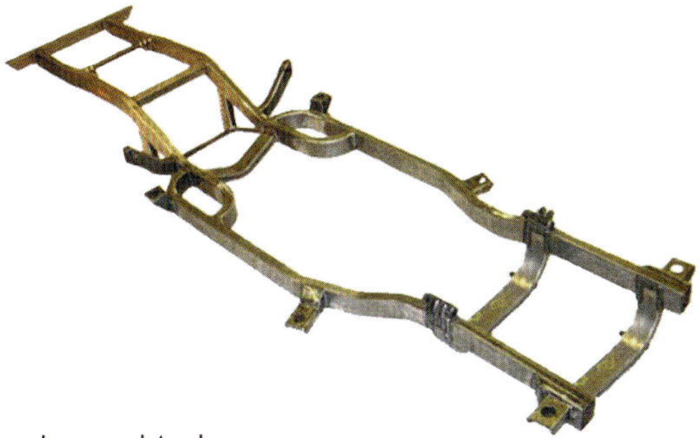

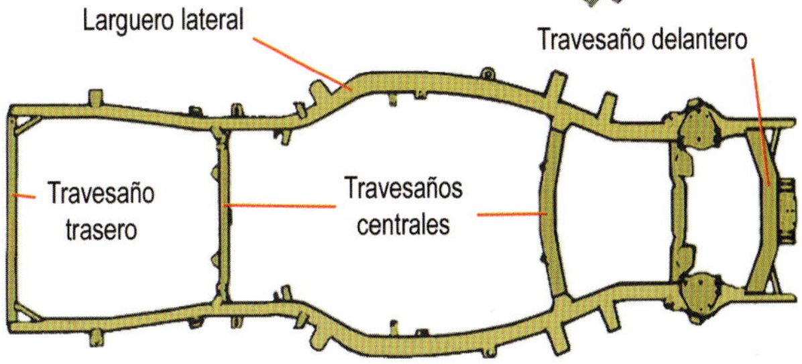

Figura 2.5. Bastidor en escalera o H.

- **De columna (en X).** Este bastidor se estrecha por el centro, proporcionando al vehículo una estructura rígida diseñada para contrarrestar los puntos de torsión elevada. El travesaño delantero es muy robusto para servir de fijación a los anclajes de las suspensiones delanteras. Una variedad del mismo es el bastidor de tubo central, que cuenta con una viga gruesa longitudinal en la sección central, con perfil cuadrado o redondo, y que tiene en sus extremos sendos entramados para alojar a los elementos mecánicos del vehículo (grupo motopropulsor, suspensiones, dirección, etc.). Su empleo se centra en vehículos de competición.

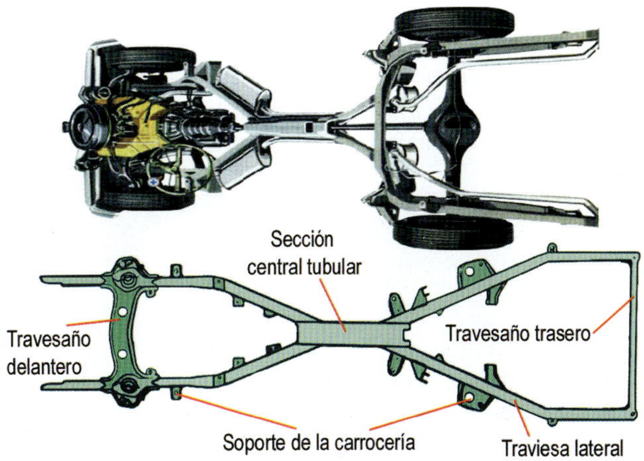

Figura 2.6. Bastidor de columna o en X.

- **Perimétrico.** En este tipo de bastidor los largueros soportan la carrocería en la parte más ancha, ofreciendo mayor protección en caso de impacto lateral. Presentan una configuración escalonada detrás y delante de las ruedas delanteras y traseras, respectivamente, para formar una estructura de caja de torsión, que en caso de impacto frontal absorbe gran parte de la energía generada.

Los travesaños traseros están diseñados convenientemente para absorber la energía de un impacto trasero. En caso de impacto lateral, como el larguero longitudinal (lateral) se encuentra muy cerca del cerramiento del piso, se evitan en parte los aplastamientos.

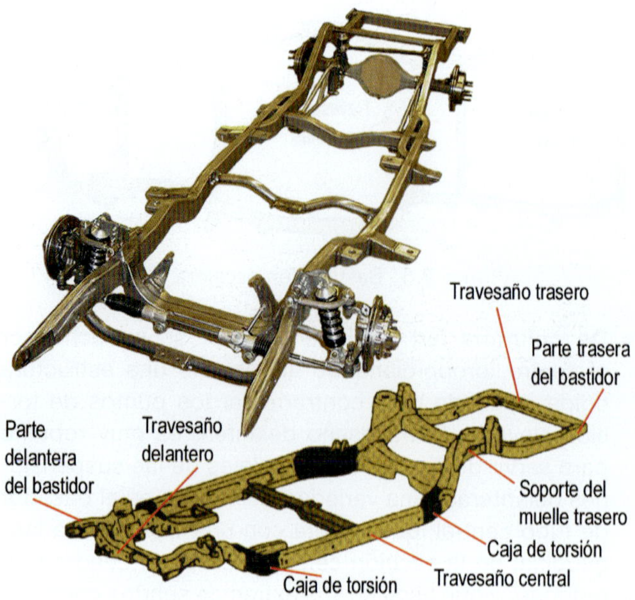

Figura 2.7. Bastidor perimétrico.

- **Tubular.** Este tipo de bastidor evoluciona el concepto de pesados chasis hacia estructuras esbeltas tipo «celosía» sobre las que atornillar las chapas exteriores de la carrocería. El entramado de tubos da lugar a una estructura muy rígida y liviana, permitiendo aligerar otras piezas al liberarlas de responsabilidad estructural.

Este tipo de diseño se emplea sobre todo en vehículos de competición, en los que la carrocería exterior tiene una misión meramente estética y aerodinámica, y donde es necesario disponer de una gran accesibilidad mecánica. Su empleo en vehículos de serie se ve condicionado, entre otras razones, por su elevado coste de fabricación.

2.1.2. Carrocería con plataforma-chasis

Esta configuración puede compararse con la de chasis con carrocería separada. La plataforma portante está constituida por un chasis aligerado formado por la unión, mediante soldadura por puntos, de varias chapas, que forman una base fuerte y sirve a la vez de soporte de las partes mecánicas y posteriormente de la carrocería.

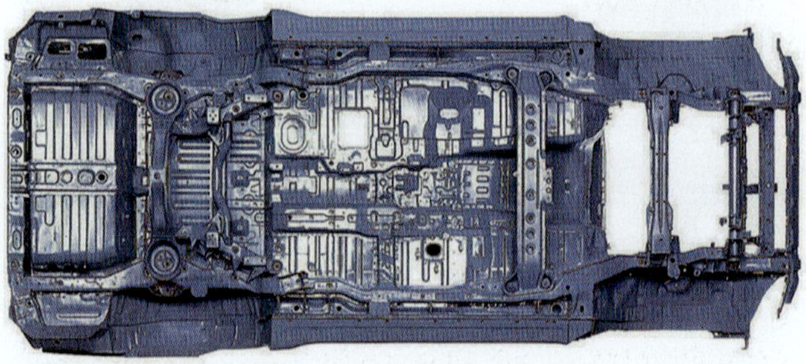

Figura 2.9. Plataforma portante formada por la soldadura de chapas.

Esta última puede unirse a la plataforma siguiendo dos técnicas diferentes:

- **Atornillada a la plataforma.** Debido a la rigidez que suministra la plataforma, la carrocería puede llevar numerosos elementos desmontables, como las aletas delanteras y traseras, los pases de rueda, la faldilla de la calandra, etcétera.

Figura 2.8. Diseño y detalle de un bastidor tubular.

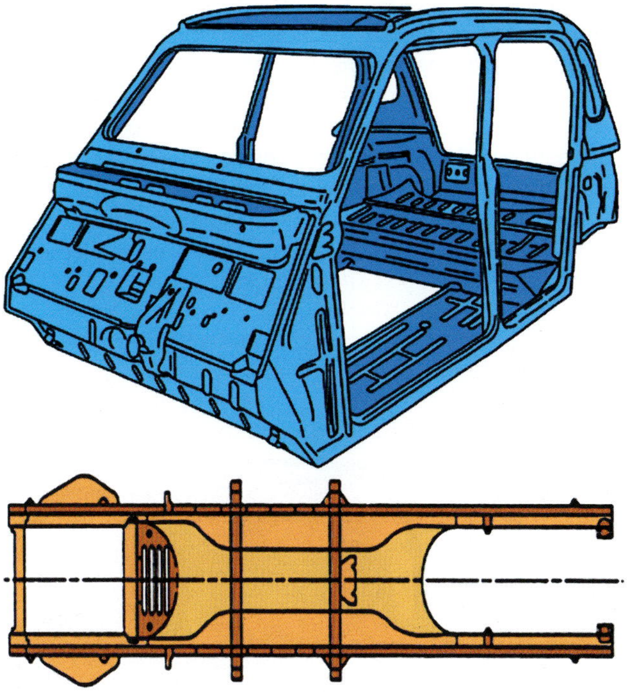

Figura 2.10. Vehículo con carrocería atornillada a la plataforma.

- **Mediante soldadura por puntos o remaches.** Puesto que la rigidez está garantizada por la plataforma, la estructura puede ser más ligera. Los elementos desmontables son, en este caso, las aletas delanteras.

Figura 2.11. Vehículo con carrocería soldada a la plataforma.

Esta técnica de fabricación permite disponer de una amplia gama de carrocerías diferentes para montar sobre la misma plataforma base. En general, se utiliza para automóviles que habitualmente han de soportar cargas y esfuerzos elevados, tal como es el caso de las furgonetas, los furgones y una gran parte de los automóviles todoterreno.

La unión mediante remachado se utiliza sobre todo en el caso de carrocerías de aluminio. Suele combinarse con adhesivos estructurales para afianzar la fijación y aumentar los niveles de resistencia.

2.1.3. Carrocería autoportante

Esta configuración es la más utilizada por los fabricantes de automóviles. En su diseño, se parte del concepto de hacer una estructura metálica envolvente constituida por la unión de elementos de chapa de diferentes formas y espesores, es decir, hacer una caja resistente que a su vez se soporte a sí misma y a los elementos mecánicos que se fijen sobre ella (autoportante).

Figura 2.12. Carrocería autoportante.

Esta estructura ha de proporcionar al vehículo:

- La resistencia adecuada a las solicitaciones dinámicas de flexión y torsión habituales durante su uso.
- La resistencia adecuada a las cargas estáticas (peso del propio vehículo, de los pasajeros y de la carga).
- La base de anclaje idónea para soportar, directamente o con interposición de elementos elásticos, los diferentes órganos mecánicos y eléctricos.
- La forma externa característica.

El suelo de este tipo de carrocerías está formado por chapa de alta resistencia que, junto con los numerosos cajeados y a los travesaños longitudinales y transversales, darán al mismo una elevada rigidez y resistencia. A su vez, el suelo se une con el resto de la carrocería, techo, montantes laterales, etc., formando un conjunto en forma de caja que es lo suficientemente rígido y a la vez capaz de absorber los esfuerzos mecánicos a los que va a ser sometido el vehículo.

Las chapas empleadas para su construcción son cortadas y estampadas en varios pasos hasta que adquieren la forma y espesor definitivos en cada punto, cumpliendo los requerimientos de diseño que garantizan una resistencia y rigidez óptimas con un peso mínimo.

No todas las piezas de la carrocería tienen el mismo espesor, dependiendo de si se trata de piezas estructurales (largueros, traviesas, pilares, etc.) o elementos sin responsabilidad estructural (puertas, aletas, capós, etc.). En el primer caso los espesores varían entre 1,2 y 2,5 mm, y de 0,7 a 0,8 mm en el segundo caso.

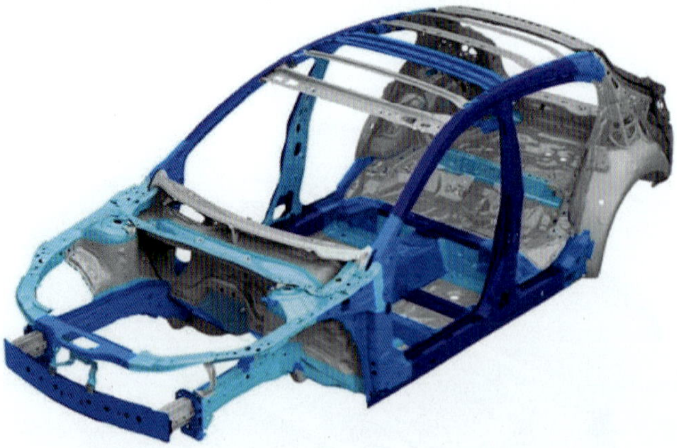

Figura 2.13. Estructura de una carrocería autoportante.

Las ventajas de este tipo de carrocerías son:

- Dotan al vehículo de una gran ligereza, estabilidad y rigidez.
- Facilitan la fabricación en serie, lo que repercute en una mayor perfección en su fabricación.
- Tienen el centro de gravedad más bajo, por lo que mejoran la estabilidad de marcha del vehículo.
- Son más económicas debido al alto grado de automatización que permite su fabricación.

Clasificación de las carrocerías autoportantes

Básicamente existen dos tipos de carrocerías autoportantes:

Carrocería autoportante con elementos desmontables

El diseño de este tipo de carrocerías permite que aquellas piezas que, por lo general, suelen sufrir golpes con más frecuencia, como las puertas, tapa del maletero, capó, aletas delanteras, etc., sean fácilmente desmontables. Este tipo de piezas no debe ser muy elevado, ni hallarse en zonas críticas, desde el punto de vista de las propiedades mecánicas, ya que de lo contrario la estructura perdería rigidez.

Este tipo de carrocería suele disponer de estructuras complementarias denominadas **subchasis** para sustentar las fijaciones del motor y elementos de los sistemas de suspensión y dirección. El empleo de estas subestructuras aporta rigidez, reduce las vibraciones y ofrece más posibilidades para diseñar los puntos de sujeción de estos elementos. Asimismo, en caso de impactos frontales o traseros, que ocasionen la deformación del subchasis, bastará con sustituir el subchasis y volver a posicionar geométricamente los puntos de anclaje en la estructura de la carrocería. Los subchasis suelen sujetarse a la carrocería por medio de tornillos, interponiendo unos elementos elásticos denominados ***silentblocks***[1].

Figura 2.14. Vehículo con carrocería autoportante con elementos desmontables.

Figura 2.15. Subchasis delantero que sustenta elementos de conjuntos de suspensión, tracción y dirección.

[1] Se denomina *silentblock* a un componente antivibratorio fabricado con materiales flexibles o elastómeros, cuya misión es absorber los choques y vibraciones que se producen entre los componentes mecánicos y la estructura sobre la que se apoyan. Como consecuencia de su capacidad antivibratoria, también elimina los ruidos (tal y como indica su nombre).

Carrocería autoportante unida por soldadura (monocasco)

Es una variedad de carrocería autoportante, en la que el número de las piezas desmontables está reducido al máximo: puertas, capó y tapa del maletero, para conseguir una configuración lo más compacta posible. El suelo de la caja, al estar fuertemente unido al resto del monocasco, hace que este participe en todos los esfuerzos, proporcionando la resistencia necesaria a todos los elementos que forman el conjunto.

El armazón de este tipo de estructura autoportante sustenta los conjuntos de suspensión, dirección, los acoplamientos del motor y el sistema de transmisión.

Aunque este tipo de estructura de carrocería ofrece un buen nivel de protección, en caso de colisiones frontales o traseras de significativa importancia se suele modificar la disposición geométrica de todos los puntos de apoyo y fijación de los elementos que forman parte de los conjuntos anteriores, siendo muy costoso y laborioso volver a posicionar correctamente esos puntos. Esta dificultad también se pone de manifiesto a la hora de reparar componentes de la carrocería, ya que no suelen desmontarse de manera fácil y rápida.

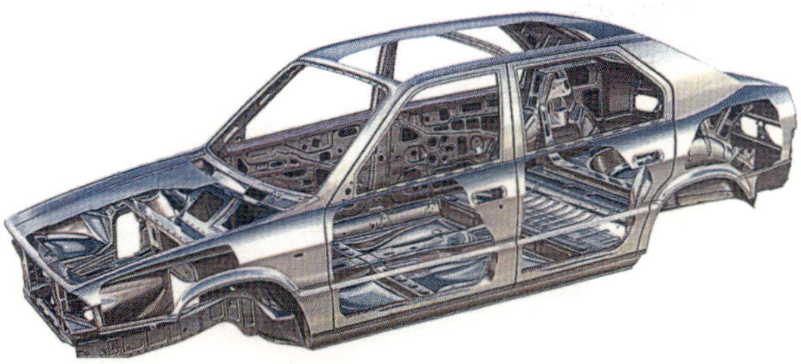

Figura 2.16. Vehículo de carrocería monocasco (con elementos soldados).

Constitución de una carrocería autoportante

Como se ha referido anteriormente, una carrocería autoportante está constituida por muchas piezas de chapa unidas entre sí para transmitir los esfuerzos y proporcionar rigidez y resistencia a todo el conjunto. Estas piezas pueden agruparse de diferente forma en función del criterio que se utilice para su clasificación; entre los más habituales, podemos citar:

Según la función que desempeñan

- **Elementos estructurales.** Son aquellos que conforman la estructura resistente a las solicitaciones de flexión y torsión, y forman, también, la base de los anclajes para los órganos mecánicos.
- **Elementos de revestimiento.** Son los que confieren al vehículo su forma característica, determinando la línea estética del mismo.

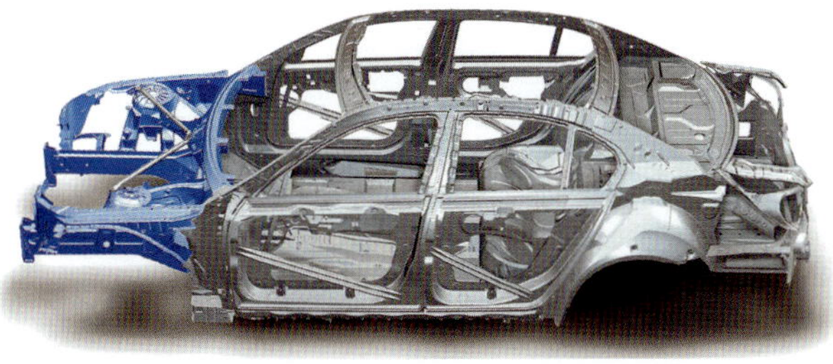

Figura 2.17. Elementos estructurales de la carrocería.

Figura 2.18. Elementos de revestimiento de la carrocería.

Según la posición que ocupan

- **Elementos externos.** Son elementos, generalmente de revestimiento, de marcado carácter estético, pues no en vano conforman la parte exterior de la carrocería. Determinan en gran medida el coeficiente aerodinámico del vehículo. Además de los paneles exteriores de la carrocería existen otros componentes que forman parte de diversos conjuntos del automóvil y que pueden considerarse como elementos exteriores: lunas, paragolpes, pilotos, ópticas, antinieblas, alerones, rejillas, espejos, etcétera.
- **Elementos internos.** Habitualmente son elementos estructurales. Sus formas y diseño responden a funciones exclusivas de resistencia.

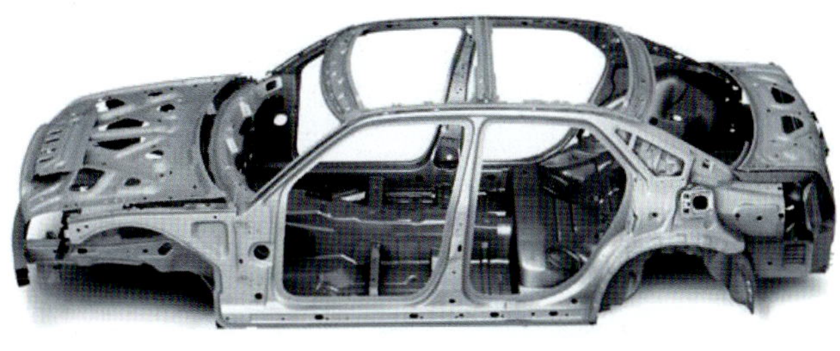

Figura 2.19. Elementos internos de la carrocería.

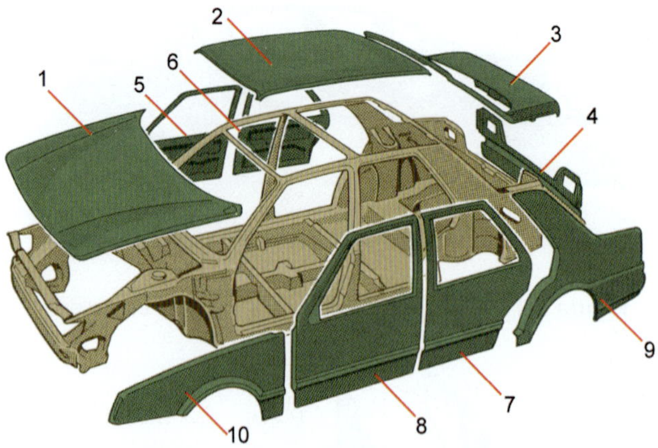

1. Capó del motor.
2. Techo.
3. Portón trasero.
4. Panel posterior.
5. Puerta derecha delantera.
6. Puerta trasera derecha.
7. Puerta trasera izquierda.
8. Puerta delantera izquierda.
9. Aleta trasera izquierda.
10. Aleta delantera izquierda.

Figura 2.20. Elementos externos de la carrocería.

Según la forma de fijación de los elementos externos a la carrocería

- **Elementos fijos.** Son aquellos que, generalmente, se unen mediante procesos de soldadura o con pegamentos estructurales. Forman, básicamente, la parte estructural de la carrocería y conforman la parte del habitáculo y la zona de anclaje de los órganos mecánicos en el vano motor.
- **Elementos amovibles.** Se denominan así por ir unidos mediante tornillos y tuercas (puertas, aletas, portones, capós, etc.). La tendencia constructiva se encamina a convertir en elementos móviles un número mayor de piezas con frecuentes intervenciones y desmontajes.

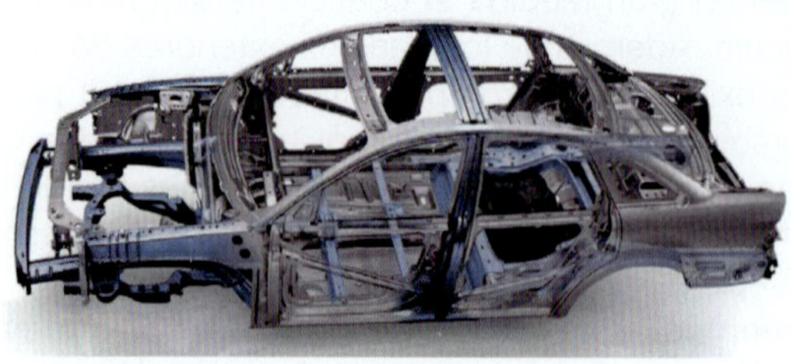

Figura 2.21. Elementos fijos de la carrocería.

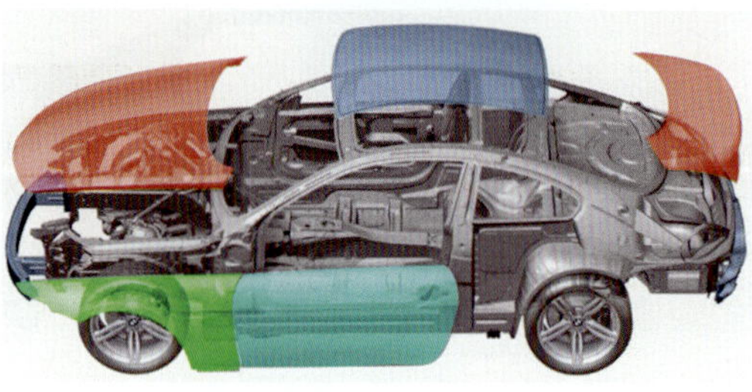

Figura 2.22. Elementos amovibles de la carrocería.

2.1.4. Estructura y denominación de las piezas de la carrocería

Por lo que respecta a la estructura de la carrocería, a nivel general, la carrocería está formada por dos conjuntos importantes:

- Subestructura (basamento).
- Superestructura (habitáculo).

El número de piezas que pueden ir ensambladas puede ser muy elevado, pudiéndose establecer cuatro conjuntos diferenciados:

- Paneles exteriores.
- Armazón delantero.
- Armazón central y trasero.
- Armazón del piso

Cuando se ha de llevar a cabo cualquier intervención sobre la carrocería, resulta imprescindible conocer la denominación correcta de las piezas que están involucradas en el proceso; bien para realizar pedidos de sustitución, o bien para facilitar la comprensión y el seguimiento de los manuales técnicos de reparación. Este conocimiento se ve dificultado por varias causas:

- Todos los vehículos no tienen el mismo número de piezas.
- Las mismas piezas adoptan diferentes denominaciones en función del constructor.
- Una misma pieza puede ser un elemento simple o formar parte de un conjunto según el caso.

Figura 2.23. Conjuntos de una carrocería autoportante.

Se trata, en definitiva, de utilizar la terminología técnica de uso más extendido; a este fin, en la Figura 2.24 aparecen los nombres más habituales de estos componentes.

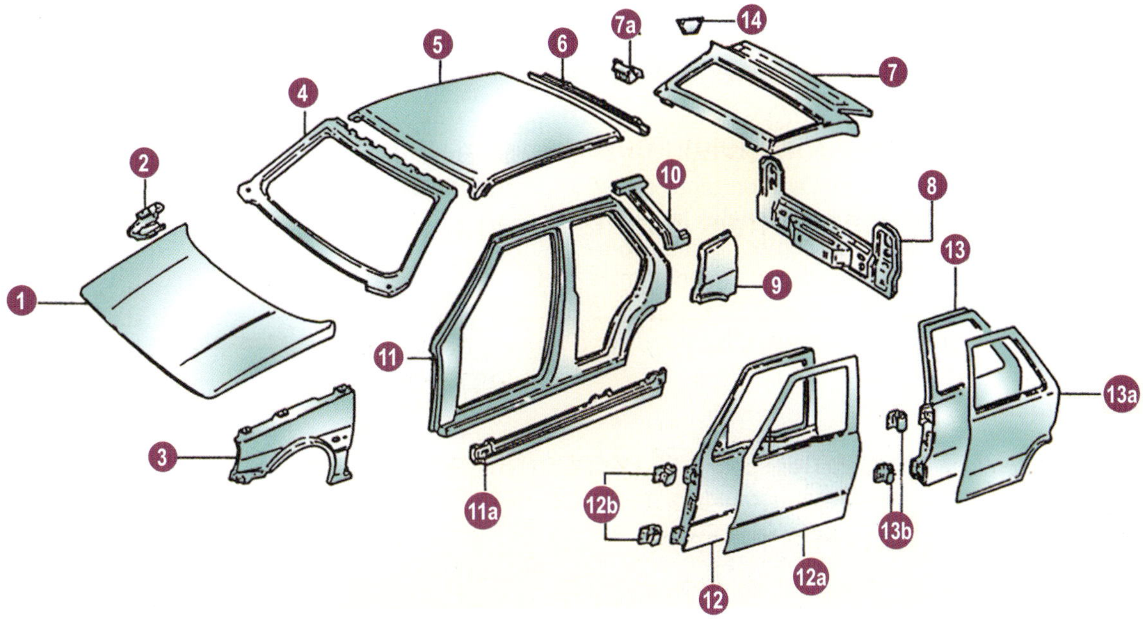

Elementos exteriores de la carrocería

1. Capó delantero.
2. Bisagra del capó.
3. Aleta delantera.
4. Marco de luna.
5. Techo.
6. Refuerzo posterior del techo.
7. Portón trasero.
7a. Bisagra del portón trasero.
8. Faldón.
9. Aleta trasera.
10. Marco de luna de custodia.
11. Lateral completo.
11a. Estribo.
12. Puerta delantera.
12a. Panel de puertas delanteras.
12b. Bisagras de puerta delantera.
13. Puerta trasera.
13a. Panel de puerta trasera.
13b. Bisagras de puerta trasera.
14. Tapa de depósito del combustible.

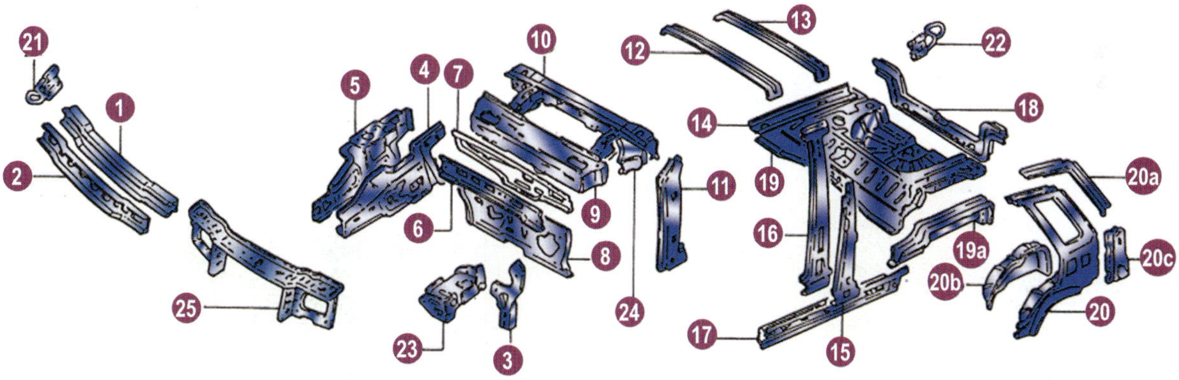

Elementos interiores de la carrocería

1. Traviesa interior delantera.
2. Cierre de la traviesa inferior delantera.
3. Soporte de sujeción del paragolpes.
4. Larguero delantero.
5. Cierre del larguero delantero.
6. Traviesa del salpicadero.
7. Refuerzo del salpicadero.
8. Panel frontal del salpicadero.
9. Salpicadero superior.
10. Traviesa de sujeción del cuadro de mandos.
11. Refuerzo del montante delantero.
12. Traviesa anterior del techo.
13. Traviesa central del techo.
14. Refuerzo lateral del techo.
15. Refuerzo del montante central.
16. Cierre del montante central.
17. Cierre del estribo.
18. Refuerzo del faldón.
19. Piso maletero con largueros traseros.
19a. Larguero trasero.
20. Cierre de la aleta trasera.
20a. Refuerzo de custodia.
20b. Pase de rueda trasero.
20c. Refuerzo posterior de cierre de aleta.
21. Soporte delantero de remolque.
22. Soporte trasero de remolque.
23. Soporte de batería.
24. Refuerzo del salpicadero.
25. Frente delantero.

Figura 2.24. Despiece de una carrocería con su denominación habitual.

2.2. Solicitaciones constructivas de las carrocerías

En la configuración de una carrocería autoportante deben tenerse en cuenta una serie de solicitaciones y criterios, además de los puramente estéticos, como: rigidez, vibraciones, durabilidad, facilidad de reparación, aerodinámica y comportamiento en caso de choque.

2.2.1. Rigidez

Una estructura demasiado blanda es peligrosa para los ocupantes, porque supone que el habitáculo de los pasajeros no se mantendrá intacto y sus ocupantes resultarán heridos; por el contrario, otra excesivamente rígida también lo es, porque si bien el habitáculo conserva su forma, los ocupantes se ven sometidos en caso de colisión a fuerzas inerciales muy elevadas (de hecho, la energía del impacto será transmitida directamente a los pasajeros en un período muy corto de tiempo, pues el coche apenas habrá empleado tiempo en deformarse). Es decir, el pasajero habrá soportado una deceleración muy grande, su cuerpo no se habrá detenido progresivamente, sino que habrá chocado contra el interior del coche, o contra su propio cinturón, casi con su velocidad inicial, con lo que se habrán soportado unas fuerzas extremas.

Figura 2.25. Estructura rígida de carrocería reforzada de una sola pieza.

Para dar una idea de ello, en el caso de un impacto a 50 km/h contra un muro rígido, la aceleración que sufren los ocupantes en un vehículo de estructura rígida será cinco veces superior al que recibirían en un vehículo con estructura deformable, con lo que el cuerpo tendría que soportar en el primer caso 40 veces su peso. En algunos casos existe todavía la idea de que «los vehículos más antiguos tenían la chapa más dura que la actual» y por tanto se comportaban mejor en caso de choque. Resulta obvio por lo anteriormente expuesto que esta es una idea equivocada, ya que toda energía que no absorba la carrocería mediante su deformación programada, se transmitirá hacia los ocupantes. En el caso de choque frontal entre dos vehículos de diferente tamaño (con un plan similar de deformación), cuanto mayor sea la diferencia de peso más afectado resultará el vehículo más ligero. Además, los vehículos de mayor tamaño suelen tener más espacio delantero y trasero para deformarse, garantizando mejor la integridad del habitáculo.

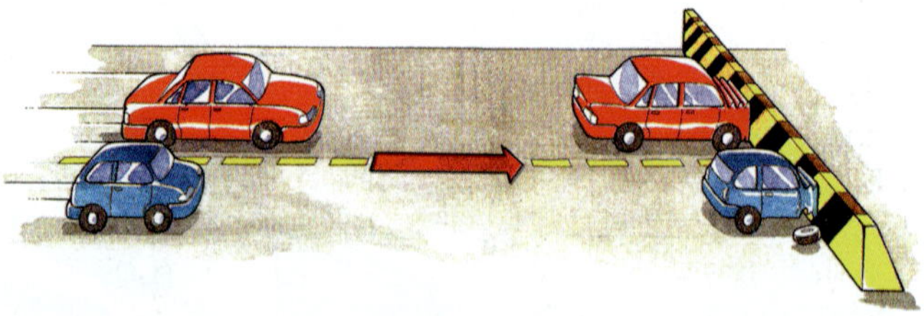

Figura 2.26. Comparativa de comportamiento en caso de choque.

A nivel estructural, el chasis no debe retorcerse ni flexionarse sino en un grado mínimo, por el efecto de las fuerzas que actúan sobre el vehículo. Solo de este modo se pueden evitar repercusiones negativas sobre el comportamiento (geometría de la suspensión y dirección). Asimismo, deben minimizarse las deformaciones elásticas que sufren las puertas y el capó y la tapa del maletero, a fin de garantizar un ajuste exacto (hermeticidad) durante la marcha. Unos elevados valores de rigidez torsional y de flexión se traducen en ventajas como:

- Menos vibraciones.
- Menos ruidos.
- Mantener la posición y las tolerancias de ensamblaje en las puertas y capós.
- Más facilidad de conducción.
- Más resistencia a las roturas que se producen cuando se utiliza el vehículo por firmes irregulares.
- Mayor sensación de solidez del vehículo.

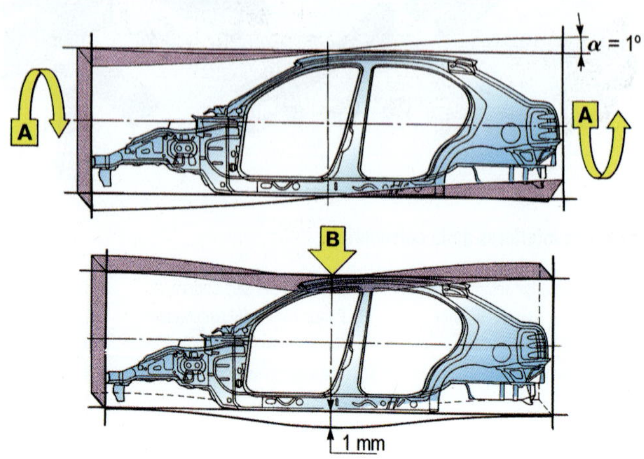

Figura 2.27. Esfuerzos de torsión y flexión que sufre una carrocería.

Vibraciones

Las vibraciones de la carrocería, así como las producidas por algunos componentes como la suspensión o el grupo motopropulsor, pueden disminuir el grado de confort, sobre todo si se produce resonancia. Para eliminar o disminuir estos efectos se recurre a diferentes soluciones:

- Los componentes susceptibles de vibración de la carrocería deben tener una estructura y una geometría adecuadas mediante acanaladuras, y variaciones del espesor de pared y de las secciones transversales.
- Empleando materiales insonorizantes como planchas adhesivas o espumas de PU en cuerpos huecos.
- Utilizando tacos de goma y *silentblocks* para filtrar las vibraciones procedentes del tren de rodaje y el grupo motopropulsor.

2.2.2. Durabilidad

Para conseguir una estructura que mantenga inalterables sus características constructivas durante el mayor tiempo posible se utilizan diferentes técnicas:

- Una construcción sólida y estable, que preste especial atención a los puntos de apoyo del tren de rodaje, la dirección y el conjunto de tracción, ya que son las zonas más expuestas al riesgo de provocar grietas en el bastidor o fallos en los puntos de soldadura debido a los esfuerzos de flexión y torsión principalmente.
- Utilización de materiales que no envejecen fácilmente.
- Una adecuada protección anticorrosiva.

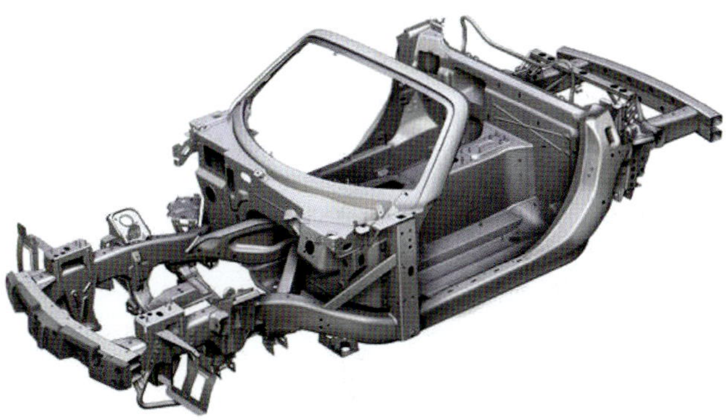

Figura 2.28. Estructura sólida en los apoyos de suspensión, conjunto de tracción y dirección.

2.2.3. Facilidad de reparación

Los elementos exteriores de la carrocería más expuestos a sufrir pequeños daños deben poderse reparar o sustituir fácilmente, sin ocasionar ninguna merma en la rigidez del conjunto. Para ello, es importante que estos componentes dispongan de una buena accesibilidad interior y a la zona o a los elementos de unión (tornillos, soldadura, remaches, etc.).

Figura 2.29. Las carrocerías deben permitir un desmontaje no muy complejo de los elementos exteriores, para facilitar las reparaciones.

2.2.4. Comportamiento en caso de choque

En caso de colisión la estructura debe deformarse de un modo predefinido, transformando la máxima energía de choque (cinética) posible en trabajo de deformación.

En cualquier caso, la célula de pasajeros debe permanecer, a ser posible, intacta. La deformación programada retiene progresivamente el impacto y evita la transmisión de fuerzas a los ocupantes. Para ello, los largueros (delanteros o traseros) se deforman, se «arrugan» de forma programada en caso de colisión.

Figura 2.30. Ensayos virtuales de deformación programada.

Para que su deformación sea lo más adecuada, algunos fabricantes incorporan una serie de taladros o muescas que «dirigen» de forma estudiada esa deformación. Además, las carrocerías se construyen para evitar la intrusión de elementos mecánicos en el habitáculo de seguridad de los pasajeros. Para ello, una serie de piezas como los pilares forman, junto con el techo, una «jaula» protectora.

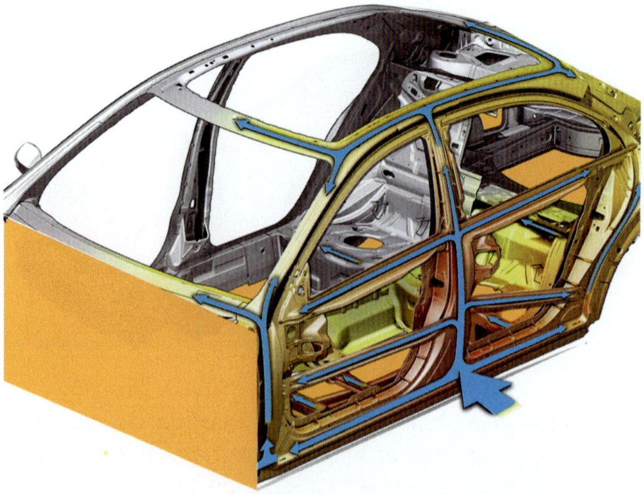

Figura 2.31. Distribución de la energía en un choque lateral, para mantener íntegro el habitáculo de ocupantes.

Asimismo, incorporan el denominado panel de fuego (separa el motor del habitáculo) y el panel trasero (tras los asientos posteriores). Las protecciones laterales evitan que la estructura del coche (muy cercana al pasajero) produzca daños en una colisión lateral. Para conseguir un adecuado nivel de protección lateral se incorporan tres tipos de refuerzos: los travesaños del piso del habitáculo, los pilares y las puertas reforzadas mediante barras longitudinales o cruzadas en forma de aspa.

Tanto los aspectos aerodinámicos como las pruebas de choque (*crash test*) tienen una importancia decisiva en la definición de las características constructivas de una carrocería, ya que influyen de forma importante en la definición del diseño de la misma y en la puesta a punto de los requerimientos estructurales.

2.3. Materiales utilizados en la fabricación de carrocerías

El estudio del diseño y de los materiales utilizados en la construcción de carrocerías de automóviles se encuentra en un proceso de investigación constante, con el objetivo de contribuir a reducir el peso del vehículo y, en consecuencia, los consumos de combustible y las emisiones de CO_2, garantizando en todo momento la resistencia y capacidad de absorción de energía de una carrocería. Estos últimos factores dependen, principalmente, del material empleado, del espesor y de la forma de cada una de las piezas que la componen.

Cada material tiene determinadas propiedades físicas, químicas y mecánicas que lo hacen más o menos adecuado para desempeñar una función concreta, dependiendo del tipo de solicitaciones a las que vaya a ser sometido. Bajo este enfoque, para la construcción de la carrocería se utilizan habitualmente chapas de acero de diferentes calidades según sea su aplicación concreta.

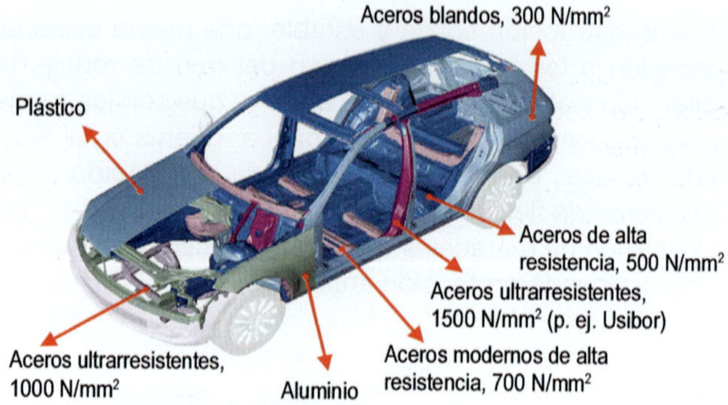

Figura 2.32. Ejemplo de carrocería fabricada con diferentes materiales.

Los materiales más utilizados en la construcción de carrocerías son los que se muestran en el siguiente esquema:

MATERIALES

- Metálicos
  - Férreos
    - Acero
  - No férreos
    - Aluminio
    - Magnesio
    - Cobre
    - Cinc
- No metálicos
  - Plásticos
    - Termoplásticos
      - Policarbonato (PC)
      - Polipropileno (PP)
      - Policloruro de vinilo (PVC)
      - Polietileno (PE)
      - Poliamida (PA)
      - Acrilonitrilo butadieno estireno (ABS)
    - Termoestables
      - Poliuretano (PUR)
      - Resinas epoxi
      - Poliéster reforzado con fibras
  - Otros
    - Vidrio
    - Caucho
    - Goma

La proporción en peso de los principales materiales utilizados se encuentra generalmente en la relación que muestra el gráfico de la Figura 2.33.

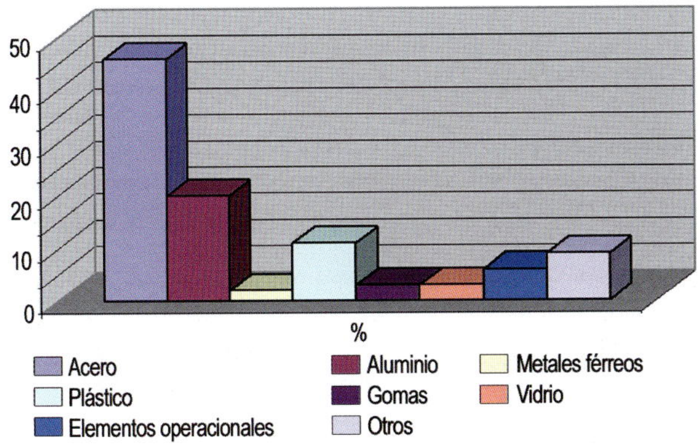

Figura 2.33. Ejemplo de materiales empleados en la fabricación de una carrocería.

2.3.1. Propiedades mecánicas de los metales

Las propiedades de los materiales constituyen un conjunto de características diferentes para cada cuerpo, que ponen de manifiesto cualidades intrínsecas de los mismos o su forma de responder a determinadas acciones exteriores; de ahí la importancia que su conocimiento representa para el estudio y análisis del comportamiento de una carrocería cuando sufre los efectos de una colisión.

Los materiales poseen una extensa variedad de propiedades que se agrupan en función de la naturaleza de estas. A continuación se desarrollan las propiedades de naturaleza mecánica, que son las que más interés aportan al objeto de este tema.

- **Tenacidad.** Es la propiedad de los metales que les permite resistir a los esfuerzos de rotura o deformación. Da idea de la capacidad que tiene un metal de absorber energía antes de romperse. Dicho de otra forma, es la energía total que absorbe un material hasta romperse.
- **Elasticidad.** Es la propiedad de los metales que les permite recuperar su forma original después de haber sido deformados y una vez que se suprime el esfuerzo que los deformaba (Figura 2.34). Algunos conceptos asociados son:

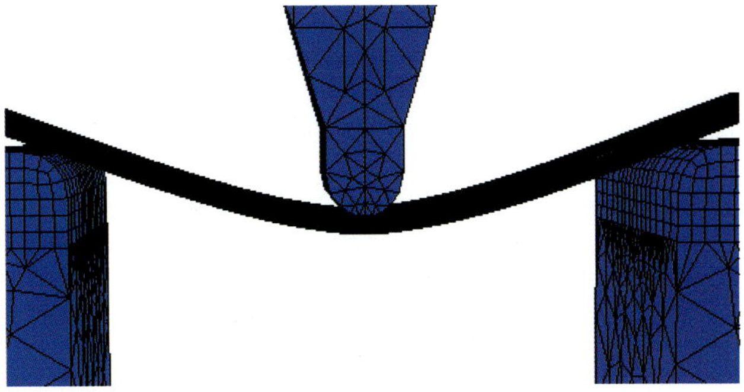

Figura 2.34. Elasticidad de un material.

  - **Límite elástico.** Es la fuerza máxima de deformación que puede aplicarse a un material sin originar una deformación permanente. En la práctica, es el valor de la carga que rebasa ligeramente la elasticidad, produciendo una deformación muy pequeña (0,2 %). La Tabla 2.1 muestra el valor del límite elástico de algunos metales (Figura 2.35).

Figura 2.35. El límite elástico de un muelle de suspensión suele ser de unos 1800 N/mm^2 aproximadamente.

  - **Módulo de elasticidad.** Cuando una muestra se somete a un esfuerzo de tracción, sufre un alargamiento. La relación entre la tensión aplicada y el alargamiento producido, con relación a la longitud primitiva, permanece constante para un mismo material y se denomina módulo de elasticidad.
  - **Alargamiento de rotura.** Es el alargamiento máximo, sin rotura, que se puede dar por tracción a un material. Se expresa en porcentaje sobre la longitud inicial de la pieza.

Tabla 2.1. Límite elástico de algunos metales

Material	Aleaciones de aluminio	Hierro	Acero 0,15 % C	Acero 0,25 % C	Acero 0,45 % C	Acero inox. de muelles
Límite elástico	De 150 a 350 N/mm^2	200 N/mm^2	280 N/mm^2	300 N/mm^2	400 N/mm^2	De 1500 a 2000 N/mm^2

Tabla 2.2. Alargamiento máximo, sin rotura

Alargamiento (%)	Acero	Aluminio
	31	11

- **Plasticidad.** Se define como la capacidad que tienen los materiales de adquirir deformaciones permanentes. Sus propiedades más importantes son:

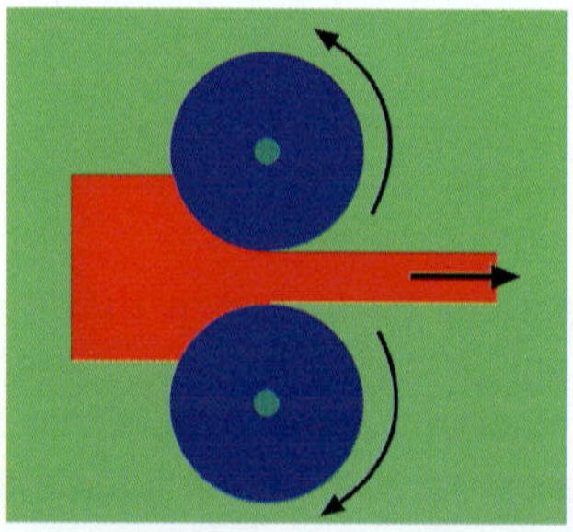

Figura 2.36. Proceso de laminado.

  - **Maleabilidad.** Es la propiedad que poseen ciertos metales de dejarse reducir en forma de láminas mediante esfuerzos de compresión. En esta propiedad se basan los trabajos de laminado, que permiten obtener las chapas de metal utilizadas corrientemente en la industria. La maleabilidad permite también los trabajos de forjado y embutido.
  - **Ductilidad.** Es la propiedad que poseen algunos metales de dejarse estirar mediante esfuerzos de tracción. Es la base de los trabajos de trefilado (reducción de un metal a alambre o hilo).

- **Fatiga.** Cuando un metal se somete a esfuerzos de magnitud y sentido variables, puede romperse aplicando cargas muy inferiores a su resistencia a la rotura normal para un esfuerzo de tensión constante. A este aparente desfallecimiento de los metales cuando están sometidos a esfuerzos de magnitud diferente se le denomina fatiga de los metales. Uno de los conceptos asociados más importantes es la **resistencia a la fatiga,** que se define como la carga que un metal sometido a esfuerzos repetidos puede soportar indefinidamente sin romperse.

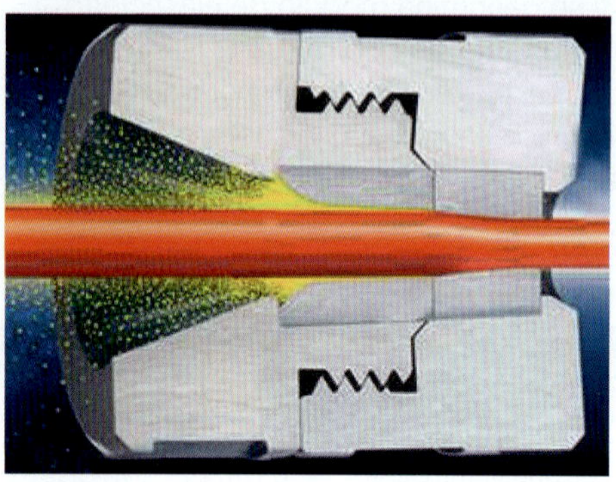

Figura 2.37. Proceso de trefilado.

- **Resistencia a la rotura.** Se denomina así a la carga a partir de la cual se produce un período de rápido estiramiento de la muestra con una sensible reducción de su sección hasta que se produce la rotura bajo un esfuerzo menor que la tensión antes citada. Dicho de otra forma, es la carga máxima, por unidad de superficie (N/mm^2), que un material es capaz de soportar sin romperse.

Tabla 2.3. Resistencia de tracción del acero y del aluminio

Resistencia a la tracción (N/mm^2)	Acero	Aluminio
	380	120

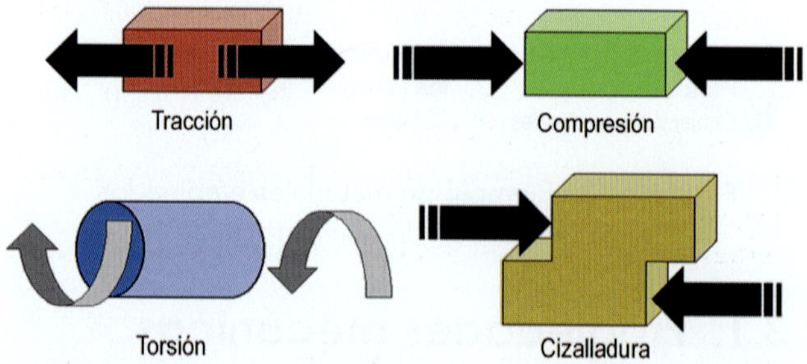

Figura 2.38. Diferentes tipos de esfuerzos de rotura.

- **Estricción.** Es la propiedad que tienen los metales de oponerse a la reducción de su sección cuando están sometidos a una carga de tracción.
- **Dureza.** Es una propiedad que tienen los metales que define la resistencia que oponen a ser penetrados por otros cuya forma y dimensiones se encuentran debidamente normalizadas. Se entiende, asimismo, como la resistencia que opone un cuerpo a ser rayado por otro. También da idea de la resistencia de un material a una deformación permanente (Figura 2.39).

Tabla 2.4. Dureza del acero y del aluminio

Dureza (HB)	Acero	Aluminio
	63	15

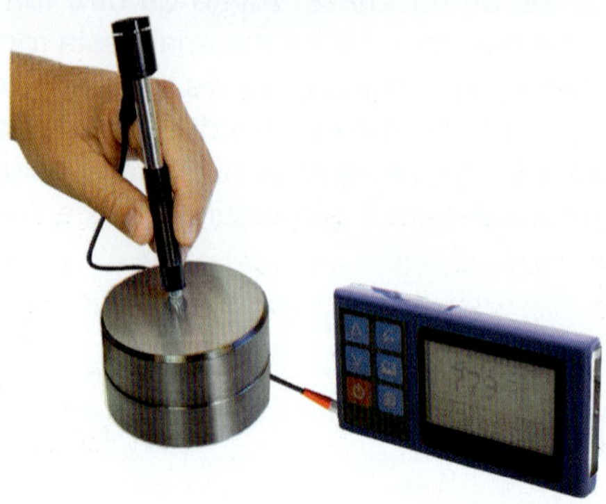

Figura 2.39. Durómetro digital portátil para determinar la dureza de un material.

- **Fragilidad.** Es la propiedad de los metales de romperse más o menos fácilmente bajo la acción de un choque. Un material frágil es aquel que se rompe al rebasar el límite elástico sin apenas experimentar deformación plástica alguna.
- **Resiliencia.** Define la resistencia que opone un cuerpo a la ruptura por choque o percusión. Es la propiedad inversa a la fragilidad, es decir, un metal resiliente no es frágil. Da idea de la energía que es capaz de absorber el material al romperse mediante un solo golpe.
- **Fluencia.** Es la propiedad que tienen algunos metales de deformarse lenta y espontáneamente bajo la acción de su propio peso o de cargas muy pequeñas. En general, esta característica aparece con más intensidad en los metales con temperaturas de fusión baja, como el plomo.
- **Maquinabilidad.** Con esta denominación se agrupan varias propiedades, como: velocidad a la que puede mecanizarse el material al someterle a trabajos con máquinas, clase de viruta producida, capacidad de desgaste por herramienta y tipo de acabado superficial que puede obtenerse.

2.3.2. El acero en la fabricación de carrocerías

El acero presenta unas excelentes características mecánicas referentes a rigidez, resistencia, aptitud para el mecanizado, conformación plástica, además de ser relativamente barato de obtener. Para mejorar sus propiedades mecánicas pueden combinarse diferentes factores como la composición química y los tratamientos termomecánicos que sufre el acero durante el proceso de fabricación.

Figura 2.40. Estructura de una carrocería fabricada en acero.

En relación a la composición química, el carbono es el elemento que confiere al acero las características básicas de dureza[2], aunque en este aspecto también influyen otros elementos utilizados en la aleación, como el silicio, el manganeso o el fósforo.

Con la adición de otros elementos se consigue obtener aceros con propiedades muy específicas de dureza (aceros de alta resistencia). Estos aceros adoptan la denominación de **microaleados,** cuando se añaden elementos como el titanio, el niobio o el vanadio, ya que el efecto de estos elementos se manifiesta aunque se añadan en cantidades muy pequeñas en comparación con los restantes integrantes de la aleación. Cuando se añade cromo y molibdeno, los aceros se denominan **de fases múltiples** (*Dual Phase, Trip, Multiphase,* etc.).

En otras ocasiones lo que se pretende es conseguir aceros más «dulces». Para ello es necesario modificar el grado de dureza de los aceros, eliminando parte de los átomos de carbono y de nitrógeno[3] de la red cristalina. Esta operación (calmado) puede realizarse de dos maneras: mediante la adición de aluminio (método elegido para los aceros normales y de alta resistencia), o bien mediante la adición de titanio. Este último método es el más eficaz para reducir al mínimo el nitrógeno y el carbono intersticiales y da lugar a los aceros dulces denominados *Interstitial Free* (IF).

Por lo que respecta a los procesos termomecánicos, entre los factores que más influencia tienen en las propiedades finales del acero se encuentran los tratamientos que sufre el metal a lo largo del proceso de fabricación: temperaturas de laminado, velocidades de enfriamiento, temperaturas de bobinado, porcentajes de reducción del espesor en el tren de laminación en frío, ciclos de recocido, aplicación de revestimientos, etcétera.

2.3.3. Tipos de aceros

Dada la amplia variedad de aceros que se utilizan en la fabricación de carrocerías de automóviles, se hace necesario clasificarlos en diferentes categorías, utilizando para ello factores como el valor del límite elástico, el límite de rotura, valores mecánicos o el alargamiento que experimentan.

Entre los factores indicados anteriormente, los parámetros más importantes sobre los que se establece la diferencia entre los distintos tipos de acero son los valores de resistencia a la rotura y el límite elástico.

Como se describe en las propiedades generales de los metales, la resistencia a la rotura es la carga máxima alcanzada durante un esfuerzo a tracción. Una vez superada esta se producen riesgos de rotura y alteración de forma dimensional. En función de esta característica puede realizarse la siguiente clasificación:

- **Aceros convencionales para estampación.** Tienen una resistencia a la tracción de hasta 210 MPa[4] (N/mm^2).

[2] El contenido de carbono se ajusta principalmente inyectando oxígeno en el hierro fundido.

[3] Son elementos intersticiales porque se sitúan con facilidad en el interior de la red cristalina del hierro.

[4] El pascal (símbolo Pa) es la unidad de presión del Sistema Internacional de Unidades. Se define como la presión que ejerce una fuerza de 1 newton sobre una superficie de 1 m^2 normal a la misma. El megapascal (MPa) equivale al N/mm^2 (1 MPa = 1 N/mm^2 = 0,102 kg/mm^2).

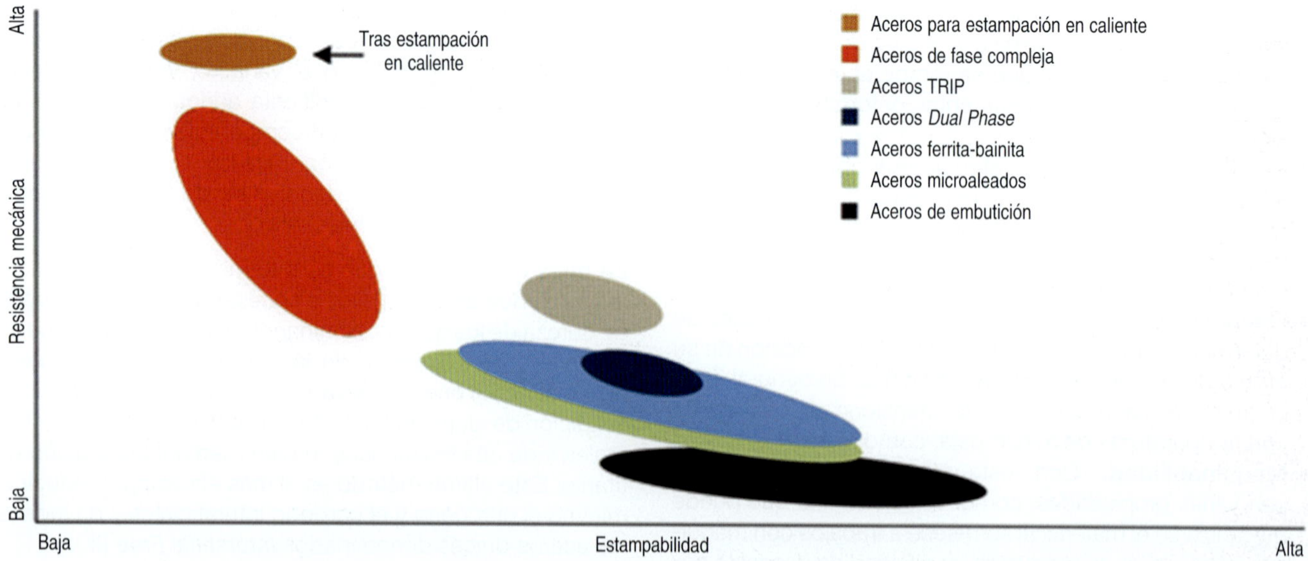

Figura 2.41. Grado de resistencia mecánica y estampabilidad de algunos aceros (ArcelorMittal).

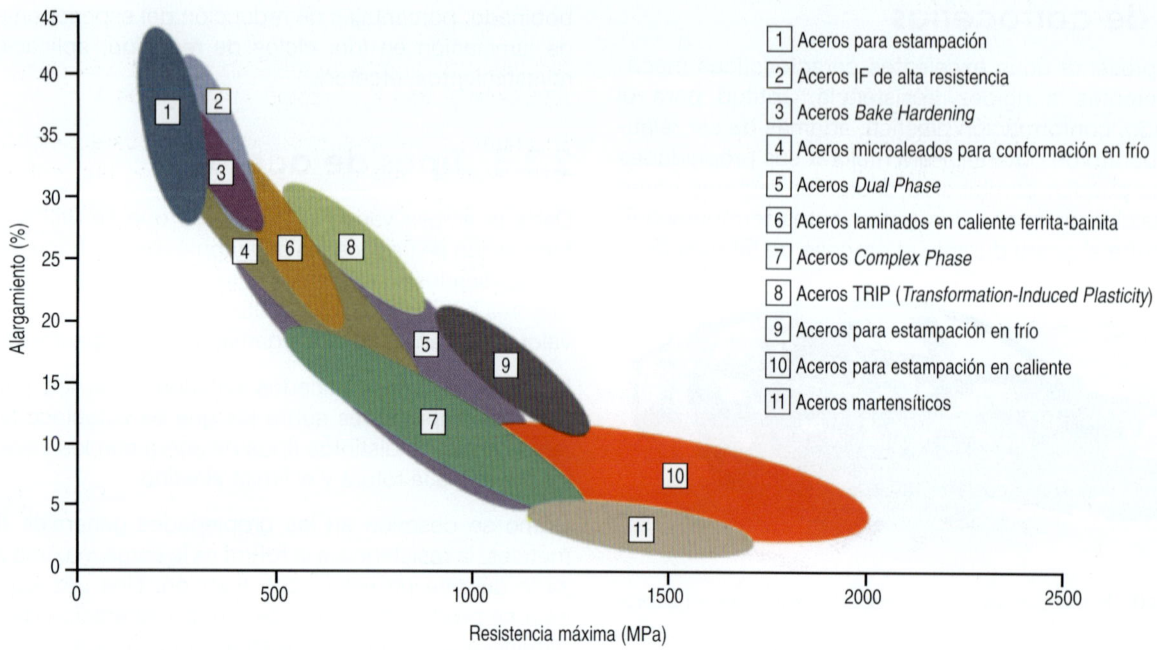

Figura 2.42. Diagrama de resistencia y alargamiento de los aceros usados en la fabricación de carrocerías (ArcelorMittal).

- **Aceros de alta resistencia.** Tienen una resistencia a la tracción de 210 N/mm^2 a 550 N/mm^2.
- **Aceros de muy alta resistencia.** Tienen una resistencia a la tracción comprendida entre 550 N/mm^2 y 800 N/mm^2.
- **Aceros de ultra alta resistencia.** Tienen una resistencia a la tracción superior a 800 N/mm^2.

Hasta ahora, la mayoría de los aceros utilizados en la fabricación de carrocerías han sido los de tipo convencional (con o sin recubrimiento), pero existe una tendencia a utilizar cada vez más aceros que ofrezcan mayor rigidez a las estructuras y mayor resistencia a las deformaciones (sobre todo en las piezas exteriores de la carrocería). Estos aceros son los conocidos como de alta, muy alta, o ultra alta resistencia.

Tabla 2.5. Tipos de aceros utilizados en la fabricación de carrocerías

Tipo de acero		Acero	Límite elástico (Mpa)
Para estampación	Aceros convencionales de conformación en frío		< 230
	Aceros convencionales laminados en caliente y decapados		< 250
De alta resistencia	Aceros de alta resistencia **HSS** (*High Strength Steel*) Aceros de alta resistencia y baja aleación **HSLA** (*High Strength Low Alloy*)	*Bake Hardening* (BH)	160 ... 300
		Refosforado (RP)	> 220
		Aceros (IF)	> 220
		Microaleado (HSLA)	> 350
De muy alta resistencia	Aceros avanzados de alta resistencia **AHSS** (*Advanced High Strength Steel*). Aceros de muy alta resistencia **VHSS** (*Very High Strength Steel*) Aceros de extra alta resistencia **EHSS** (*Extra High Strength Steel*)	Doble fase (DP)	500 … 600
		Plasticidad inducida por transformación (TRIP)	600 … 800
		Fase compleja (CP)	800 … 1000
De ultra alta resistencia	Aceros de ultra alta resistencia **UHSS - THLE** (*Ultra High Strength Steel*). Aceros ultrarresistentes de baja aleación **UHSLA** (*Ultra High Strength Low Alloy*)	Martensíticos (MS)	1000 … 1300
		Acero al boro (Bor)	> 1250

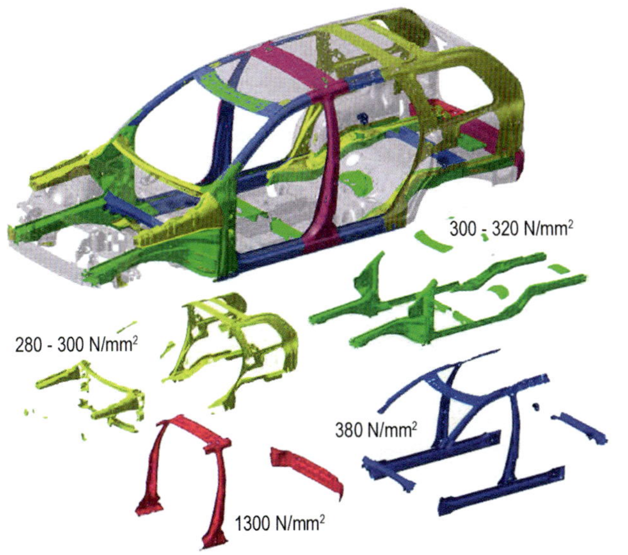

Figura 2.43. Ejemplo del valor de la resistencia a la tracción de algunos aceros utilizados en la fabricación de carrocerías.

Los aceros de alta resistencia y baja aleación resultan más baratos de producir que los aceros aleados convencionales, al contener cantidades menores de los costosos elementos de aleación. Sin embargo, estos aceros reciben un tratamiento especial que les da una resistencia mucho mayor que la del acero al carbono. Asimismo, la utilización de aceros de alta y ultra alta resistencia permite ofrecer estructuras más optimizadas consiguiendo mejores diseños, modelos con mejor respuesta en servicio, más rígidos, seguros por la respuesta contra impactos y más ligeros.

En cuanto a su reparación, dadas las características de estos aceros, cuando se deforman tras una colisión no deben conformarse en frío. En caso de optar por aplicar calor para corregir la deformación hay que tener en cuenta que el material cambiará su estructura molecular y, por tanto, perderá sus propiedades mecánicas.

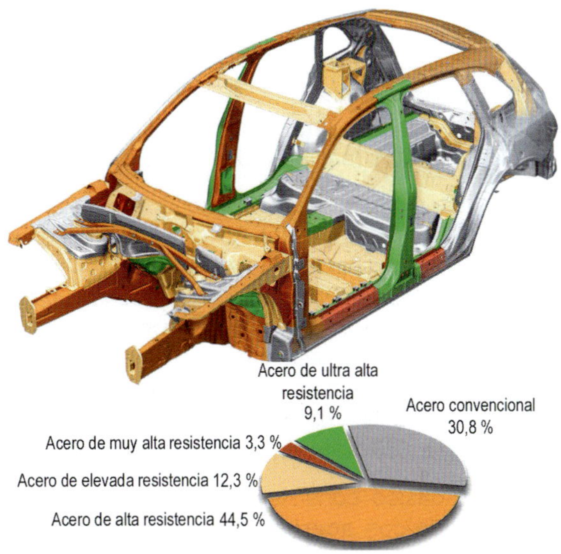

Figura 2.44. Diferentes tipos de aceros usados en la fabricación de una carrocería.

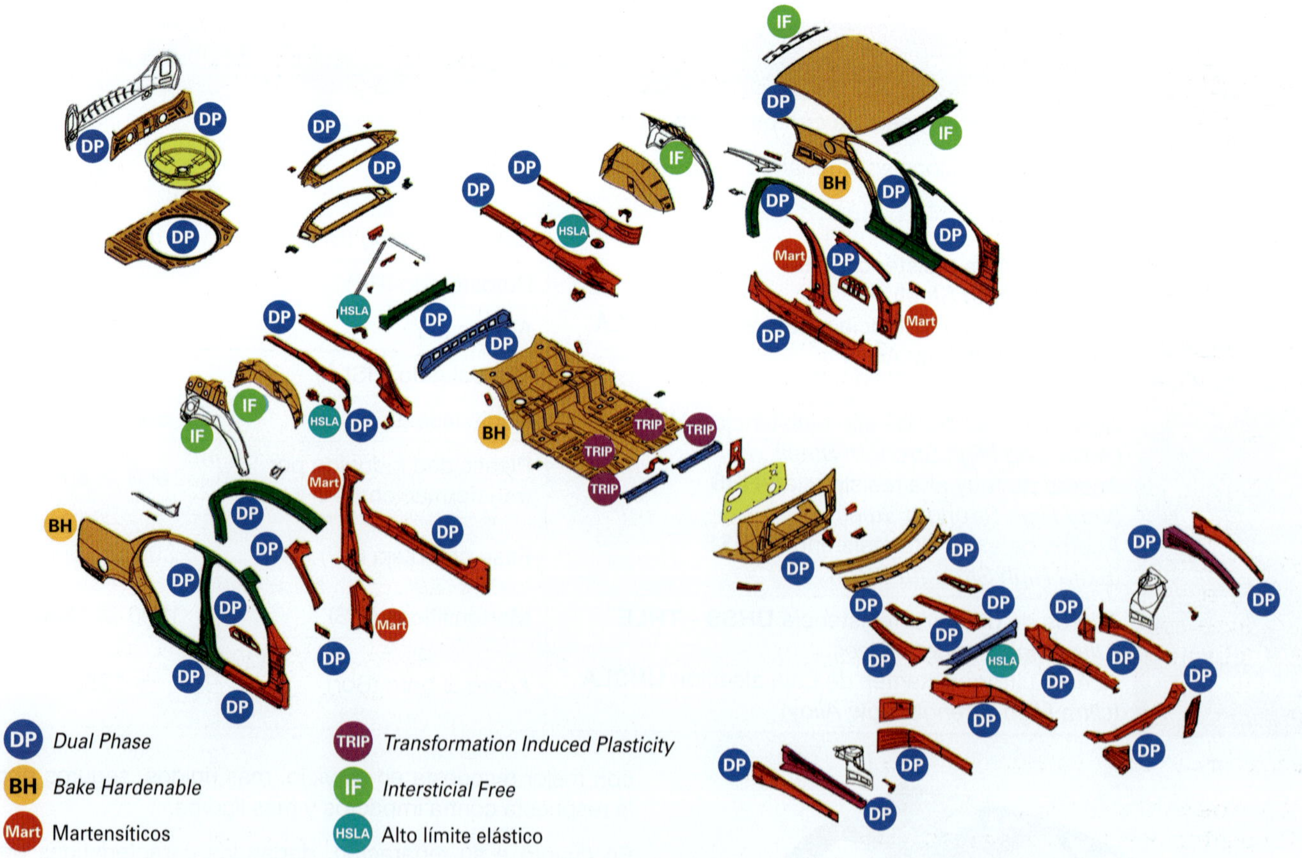

Figura 2.45. Ejemplo del despiece de una carrocería con la especificación del tipo de acero con el que está fabricado cada componente.

2.3.4. Soluciones constructivas con aceros de alta resistencia

En cuanto al uso de aceros de alta resistencia se refiere, los constructores de vehículos han llevado a cabo diferentes propuestas constructivas para determinar su implementación en el diseño de la carrocería, con el objetivo de conseguir productos más ligeros y resistentes.

Uno de estos proyectos es el denominado ULSAB-AVC *(Ultralight Steel Auto Body)*. Este proyecto lo desarrolló Porsche Engineering hace unos años, fruto del interés de más de 30 empresas siderúrgicas para conseguir una carrocería que cumpliese unos requerimientos y solicitaciones acordes con los nuevos estándares de resistencia y peso del conjunto (emisiones contaminantes). Asimismo, también se pusieron en práctica las nuevas técnicas de fabricación para la optimización de los componentes de la carrocería.

El concepto básico consiste en construir la estructura de la carrocería con **aceros ultraligeros,** lo que representa una reducción de hasta un 25 % del peso de una carrocería similar construida con aceros convencionales. Esta primera utilización de los aceros avanzados de alta resistencia hizo que mejoraran sensiblemente la capacidad de conformado y las propiedades mecánicas, ya que estos son el doble de resistentes que los aceros convencionales.

Los vehículos diseñados usando estos aceros demostraron un buen comportamiento frente al choque. Asimismo, las carrocerías fabricadas a partir de este programa comenzaron a utilizar nuevas técnicas en el procesamiento del acero, como los formatos soldados *tailored blanks*, el hidroconformado de tubos, el hidroestampado, etc., que ayudan a la optimización de los diseños utilizando menos componentes. En esta línea, con la aplicación de la tecnología láser en la soldadura de piezas de la carrocería se disminuyó la distorsión dimensional y se redujeron las alteraciones de las propiedades de los materiales soldados.

Esta combinación de materiales y procesos de producción avanzados permitió consolidar las funciones en alrededor de un 20 % menos de piezas, lo que dio como resultado una carrocería más económica y un 25 % más ligera de un modelo común, presentando una rigidez un 80 % mayor, así como una mayor integridad estructural.

Figura 2.46. Carrocería fabricada bajo el estándar ULSAB-AVC.

A continuación se citan los porcentajes de piezas fabricadas según el método de procesado aplicado, los métodos de unión empleados y los diferentes tipos de acero que se utilizaron en el desarrollo de este proyecto.

Método de procesado de las chapas de acero:

- 38 % piezas estampadas.
- 31 % piezas conformadas mediante *tailored blanks*.
- 13 % piezas hidroestampadas.
- 7 % tubo hidroconformado.
- 6 % tubo soldado (*tailored blanks*).
- 3 % tubo recto.
- 2 % otros.

Características de las uniones empleadas:

- 100 m de soldadura láser.
- 814 puntos de soldadura por resistencia.
- 1,6 m de adhesivo.
- Menos de 1 m de soldadura MIG.

Por lo que respecta a los materiales empleados, más del 80 % del acero utilizado fue AHSS, concretamente:

- 74 % *dual phase*.
- 10 % *bake hardenable*.
- 4 % *high strength* if.
- 4 % martensítico.
- 2 % *transformation induced plasticity* (trip).
- 1 % HSLA.
- 1 % fase compleja (*complex phase*, cp).
- 4 % otros.

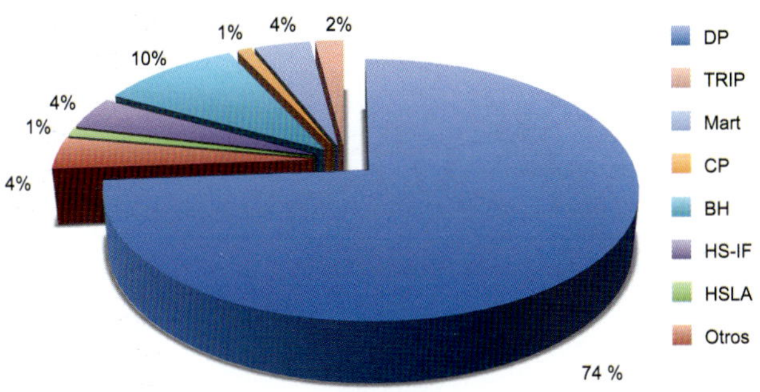

Figura 2.47. Tipos de acero empleados en el proyecto ULSAB-AVC.

2.3.5. Aleaciones ligeras. El aluminio

Se denominan así a las aleaciones que tienen como elemento base el aluminio (Al).

El aluminio es un metal de color gris-blanco brillante, de densidad 2,70 g/cm^3 y punto de fusión de 660 °C. Es ligero, dúctil y maleable, y muy buen conductor del calor y de la electricidad. Se moldea fácilmente.

Figura 2.48. Mineral de bauxita, a partir del cual se obtiene el aluminio.

Fabricación del aluminio

El aluminio es, después del acero, el metal más utilizado, a pesar de que su explotación económica solo ha sido posible desde hace unos 100 años.

La materia prima para el aluminio es la bauxita, que se origina por efectos de intemperización de caliza y silicato en condiciones climatológicas adecuadas.

Figura 2.49. Bauxita transformada en óxido de aluminio (alúmina). Con cuatro toneladas de bauxita es posible refinar aproximadamente dos toneladas de alúmina.

La dificultad para obtener el aluminio reside en la gran cantidad de energía que se consume y en el modo de separarlo del mineral, ya que el aluminio establece una oxidación muy estable al entrar en contacto con el oxígeno, en virtud de lo cual no se puede obtener en la misma forma que el hierro o el cobre, los cuales son separados del mineral por fusión con ayuda de carbón.

Para convertir bauxita en aluminio, en primer lugar se muele el mineral y se mezcla con cal viva y sosa cáustica. A continuación se calienta la mezcla en recipientes a alta presión, en los que por efecto de la sosa cáustica se precipita el óxido de aluminio. Una vez que se ha eliminado el agua, lo que queda es un polvo blanco, denominado óxido de aluminio o alúmina.

Posteriormente, el óxido de aluminio se convierte en aluminio mediante un proceso de reducción electrolítica conocido como fundición. El producto obtenido puede transformarse mediante procesos de fundición en moldes, laminación, forjado o extrusión.

2.3.6. El aluminio en la fabricación de carrocerías

El aumento de la seguridad, las prestaciones y el confort de los automóviles estaba conduciendo su evolución hacia vehículos cada vez más pesados que, como ya se ha mencionado, penalizan el consumo de combustible y las consiguientes emisiones de CO_2, por lo que, para conseguir el objetivo de fabricar vehículos más ligeros, se hace imprescindible la utilización de otros materiales más ligeros como el aluminio.

En la actualidad, el aluminio es el metal por excelencia que se emplea en la construcción de aviones, naves espaciales, trenes de alta velocidad, etc. Desde hace algunos años, también ha comenzado a utilizarse de forma más apreciable en la fabricación de carrocerías. Las ventajas que por su naturaleza aporta el aluminio, respecto a otros materiales como el acero, pueden resumirse en las que se explican en los apartados siguientes.

Ligereza

Una carrocería de automóvil fabricada en aluminio en lugar de en acero puede reducir el peso del conjunto de 100 a 150 kg, aproximadamente. Este es un factor muy importante, ya que cada 100 kg de reducción de peso en un automóvil supone una reducción del consumo en torno a 0,35 litros cada 100 kilómetros; que a su vez se traduce en una apreciable disminución en las emisiones de CO_2.

Capacidad de conformación

La aparición de carrocerías de aluminio supone un cambio de concepto en cuanto a las tradicionales técnicas de fabricación, ya que por las características de este metal es necesario adaptar todas las fases del proceso productivo (técnicas de elaboración, sistemas de ensamblajes, tratamientos térmicos, etcétera).

En este sentido, la aptitud para la conformación del aluminio es mejor que la del acero; utilizándose para ello procesos de embutición, extrusionado, forja, fundición, mecanizado y laminado.

Capacidad anticorrosiva

La facilidad de reacción del aluminio con el oxígeno hace que se recubra con una capa de óxido (alúmina) que protege al material contra la oxidación, de forma natural.

La utilización del aluminio junto con otros metales representa un gran esfuerzo de diseño para evitar la aparición de pares galvánicos, ya que los sistemas de unión tradicionales para el acero no resultan en todos los casos apropiados para el aluminio. Para evitar este problema se usan diferentes recubrimientos o adhesivos de baja conductividad eléctrica.

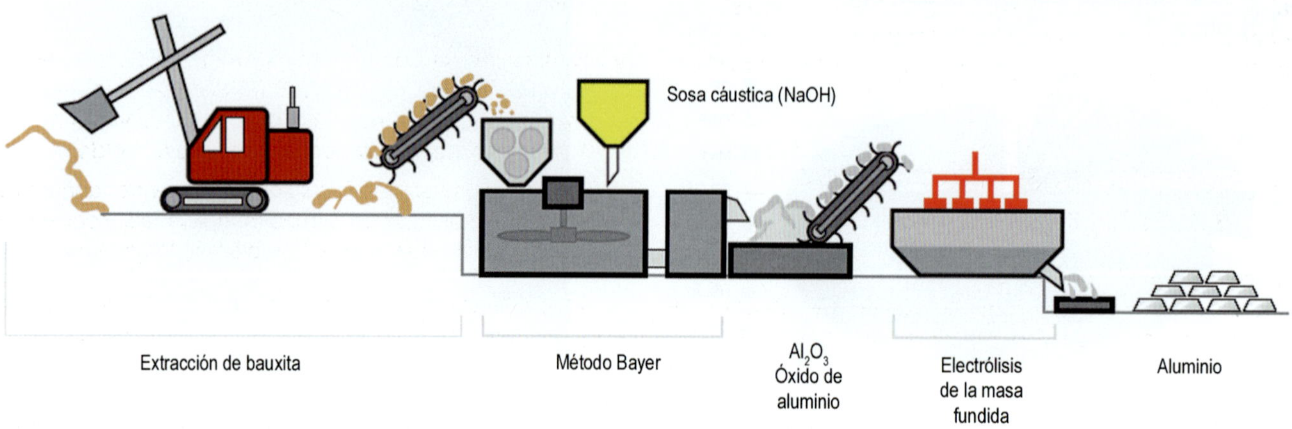

Figura 2.50. Proceso de fabricación del aluminio.

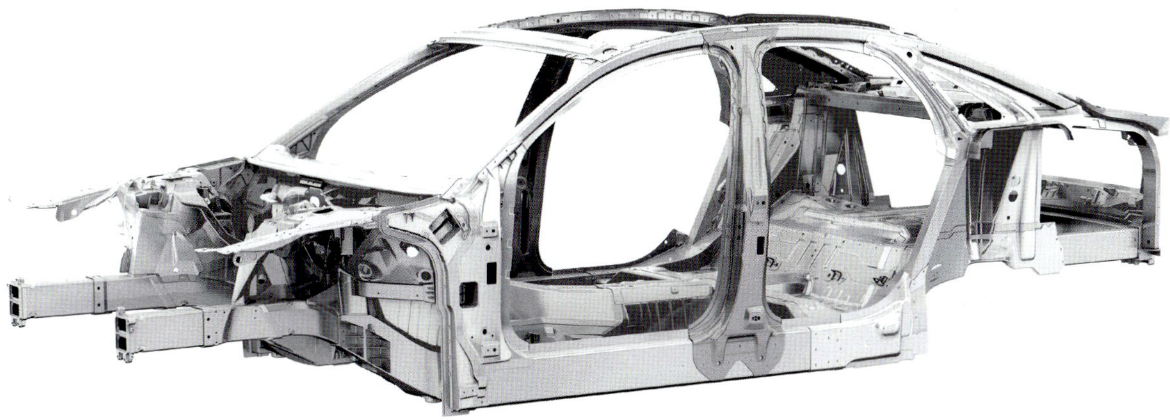

Figura 2.51. Estructura de una carrocería de aluminio. Gracias a su relación resistencia/peso, puede conseguirse una reducción de hasta el 40 % del peso respecto a una carrocería de acero convencional.

Seguridad

El aluminio tiene una resistencia específica mayor que la del acero. Actualmente, es posible fabricar carrocerías con una rigidez (resistencia a los esfuerzos de torsión y flexión) un 40 % más elevada que su equivalente en acero convencional; además, permiten crear perfiles y elementos de deformación capaces de disipar gran parte de la energía de un impacto.

Por otro lado, como la masa que hay que detener en una frenada es menor, aumenta por tanto la eficacia del sistema de freno.

Reciclaje

El reciclaje del aluminio es uno de los más rentables para la industria del automóvil, ya que se aprovechan prácticamente la totalidad de los componentes fabricados con este material. Asimismo, el proceso de reciclado, con escasos aportes de energía, mantiene la calidad del material recuperado por este procedimiento, a la vez que se consigue un ahorro de alrededor del 95 % de la energía, si se compara con la producción a partir del mineral base (bauxita).

2.3.7. Aleaciones ultraligeras. El magnesio

Las aleaciones ultraligeras son las que tienen como base al magnesio (Mg) y algunos elementos de adición como el aluminio, que aumenta la dureza y la resistencia, y el cinc, que aumenta la ductilidad. Su característica principal es el bajo peso específico (aún menor que las aleaciones ligeras), por lo que representa una alternativa muy interesante al aluminio. Con respecto al acero, el magnesio tiene una densidad casi cinco veces inferior y su potencial de ahorro de peso es un 60 % aproximadamente.

El magnesio es un metal de color blanco que no se encuentra en estado puro, sino formando minerales o bien disuelto en agua de mar, y aquí radica su principal inconveniente, ya que conseguir magnesio puro es muy costoso al tener que utilizar procesos de electrólisis del agua de mar para su obtención.

Se caracteriza por su extraordinaria ligereza en relación al volumen. Con una densidad de 1,74 g/cm^3, el aluminio resulta 1,5 veces más pesado y el acero 4,5 veces más. Tiene un punto de fusión de 650 °C, y presenta una rigidez óptima.

Aunque se utiliza principalmente para mejorar propiedades de otras aleaciones, cada vez se utilizan más las aleaciones de magnesio de alta pureza (90 %).

Una de las características más importantes de las aleaciones de magnesio es que, en estado fundido, son más fluidas que otros materiales. Esta característica aporta las siguientes ventajas:

- Disminución de peso, ya que permiten reducir el espesor de determinas piezas que no deben tener una gran resistencia, sino un espesor mínimo necesario para que el material fundido llene correctamente el molde.
- Facilitan el proceso de fundición, permitiendo fabricar de una sola vez piezas con formas complicadas, y conseguir un mejor acabado y mayor duración de los moldes.

Todas las aleaciones de magnesio son reciclables y, desde un punto de vista económico, resulta mucho más rentable reciclar que obtener material de primera generación, ya que para obtener material mediante el reciclaje solo hace falta un 3 % de la energía necesaria para el proceso de electrólisis.

Figura 2.52. Travesaño del panel de instrumentos fabricado de magnesio.

2.3.8. Materiales plásticos

Las características mecánicas de los materiales plásticos los hacen especialmente adecuados para la construcción de carrocerías, ya que dada su ligereza permiten obtener una importante reducción de peso y conseguir vehículos energéticamente más eficientes. Otras características importantes de los plásticos son su gran flexibilidad, aptitud para el moldeado, resistencia a la corrosión y durabilidad. El conjunto de estas propiedades permite a los fabricantes conseguir diseños más atrevidos, eficaces e innovadores.

En la actualidad, con este material se construyen gran cantidad de elementos interiores y exteriores de la carrocería: tableros de instrumentos, consolas, revestimientos, molduras, paragolpes, aletas, retrovisores, rejillas, elementos aerodinámicos, etc. Sin embargo, su uso para la construcción integral de la carrocería solo se reduce a prototipos (sobre todo fibra de carbono y kevlar), aplicaciones deportivas que se montan sobre chasis multitubulares y vehículos de baja motorización (cuatriciclos).

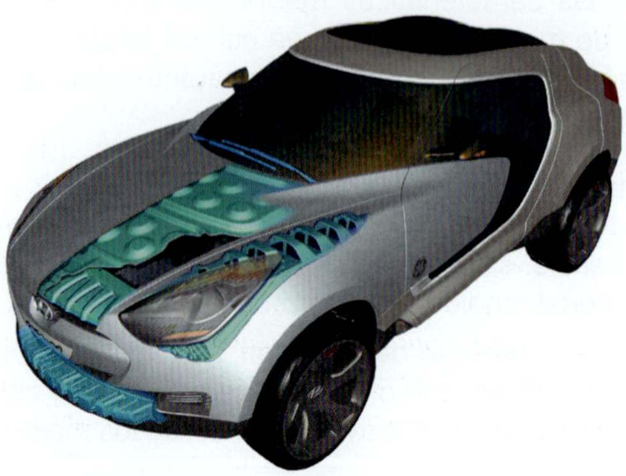

Figura 2.53. El prototipo Hyundai QarmaQ Concept es el resultado de un acuerdo de colaboración entre Hyundai y la división de plásticos de General Electric para demostrar la durabilidad y las posibilidades del diseño utilizando solo materiales plásticos.

El uso del plástico en vehículos de serie se ve condicionado por su capacidad de resistencia al impacto, ya que la absorción de energía en caso de choque se ve penalizada por la elevada flexibilidad de estos materiales. En todo caso, últimamente se han conseguido notables resultados en pruebas de choque realizadas con prototipos fabricados con plásticos reforzados con fibra de vidrio y kevlar.

Entre las cualidades que hacen a los plásticos especialmente idóneos para su empleo en la construcción de carrocerías pueden citarse:

- Excelente aptitud para el conformado (moldeado), que facilita los diseños más atrevidos.
- Gran ligereza (notable reducción de peso).
- Nula capacidad corrosiva.
- Alta inalterabilidad a los cambios de temperatura.
- Alto límite elástico (gran flexibilidad).
- Gran resistencia a productos como la gasolina, grasa y aceites.
- Perfecta aptitud para el reciclaje y reaprovechamiento de las piezas.

Figura 2.54. Vehículo con paneles exteriores de material plástico.

Figura 2.55. Carrocería fabricada íntegramente con material plástico.

Nuevos materiales plásticos

La constante preocupación de los fabricantes por la reducción del peso, manteniendo unos niveles aceptables de resistencia, ha provocado una demanda de materiales plásticos para utilizarlos en revestimientos de la carrocería, con tolerancias de montaje relativamente reducidas en paneles más grandes y complejos, que posean propiedades que ya no pueden proporcionar los plásticos convencionales. Además, tradicionalmente, estas piezas han sido de base autocoloreada, y la tendencia es que se puedan pintar en la misma línea de ensamblaje.

Figura 2.56. Vehículo con panelería intercambiable de material plástico coloreado.

Los requisitos principales pueden resumirse en los siguientes:

- Deben permitir un aumento en las posibilidades de diseño e integración de estas piezas. También deben tener un proceso fácil de fabricación y buenas características en cuanto a su contribución resistente y a su rigidez estructural.
- Mayor estabilidad dimensional. De no ser así, especialmente los componentes horizontales, como los capós o los módulos para techo, difícilmente podrán producirse en serie. Para ello resulta fundamental un reducido coeficiente de expansión térmica.
- Capacidad de pintura «en línea» y «fuera de línea» con sistemas de pintura acuosa ecológicos.

Para conseguir estos resultados se han desarrollado varias tecnologías con materiales innovadores, como el plástico reforzado con fibra de carbono (CFRP), que ofrecen propiedades con un alto rendimiento y un ahorro de peso considerable.

2.3.9. Tendencias en el uso de materiales

En general, en términos comparativos, el acero sigue siendo el material más utilizado por los constructores, debido fundamentalmente a su resistencia y precio. Como inconvenientes más significativos frente a otros materiales como el aluminio, el magnesio o los materiales plásticos, pueden citarse su peso y su baja capacidad anticorrosiva. Para conseguir una mejora en estos aspectos, los aceros empleados en la construcción de carrocerías están en continua evolución presentando productos muy innovadores en períodos de tiempo muy cortos. Por otro lado, los constructores de vehículos demandan productos que pueden cambiar incluso a lo largo de la vida de un modelo determinado, de tal forma que coexisten métodos de producción tradicionales con procedimientos de fabricación muy novedosos.

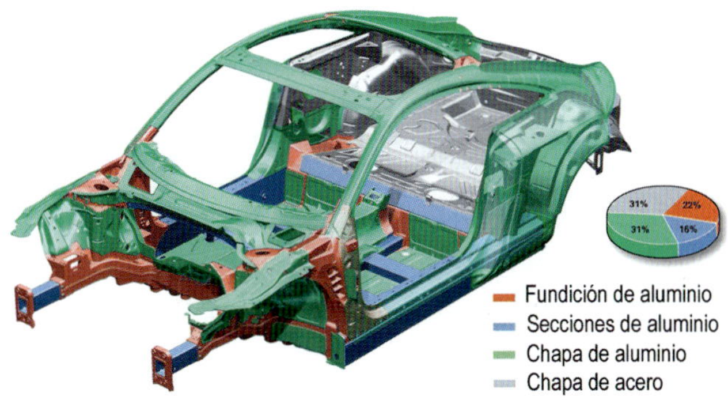

Figura 2.57. Carrocería con estructura fabricada con diferentes materiales.

Independientemente del tipo de material, para conseguir unos niveles óptimos de rigidez de la carrocería sería necesario emplear chapas de alto espesor, ya que la carga que aguantará una pieza y la energía que habrá que aplicarle para producirle una deformación dependerán directamente de su espesor. Como el empleo de estos espesores de chapa penaliza de forma apreciable el peso de la carrocería, se recurre a minuciosos estudios para calcular de manera eficiente los diferentes espesores de chapa empleados para que únicamente las partes más solicitadas mecánicamente cuenten con mayor sección. Por esta razón, no todas las piezas que forman una carrocería tienen el mismo espesor, sino que existe una clara diferencia entre aquellos elementos estructurales que van a soportar mayores esfuerzos, como largueros, traviesas, pilares, etc., y otros tipos de piezas, como capós, puertas, aletas, etc. Las primeras suelen tener espesores de 1,2 a 2 mm, mientras que las segundas suelen presentar espesores de 0,7 y 0,8 mm.

A través del diseño asistido por ordenador se consigue optimizar la forma de las piezas de la carrocería sin necesidad de construir prototipos para ensayarlos físicamente, ya que el estudio estático y dinámico comprende vibraciones, fatiga y choques. De este modo se obtiene la forma ideal de cada pieza, ya que para un material y una geometría de su sección útil concretos, la resistencia dependerá también de su forma.

Ya que cada material presenta una serie de características que hacen más relevante su utilización, una de las soluciones constructivas más interesante consiste en la construcción «híbrida» de la carrocería, fabricándose con distintos materiales que, aunando sus características, consiguen una estructura sumamente ligera, muy rígida, y con grandes propiedades anticorrosivas.

ACEROS

- Avanzados de muy alta resistencia
  Ultra alta resistencia (avanzados, estampados en caliente)

ALUMINIO

- Estampado
- Extrusión
- Fundición

MAGNESIO

- Estampado
- Fundición

TERMOPLÁSTICOS

- Con refuerzo de fibra continua
- Moldeo por inyección reforzado con fibra de vidrio

Figura 2.58. Vehículo fabricado con técnica híbrida.

CUESTIONES

2.1. Explica brevemente cuáles son los principales inconvenientes que presentan los vehículos que utilizan estructuras con carrocería y chasis separados.

2.2. El sistema de construcción de carrocerías que aporta una elevada rigidez para soportar grandes esfuerzos estáticos y dinámicos es:

a) Carrocería autoportante.
b) Carrocería con plataforma-chasis.
c) Carrocería y chasis separados.
d) Carrocería monocasco.

2.3. Indica la denominación habitual del bastidor de la figura.

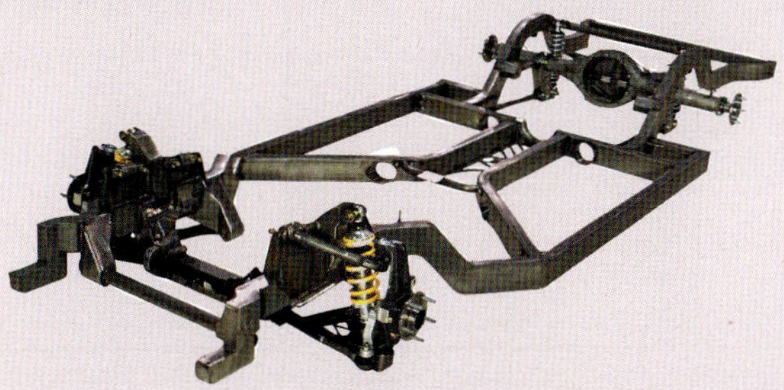

2.4. El tipo de bastidor cuya estructura forma una caja de torsión que en caso de impacto absorbe una gran cantidad de la energía generada, se denomina:

a) Perimétrico.
b) Tubular.
c) De columna.
d) En escalera.

2.5. Indica las ventajas más importantes de las carrocerías autoportantes.

2.6. ¿Qué se entiende como elementos estructurales de una carrocería?

2.7. Indica las ventajas más importantes que aporta la utilización de subchasis.

2.8. Las carrocerías autoportantes de tipo monocasco, ¿se suelen utilizar con mucha frecuencia? Razona la respuesta.

2.9. Indica las ventajas que aportan a una carrocería unos elevados valores de rigidez torsional y de flexión.

2.10. Identifica con su denominación habitual los componentes de la siguiente figura.

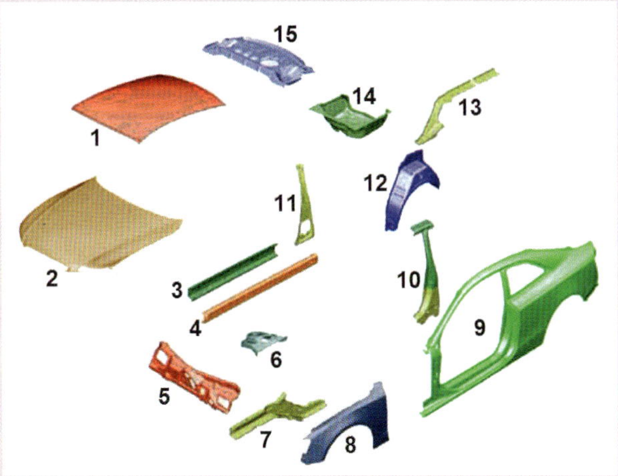

2.11. En una carrocería autoportante, ¿qué conjunto suele recibir la denominación de superestructura?

a) El basamento.
b) El habitáculo.
c) Los paneles exteriores.
d) Los elementos estructurales.

2.12. En cuanto a durabilidad de la carrocería se refiere, y debido principalmente a los esfuerzos de flexión y torsión, ¿cuáles son las zonas más expuestas al riesgo de grietas en el bastidor o fallos en los puntos de soldadura?

2.13. En la siguiente figura, señala con flechas las diferentes trayectorias por donde suele canalizarse la energía para mantener íntegro el habitáculo de ocupantes, en caso de un impacto lateral.

2.14. Completa el siguiente diagrama con los materiales más frecuentes utilizados en la construcción de carrocerías.

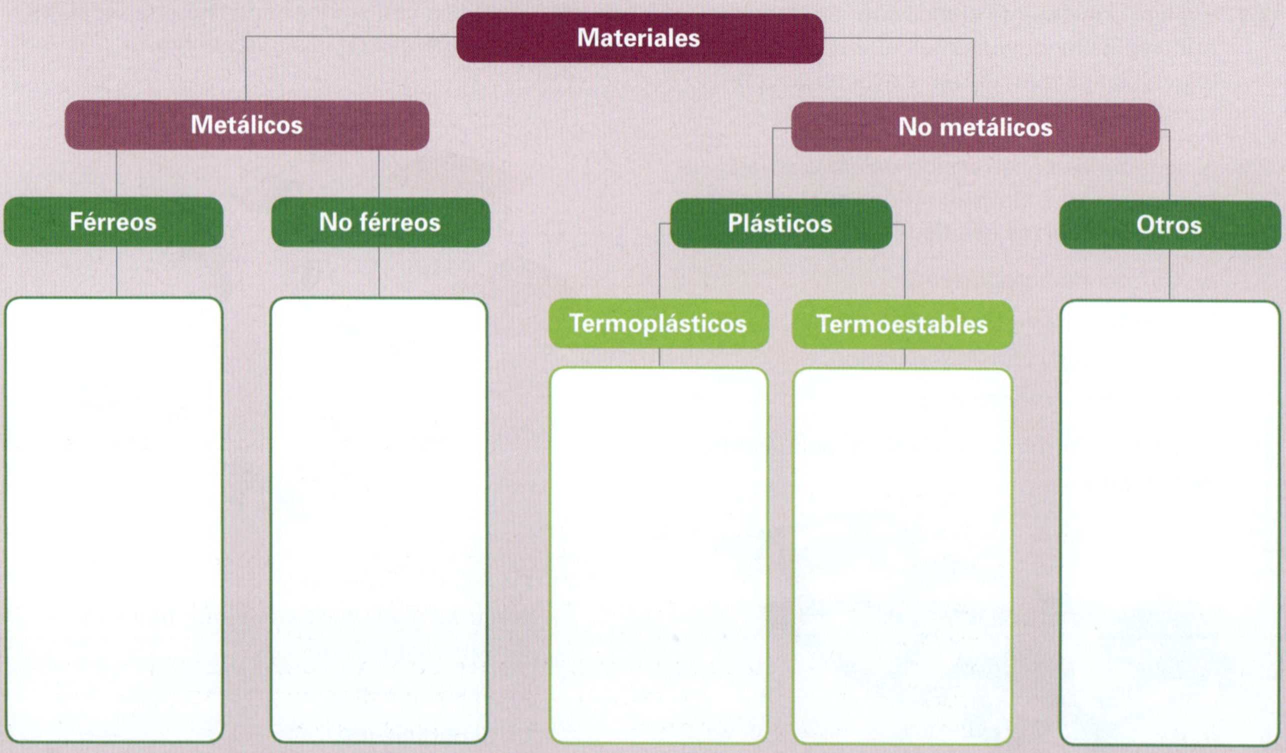

2.15. La propiedad que da idea de la capacidad que tiene un metal de absorber energía antes de romperse se denomina:

a) Elasticidad.
b) Plasticidad.
c) Estricción.
d) Tenacidad.

2.16. Enumera las características deferenciales más importantes del aluminio frente al acero.

2.17. Indica qué material posee las siguientes propiedades: densidad de 1,74 g/cm^3, es unas 4,5 veces menos pesado que el acero y tiene un punto de fusión de 650 °C.

a) Titanio.
b) Cinc.
c) Aluminio.
d) Magnesio.

2.18. Enumera al menos cuatro de las cualidades que hacen a los plásticos especialmente idóneos para su empleo en la construcción de carrocerías.

2.19. Indica qué son y qué ventajas ofrecen las carrocerías «híbridas».

2.20. Asocia cada uno de los tipos de acero que se relacionan a continuación con los grupos indicados en la tabla adjunta.

Bake hardening (BH), Aceros (IF), Microaleado (HSLA), Fase compleja (CP), Martensíticos (MS), Acero al boro (Bor), Doble fase (DP), Refosforado (RP), Plasticidad inducida por transformación (TRIP).

De alta resistencia	
De muy alta resistencia	
De ultra alta resistencia	

ACTIVIDADES PROPUESTAS

2.1. Utilizando una carrocería lo más desnuda posible, identifica los siguientes elementos:

- Largueros delanteros.
- Largueros traseros.
- Largueros de techo.
- Estribos.
- Columnas A, B, C.
- Traviesas de asientos.
- Fijaciones del cinturón de seguridad.
- Panel salpicadero.
- Panel trasero.

2.2. Identifica el tipo de carrocería, según su construcción, de los vehículos de prácticas de tu centro educativo.

2.3. Mediante el acceso a internet, localiza diferentes tipos de bastidores tubulares, determinando las principales características constructivas en cada caso.

2.4. Utilizando una carrocería lo más desmontada posible, identifica los materiales con que están fabricadas las diferentes piezas que la componen (especialmente las de carácter estructural). Usa como apoyo la documentación técnica adecuada.

2.5. Si tu centro educativo dispone de una carrocería híbrida, intenta diferenciar sus materiales constructivos.

2.6. Mediante el acceso a internet, navega por páginas de diferentes fabricantes de productos siderúrgicos y localiza los productos que comercializan para el sector del automóvil. Realiza una comparación de los resultados obtenidos.

2.7. Mediante el acceso a internet, intenta localizar las últimas innovaciones en el campo de los nanomateriales aplicadas al automóvil.

2.8. Mediante el acceso a internet, navega por páginas que alojen vídeos sobre el proceso de producción del acero.

2.9. Mediante el acceso a internet, navega por páginas que alojen vídeos sobre el proceso de producción del aluminio y de fabricación de piezas con este material.

2.10. Mediante el acceso a internet, navega por páginas que alojen vídeos sobre el proceso de producción del magnesio y de fabricación de piezas con este material.

3

CARACTERÍSTICAS ESTRUCTURALES DE LA CARROCERÍA. PLAN DE SEGURIDAD PASIVA

CONTENIDO

OBJETIVOS

- Conocer la diversidad y magnitud de las diferentes pruebas de choque (*crash test*) a las que se someten a los vehículos para determinar los efectos que ocasiona la colisión en cada uno de los casos.
- Saber cuáles son los distintos aspectos que repercuten en el concepto global de seguridad del vehículo.
- Identificar las distintas soluciones que suelen utilizar los fabricantes para reforzar las zonas o los elementos cuya función resulta más relevante en caso de choque.
- Conocer los dispositivos de seguridad pasiva más frecuentemente utilizados.

INTRODUCCIÓN

La estructura del vehículo debe poseer una determinada rigidez, suficiente para soportar los distintos tipos de fuerzas a los que puede verse expuesta. Entre las más importantes pueden citarse: las fuerzas estáticas debidas a los pesos de la carga y ocupantes, las fuerzas dinámicas provocadas por las aceleraciones y deceleraciones, y las fuerzas aerodinámicas debidas al rozamiento con el aire en la marcha del vehículo.

Para ello, tal y como se ha mencionado en unidades anteriores, en la fase de diseño de la carrocería uno de los aspectos más importantes en la definición del proyecto de un nuevo modelo es el estudio de las principales partes de la estructura, mediante cálculos de secciones, cálculos de modelos y ensayos virtuales de colisiones. De esta forma puede conocerse la relación existente entre las fuerzas involucradas en una colisión y los daños ocasionados al vehículo. Estas fuerzas suelen actuar de forma predecible, independientemente del tipo y la magnitud de la colisión.

Las fuerzas implicadas en una colisión pueden transmitirse en varias direcciones, provocando la aparición de distintos tipos de daños que requerirán procesos de reparación específicos en cada caso. Los principales actores que intervienen en la transmisión de las fuerzas son el diseño estructural de la carrocería y la dirección del impacto.

Figura 3.1. Efectos de una colisión.

3.1. Concepto estructural de la carrocería

Los vehículos actuales están diseñados para que se deformen lo máximo posible, conectando todos los elementos de la estructura para que transmitan el movimiento de unos a otros. En cuanto a concepción estructural se refiere, la carrocería es la encargada de soportar las fuerzas derivadas de la colisión y de evitar que la deceleración alcance a los ocupantes, al mismo tiempo que absorbe la energía. Para este fin, dispone de tres zonas claramente diferenciadas (en lo relativo a su comportamiento ante una colisión):

- **Módulo delantero o frontal.** Su misión es proteger a la zona central, transformando la energía que se genera en la colisión en energía de deformación y evitando de este modo su transmisión al interior del vehículo. La deformación en estas zonas se realiza de forma programada y progresiva, canalizando los daños.
- **Módulo central.** Forma el habitáculo de pasajeros. Esta es la zona más rígida e indeformable (en mayor o menor grado) de la carrocería para proteger a los pasajeros.
- **Módulo trasero o posterior.** Desempeña la misma función en caso de alcance o colisión trasera que el módulo delantero.

Figura 3.2. Zonas o módulos de la carrocería.

Aunque cada uno de los tres módulos descritos cumple una función estructural diferenciada, su comportamiento debe analizarse como un solo conjunto a la hora de conseguir un óptimo diseño basado en los estudios y cálculos de las diferentes piezas de la carrocería (formas, secciones, tipo de material, proceso de fabricación, facilidad de reparación o sustitución, etc.), culminando todo ello con los ensayos prácticos de choque.

3.2. Pruebas de choque (*crash test*)

Para estudiar el comportamiento del vehículo en caso de colisión, con objeto de tratar de mejorar la seguridad reduciendo las consecuencias de los accidentes, uno de los aspectos que tienen en cuenta los fabricantes de vehículos, y que más ha contribuido a conseguir una mayor protección a los ocupantes, es la realización de pruebas de choque, más conocidas como *crash test* (simulaciones de accidentes realizadas en laboratorios). Con ellas se consiguen determinar los fenómenos técnicos y físicos implicados en una colisión y el comportamiento de la carrocería en caso de impacto, mediante la medición de los esfuerzos soportados por los *dummies* (maniquíes antropomórficos) y de las mediciones dimensionales del habitáculo de pasajeros.

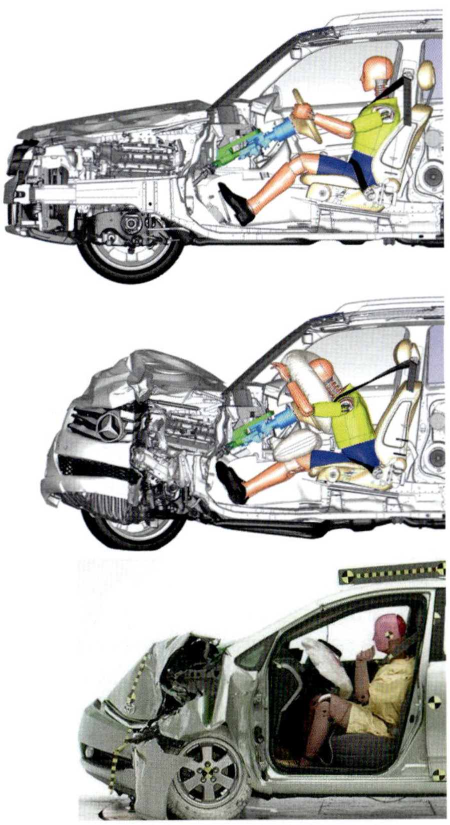

Figura 3.3. *Crash test.*

Desde hace algunos años, la simulación mediante ordenador se ha convertido en un medio esencial para el perfeccionamiento de la seguridad en los automóviles.

Para ello se utilizan herramientas CAD de choques virtuales que predicen el resultado de las comprobaciones físicas antes de la prueba final del vehículo sin necesidad de costosos prototipos de fabricación.

Figura 3.4. Comparación entre la simulación virtual y la prueba física real.

Aunque la simulación mediante ordenador no puede sustituir a los experimentos prácticos, las condiciones básicas para estos experimentos han evolucionado considerablemente, ya que ahora se puede trabajar con soluciones constructivas optimizadas.

Los ensayos de *crash test* evalúan la eficacia global de los sistemas de seguridad pasiva del vehículo, lo que ha incidido de forma directa en la gran evolución que han experimentado los mismos. Del resultado de estas pruebas también se extraen conclusiones muy valiosas (sobre todo para las compañías aseguradoras) acerca del grado de reparabilidad de la carrocería en función de la magnitud y orientación del impacto.

Las pruebas de choque pueden ser parciales (sobre ciertos elementos del bastidor de forma independiente) o de prototipos enteros.

En ellas se ha comprobado cómo una estructura rígida sería altamente perjudicial para el cuerpo humano en caso de colisión, al provocar una deceleración demasiado elevada. Por el contrario, una carrocería fácilmente deformable aprisionaría a los ocupantes dentro del vehículo.

Con el análisis de datos obtenidos en el desarrollo de estas pruebas se trata de conseguir una estructura que, en caso de choque, sea lo suficientemente flexible como para absorber la mayor parte de la energía generada en el impacto evitando así una deceleración excesiva y que al mismo tiempo sea lo suficientemente rígida para mantener íntegro el habitáculo. Todo ello con el fin de garantizar en la medida de lo posible la máxima protección no solo a los ocupantes del propio vehículo, sino también procurar que los ocupantes de otros vehículos, o los peatones implicados en el choque, sufran las mínimas consecuencias.

Además de los fabricantes de vehículos existen otras entidades y asociaciones que también realizan test de choques, aunque suelen utilizar valores de referencia distintos (generalmente más elevados). Entre ellas se encuentran: IIHS (*Insurance Institute for Highway Safety*), NHTSA (*National Highway Traffic Safety Administration*), Euro NCAP (*European New Cars Assessment Program*), que nació como una iniciativa del Ministerio Británico de Transportes, a la que se unieron después sus homólogos suecos y holandeses, así como *International Testing* (organización común a varias asociaciones de consumidores europeas). En esta iniciativa participan también la Comisión Europea y FIA/AIT (que agrupa a varios clubs automovilísticos europeos). Los test llevados a cabo en la Euro NCAP han sido desarrollados para chequear el más amplio abanico de situaciones de riesgo en el automóvil, y no se tienen en cuenta las motorizaciones ni los niveles de equipamiento (de confort) propiamente dichos y los resultados son públicos y accesibles.

En los test de la Euro NCAP se siguen varios criterios de funcionamiento. El primero de ellos se refiere a una colisión frontal a 64 km/h sobre un obstáculo de un metro de ancho y 540 mm de alto con un decalado (*offset*) del 40 % a lo ancho del coche. El impacto lateral se realiza con una barrera móvil contra la puerta del conductor y contra la del pasajero. Esta barrera tiene un ariete de un metro de ancho y 510 mm de alto, se desplaza a 64 km/h y golpea sobre un punto R situado en el percentil 95[1] de una figura masculina de talla media (más o menos a unos 10 cm sobre la cadera de un varón adulto sentado).

Figura 3.5. Prueba de choque que se realiza para determinar el proceso de reparación más idóneo en vehículos que presentando la misma afectación fueron reparados utilizando procedimientos diferentes.

Como complemento a estas pruebas se realizan otras para comprobar la protección a peatones en atropellos, la prueba de choque trasero para evaluar principalmente los daños a los pasajeros en el cuello y la espalda y las pruebas para verificar el funcionamiento de diversos elementos de seguridad activa, tales como el control de estabilidad y el limitador de velocidad.

3.2.1. Tipos de pruebas de choque

Las pruebas de choque de un vehículo son parte fundamental del proceso de diseño y de la posterior homologación del mismo; ya que todos los vehículos fabricados deben ajustarse a una serie de estándares fijados por la ley, so pena de no obtener la homologación necesaria para poder comercializarse. Para disponer de un marco lo más completo posible hay que tener en cuenta la enorme variedad de accidentes reales, que dependen de las distintas velocidades a las que se pueden producir los choques, de los diferentes tipos de obstáculos encontrados (fijos, móviles, y más o menos deformables) y de las características físicas de los ocupantes del vehículo. Con tal complejidad, el nivel de seguridad pasiva de un automóvil solo puede establecerse gracias a la repetición de una larga serie de pruebas (más de 100 ensayos). Los fabricantes suelen realizar más de 40 tipos distintos de choques para cualificar cada uno de sus modelos. Cada una de estas pruebas no se realiza una sola vez, sino que se repite en las distintas fases de desarrollo del coche, desde los prototipos hasta los modelos de serie. Asimismo, después de entrar en producción se efectúan habitualmente muestreos de todos los vehículos para comprobar que se ajustan a las especificaciones de diseño. Como idea de lo representativas (en la casuística) que resultan este tipo de pruebas, baste como dato que un choque a 50 km/h contra un obstáculo fijo no deformable corresponde aproximadamente a la colisión de dos coches (idénticos y del mismo peso) ambos lanzados uno contra el otro a 50 km/h. La energía desarrollada

[1] Término que representa cada uno de los 99 valores que resultan de dividir una distribución en 100 partes de igual frecuencia. Como ejemplo, cuando se valora la ergonomía y la habitabilidad de un vehículo (haciendo referencia a la población y tomando como dato la estatura media), si se garantiza una postura correcta desde el 2,5 al 95 percentil, quiere decir que se dejan fuera los individuos por debajo de 148 cm (que representan el 2,49 % de la población), y los que están por encima de 191 cm (que representan el 4,99 %).

prácticamente equivale a la que se obtiene del choque a 100 km/h de un coche contra otro coche parado.

El diseño de las diferentes pruebas de choque se realiza en base al estudio de las estadísticas de los tipos de choques más habituales. De su análisis se desprende que más de dos tercios de los accidentes producidos afectan a la parte delantera del vehículo frontalmente o de modo oblicuo (en cuyo caso repercutirán respectivamente en toda la anchura del mismo o solo en una parte). Todos estos choques suceden entre vehículos de distintos tamaños y a velocidades diferentes.

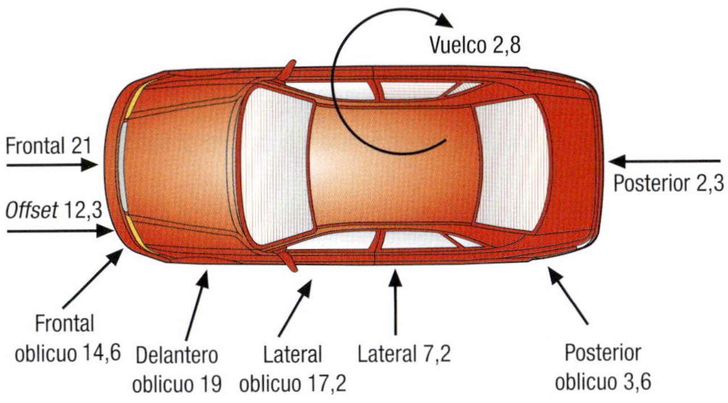

Figura 3.6. Estadísticas de choques más habituales.

Si bien existe una gran variedad de ensayos, las únicas pruebas homologadas por la reglamentación europea vigente consisten en analizar los aspectos biomecánicos y de estructura que se desprenden de sendos test de impacto frontal y lateral. En general, los objetivos que se persiguen en las diferentes pruebas de impacto son:

- En los choques frontales se busca optimizar los refuerzos de la estructura portante y conseguir unos medios de retención adecuados.
- En los choques laterales se intenta evitar la intrusión en el habitáculo.
- En el caso de los vuelcos, lo que se pretende es limitar las deformaciones del habitáculo por aplastamiento.
- En los choques traseros se estudia el comportamiento del reposacabezas y del depósito de combustible y sus canalizaciones.

Prueba de impacto frontal

Las estadísticas de accidentes demuestran que casi dos terceras partes de las colisiones son frontales, y la mitad de ellas presentan una cobertura de entre el 30 % y el 50 % de la superficie frontal.

Para comprobar los efectos de este tipo de colisiones se realiza una prueba que consiste, según la norma ECE R94 de la directiva 96/79 CE, en un choque frontal desalineado a una velocidad de 64 km/h contra una estructura deformable con una configuración de panal (que simula otro vehículo) y que afecta al 40 % de la parte delantera del automóvil en el lado del conductor (*offset*) (es como si el conductor hubiese tenido tiempo de girar el volante para evitar un impacto totalmente frontal).

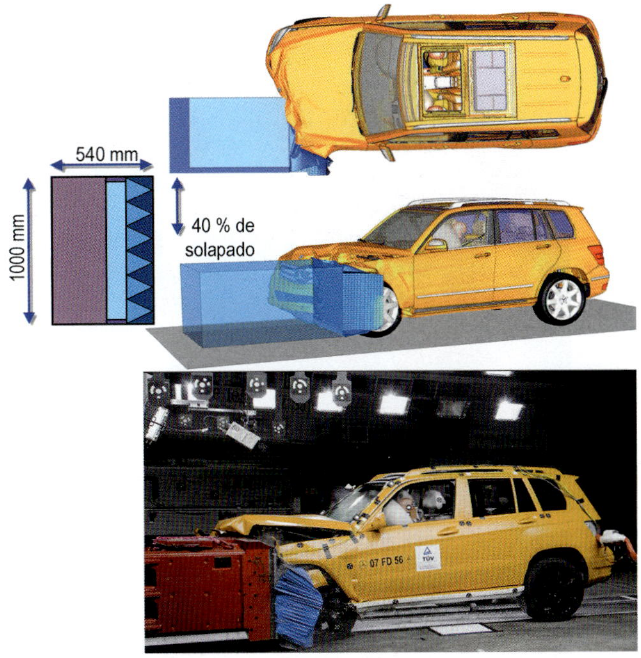

Figura 3.7. *Crash test* frontal *offset*.

En este tipo de choque, el desarrollo de la prueba se realiza con dos maniquíes o *dummies* colocados en los asientos delanteros con los correspondientes sistemas de retención (hay otros ensayos complementarios a los de homologación que incluyen un maniquí de la medida de un niño de 3 años colocado detrás del conductor, y otro de 18 meses detrás del pasajero, cada uno situado en una silla especial para su edad, y aunque a veces no disponen de sensores como los «mayores», la grabación del choque permite analizar su comportamiento). Los maniquíes están dotados de una serie de sensores para medir las fuerzas y aceleraciones a que se ven sometidas en un choque las diversas partes de su anatomía, como tórax, cabeza, cuello, tibia y fémur.

Como resultado del choque, la energía cinética es absorbida por la deformación del paragolpes delantero, del frontal y, en casos graves, también por la zona delantera del habitáculo (zona de la pared del salpicadero). La longitud de la parte delantera se comprime de 40 a 70 centímetros (según la concepción del vehículo: forma de la carrocería, tipo de tracción, posición del motor, masa y dimensiones). También el motor, los ejes y las ruedas absorben energía. La columna de dirección, por su parte, debe doblarse de tal manera que el volante solo se desplace unos pocos centímetros (como máximo 10) en dirección al conductor. En caso de fuerte deformación, los pedales deben subir quedando apoyados contra el salpicadero, siempre y cuando su alojamiento esté diseñado convenientemente.

Figura 3.8. En caso de impacto frontal, el volante y el grupo de pedales deben desplazarse para no dañar al conductor.

A continuación se enumeran de forma resumida los aspectos de seguridad que debe superar el vehículo en este tipo de choque:

- Durante el ensayo no deberá abrirse ninguna puerta ni accionarse fortuitamente los sistemas de bloqueo de las puertas delanteras.
- Después de la colisión debe abrirse como mínimo una puerta delantera y otra trasera (sin ser necesario utilizar ningún tipo de herramientas) para poder extraer a los maniquíes del vehículo liberándolos previamente de sus sistemas de retención, para lo cual será necesario aplicar una fuerza máxima de 60 N sobre el dispositivo de apertura. Asimismo, en caso necesario se podrán inclinar los respaldos de los asientos (o los propios asientos) para liberar y evacuar a todos los ocupantes.
- El desplazamiento del volante no será superior a 80 mm hacia arriba ni a 100 mm hacia atrás.
- Durante el choque no se desprenderá ninguna pieza o componente interior que pueda aumentar el riesgo de lesión al impactar sobre el maniquí.
- Solo se admitirán pequeñas fugas de combustible del orden de 0,5 g/s.

Por lo que respecta a los datos registrados por los maniquíes, las zonas más expuestas en este tipo de choque son: la cabeza, el cuello, el tórax y las piernas. En este tipo de impacto los movimientos de flexión sobre el cuello, la compresión sobre el tórax, el fémur, la tibia y el desplazamiento de la articulación de la rodilla no superarán unas medidas establecidas. En general, los parámetros que se miden para evaluar las consecuencias de una colisión frontal son:

- Cabeza: según criterio HIC 36.
- Cuello: tensión, extensión y fuerza cortante.
- Tórax: compresión y criterio viscoso.
- Parte superior de la pierna: fuerza sobre el fémur y fuerza en la rodilla.
- Parte inferior de la pierna: compresión de la tibia.
- Pie y tobillo: intrusión de la plataforma bajo los pies y desplazamiento del pedal de freno.

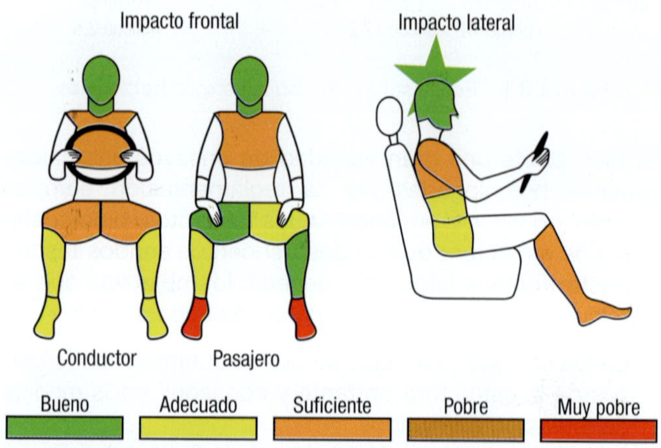

Figura 3.9. Evaluación del grado de afectación (por zonas) de los ocupantes del vehículo en los *crash test*.

Una vez efectuado el choque, el habitáculo debe permanecer intacto. Esto concierne fundamentalmente a:

- La zona de la pared frontal (desplazamiento de la instalación de dirección, panel de instrumentos, pedales y contracción del espacio para los pies).
- El suelo (hundimiento o inclinación de los asientos).
- La pared lateral (apertura de las puertas después del accidente).

Prueba de impacto lateral

Según el análisis estadístico, los choques laterales representan el 25 % de todos los accidentes. En este caso es mucho más difícil la protección de los ocupantes del vehículo. La colisión lateral entraña un elevado riesgo de lesiones, provocado por la limitada capacidad de absorción de las piezas de la estructura y del revestimiento y las grandes deformaciones que de ello resultan en el habitáculo. En estos casos, solo se puede contar con un reducido volumen deformable. El punto neurálgico son las puertas, que para proporcionar una protección eficaz deben mantenerse sujetas a las columnas (pilares) por medio de mecanismos de cierre y bisagras extremadamente robustas. La rigidez de las puertas, así como la solidez de los largueros que las unen y del techo, determinan la resistencia de la célula o habitáculo de pasajeros.

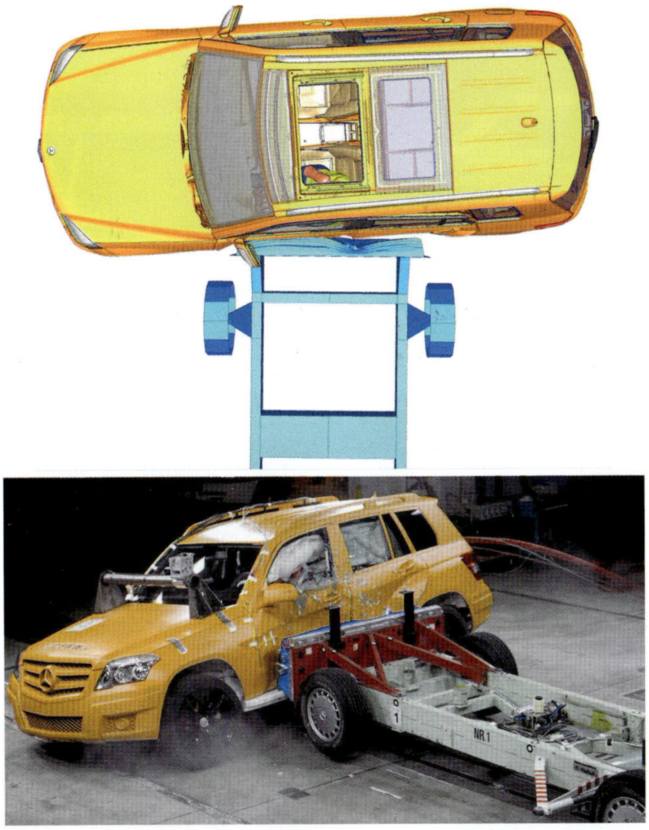

Figura 3.10. *Crash test* lateral.

En este contexto, el diseño de los asientos ha demostrado revestir también excepcional importancia. En la actualidad la máxima seguridad la proporcionan los asientos con sistema de cinturón integrado (asientos integrales), que disponen de una unión muy firme al piso y refuerzos muy estudiados para aumentar la seguridad en esta zona. El cinturón integrado en el asiento hace necesaria esta rigidez estructural, ya que, al fin y al cabo, todas las fuerzas que actúan sobre el cinturón influyen en la construcción del asiento y del piso.

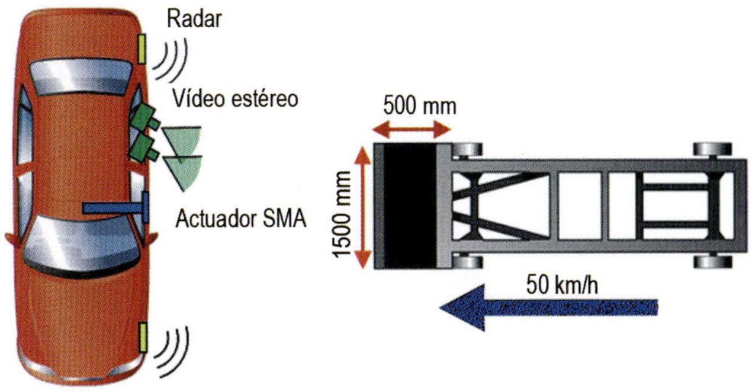

Figura 3.11. Características del *crash test* lateral.

En las pruebas estáticas de colisión lateral, reguladas por la norma ECE R95 de la directiva europea 96/27/CE, el vehículo recibe un impacto perpendicular por el lado del conductor. El golpe se produce mediante una carretilla móvil deformable de 30 cm de altura y 950 kg, que se desplaza a 50 km/h. De esta forma se verifican aspectos tales como la resistencia de las puertas o los anclajes del cinturón de seguridad.

En relación con la prueba en sí misma, los requisitos que debe superar el vehículo son muy similares a los relacionados en el caso del test frontal.

Por lo que respecta a los datos registrados por los maniquíes, las zonas más afectadas en este tipo de choque son: la cabeza, el tórax, el abdomen y la pelvis, que no deberán sufrir fuerzas que superen los límites establecidos.

Los parámetros que se miden para evaluar las consecuencias de una colisión lateral son:

- Cabeza: según criterio HIC 36.
- Cuello: tensión, extensión y fuerza cortante.
- Tórax: compresión y criterio viscoso.
- Abdomen: fuerza abdominal total.
- Pelvis: fuerza púbica.

Los puntos resistentes estructurales se centran principalmente, en este caso, en la resistencia de la estructura de la pared lateral (uniones superiores e inferiores de los montantes, y fijación de las puertas a los montantes), la capacidad de carga de los travesaños del piso y del asiento, y también el tipo de revestimiento interior de la puerta.

Además de la prueba de impacto lateral descrita anteriormente, también suele realizarse una variedad estática de la misma consistente en un impacto lateral contra un poste. Con esta prueba, además de verificarse la eficacia de los airbags laterales y el comportamiento del capó, el problema principal que se ha de solucionar es hacer que las puertas no cedan, sino que transmitan lo más rígidamente posible las solicitaciones a la estructura del vehículo. La prueba se realiza a 29 km/h contra un poste relativamente estrecho para que exista una mayor penetración hacia el interior del habitáculo. En un impacto sin airbag, la cabeza del conductor podría golpearse contra el poste con suficiente fuerza como para causar una lesión extremadamente importante.

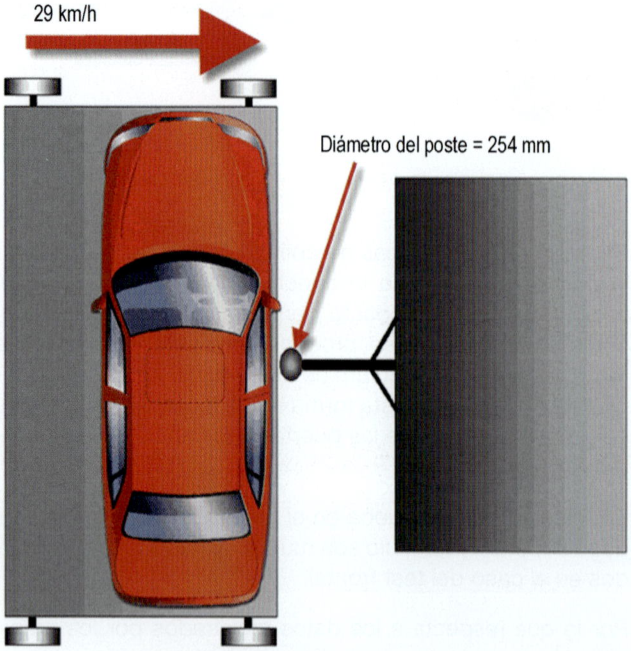

Figura 3.12. *Crash test* lateral contra un poste.

Con el fin de analizar en profundidad el comportamiento de la carrocería se realizan más pruebas de choque complementarias, entre las que destacan:

Prueba de impacto trasero

Por lo que respecta a las pruebas estáticas de colisión trasera, reguladas por la norma ECE 32/34, el vehículo recibe un impacto mediante una carretilla móvil deformable a una velocidad de 35-38 km/h. En este caso no debe producirse apenas deformación del habitáculo, las puertas deben poder abrirse, la tapa del maletero no debe introducirse en el habitáculo a través de la luneta trasera y la instalación de combustible debe permanecer estanca. Asimismo, el reposacabezas debe evitar la hiperextensión del cuello de los ocupantes.

Una variedad de esta prueba consiste en el impacto delantero o trasero a baja velocidad (8 km/h) contra un poste rígido, en la que se analiza sobre todo la resistencia de los siguientes elementos: paragolpes trasero, travesaño trasero, largueros traseros y capó o portón trasero.

Figura 3.13. *Crash test* trasero.

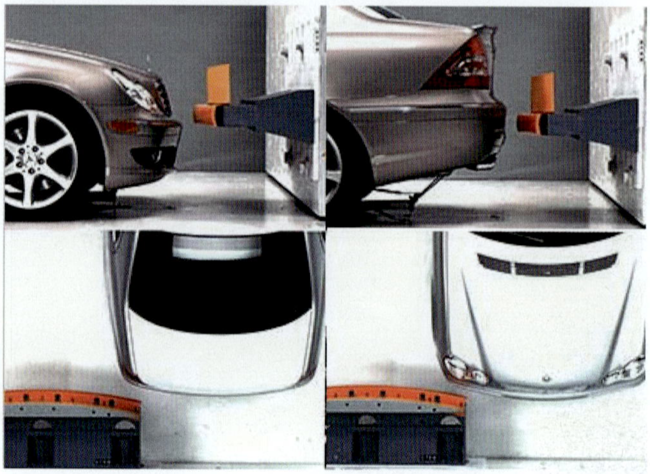

Figura 3.14. *Crash test* a baja velocidad.

Prueba de vuelco

Los test de vuelco (*roll-over test*) ponen a prueba la rigidez de la estructura del techo. Este tipo de choque suele realizarse mediante varios procedimientos. Uno de ellos consiste en lanzar el vehículo a 50 km/h (mediante un mecanismo de arrastre) hasta un plano inclinado situado en uno de los lados de rodadura. Esta inclinación ocasiona el vuelco del vehículo, que sale lanzado hacia una red de retención.

Figura 3.15. *Crash test* de vuelco.

En otras ocasiones el vehículo se somete a una caída libre desde 50 centímetros de altura sobre la esquina delantera izquierda del techo. El habitáculo no debe sufrir graves deformaciones, ni siquiera en este caso.

Para disminuir el riego de lesiones por deformación del habitáculo, es preciso que el techo y los montantes dispongan de una rigidez óptima. Con el fin de mejorar el grado de rigidez del techo también se efectúa el test estático de aplastamiento, consistente en realizar una serie de esfuerzos de compresión aplicados sobre los montantes (largueros de techo) para analizar su resistencia y grado de deformabilidad.

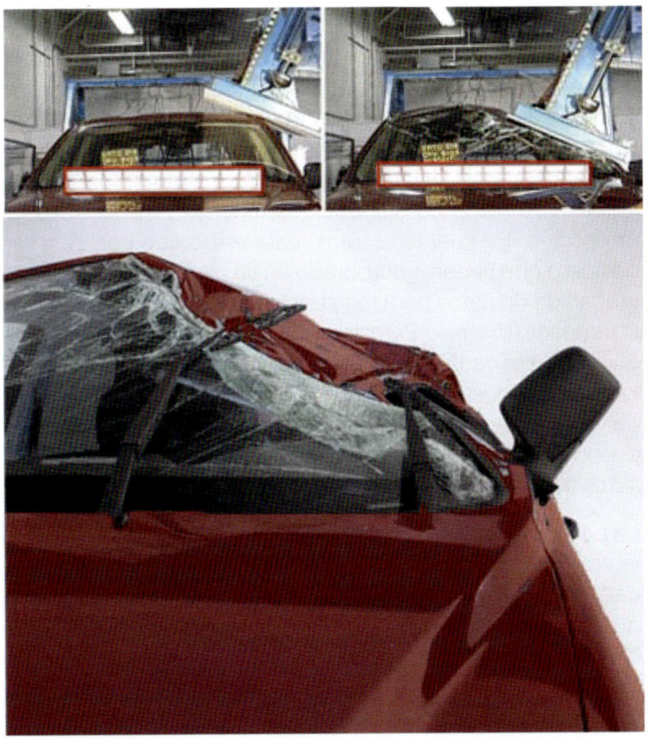

Figura 3.16. *Crash test* estático de aplastamiento del techo.

Prueba de prevención contra el riesgo de incendio

En la actualidad, el elevado número de dispositivos eléctricos/electrónicos y la presión a la que circula el combustible hacen indispensable un estudio minucioso en la fase de diseño encaminado a reducir los riesgos de incendio del vehículo. Por ello, algunos fabricantes someten a los vehículos que han sufrido un test de choque a una prueba de vuelco estático para identificar y eliminar posibles pérdidas de combustible.

Figura 3.17. Test de pérdida de combustible.

Prueba de atropellos a peatones

Por último, se realizan los test de atropellos a peatones mediante la utilización de maniquíes con forma adulta y con morfología de niños que son golpeados por los coches en una colisión a 40 km/h, analizando en cada caso las lesiones producidas fruto de los perfiles exteriores del vehículo.

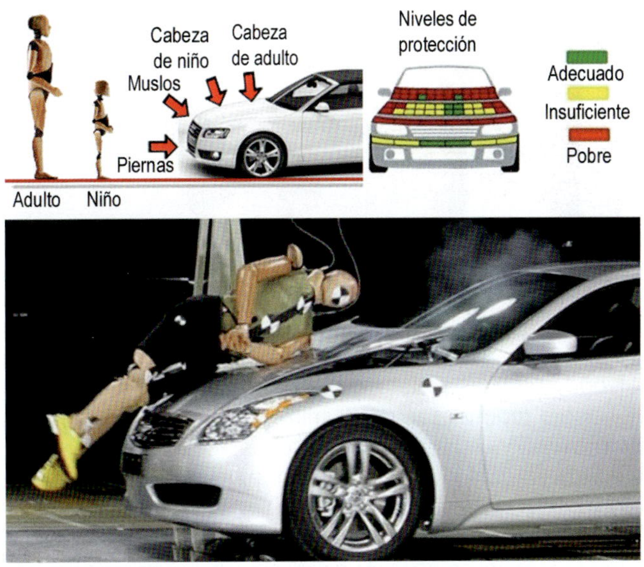

Figura 3.18. Test de atropellos de peatones.

3.2.2. Los maniquíes (*dummies*)

Todas las soluciones adoptadas en materia de seguridad han de referirse al hombre como etapa final en todas las medidas en materia de seguridad pasiva. Con este fin se utilizan unos maniquíes «biofieles» que simulan las reacciones del cuerpo humano en caso de accidente. Todos estos maniquíes forman una gran familia, es decir, tienen características parecidas a las del cuerpo humano, presentando diferencias en cuanto a sexo y edad. Su función se asemeja a la de los pilotos de pruebas y su trabajo consiste en proporcionar a los técnicos información para mejorar continuamente la estructura portante y los sistemas de sujeción.

Para conseguir esta información es indispensable disponer de instrumentos que permitan evaluar que los valores límite de las fuerzas de las aceleraciones y de los aplastamientos, que se ejercen en las distintas partes del cuerpo humano durante una colisión, se mantengan dentro de los límites establecidos. Con este fin, los maniquíes van dotados de una serie de sensores que miden los datos durante la realización de los choques y los transmiten a los equipos de registro.

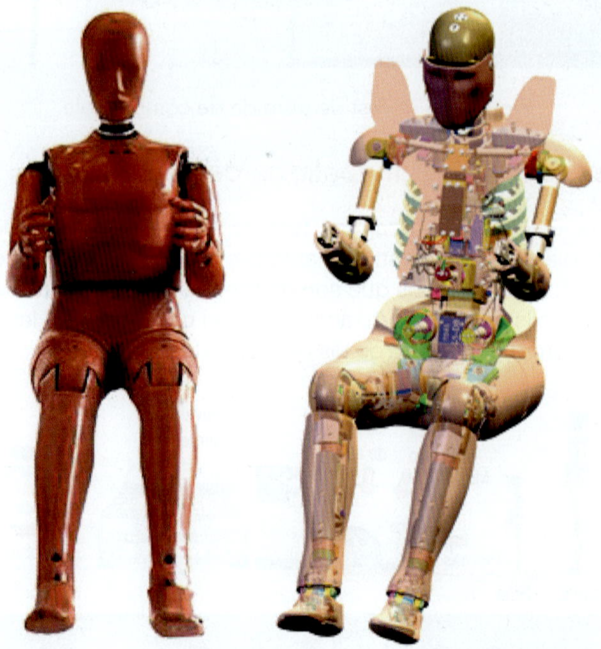

Figura 3.19. *Dummies.*

A nivel de constitución, tomando como ejemplo el modelo Hybrid III, su esqueleto suele construirse principalmente de acero (con piezas de aluminio, latón y fundición) y de goma (vinilo y materiales esponjosos) todo lo que le rodea. La cabeza está construida de aluminio cubierta de goma con una flexibilidad y dureza similar a la carne humana. Además dispone de masas suspendidas cuyo comportamiento inercial en caso de colisión es muy similar a las vísceras del cuerpo humano.

Aparte del modelo Hybric III, existen *dummies* específicos para ensayos concretos, como el ES-2 y el SID (*Side Impact Dummy*), que se utilizan en pruebas de impactos laterales. Están equipados con simuladores de costillas, columna vertebral y órganos internos para analizar los efectos secundarios en colisiones. También están el BioRID utilizado en pruebas de impacto trasero y el CRABI, un *dummy* con morfología de niño para comprobar el funcionamiento del cinturón de seguridad y los airbags.

El modelo denominado Thor representa la evolución de estos dispositivos, consiguiendo un aumento de sofisticación sobre sus predecesores al incorporar más de cien canales de datos, instrumentación muy sofisticada (acelerómetros en columna, pecho, abdomen, etc.), mejoras en los movimientos de la cabeza y el cuello, etcétera.

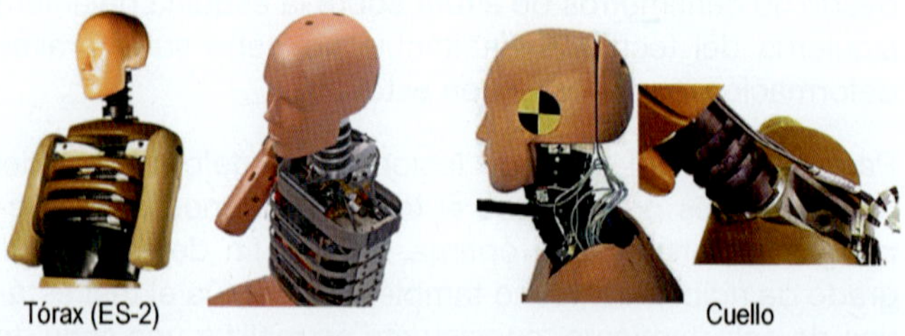

Figura 3.20. Detalles constructivos de los *dummies.*

En el interior del Hybric III se sitúan tres acelerómetros dispuestos en los tres ejes espaciales (X, Y, Z), que suministran individualmente datos de fuerza y aceleración, resultando de gran ayuda para determinar las consecuencias sobre el cerebro en caso de colisión. Por lo que respecta al cuello y al tórax, dispone de elementos para medir y detectar cómo se dobla, la fuerza y la tensión que realiza, y si la cabeza es lanzada hacia atrás o hacia delante durante el impacto. Los brazos no suelen llevar ningún tipo de instrumentos, ya que en caso de golpe no disponen de muchas posibilidades de protección. En cuanto al tórax, está elaborado con costillas de acero que tienen incorporado en su cavidad un equipo de grabación de datos para registrar todo lo que sucede durante un impacto frontal. Para los impactos laterales, los maniquíes utilizados (ES-2) tienen una forma de tórax distinta a los demás, puesto que el equipo de grabación se dispone de forma diferente para registrar todo lo que ocurre sobre el pecho en la zona lateral. El abdomen está equipado con sensores para registrar la fuerza que causa las lesiones laterales.

La pelvis tiene instrumentos ajustados que graban la fuerza lateral que puede ocasionar fracturas y dislocaciones de cadera. La parte superior de la pierna comprende un área que incluye la pelvis, el fémur y la rodilla; en el fémur se introduce un instrumento que registra todos los impactos frontales de todas las secciones. La parte baja de la pierna dispone de instrumentos colocados en su interior que registran si se doblan, comprimen o se produce tensión, sobre todo en la tibia y el fémur. En lo que respecta

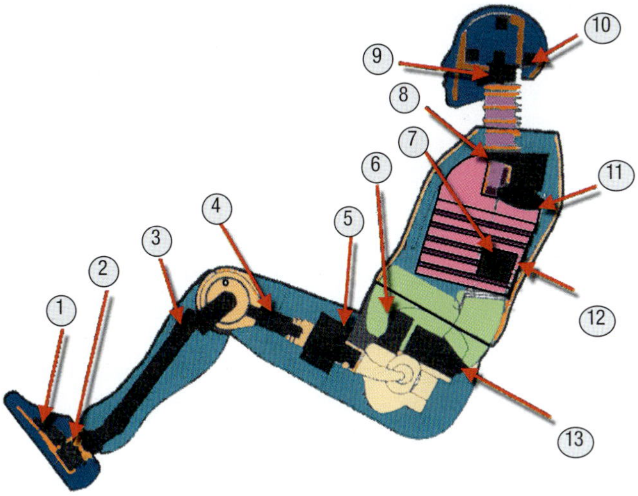

1. Célula de carga del dedo del pie.
2. Célula de carga del tobillo.
3. Instrumentos de la parte inferior de la pierna.
4. Célula de carga del fémur.
5. Célula de carga de la parte superior del fémur.
6. Célula de carga de la espina ilíaca anterior superior.
7. Célula de carga de la espina torácica.
8. Célula de carga de la parte inferior del cuello.
9. Célula de carga de la parte superior del cuello.
10. Conjunto de acelerómetros de la cabeza.
11. Célula de carga de la clavícula.
12. Célula de carga de las costillas.
13. Célula de carga de la espina dorsal.

Figura 3.21. Constitución del *dummy* Hybric III.

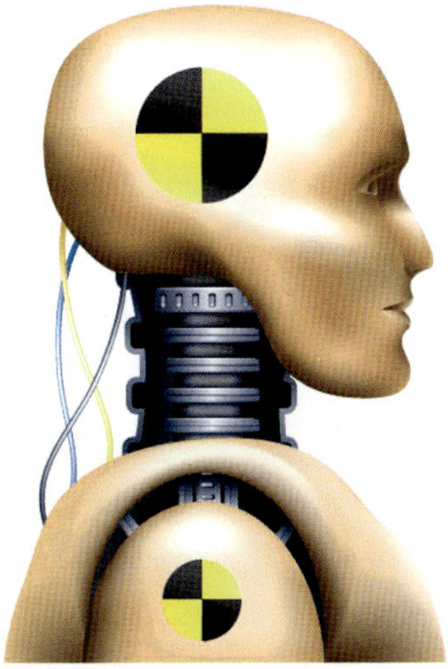

Figura 3.22. *Targets*.

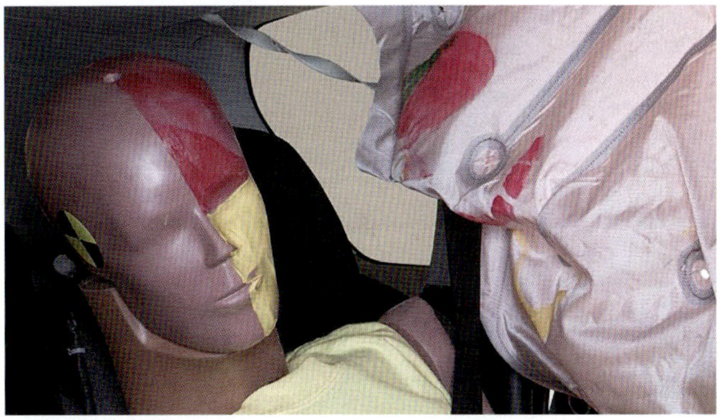

Figura 3.23. *Dummy*. Zonas coloreadas para detectar la afectación.

a los pies, los maniquíes también miden su distorsión y la posibilidad de que pierdan movilidad.

Aparte de los sensores electrónicos, los maniquíes también disponen de referencias visuales en la cara y distintas partes del cuerpo a base de cuadrículas adhesivas de impacto (*targets*) que se utilizan como referencia para determinar durante la filmación del choque cuál ha sido el desplazamiento de ese punto en concreto (también se aplican sobre la carrocería del vehículo de prueba). En otros casos, se recurre a zonas coloreadas con una pintura especial, que permiten detectar, mediante la observación, si ha existido algún impacto en esa zona en concreto, y la zona del vehículo sobre la que ha impactado.

Para mantener el grado de minuciosidad en las informaciones, los maniquíes deben calibrarse con frecuencia utilizando un completo laboratorio de ensayo. En las pruebas de calibración se analizan todas las partes de su «anatomía» (cabeza, cuello, torso, piernas, etc.) para verificar que la reacción frente al impacto sigue siendo equivalente a la de un ser humano.

A veces los ensayos se completan utilizando pilotos humanos cargados igualmente de instrumentos de medición, que registran el comportamiento y las reacciones que sufre el cuerpo frente a fuerzas elevadas de aceleración y deceleración, así como los desplazamientos que se producen producto de las inercias.

Uno de los campos de investigación en seguridad más innovadores que se están desarrollando se traduce en la digitalización del cuerpo humano. Hasta ahora, las pruebas de choque (*crash test*) se realizaban únicamente con maniquíes instrumentados, pero desde la llegada de los superordenadores, además se realizan simulaciones numéricas (accidentes digitales).

Para una perfecta compenetración es preciso utilizar un maniquí virtual «NUM» que permite integrar los datos del comportamiento de un «cuerpo humano» en un accidente simulado por ordenador.

Los test realizados con el «NUM» prueban que el modelo digital es mucho más «correcto biomecánicamente» que los maniquíes usados hasta ahora y procura mejor información del comportamiento del cuerpo humano en caso de accidente, ya que el «NUM» es mucho más complejo que los *dummies* utilizados en los *crash test* reales.

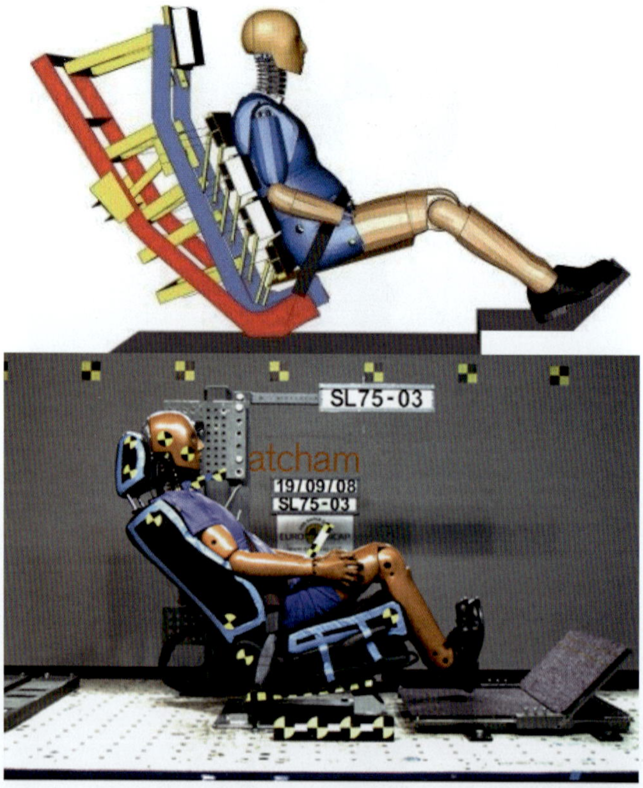

Figura 3.24. Pruebas estáticas con *dummy*.

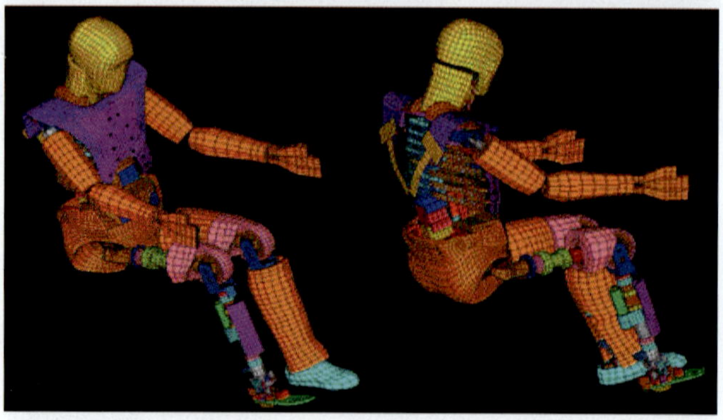

Figura 3.25. *Dummy* digital.

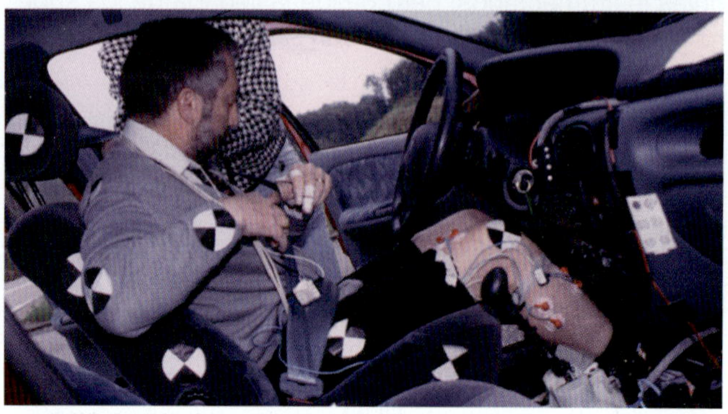

Figura 3.26. Pruebas conjuntas con *dummies* y personas.

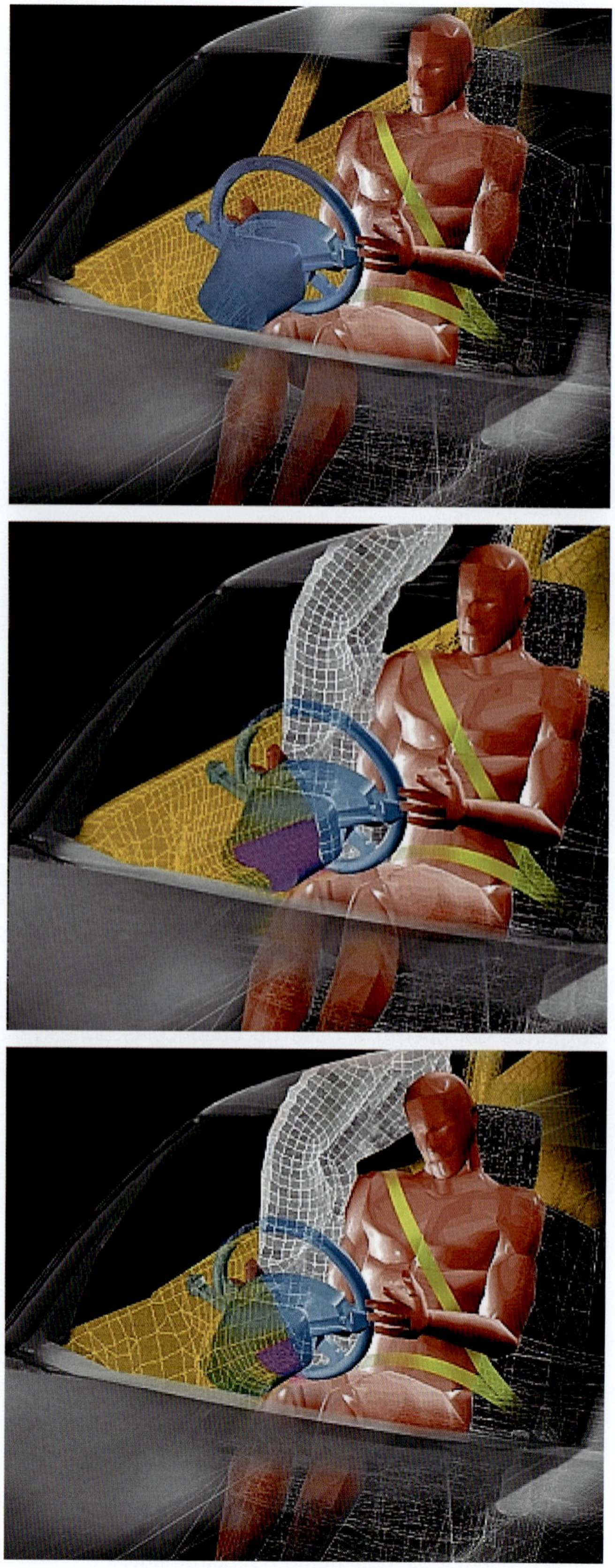

Figura 3.27. Simulación con «NUM».

3.2.3. Las instalaciones para pruebas de *crash test*

Las pruebas de choque se realizan en instalaciones especiales (laboratorios) dotadas, entre otros, de los siguientes medios:

- Equipo de guiado del vehículo.
- Equipo de vídeo/fotografía.
- Equipo de iluminación.
- Equipos de impacto: muros, carretillas de impacto, plataformas de vuelco, etcétera.
- Cabina de mando.
- Cabina de medición.

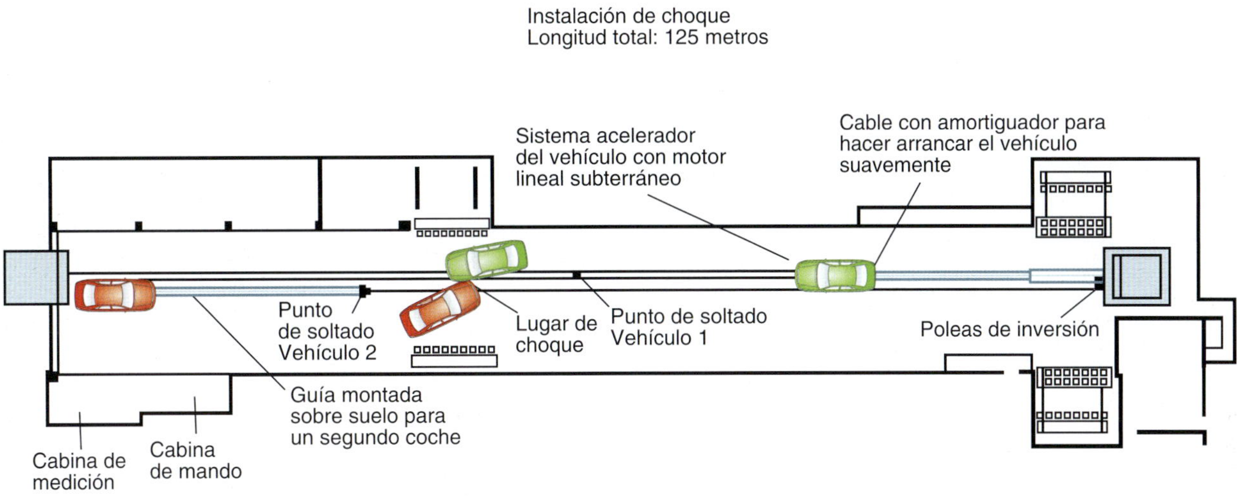

Figura 3.28. Plano de la pista de lanzamiento de una instalación de *crash test*.

Figura 3.29. Instalaciones de pruebas de *crash test*.

La secuencia habitual del desarrollo de una prueba de choque consta de las siguientes fases:

1. Calibrar los maniquíes de prueba (*dummies*) y preparar su instrumentación.
2. Colocar sobre el maniquí los *targets* (o colorear) en zonas determinadas en función del tipo de análisis que se vaya a realizar.
3. Instalar los elementos de medición y registro sobre el vehículo.
4. Ubicar los maniquíes en los asientos correspondientes, controlando minuciosamente su posición para poder registrar de forma correcta los movimientos efectuados durante la prueba.
5. Conectar el potente equipo de iluminación y colocar correctamente las cámaras rápidas del equipo de filmación, en función del tipo de choque.
6. Colocar el vehículo sobre la catapulta de lanzamiento o área de impacto (según la naturaleza de la prueba que hay que realizar).
7. Fase de impacto.

Durante el impacto, que solo dura un instante (menos de un segundo), los maniquíes registran todos los daños que sufren en las diferentes partes del cuerpo, que en este caso se centrarán sobre todo en los datos de aceleraciones de la cabeza y el pecho, así como las fuerzas sobre los muslos. Durante la prueba todo queda grabado en vídeo y en una película fotográfica con extrema nitidez (a través de cámaras de alta velocidad de más de 1000 imágenes por segundo).

Después de la colisión, los expertos miden y examinan minuciosamente el estado final del vehículo; las mediciones de las aceleraciones, la lectura de las informaciones grabadas, y la observación de las películas a cámara lenta (imagen a imagen) permiten analizar exactamente el comportamiento a la deformación.

Según las normas europeas, un vehículo se considera seguro cuando, a raíz de una colisión frontal, las posibilidades que tiene el conductor de sobrevivir sin costillas rotas y sin ninguna lesión interna son superiores al 50 %.

Figura 3.30. Secuencia de un *crash test*.

Figura 3.31. Marcas para el examen y medición de las deformaciones una vez realizado un *crash test*.

3.3. Seguridad pasiva de la carrocería autoportante

Uno de los principales cometidos de la industria del automóvil es el de desarrollar soluciones técnicas que puedan crear condiciones óptimas de conducción, contribuir a evitar los accidentes, reducir al máximo las consecuencias de un choque y proporcionar la inviolabilidad del vehículo.

Para garantizar un comportamiento seguro del vehículo es necesario diseñar los diferentes componentes de los ejes de modo que las ruedas efectúen movimientos direccionales previsibles y que el conductor se encuentre en condiciones de controlar el vehículo incluso en casos extremos. En este sentido, dispositivos que aumentan la seguridad son, por ejemplo, un equipo de frenos de alto rendimiento o los sistemas modernos de estabilidad y tracción como ETS, ASR, ESP, etcétera.

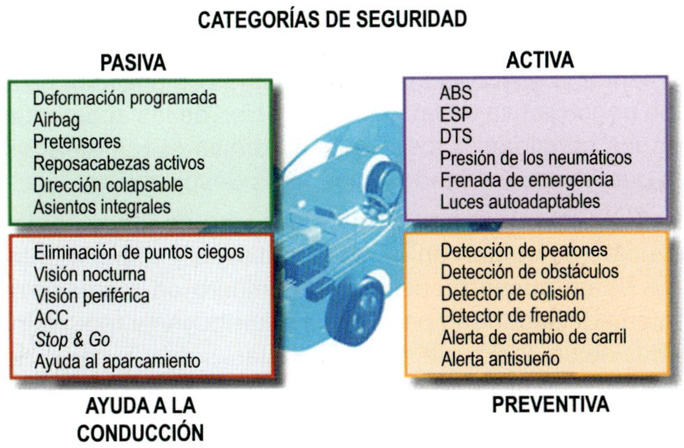

Figura 3.32. Categorías de seguridad existentes en el automóvil, con algunos ejemplos representativos de cada categoría.

Asimismo, la conducción en el tráfico denso de las ciudades modernas exige del conductor un alto grado de atención. Determinadas medidas constructivas pueden contribuir a mantener la forma física del conductor, a fin de que no disminuya su concentración, por ejemplo: una carrocería rígida exenta de vibraciones, equipada con asientos ergonómicos, una climatización agradable del habitáculo y una buena insonorización.

Para poder circular con seguridad es esencial ver y ser visto. Por ello son necesarios una serie de sistemas para aumentar la seguridad de percepción mutua, por ejemplo: faros autoadaptables que iluminan la calzada de modo ideal, sistemas que eliminan los puntos ciegos de visibilidad periférica, sistemas que detectan cuándo frena el vehículo precedente, limpiaparabrisas con una gran superficie de barrido que generan un campo visual amplio, brazos limpiaparabrisas que no se levanten a altas velocidades, retrovisores exteriores con calefacción y con un gran campo visual, medidas para evitar que se ensucien los retrovisores y las ventanillas laterales, etcétera.

También es importante que el conductor se encuentre cómodo dentro del automóvil y que no tenga que buscar continuamente los mandos ni estudiar su manejo.

En términos generales, el concepto de seguridad aplicado al automóvil engloba a un elevado conjunto de sistemas, dispositivos y soluciones de vanguardia, que para su estudio pueden agruparse en varias categorías diferentes:

- **Seguridad pasiva.** Las medidas de seguridad pasiva evitan o minimizan las lesiones de los pasajeros ante un impacto o colisión.
- **Seguridad activa.** Las medidas de seguridad activa evitan situaciones potencialmente peligrosas, y por tanto contribuyen a evitar los accidentes.
- **Seguridad preventiva.** Las medidas de seguridad preventivas reducen las posibles condiciones de peligro además de crear un clima confortable en el habitáculo que reduzca el estrés y el cansancio.
- **Sistemas de ayuda a la conducción.** Estos sistemas ayudan al conductor mejorando las condiciones de circulación.
- **Seguridad de uso.** Esta serie de medidas tienen por objeto reducir las posibilidades de robo del vehículo.

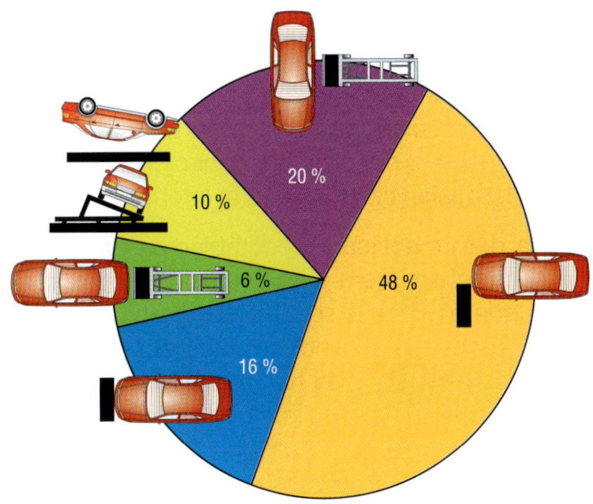

Figura 3.33. Estudio porcentual de los tipos de colisión más frecuentes.

Por seguridad pasiva se entiende el conjunto de características y dispositivos que interactúan para reducir o evitar las consecuencias de un choque sobre los ocupantes del vehículo. A través de los estudios estadísticos realizados sobre la accidentabilidad en los vehículos, pueden realizarse las siguientes consideraciones:

- Los choques frontales representan aproximadamente un 64 % sobre el total de las colisiones (completa y con cobertura del lado izquierdo).
- Los choques laterales representan el 20 %.
- El choque posterior es prácticamente irrelevante en porcentaje y casi nunca pone en peligro la integridad de los ocupantes.

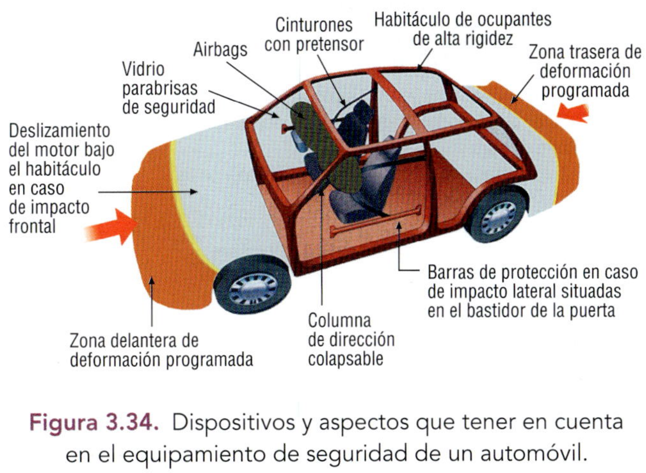

Figura 3.34. Dispositivos y aspectos que tener en cuenta en el equipamiento de seguridad de un automóvil.

- El resto de accidentes más significativos está formado por el vuelco (que aun sucediendo raramente, es muy peligroso), y por el incendio como consecuencia de un accidente.

Tomando como base estos estudios, los ingenieros de diseño se han ocupado de los pasajeros dotándoles de sistemas de retención, como los cinturones de seguridad y el airbag. También se presta especial atención a la configuración del habitáculo empleando materiales que absorben la energía. Otras zonas problemáticas son la columna de dirección y el volante. Asimismo, el diseño de las puertas resulta de vital importancia puesto que deben permanecer cerradas incluso en caso de deformación grave (lateral), pero facilitando a la vez el acceso al interior.

Además, la deformabilidad preestablecida de la carrocería en las partes delantera y trasera ha prestado una contribución fundamental a la seguridad dentro de la célula de pasajeros. La energía de choque debe encontrar vía libre sin perjudicar gravemente el habitáculo. Con ello se reducen también la aceleración y las fuerzas que actúan sobre los ocupantes en caso de colisión. Disponiendo el tanque de combustible en un lugar situado fuera de la zona de deformación se contribuye, por último, al programa de protección antiincendios.

Como complemento a este estudio, mención aparte merecen los datos relativos a los riesgos que corren las personas menos protegidas en caso de accidente: los niños y los usuarios de las vías de circulación sin protección (peatones y ciclistas). A este respecto, los materiales escogidos, la forma y el diseño funcional del exterior del automóvil pueden contribuir considerablemente a aumentar la seguridad pasiva. Ejemplos de una minimización constructiva de las consecuencias de los accidentes son las canaletas y los limpiaparabrisas escamoteados, los parachoques blandos y los faros desplazables.

Por todo lo anterior se deduce que uno de los aspectos que más se cuidan en la fase de diseño y experimentación de un nuevo modelo es el conjunto de medidas en materia de seguridad pasiva que contribuyan a reducir los daños de un accidente. Estas medidas, según la gama del vehículo y su nivel de equipamiento, pueden ser:

- **Elementos y dispositivos de seguridad** como: el parabrisas laminado, la columna de dirección retráctil o colapsable, el material de fabricación del volante, la estructura de los pedales, etcétera.
- **Configuración del habitáculo.** Por lo que respecta al diseño de interiores, hay que procurar que en caso de accidente si algún pasajero se ve desplazado de su asiento (por efecto de la inercia), no se golpee contra aristas o dispositivos que puedan causarle algún daño. Para comprobar estos aspectos, el diseño de tableros de a bordo redondeados, los respaldos de asientos delanteros, el volante, la palanca de cambios, el freno de mano, la ubicación y forma de los accionadores, etc., deben chequearse un gran número de veces en simulación numérica y contrastarse con ensayos reales sobre vehículos equipados con maniquíes. Asimismo, los revestimientos interiores deben cumplir las normas internacionales en materia de inflamabilidad (principalmente no deben arder por contactos accidentales con llama, y ante un recalentamiento fuerte que origine su combustión no deben originar llama sino realizar una combustión que en la mayoría de los casos genere un humo fuerte y denso).
- **Sistemas de retención** como la resistencia, el anclaje y la forma de los asientos, los reposacabezas, los cinturones de seguridad (con pretensores) y los airbags. Hay que tener en cuenta que en caso de colisión el cuerpo del conductor se ve sometido a una inercia fruto de la fuerza actuante a lo largo del tiempo, tal como establece la fórmula del impulso ($f \cdot t = m \cdot v$). El cuerpo del

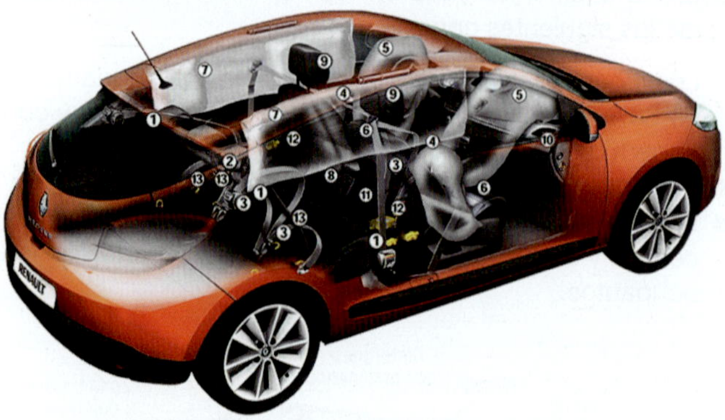

Figura 3.35. Dispositivos de seguridad pasiva.

Figura 3.36. Zonas de deformación programada delantera y trasera.

pasajero (en caso de colisión frontal), se proyectará en sentido de la marcha a una velocidad inversamente proporcional a su masa. Como ejemplo, de lo anterior se deduce que el cuerpo de un niño, en caso de accidente, se convierte en un proyectil con la fuerza de un autobús.

- **Concepción de la estructura.** En este campo la carrocería se diseña con resistencia diferenciada con una célula de habitabilidad lo más rígida posible y con las partes delantera y trasera deformables de forma programada para absorber gradualmente la energía del choque.

Para su estudio, el conjunto de medidas a nivel de seguridad pasiva pueden dividirse en dos grandes conjuntos:

- Plan de seguridad pasiva de la carrocería autoportante.
- Dispositivos de seguridad pasiva.

3.3.1. Plan de seguridad pasiva de la carrocería autoportante

Con el fin de mejorar la estructura portante en materia de seguridad pasiva, los fabricantes de vehículos utilizan diferentes soluciones constructivas que responden a variados criterios en cuanto a finalidad de la evolución se refiere: aumento de la rigidez de la carrocería, disminución de peso (sin merma alguna de la seguridad estructural), mejora del plan de deformación programada, mejora del sistema de reparabilidad, mejora de las prestaciones de marcha del vehículo, etcétera.

El plan de seguridad pasiva presta especial atención a varios aspectos fundamentales:

- Características constructivas.
- Deformación programada.
- Comportamiento de la estructura delantera.
- Comportamiento de la estructura trasera.
- Protecciones laterales.
- Protecciones antivuelco.
- Paragolpes absorbentes.
- Antiintrusión de la mecánica.
- Habitáculo.

Figura 3.37. Carrocería con zonas de resistencia diferenciada.

Características constructivas

Para conseguir unos niveles óptimos de resistencia estructural se suele recurrir al empleo de chapas multiespesor o a la utilización de refuerzos especiales. En el primer caso, esta tecnología consiste en la soldadura láser de láminas de chapa de distintos espesores, trabajadas posteriormente por moldeo con métodos tradicionales (*tailored blanks*). De esta forma se obtienen zonas de resistencia elevada sin necesidad de añadir elementos de refuerzo, limitando al mismo tiempo el peso del conjunto. Las zonas más críticas de la estructura se refuerzan con barras de acero de alta resistencia para garantizar una adecuada seguridad en caso de impacto.

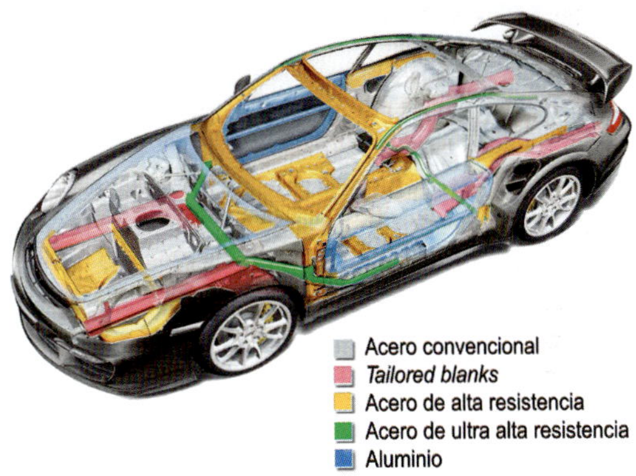

Figura 3.38. Materiales y soluciones técnicas utilizadas en la estructura de una carrocería.

Por lo que respecta a los distintos refuerzos que se pueden aplicar a una carrocería para mejorar su resistencia, destacan también los situados en las partes delantera y central inferiores, zonas donde generalmente se anclan los subchasis portadores de las suspensiones, tirantes de reacción, diferenciales y árboles de transmisión. Los subchasis, en su unión a la carrocería, tienen cierta elasticidad ya que para su sujeción se emplean soportes de goma encastrada en metal (*silentblocks*), precisamente por el esfuerzo al que se ve sometido el punto de unión en la carrocería. La presencia de refuerzos es inevitable y estos se aplican con chapas suplementarias de gran grosor unidas por medio de costuras de soldadura.

Figura 3.39. Subchasis.

En algunos modelos utilitarios, estos refuerzos aplicados a la carrocería en las zonas de anclaje de los subchasis llegan a ser solidarios con los refuerzos que se aplican en las torretas de la suspensión. Estos últimos son unos puntos de la carrocería que tienen que soportar grandes esfuerzos y torsiones, ya que son las piezas donde está atornillada la parte superior de la suspensión. Este mismo refuerzo se aplica de forma independiente en automóviles de mayor tamaño y está especialmente sobredimensionado en los vehículos que montan suspensión independiente tipo McPherson.

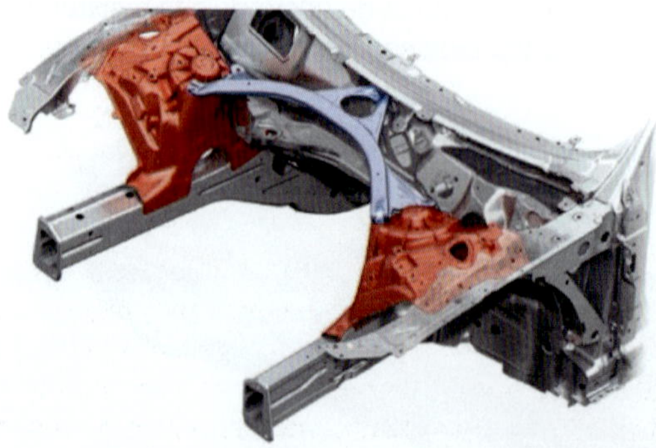

Figura 3.40. Refuerzo de la torreta de la suspensión.

En los vehículos tipo berlina también se suelen aplicar refuerzos en los anclajes a la carrocería de los ejes traseros, ya sean vehículos de tracción delantera o propulsión trasera. En los primeros, en las uniones de los ejes a la carrocería, independientemente del sistema que empleen: eje rígido, semirrígido o suspensión independiente. Y en los segundos para soportar el puente y el grupo.

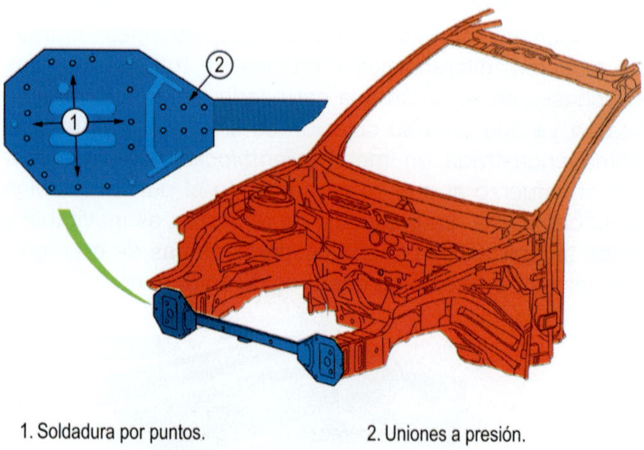

Figura 3.41. Sistema de unión del travesaño delantero.

Además, los fabricantes suelen incorporar otros refuerzos puntuales localizados en diferentes puntos de la estructura:

- Los arcos de las puertas laterales, los montantes centrales y los travesaños del techo, para aumentar la seguridad del habitáculo en caso de vuelco.
- Refuerzo de los puntos de anclaje de los asientos y cinturones de seguridad.
- En algunos casos el travesaño delantero tiende a fabricarse con diferentes materiales y de distinto espesor en sus secciones. Las zonas de unión con los largueros suelen ser de acero, uniéndose a estos mediante soldadura por puntos de resistencia. La fijación al tubo central de sección cuadrangular se realiza mediante un sistema de ensamblaje a presión *pressjoining* (unión mediante una conformación en frío del propio material).
- Subchasis delantero. Para atenuar los efectos de un impacto frontal.
- Paragolpes delantero. En su unión a la estructura de la carrocería es muy común utilizar piezas anticolisión *crash box*, que absorben energía para proteger a los largueros sobre los que se fijan, y a otros componentes sensibles del vehículo, como el sistema de refrigeración del motor.

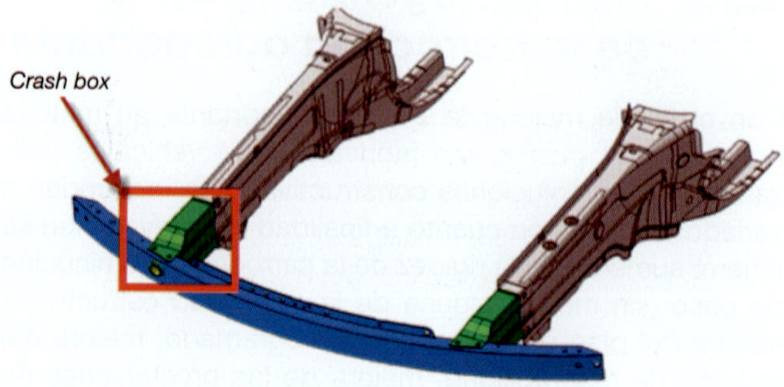

Figura 3.42. Elemento «anticolisión» en el soporte del paragolpes delantero.

- Paragolpes trasero. También en este caso el sistema paragolpes consta de dos elementos de deformación unidos a un travesaño de acero.

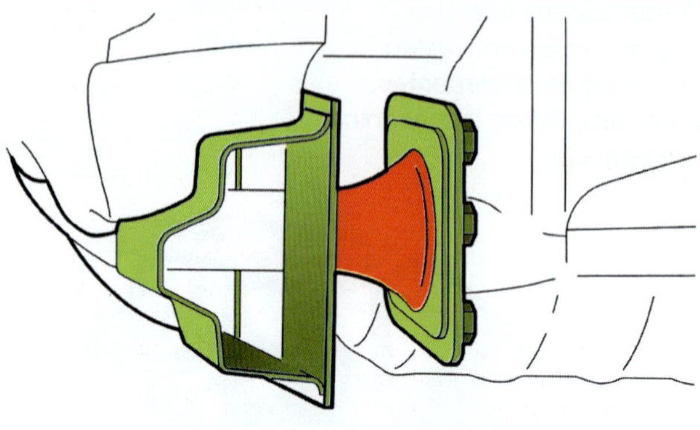

Figura 3.43. Elemento deformable en la unión del paragolpes trasero.

Por lo que respecta a los vehículos con bastidor conviene destacar que para aumentar la seguridad en las carrocerías sustentadas sobre un chasis, además de utilizar bastidores en escalera con gruesos largueros transversales de sección en caja, el bastidor se integra dentro de la estructura monocasco para aumentar la rigidez.

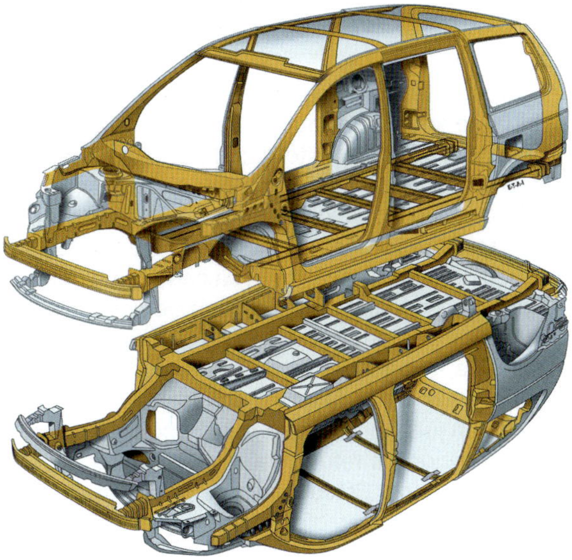

Figura 3.44. Bastidor integrado en la estructura monocasco.

Deformación programada

En cuanto a seguridad pasiva se refiere, la función principal de la carrocería en caso de choque debe ser la de permitir una deceleración suave del habitáculo de pasajeros, conservando la máxima integridad del mismo. Aunque el choque se produzca a baja velocidad, las estructuras deben deformarse con progresividad para absorber la energía del impacto.

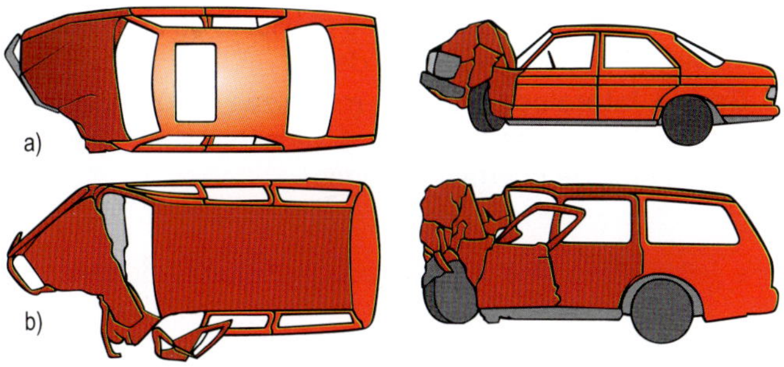

a) Vehículo bien diseñado para el choque frontal:
- Mantenimiento total del habitáculo.
- Mínimo desplazamiento del tablero y de la dirección.
- Mínima penetración de la pared frontal.
- Se mantiene la pared lateral.
- Todas las puertas se abren fácilmente.

b) Vehículo mal diseñado para el choque frontal:
- Ningún espacio de supervivencia.
- Conductor aplastado por el volante y el tablero.
- Penetración de la rueda en la pared frontal.
- Pared lateral destruida.
- Puerta del conductor bloqueada.

Figura 3.45. Ejemplo de colisión frontal de dos vehículos: con y sin plan de deformación programada.

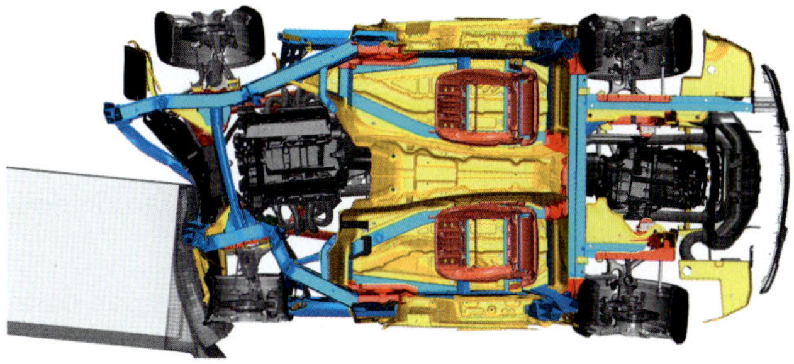

Figura 3.46. Diseño de la carrocería del vehículo para que la deformación no afecte a los ocupantes.

La deformación programada consigue absorber una gran cantidad de la energía generada en un choque, sacrificando todos los componentes de la carrocería perimetrales al habitáculo. Lo que se pretende con ello es una retención progresiva de la energía liberada en el choque para evitar la transmisión de cargas extremas a los ocupantes del vehículo.

Las piezas que normalmente tienen programada su deformación suelen ser los elementos estructurales que configuran las zonas resistentes, que a su vez son los que soportan la mayoría de los esfuerzos. Desde el punto de vista de la seguridad, su diseño se centra en la geometría y la disposición de los puntos fusibles.

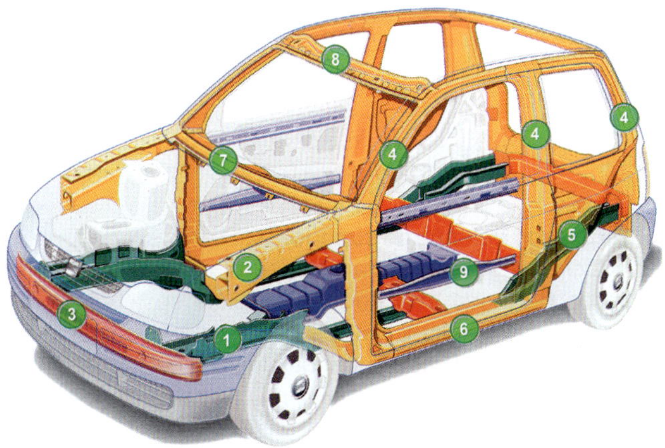

1. Largueros delanteros inferiores.
2. Largueros delanteros superiores.
3. Travesaño delantero.
4. Pilares.
5. Largueros traseros.
6. Largueros laterales inferiores.
7. Vigueta transversal.
8. Travesaño de techo.
9. Barras laterales.

Figura 3.47. Puntos fusibles de una carrocería.

Las secciones extremas están diseñadas para que se deformen progresivamente, absorbiendo la energía de la colisión y evitando así su transmisión a los ocupantes. Por su parte, la sección central de la carrocería está reforzada y es muy rígida y resistente al desalineamiento. En caso de impacto, se asegura una célula de supervivencia a los pasajeros.

En el inicio de la colisión, la carrocería se comporta como un bloque compacto y homogéneo. A medida que va evolucionando (en décimas de segundo), cada una de esas secciones comienza a actuar de forma independiente, afectadas por su propia masa y fuerza de inercia.

Entre los componentes de cada sección, cuya contribución es más importante, se encuentran:

- **Largueros delanteros inferiores.** Son dos vigas paralelas que parten del travesaño delantero. En estas piezas, la mayor parte de la energía que se produce en un impacto frontal es absorbida por las zonas de deformación progresiva situadas en los extremos delanteros de los largueros, de forma que el larguero se repliega arrugándose sobre sí mismo. Estas zonas son las que primeramente se deforman si la magnitud de los daños supera la capacidad de absorción de dicho elemento. En la Figura 3.48 pueden apreciarse las zonas de deformación en la parte exterior del larguero, y las de la parte interior de este.

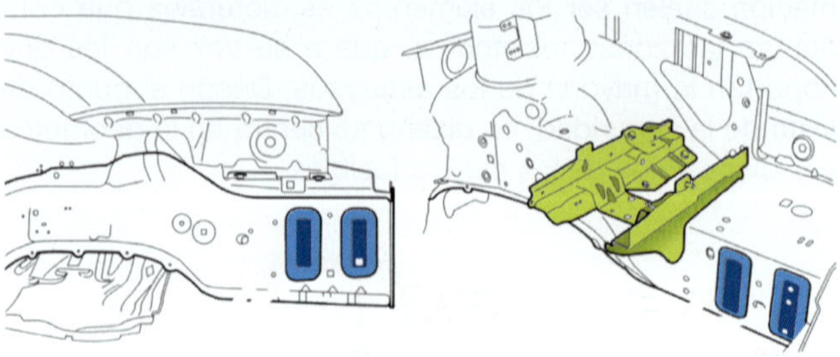

Figura 3.48. Zonas de deformación del larguero delantero inferior.

- **Largueros delanteros superiores.** Suelen ser de tamaño reducido y se encuentran ubicados por encima de los pasos de rueda sirviendo de base de sustentación de las aletas delanteras. Habitualmente se apoyan sobre los refuerzos de los montantes delanteros, de forma que el larguero se comprima sobre sí mismo absorbiendo energía al hacer presión sobre la base de apoyo de dichos montantes que, a su vez, son los que protegen de ciertas deformaciones al habitáculo gracias a su gran resistencia.
- **Travesaño delantero.** Es el elemento de unión de los largueros delanteros y suele ser muy rígido (resistente a la flexión). Su misión es la de repartir las cargas para que la deformación sea uniforme en toda la estructura, ya que en caso de que se produzcan fuerzas de deformación asimétricas el reforzamiento de este travesaño contribuye a que la parte más alejada del choque también quede implicada en el proceso de deformación y absorción de energía.
- **Pilares.** Refuerzan lateralmente la estructura y, junto con los largueros del techo, forman el arco que configura el habitáculo.
- **Largueros traseros.** Absorben también energía en los impactos traseros debido a su estructura reforzada. Además, mantienen la integridad del depósito de combustible.
- **Largueros laterales inferiores.** Son piezas de gran tamaño que aportan gran rigidez a la carrocería, ya que su estructura suele estar formada por chapas con costuras de soldadura por compresión. La combinación de su estructura con espesores de aumento progresivo (chapas multiespesor), así como su anclaje sobre los refuerzos de la parte baja de la carrocería, dan como resultado un gran aumento de rigidez en el conjunto de la estructura, ya que se aumenta la rigidez en las zonas críticas y se mantienen las zonas de deformación programada. Bajo las puertas se encuentran los estribos, que también juegan un papel muy importante en materia de aplicación de refuerzos para mantener la integridad del habitáculo. Estos refuerzos contribuyen junto al travesaño de seguridad dispuesto bajo el tablero de instrumentos, el travesaño montado debajo de los asientos delanteros y la protección interior de las puertas, a aportar rigidez de la configuración del habitáculo, permitiendo adicionalmente la apertura de las puertas en caso de impacto.
- **Vigueta transversal (del salpicadero).** Proporciona rigidez al habitáculo, además de sustentar al parabrisas y los airbags delanteros.
- **Travesaño de techo.** Asegura el espacio de seguridad en caso de vuelco. En este caso, en la integridad del habitáculo también contribuyen los refuerzos (a modo de estructuras adicionales) de los montantes de la carrocería. Las traviesas superiores provistas de una serie de nervios le aportan mayor rigidez.
- **Barras laterales.** Evitan o minimizan las consecuencias de los golpes laterales. A veces se sustituyen por estructuras de puerta reforzadas.

Comportamiento de la estructura delantera

A nivel estructural, la parte delantera de rigidez diferenciada está diseñada para deformarse y sacrificarse, haciendo de escudo a un habitáculo que configura una célula de protección muy rígida e indeformable mediante la adopción de una serie de refuerzos. Como se ha mencionado anteriormente, en muchas ocasiones lo habitual suele ser que los largueros delanteros se doblen de forma preestablecida, atenuando y absorbiendo la energía del choque. Asimismo, los largueros suelen unirse por uno o dos travesaños delanteros que tienen la misión de distribuir la energía del choque a todo el frontal cuando el impacto se produce solo en un lado del vehículo. Si a la configuración anterior se le une un diseño estudiado del capó y los pases de rueda, se obtienen como resultado unas estructuras que, además de absorber energía en caso de choques contra una barrera fija perpendicular (poste), obtienen excelentes resultados en choque contra obstáculos rígidos, paredes, postes y objetos deformables como otros vehículos, limitando al máximo las fuerzas y las aceleraciones que llegan a la célula de protección.

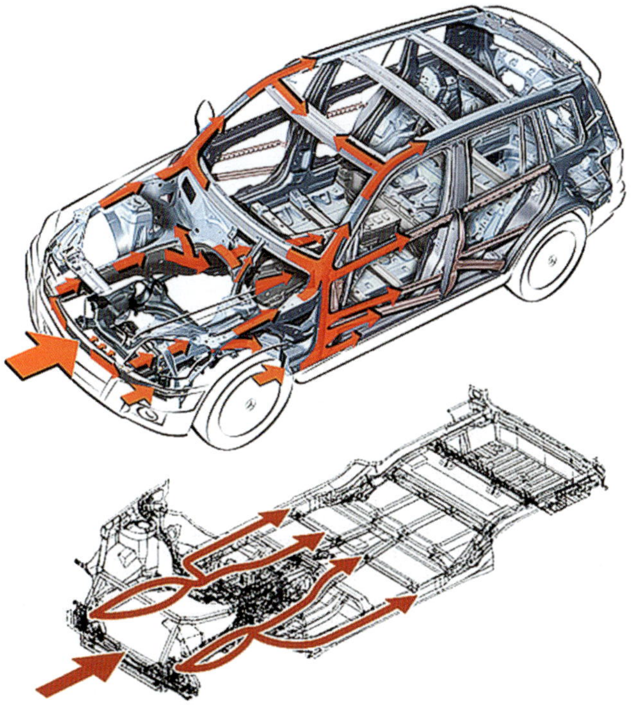

En caso de una colisión frontal, el recorrido de la fuerza de choque es el siguiente:

- Traviesa del parachoques con *crash box*.
- Largueros delanteros inferiores y superiores.
- Traviesas delanteras.
- Subchasis.
- Travesaño de sujeción del panel de instrumentos.
- Pilares delanteros (montantes A).
- Largueros laterales, barras laterales de puerta, travesaño de techo.

Figura 3.49. Colisión frontal.

La fuerza de choque, ya notablemente mitigada al ceder la parte delantera, al avanzar encuentra la célula de protección que le bloquea el paso. Para hacerla indeformable, los largueros delanteros suelen anclarse al costado del vehículo con elementos específicos de unión que reparten la energía a otras partes de la estructura, mientras que el subchasis de las suspensiones, en su caso, descarga las fuerzas en puntos oportunamente cajeados. Asimismo, los refuerzos longitudinales en los largueros situados debajo de la puerta, reforzados con tabiques interiores, garantizan un sólido apoyo a las ruedas.

De igual modo, la estructura del habitáculo también es muy rígida. Los refuerzos de las puertas y su acoplamiento a los montantes garantizan altos valores de resistencia al aplastamiento; los travesaños longitudinales y transversales aportan más solidez al piso y limitan al máximo las deformaciones del conjunto pedalier. El cajeado debajo del parabrisas y el soporte de anclaje del panel de instrumentos (vigueta transversal) aseguran el refuerzo transversal del habitáculo, haciendo completamente solidarios los costados a la altura de los cinturones. Por último, los montantes delanteros y centrales y los travesaños del techo son sumamente robustos y contribuyen también a mantener íntegro el habitáculo.

Como resumen, entre las diferentes soluciones que adoptan los fabricantes para conseguir el comportamiento deseado de la parte frontal en caso de impacto, cabría destacar las siguientes:

- La adopción de largueros delanteros en horquilla que distribuyen equitativamente la fuerte energía de choque hasta los componentes sustentadores del habitáculo, principalmente el suelo, los estribos y el túnel (en vehículos de propulsión trasera o 4 × 4). Además, el diseño de horquilla del bastidor alrededor del vehículo ayuda a mantener la integridad del habitáculo y a mantener operativas las puertas tras el impacto.

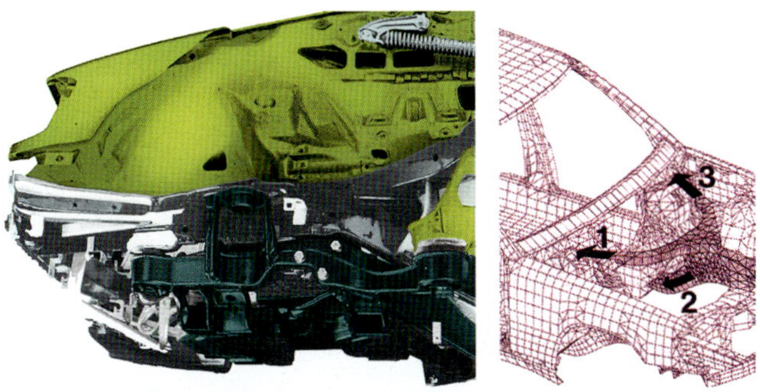

Figura 3.50. Larguero de horquilla que desvía la energía del choque en tres direcciones: 1, túnel; 2, piso; 3, estribos.

- Con una configuración adecuada de la traviesa inferior, largueros y subchasis, se consigue que, en casos de colisiones frontales tipo *offset* (descentradas), el piso del lado opuesto al choque también participe en la absorción de energía.
- La disposición de refuerzos en los largueros y en los montantes laterales conectados por un travesaño estructural hueco situado debajo del parabrisas garantiza la rigidez transversal del habitáculo haciendo solidarios los laterales, a la altura de la línea de la cintura.
- Con la utilización de refuerzos debajo del piso y en el soporte de la palanca del cambio se aumentan la solidez y la rigidez del piso limitando al máximo las deformaciones.

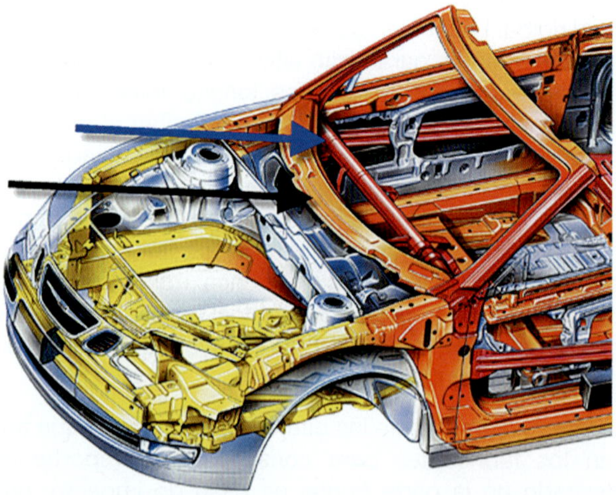

Figura 3.51. Travesaño estructural hueco bajo el parabrisas y barra de apoyo del panel de instrumentos.

- Una geometría y una ubicación estudiadas de los anclajes del motor consiguen que, en caso de choque, estos descarguen las fuerzas sobre el armazón delantero, evitando cargas excesivas sobre el habitáculo.
- Una forma cónica o piramidal en la sección de los largueros conseguirá que estos absorban energía progresivamente mediante su autoembutición. Cuando se utilizan largueros octogonales, estos se deforman según el principio de «plegado de abolladuras», con la consiguiente reducción de la energía del choque.

Figura 3.52. Zonas fusibles «cajeadas».

- Determinados elementos de la estructura (principalmente largueros, traviesas y refuerzos de los pasos de ruedas) disponen de puntos fusibles (acanaladuras longitudinales, taladros, zonas curvas, muescas o pliegues), mediante los cuales se conseguirá que se deformen de manera controlada. Estos puntos fusibles se incorporan a la pieza en el proceso de estampación.
- Los refuerzos de los capós delanteros suelen disponer de puntos fusibles que, en caso de colisión frontal, hacen que los capós se doblen por su parte media, evitando su desplazamiento para que no se incrusten en la luna parabrisas. En algunos vehículos las bisagras incorporan un sistema de autorretención (gancho), cuya función es evitar que las mismas se separen en caso de choque.

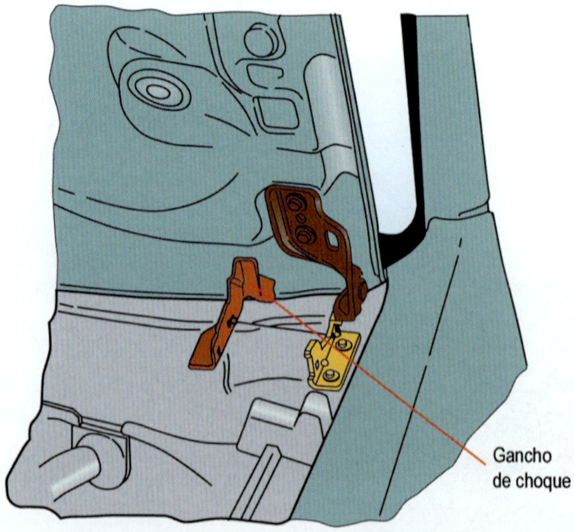

Figura 3.53. Sistema de autorretención del capó.

- En algunos vehículos las aletas se fijan con grapas fusibles, que se sacrifican en caso de impacto, disminuyendo el riesgo de rotura y deformación de las aletas.

Figura 3.54. Refuerzos del capó con zonas fusibles.

Comportamiento de la estructura trasera

En un choque posterior, la deformación se inicia con el impacto en el paragolpes trasero que mediante los soportes de fijación distribuye la energía hacia los largueros traseros, y estos comienzan a deformarse, consiguiendo que la deformación sea uniforme y progresiva. A la vez, comienzan a deformarse los anillos de seguridad central y superior cerrados por la cintura de las puertas y los pilares reforzados C (traseros); también se deforma la base del piso por las zonas con pliegues para deformación programada. En un choque posterior ha de conseguirse que el depósito de combustible se mantenga ileso, y que las puertas se puedan abrir fácilmente después del impacto.

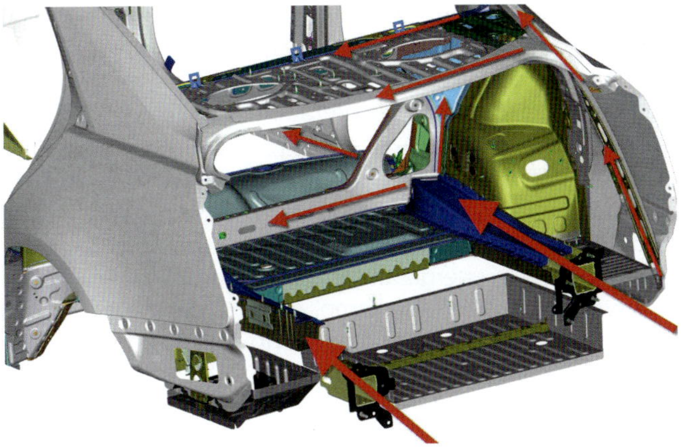

En caso de una colisión trasera, el recorrido de la fuerza de choque es el siguiente:

- Traviesa del paragolpes trasero.
- Largueros traseros.
- Travesaño del piso trasero.
- Piso trasero.
- Pilar trasero (montante C).
- Estructura del techo.
- Panel y bandeja traseros.
- Largueros laterales.

Figura 3.55. Colisión trasera.

Figura 3.56. Deformación en un impacto trasero.

En general, sobre todo para los vehículos tipo berlina o sedán, el aumento de seguridad puede conseguirse mediante varios procedimientos:

- Para aumentar la capacidad de deformación y absorción de energía se sustituyen los perfiles abiertos de los largueros traseros por perfiles cerrados (en forma de cajón) con chapa de mayor espesor.
- Se refuerzan las fijaciones entre el travesaño trasero y los montantes.
- Se refuerzan los armazones de los laterales y los pasos de ruedas traseros.
- La rueda de repuesto suele encontrarse en el centro (bajo el piso del maletero) para incrementar la seguridad al actuar como elemento distribuidor de fuerzas, ejerciendo una función similar al motor en la parte delantera.
- El depósito de combustible se encuentra lo más protegido posible y lejos del parachoques trasero (encima del eje trasero en su caso).

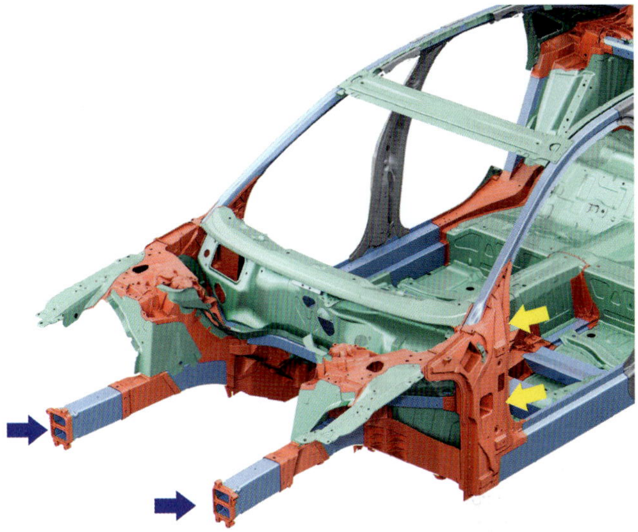

Figura 3.57. Utilización de perfiles cerrados en forma de cajón.

- La configuración de las bisagras de la tapa del maletero debe evitar la intrusión de la misma en el habitáculo.
- Los largueros traseros suelen unirse mediante un travesaño con el fin de distribuir las fuerzas de manera similar a como se distribuyen en la parte frontal del vehículo.
- En carrocerías de tres volúmenes la protección se completa (según los fabricantes) con la función del travesaño situado bajo la luneta, la bandeja trasera y por el tabique posterior del respaldo, que también cumple la función de protección de movimiento de la carga transportada en el maletero durante el choque.

Protecciones laterales

Durante una colisión frontal o trasera, la carrocería puede deformarse de modo controlado para absorber y disipar la energía del impacto. En cambio, en un choque lateral esto no es posible, debido principalmente a que los laterales son zonas débiles, disponen de amplios huecos escasamente reforzados, y además la separación entre las puertas y los pasajeros es reducida. En impactos de este tipo la estabilidad de la carrocería debe evitar deformaciones e impedir intrusiones que puedan resultar peligrosas para los ocupantes, ya que las posibilidades de protección en el choque lateral son más limitadas.

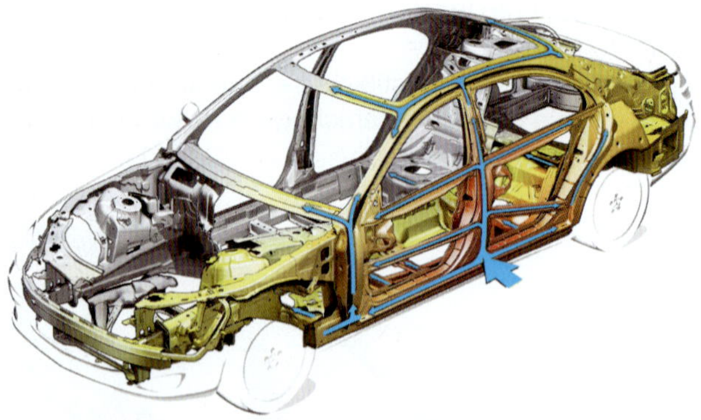

En el caso de una colisión lateral, el recorrido de la fuerza de choque es el siguiente:

- Largueros laterales, barras laterales de puerta.
- Travesaños del piso del habitáculo.
- Travesaño del piso trasero.
- Pilares A, B y C.
- Travesaño de sujeción del panel de instrumentos.
- Travesaños y largueros del techo.
- Bastidores de asiento.

Figura 3.58. Colisión lateral.

En este tipo de colisiones, la estructura entra fácilmente en contacto con los pasajeros. Por tanto, la protección se centrará en reforzar esta estructura para evitar el hundimiento de las puertas y el alcance de los pasajeros.

Las principales soluciones que pueden adoptarse para lograr un óptimo grado de protección lateral pueden resumirse en términos generales:

- Reforzando y fabricando con unas generosas dimensiones los largueros colocados bajo la puerta.
- Con transiciones amplias de las columnas o montantes al marco del techo y a los largueros laterales, para distribuir eficazmente las fuerzas que se originan en caso de choque.
- Con el alto nivel de rigidez transversal del montante delantero.
- Reforzando los montantes centrales y posteriores en los puntos de anclaje a los largueros, en los puntos de enganche de los cinturones de seguridad y en las zonas de los resbalones de las cerraduras.
- Un diseño especial de los montantes centrales para atenuar los efectos de los choques laterales. Un pilar central reforzado (puede alcanzar espesores del orden de 4,3 mm) consigue una rigidez que permite un mejor reparto de la energía en el travesaño del techo y en la traviesa del piso. Asimismo, la zona central se diseña con la máxima rigidez para que no se deforme y se desplace hacia el interior.
- Con travesaños de elevada resistencia debajo de los asientos.
- Reforzando la célula de ocupantes con traviesas muy rígidas, para que el lado contrario al que recibe el impacto participe también en la resistencia total de la estructura del habitáculo.
- Con armazones de asientos capaces de soportar incluso las presiones laterales.
- Utilizando tapizados interiores de las puertas con absorción de energía y con perfil estudiado específicamente.
- Utilizando elementos altamente resistentes en la unión de las puertas (bisagras, cerraduras, resbalón), se consigue que las puertas permanezcan cerradas y contribuyan en la transmisión de fuerzas.

La estructura de las puertas tiene una importancia fundamental en la seguridad de los pasajeros en caso de colisiones laterales y, por tanto, debe diseñarse de forma que la geometría y la rigidez de los paneles de la puerta sean las adecuadas para mantener los espacios de supervivencia del lateral y para reducir al mínimo las posibles lesiones de los ocupantes. La normativa contempla que las puertas deben diseñarse para poder realizar su apertura después de una colisión frontal o trasera.

Básicamente, para aumentar la resistencia de las puertas y evitar la intrusión dentro del habitáculo se utilizan refuerzos de chapa embutida, unos diseños apropiados

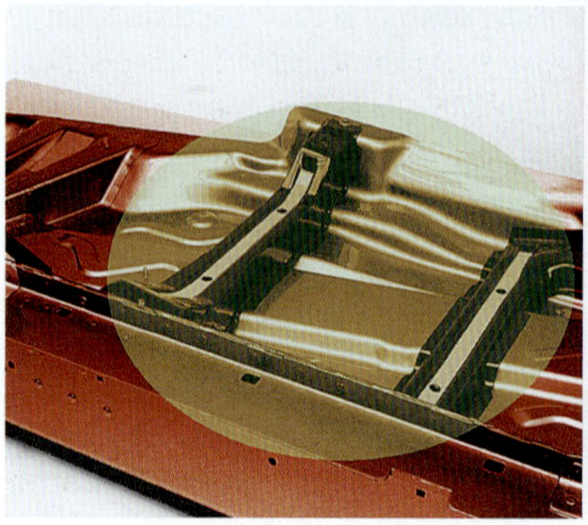

Travesaños de los asientos delanteros, resistentes a la presión.

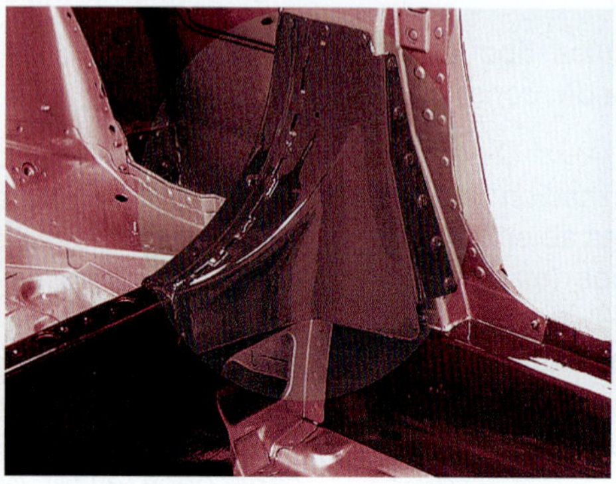

Integración de gran volumen del pilar central en la plataforma del piso.

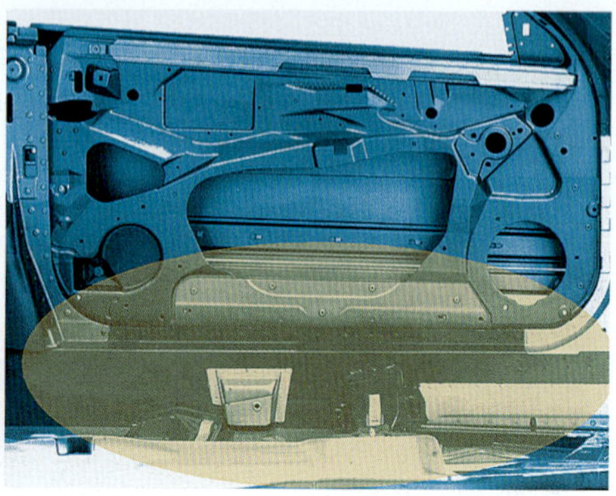

Largueros inferiores y estribos de las puertas de gran resistencia.

Figura 3.59. Ejecuciones para la mejora de la protección lateral.

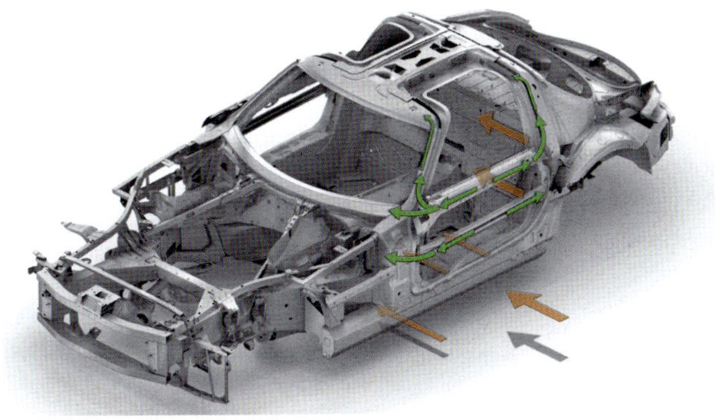

Figura 3.60. Filtración de un golpe lateral.

Figura 3.61. Refuerzos en la estructura lateral.

de las cerraduras y de las bisagras, y una buena unión y ajuste de la parte inferior de las puertas y el estribo. Además, un amplio solapamiento de las puertas con los pilares garantiza un buen apoyo que facilita su apertura en caso de colisión. Determinados constructores diseñan la parte superior de la puerta para que en el caso de colisión actúe como una «bisagra» y logre mantener su posición, en tanto que todo el resto de la puerta se desplaza hacia dentro como un péndulo, reduciendo de esta forma el riesgo de lesiones en las zonas más sensibles de la anatomía como el tórax, las costillas y la cabeza.

Figura 3.62. Barras perfiladas de protección lateral.

El corazón defensivo de las puertas son las barras perfiladas de refuerzo colocadas longitudinalmente. Suelen fabricarse en acero de alta resistencia después de una larga serie de cálculos y pruebas experimentales cuya misión es aportarles rigidez y controlar su deformación para evitar que penetren en la estructura de la carrocería, facilitando así los trabajos de salvamento.

Figura 3.63. Cerradura de puerta.

Como resumen, la protección lateral se aumenta de forma notable si:

- A las barras de las puertas se les añade el *padding* (material absorbente realizado con elementos plásticos con forma de nido de abeja).
- Se sitúan los asientos sobre traviesas con puntos fusibles en su unión a los largueros (de este modo, su deformación controlada evitará, en la medida de lo posible, el contacto de los ocupantes con las puertas y los pilares).
- Se dispone de una estructura de las puertas particularmente rígida y sólidamente anclada a la robusta carrocería.
- Las bisagras y cerraduras son de alta resistencia.

Las cerraduras tienen una gran importancia en materia de seguridad pasiva. Desempeñan un papel básico en todos los tipos de choque y no solo en los laterales. De hecho, es absolutamente necesario que durante todas las fases dinámicas que siguen a un choque las puertas permanezcan sólidamente cerradas. Las cerraduras deben pasar por pruebas de homologación para determinar su límite de resistencia. En posición cerrada, deben aguantar como mínimo una fuerza longitudinal de 12 kilonewton, y una transversal de 10 kilonewton (en posición totalmente bloqueada). Además, no deben abrirse con aceleraciones longitudinales o transversales hasta de 30 g.

Protecciones antivuelco

La estructura del techo debe conferir mayor rigidez al habitáculo contribuyendo a la seguridad de los pasajeros tanto en caso de colisión lateral como en caso de vuelco.

Conviene tener en cuenta que, en caso de vuelco, la cabeza, el cuello, el tórax y el abdomen son las partes del cuerpo que pueden sufrir las lesiones más graves. Además, el riesgo de lesiones de la columna vertebral se triplica con respecto a otros tipos de accidentes.

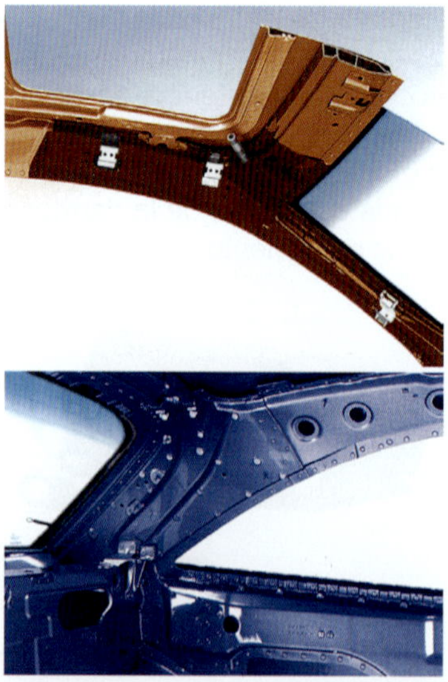

Figura 3.64. Refuerzos en los montantes para mejorar la protección antivuelco.

Las causas que originan estas lesiones son, fundamentalmente, la deformación del techo (que puede reducir tanto el habitáculo que no quede espacio para los pasajeros), y no llevar puesto el cinturón de seguridad, que es el encargado de retener al pasajero en su asiento (en este tipo de accidente, muchos ocupantes salen despedidos, y en el 66 % de los vuelcos al menos se rompe una ventana). Para garantizar la integridad del habitáculo se utilizan diferentes soluciones como:

- Empleo de materiales de alta resistencia que forman anillos indeformables.
- Mejora de la resistencia del habitáculo reforzando los montantes A, B y C (también el D en los vehículos *break*).
- Utilizando travesaños estructurales huecos de unión entre los laterales de la parte superior del parabrisas y del maletero.
- Combinando ciertas piezas de chapa entre sí, de forma que en caso de encontrarse sometidas a esfuerzos hagan de contraapoyo mutuamente, ofreciendo una mayor resistencia.
- Optimizando el número y la disposición de los huecos o taladros de montaje que suelen incorporar los largueros del techo (necesarios por razones técnicas de fabricación), para que no se origine su debilitamiento.
- Empleando uniones pegadas en el parabrisas delantero y en la luneta trasera, ya que confieren al habitáculo una mayor rigidez y estabilidad.

En el caso de los vehículos descapotables, los fabricantes han realizado numerosos estudios para conseguir un elevado nivel de seguridad en caso de vuelco. La mayoría de estos modelos incorpora como protección unos arcos de seguridad. En algunos casos estos arcos son escamoteables y, o bien pivotan por detrás del asiento delantero, o sobresalen detrás del respaldo de los asientos traseros. Su accionamiento puede realizarse de forma manual (mediante un interruptor), o mediante un sistema electrónico equipado con dos sensores que detectan situaciones críticas. Un sensor mide la distensión de los muelles de suspensión y el otro el grado de inclinación del vehículo. Cuando superan el umbral de seguridad, el arco se despliega en tres décimas de segundo.

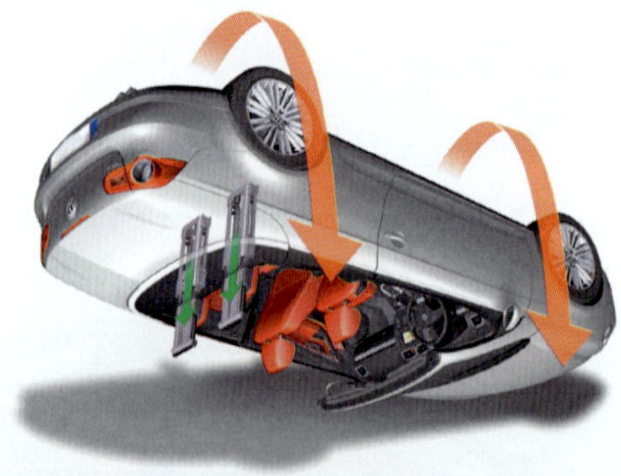

Figura 3.65. Arco de seguridad activado.

La estructura de estos vehículos se refuerza en determinados puntos como el marco del parabrisas, los montantes centrales, el suelo y la parte posterior de los asientos traseros. Además, en este tipo de vehículos también resulta frecuente construir los largueros delanteros en forma de horquilla para absorber mejor las fuerzas que se generan en caso de colisión, desviándolas hacia la parte central de los bajos.

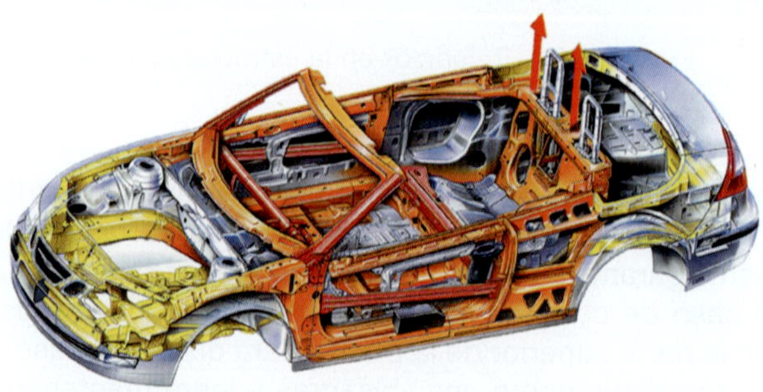

Figura 3.66. Estructura de un vehículo descapotable, donde se puede apreciar que los arcos protectores traseros se pueden activar automáticamente.

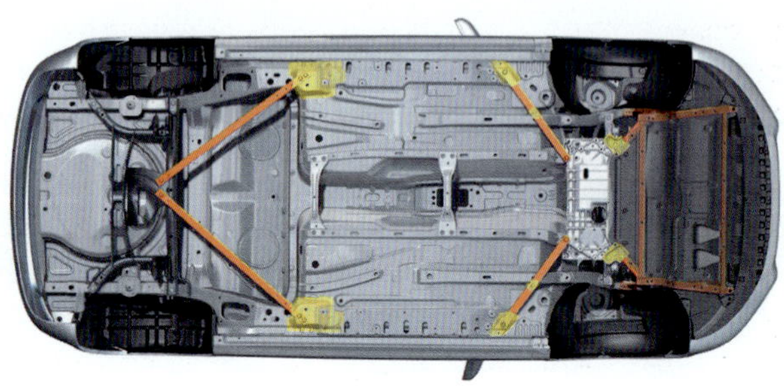

Figura 3.67. Refuerzos de suelo en un vehículo descapotable.

Paragolpes absorbentes

Normalmente fabricados en material sintético de gran ligereza con rellenos de material espumoso, permiten deformarse y volver a su estado original en colisiones a baja velocidad (alrededor de 4 km/h). Con estos materiales se consigue:

- Reducir considerablemente el peso total del vehículo.
- Limitar los daños materiales en pequeñas colisiones.
- Unos diseños más atractivos y armoniosos en la estética del vehículo.

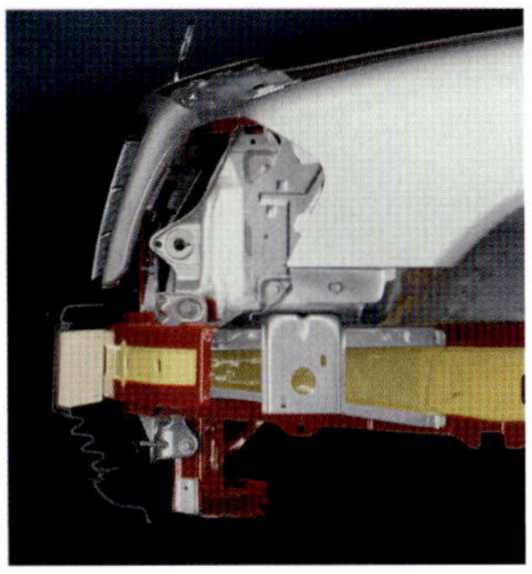

Figura 3.68. Estructura de un paragolpes absorbente.

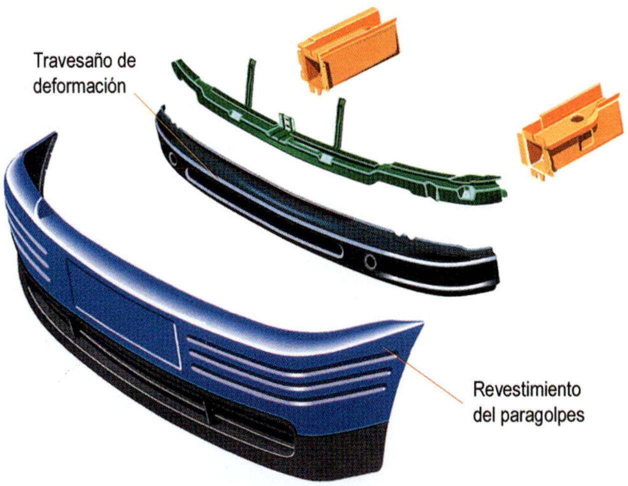

Figura 3.69. Paragolpes con travesaño de deformación.

Antiintrusión de la mecánica

La colocación del motor en la parte delantera de la carrocería del vehículo le hace especialmente peligroso en caso de choque frontal, ya que los ocupantes de las plazas delanteras podrían sufrir lesiones por el desplazamiento del grupo propulsor hacia el habitáculo. Por ello, el motor y la caja de cambios se ubican de tal manera que en caso de colisión frontal, en lugar de desplazarse hacia el interior del automóvil, se deslizan por la parte inferior del mismo evitando así la intrusión. Esto se consigue diseñando los largueros de tal modo que tiendan a desviarse hacia abajo, arrastrando así a los conjuntos mecánicos hacia la parte inferior del vehículo (de forma similar a como actúan los largueros de la parte trasera para proteger al depósito de combustible en caso de colisión por alcance).

En los casos en los que los órganos mecánicos están soportados por subchasis, estos disponen de una unión atornillada en su parte posterior, que en caso de impacto se desengancha, permitiendo que todo el conjunto (subchasis, motor, dirección, etc.) se deslice hacia abajo. De esta manera los largueros delanteros cumplen su función de deformación programada una vez liberados de la estructura rígida del subchasis.

Figura 3.70. Órganos mecánicos soportados por un subchasis.

Habitáculo

El acondicionamiento del habitáculo resulta vital para garantizar la seguridad de los ocupantes del vehículo. Entre las medidas técnicas que suelen utilizar los fabricantes para aumentar la capacidad de seguridad pasiva del habitáculo, además de las mencionadas en los puntos anteriores, pueden citarse:

- Concepción estructural que permita un amplio margen de supervivencia (durante y después del impacto).

Figura 3.71. Habitáculo de pasajeros.

- Equipamiento de los sistemas apropiados para la sujeción de los ocupantes.
- Funcionalidad plena, después del accidente, de los elementos y conjuntos para la liberación de los ocupantes.

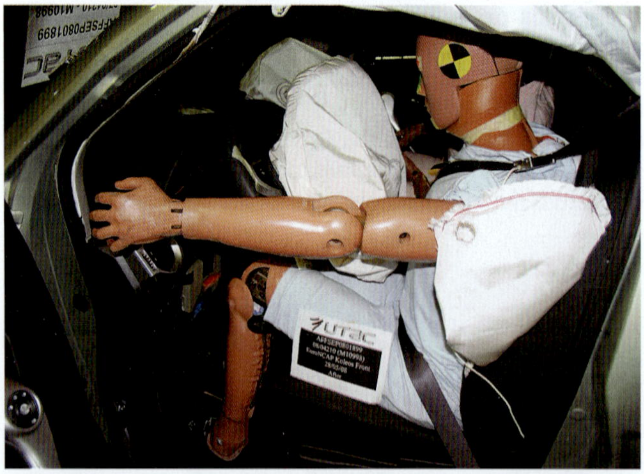

Figura 3.72. Comprobación después del accidente de los elementos de retención y el desplazamiento de los órganos mecánicos involucrados.

- Protección contra incendios.
- Sistema de fijación del parabrisas.
- Antiintrusión de piezas de la carrocería por el parabrisas y la luna trasera.
- Desplazamiento del grupo de pedales.
- Amortiguación del impacto en los pies. En caso de choque frontal, un elemento de espuma de caucho incorporado en la moqueta del piso (en el lado del conductor) reduce las cargas sobre la pierna y el pie. Este elemento protector, de diseño antideslizante, reduce las cargas elevadas, ya que aminora la velocidad de choque del pie.
- Desplazamiento de la posición del volante. La estructura colapsable de la columna de dirección debe garantizar un pequeño desplazamiento hacia atrás del volante.

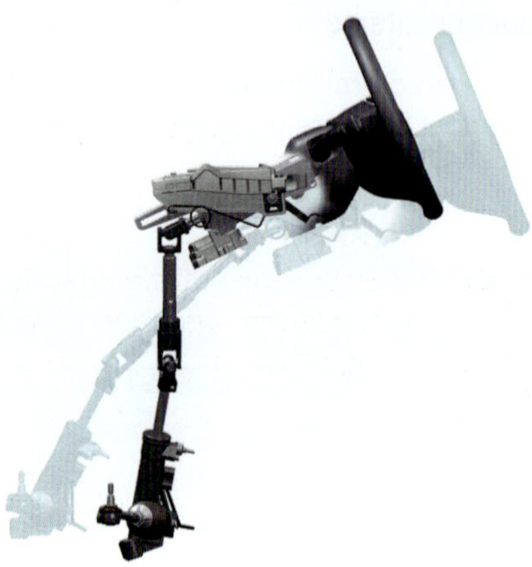

Figura 3.73. Columna de dirección colapsable.

- Configuración adecuada del panel de instrumentos.
- Interiores acolchados. Deben utilizarse materiales blandos y sin aristas en revestimientos, paneles de puertas y techo, para evitar posibles lesiones (por contacto) de los ocupantes. En algunas ocasiones los apoyabrazos incorporan unas protecciones antichoque que, en caso de contacto violento, se deforman de modo controlado reduciendo el riesgo de lesiones. El compartimento portaobjetos de la puerta debe fabricarse con material sintético muy elástico que no se astille.
- Utilización de lunas laminadas. El uso de este tipo de lunas reduce el peligro de lesiones oculares y faciales, ya que en caso de rotura el cristal no se fragmenta sino que se mantiene en una sola pieza.

Además se cuidan al máximo otros elementos para que en caso de choque se encuentren debidamente controlados, limitándose en lo posible los desplazamientos del tronco y de la cabeza.

Entre estos elementos (cuya descripción se realiza más adelante) se encuentran:

- Reposacabezas. Los reposacabezas sirven para evitar que en caso de choque la cabeza del conductor y los pasajeros se desplace hacia atrás, provocando lesiones cervicales.
- Asientos.
- Sistemas de retención. El cinturón de seguridad y los dispositivos airbags cumplen la función de mantener al conductor y a los pasajeros de un vehículo sujetos a sus asientos, evitando que en caso de choque se golpeen contra la estructura del habitáculo.

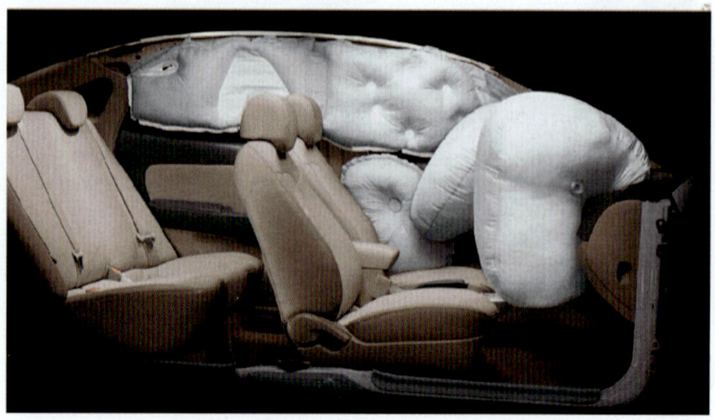

Figura 3.74. Dispositivos airbags.

3.4. Dispositivos de seguridad pasiva

En este conjunto se encuentran los elementos cuya función es minimizar los daños que se producen en caso de impacto.

3.4.1. Airbag

El airbag es un dispositivo de seguridad pasiva cuya finalidad es evitar o limitar las posibles lesiones del conductor y acompañantes en los impactos que pueda sufrir el vehículo: frontal, lateral y vuelcos.

Figura 3.75. Prueba de choque lateral.

Figura 3.76. Prueba de choque frontal.

Como los accidentes son muy diversos y pueden incidir sobre el vehículo de diferentes formas, para evitar o disminuir las lesiones de los ocupantes existen diferentes tipos de airbags:

- Frontales. Para conductor, acompañante y plazas traseras.
- Laterales. Conductor, acompañante y plazas traseras.
- De cortinilla, techo o cabeza. Para las plazas delanteras y traseras.
- De rodillas. Para las plazas delanteras.
- De peatones.

Figura 3.77. Prueba de vuelco.

Básicamente, el dispositivo airbag está compuesto por un cojín que se infla automáticamente interponiéndose entre el ocupante y la estructura del vehículo. La activación del airbag solo se realiza cuando se produce una colisión y nunca cuando se produce una frenada por muy brusca que sea, ya que la deceleración que genera una frenada brusca es insuficiente para provocar su activación.

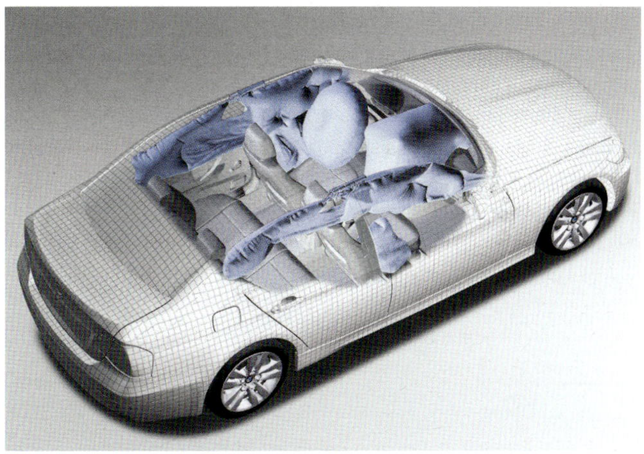

Figura 3.78. Diferentes tipos de airbags.

La activación de los distintos airbags se realiza de forma lógica y selectiva, solamente se activan cuando el asiento correspondiente se encuentra ocupado y ante golpes comprendidos en el ángulo de incidencia en que resulten efectivos; en caso contrario su efecto podría invertirse y aumentar el número de lesiones.

Así, un impacto trasero o lateral no activa los airbags frontales; un impacto frontal, generalmente, tampoco activa los laterales. Los airbags de rodilla se activan al mismo tiempo que los frontales, etcétera.

Figura 3.79. Airbag para moto.

Los **airbags inteligentes,** exteriormente, no difieren de los normales, pero incluyen sensores localizados alrededor del asiento y son capaces de regular 450 000 posiciones diferentes de los ocupantes del asiento delantero. El sistema incluye un ordenador que analiza la información recogida en 50 milisegundos; si el automóvil sufre una fuerte deceleración motivada por un golpe, el airbag se llena de gas en 30 milisegundos (la fase completa de deformación del coche en una colisión a 50 km/h dura unos 150 milisegundos). Entre sus ventajas se encuentran que, por ejemplo, impide la salida del airbag cuando el ocupante se encuentre demasiado cerca del panel de instrumentos, ya que la expulsión del airbag a esa distancia podría causarle daños (en este tipo de dispositivos, el airbag tampoco funcionará si en el asiento se encuentra una silla de bebé, si el asiento está vacío, o si el cinturón de seguridad se encuentra desabrochado). El inflado del airbag es radial y posee válvulas de seguridad para que se desinfle progresivamente cuando se ejerce una determinada presión sobre el airbag completamente inflado. Conviene recordar que los efectos del airbag pueden ser perjudiciales en caso de pesar menos de 50 kg o medir menos de 1,60 m.

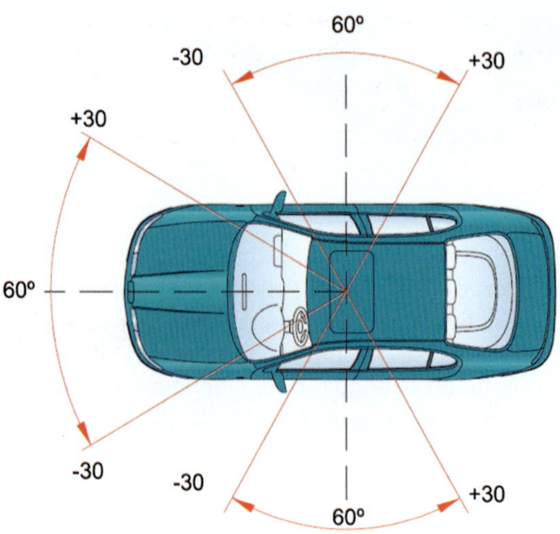

Figura 3.80. Campo de activación de los airbags.

Figura 3.81. Airbags frontales, laterales y de cortina.

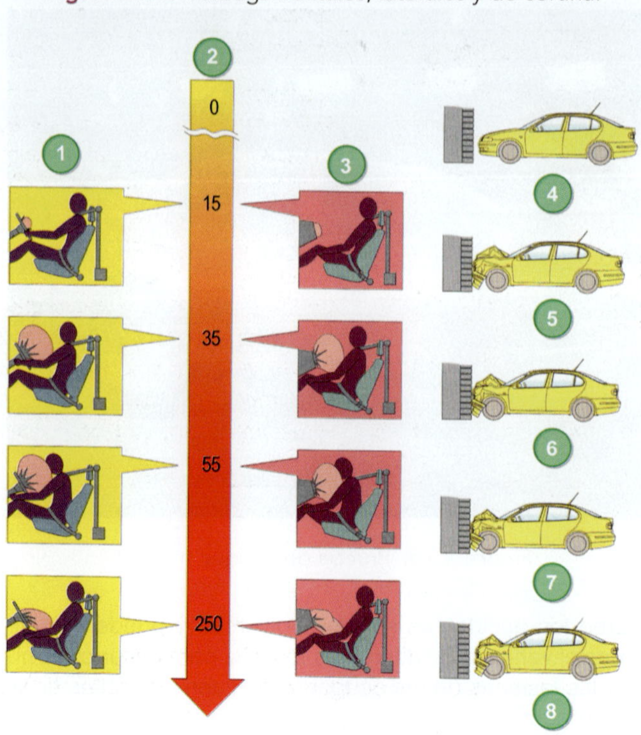

1. Conductor.
2. Tiempo en milisegundos.
3. Acompañante.
4. Inicio del accidente.
5. Disparo del airbag.
6. Despliegue de la bolsa.
7. Fase de contacto.
8. Fin del accidente.

Figura 3.82. Desarrollo en el tiempo del efecto de protección del airbag del conductor y del acompañante con cinturón de seguridad de tres puntos de anclaje.

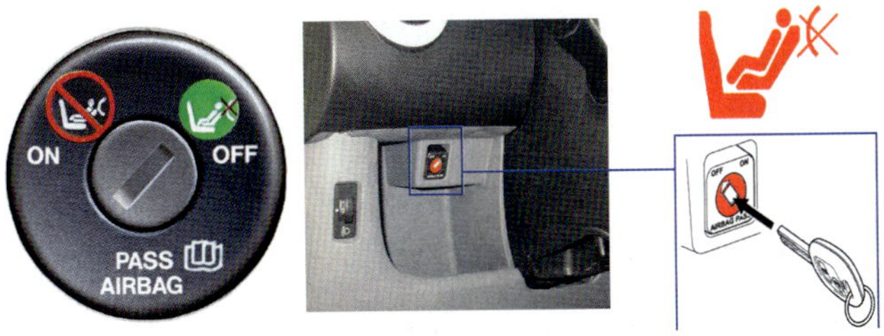

Figura 3.83. En muchos casos, el airbag del acompañante se puede desactivar.

La velocidad de inflado puede variar en función de las dimensiones de cada bolsa (las de gran tamaño necesitan una carga pirotécnica mayor, ya que es también mayor la cantidad de gas que han de insuflar).

Respecto a su ubicación, tanto el airbag frontal del conductor como el del acompañante se suelen situar en el centro del volante y en la guantera respectivamente.

Cuando el asiento del copiloto se encuentra ocupado por la silla de un niño, el airbag correspondiente se puede desactivar mediante un interruptor que es accionado, en muchos casos, por la propia llave de contacto.

Figura 3.84. Activación de los airbags frontales.

Los airbags laterales protegen la caja torácica de los ocupantes. El funcionamiento es similar al de los dispositivos colocados en el frontal del vehículo, solo que en esta ocasión los airbags se sitúan bien en los paneles laterales de las puertas, o bien en forma de una bolsa inflable única sujeta al asiento, para evitar los posibles daños causados por colisiones en estas zonas.

Su principal característica es el tiempo extremadamente rápido de despliegue. Esto es así debido a que, en caso de una colisión lateral, la distancia que separa al ocupante del obstáculo es muy corta, tan solo de unos 30 cm. Por ello, solo pasan 30 milésimas de segundo entre el principio y el final de la activación del airbag. Así, en caso de accidente lateral, el airbag combinado complementa de manera efectiva los equipamientos ya existentes, como son las estructuras de absorción de impacto en los paneles de las puertas. Las simulaciones matemáticas muestran que, si todos los coches estuvieran equipados con airbags combinados laterales, habría una reducción de entre el 15 % y el 17 % de las lesiones producidas como consecuencia de los impactos laterales.

Figura 3.85. Activados los airbags laterales y de cortina.

El airbag de techo suele consistir en una cortina lateral a cada lado del vehículo tejida en una sola pieza y oculta bajo el forro del techo, cuya misión es la de evitar los daños causados en la cabeza por la cesión de la estructura superior en caso de vuelco o fuerte golpe lateral. Algunos de estos dispositivos están confeccionados en dos secciones, una inferior y otra superior. Cuando la bolsa de aire se activa, primero se hincha la parte inferior para proteger la caja torácica (la que primero recibe el impacto en una colisión lateral) (Figuras 3.86 y 3.87).

Una vez llena, parte del gas se desplaza hacia arriba para llenar la sección superior y proteger así la cabeza, que en el momento inicial del choque se debe encontrar algo más alejada de la estructura lateral, y por tanto recibe el impacto con un ligero retraso. Otros sistemas adoptan ligeras variaciones en su disposición.

Tal y como ocurre con los airbags frontal y lateral, su funcionamiento básico es el mismo, hinchándose en tan solo 25 milésimas de segundo.

Inspirándose en la retención programada de los asientos delanteros, también se han desarrollado los airbags frontales para asientos traseros, cuya particularidad es que están integrados a la parte central del cinturón de seguridad.

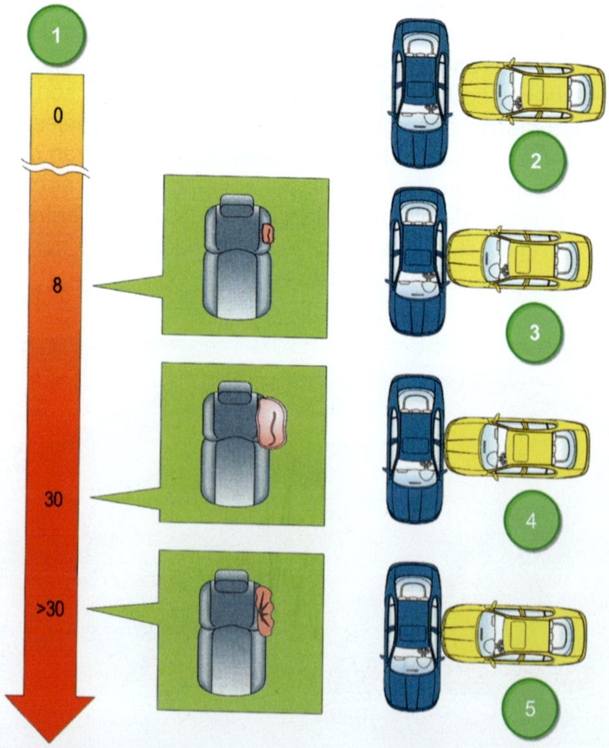

1. Tiempo en milisegundos.
2. Inicio del accidente.
3. Disparo del airbag.
4. Despliegue de la bolsa.
5. Fin del accidente.

Figura 3.86. Fases de activación del airbag lateral.

Figura 3.87. Airbag de cortina o techo.

Este sistema, gracias al cual el airbag se coloca exactamente delante del ocupante, se hincha a partir de un generador de gas situado en el piso, garantizando una calidad de protección equivalente a la de los pasajeros delanteros.

En otros casos se utiliza el airbag de cortina para la luneta posterior, con el fin de aumentar la protección de los pasajeros de la segunda fila de asientos en caso de colisión trasera. Este sistema de seguridad pasiva se despliega desde su ubicación (situado aproximadamente sobre la junta existente entre el techo y el portón trasero) y, junto con el apoyo de los reposacabezas, minimiza el impacto de una posible colisión sobre los pasajeros.

Figura 3.88. Diferentes tipos de airbags.

Figura 3.89. Airbag de luneta para las plazas traseras.

La evolución de los dispositivos de retención llega a desarrollos como los conjuntos adaptativos, que asocian un airbag de volumen variable con un cinturón dotado de dos pretensores, de tal manera que con esta combinación se dosifica y distribuye mejor la energía de retención de los ocupantes en función de la intensidad del choque, garantizando una mayor protección en caso de choques de elevada magnitud (superiores a 65 km/h), sin crear paralelamente efectos secundarios en choques de menor envergadura.

El airbag adaptativo se compone de un generador de presión con dos niveles, destinado a hinchar la bolsa con un volumen variable. Este airbag se basa en los mismos principios de funcionamiento que la retención programada, es decir, una salida de aire pilotada destinada a controlar la presión nominal y a regular el caudal de gases evacuados. El cinturón de seguridad adaptativo conserva el limitador de esfuerzo con el fin de reducir la tensión de la correa a lo mínimo necesario para aliviar el tórax y el hombro. Cinco milisegundos después del comienzo del choque, el calculador de impacto activará el primer pretensor, destinado a compensar el juego del cinturón de seguridad. En los diez milisegundos posteriores, el sistema evalúa la intensidad del choque. Si no es grave solo se activa el airbag de poco volumen para amortiguar el posible contacto de la cabeza con el volante o contra el panel de instrumentos. En la hipótesis de un choque más grave se activa el segundo pretensor como complemento del primero y sujeta al ocupante contra su asiento. Esta doble pretensión del cinturón reducirá el desplazamiento del ocupante, disminuyendo de forma significativa las lesiones en las piernas y en los pies. Asimismo, se activará el segundo generador de gas e hinchará el airbag de segundo nivel (de mayor volumen), minimizando considerablemente el riesgo de heridas.

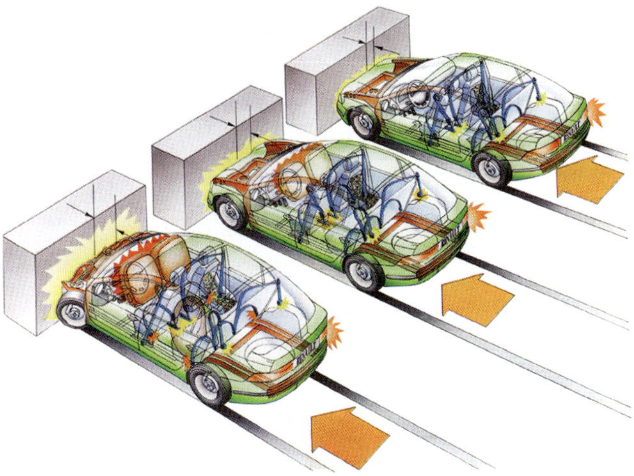

Figura 3.90. Airbag adaptativo.

3.4.2. Cinturones de seguridad

Los cinturones de seguridad tienen las siguientes funciones:

- Evitar el contacto físico del usuario con elementos del vehículo (volante, cuadro de instrumentos).
- Procurar que los pasajeros participen de la deceleración del vehículo lo antes posible.
- Conseguir una disipación de la energía que llega al ocupante durante un choque, lo más lenta y uniformemente posible.

Las normas de homologación prescriben que los cinturones de seguridad deben estar construidos con dos o más cintas de tejido muy resistente capaces de soportar una carga de 1500 kilos y fijados con bridas a los anclajes colocados en la carrocería. Una hebilla especial permite el enganche del cinturón, mientras el desenganche se efectúa rápidamente por sistema de palanca o pulsador instalados en la propia hebilla. Para entender mejor la importancia que tienen los dispositivos de retención es necesario repasar las leyes físicas que se ponen de manifiesto en una colisión. En estos casos aparecen una serie de fuerzas: unas, debidas a los pesos de la carga y de los ocupantes (fuerzas estáticas); otras, provocadas por las aceleraciones y deceleraciones (fuerzas dinámicas); y, por último, las producidas por el rozamiento del aire y el coche (fuerzas aerodinámicas).

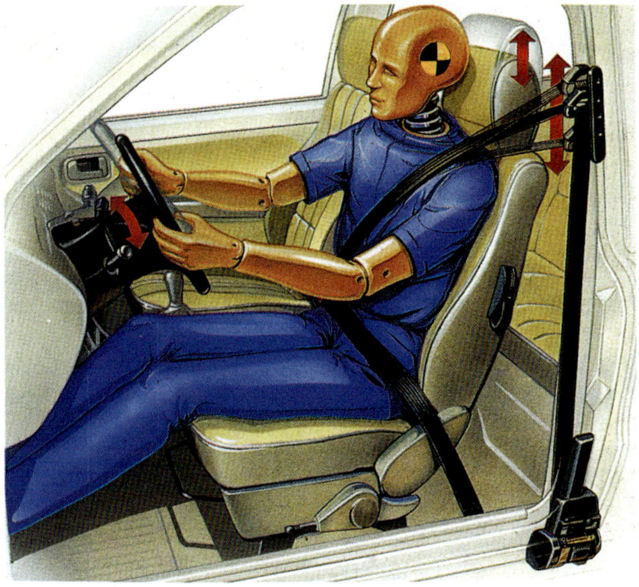

Figura 3.91. Regulación del cinturón en función de la anatomía del ocupante.

Figura 3.92. Cinturones de seguridad en un Fiat 500.

Figura 3.93. Dispositivo retractor del cinturón de seguridad.

Durante la colisión se produce lo que se denomina deceleración, que determina la gravedad del accidente. Si en una colisión hay una velocidad inicial que tiene que acabar siendo 0, la deceleración viene a ser la rapidez con la que se produce este cambio. Pero hay que aclarar que este concepto no se evalúa basándose en una medida de tiempo, sino que la deceleración se mide en «g»; teniendo en cuenta que cada «g» equivale a la aceleración con que los cuerpos caen a la tierra (9,8 m/s^2) y que el cuerpo humano tiene una tolerancia limitada a la deceleración, ya que a partir de 10 g empieza a sufrir lesiones y no es capaz de aguantar más de 30 g.

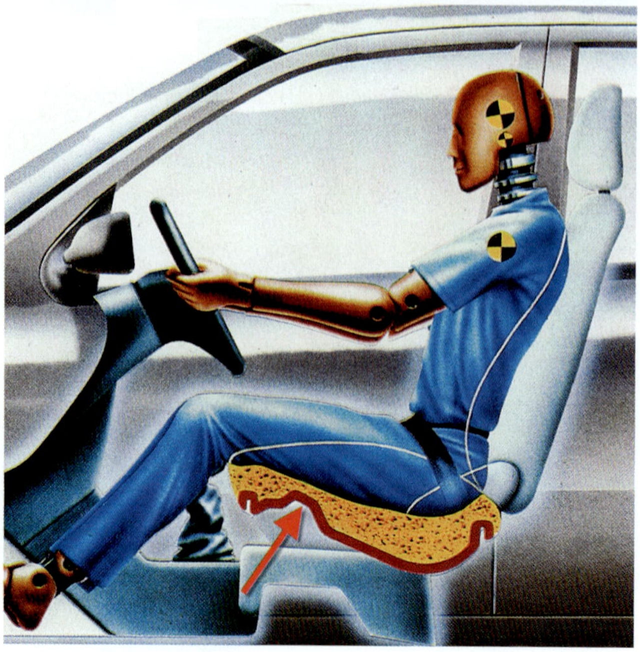

Figura 3.94. Asiento con cuña interior antideslizante para evitar el efecto *submarining*.

Hoy en día se ha generalizado la sujeción del cinturón a través de tres puntos de anclaje, combinados a su vez con un dispositivo automático de enrollamiento (cinturón automático). Esta instalación deja suficiente libertad de movimientos.

Al desacelerar bruscamente, al circular por curvas, o cuando los ocupantes realizan movimientos repentinos, un trinquete de parada bloquea el mecanismo de enrollamiento. Como ayuda para complementar la acción del cinturón es importante regular correctamente el reposacabezas (coincidiendo su parte superior con la zona más alta de la cabeza), y disponer de asientos con cuña interior antideslizante para evitar el efecto *submarining* (no deslizarse por la parte inferior del cinturón).

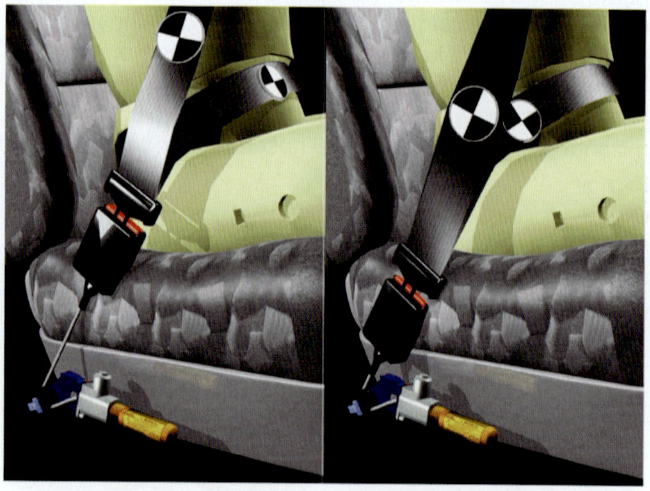

Figura 3.95. Cinturón de seguridad con dispositivo pretensor (inactivo y activado).

Asimismo, el posicionamiento regulable en altura del cinturón y la sujeción del cierre en el mismo asiento, y no sobre el suelo del habitáculo, garantizan una buena adecuación ergonómica a la anatomía del ocupante. Con la incorporación de los cinturones con pretensor pirotécnico se optimiza la protección de los ocupantes del vehículo en caso de colisión. Los cinturones con pretensor evitan (cuando se activa el mecanismo normal de bloqueo en caso de una colisión considerable de unas características determinadas) que al chocar el vehículo el ocupante salga impulsado hacia delante con la consiguiente fuerza de aceleración y la inmediata frenada brusca. El tensor reacciona, ya sea activado de forma mecánica o pirotécnica, tensando el cinturón automáticamente antes de que se inicie el movimiento relativo del ocupante respecto al vehículo en un margen de tan solo 10 milisegundos.

Con el pretensado, el cinturón consigue una mejor adaptación al ocupante. De este modo, el movimiento del pasajero en el caso de choque es menor, y también el desplazamiento del tórax, disminuyendo los daños ocasionados por el accidente.

Los pretensores «enrollan» de 8 a 10 cm el cinturón en el momento en que detectan que se está produciendo un choque de elevada magnitud. De esta forma garantizan su perfecta adherencia al cuerpo y se consigue su acción inmediata, a la vez que anulan el efecto *slack*; que se produce porque los cinturones no se adhieren directamente a las caderas y al tórax, sino a la ropa de los pasajeros (sobre todo en invierno al llevar ropa más gruesa y voluminosa) y por tanto retienen con retraso y solo parcialmente el avance del cuerpo.

Campo de activación

En situaciones de accidentes, a velocidades superiores a 28 km/h, el impacto es lo suficientemente fuerte como para que el conductor y el acompañante lleguen a chocar contra el volante o el tablero de instrumentos.

Los cinturones con pretensor se activan en choques de incidencia frontal u oblicua dentro de un campo de acción de ± 30°.

El momento de activación viene determinado por la deceleración producida en el vehículo, de forma que el pretensor pirotécnico debe haber actuado antes de que se inicie el movimiento relativo del ocupante respecto al vehículo (entre 20 y 30 ms dependiendo de la deceleración).

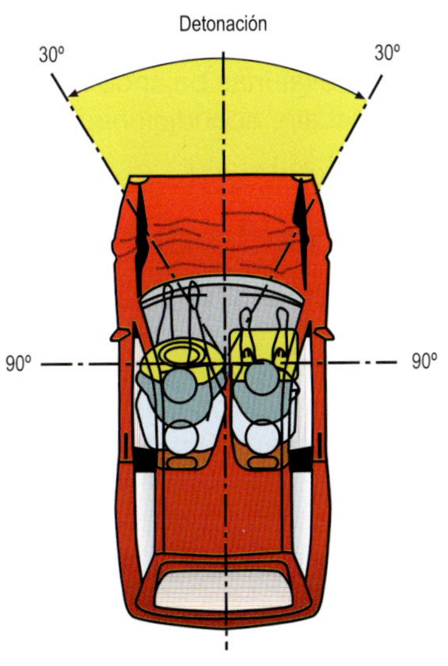

Figura 3.96. Campo de activación del dispositivo.

Condiciones de funcionamiento

Los cinturones de seguridad tienen unas condiciones de funcionamiento que son las siguientes:

- **Activación.** Los cinturones pirotécnicos solo se activan en:
  - Choque frontal a partir de 28 km/h.
  - Choque oblicuo con un ángulo máximo de ±30° a partir de 38 km/h.
- **No activación.** Los cinturones pirotécnicos no se activan en:
  - Choque por la parte posterior, lateral o vuelco.
  - Condiciones de conducción normal o extremas con frenadas fuertes.
  - Choque frontal por debajo de 15 km/h.
  - En presencia de cualquier tipo de campos magnéticos.

Desarrollo cronológico del ciclo

El desarrollo del accidente puede dividirse en las siguientes fases:

- En el instante «cero» el vehículo impacta contra el muro.
- 20 ms más tarde el sensor activa la combustión del generador de gas.
- Después de 20-22 ms se inicia el movimiento del émbolo que a su vez tira del cable retractor. El movimiento del cable hace girar el embrague, que se activa por efecto de la fuerza centrífuga y transmite el esfuerzo al eje retractor.
- Después de 22-26 ms el eje gira retrayendo la cinta, normalmente entre 40 y 150 mm, dependiendo de la holgura de esta.

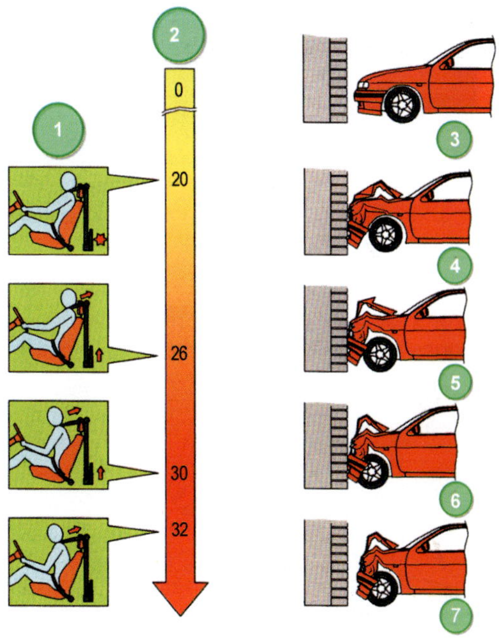

1. Conductor y acompañante.
2. Tiempo en milisegundos.
3. Inicio del accidente.
4. Activación del generador de gas.
5. Despliegue del pistón e inicio de la retracción.
6. Movimiento del ocupante respecto al asiento.
7. Bloqueo del retractor y retroceso del ocupante.

Figura 3.97. Desarrollo cronológico de un impacto frontal contra un muro a una velocidad de 50 km/h.

- A los 30 ms se inicia el movimiento del ocupante respecto al asiento.
- A los 32 ms entra en funcionamiento el sistema de bloqueo del retractor hasta que el pasajero retrocede y queda en la posición inicial. Con la retracción del cinturón se consigue una disminución considerable del movimiento del pasajero y por tanto se evitan posibles lesiones debidas a impactos contra los elementos del interior del vehículo, además de reducir los esfuerzos en el tórax y en el cuello del ocupante.

Figura 3.98. Banco para pruebas de eficacia de cinturones de seguridad.

La mayoría de los vehículos presentan frecuentemente evoluciones en cuanto a la geometría de los cinturones de seguridad y en lo que a rigidez de asiento se refiere, destinadas a limitar el riesgo de lesiones abdominales y lumbares en caso de submarinado. Hoy en día, la introducción gradual de limitadores de esfuerzo de 600 kg, combinados con la geometría de anclaje, permite reducir no solo los riesgos abdominales sino también los torácicos.

Con la integración de los anclajes del cinturón de seguridad en el propio asiento se aumenta notablemente la protección cuando se produce un accidente. En este caso el cinturón es más corto que los convencionales, no se alarga tanto durante la fase de impacto y se reduce la carga soportada por el ocupante.

Sin embargo, el cinturón de seguridad tiene una serie de limitaciones, ya que su función es impedir que el cuerpo se desplace, pero deja libre la cabeza. La combinación de cinturón y airbag supone una solución eficaz para proteger la cabeza de graves lesiones provocadas por la pivotación y el golpeo con alguna parte del habitáculo (normalmente el volante o el panel de instrumentos).

Debido a la importancia vital que tiene este dispositivo, y la necesidad de llevarlo permanentemente abrochado, existen una serie de medidas para que sea imprescindible su utilización. Como ejemplo, algunas de las soluciones estudiadas son: bloquear el arranque del motor, utilizar luces o sonidos internos, señales luminosas externas, provocar vibraciones o un aumento de la dureza en el pedal del acelerador, activar los elevalunas bajando las ventanillas, desconectar la radio o el aire acondicionado, etcétera.

3.4.3. Columna de dirección articulada colapsable

Esta configuración de la columna de dirección contribuye a evitar los peligrosos retrocesos del volante en caso de choque frontal. Los árboles de dirección articulados

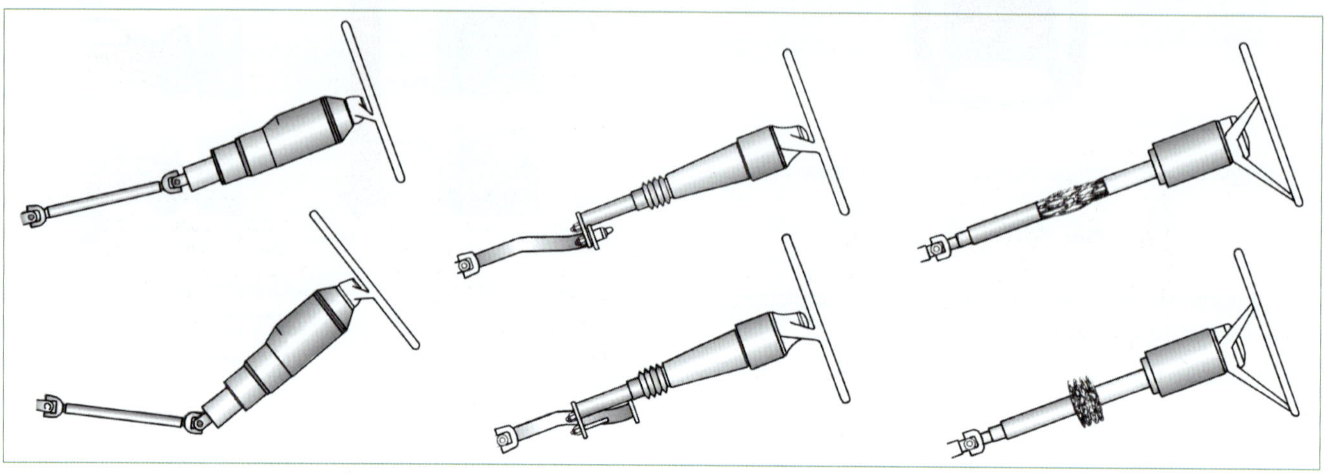

Figura 3.99. Dispositivos colapsables de la columna de dirección.

permiten la rotura en tantas partes como rótulas o articulaciones tenga en todo su desarrollo, evitando que la barra salga en una sola pieza proyectada hacia el conductor, al mismo tiempo que en caso de que el conductor llegue a tocar con el volante no se encuentre con una pieza rígida que pudiera dañarlo, sino con una pieza que ceda hacia el interior para disminuir los daños ocasionados como consecuencia de la colisión. El tramo inferior suele ser de tipo «colapsable» para mantener fija la posición del volante en los impactos. Asimismo, la cubierta inferior de la columna de la dirección suele poseer un acolchado de gomaespuma para reducir los daños que se puedan producir en las rodillas por su desplazamiento en caso de colisión.

3.4.4. Volante con absorción de energía

Este tipo de volante dispone de un diseño especialmente estudiado sin zonas rígidas y con estructura deformable para minimizar el efecto de un posible golpe contra el conductor, completando así la defensa suministrada por la estructura y los sistemas de sujeción en el caso de un choque frontal. La variedad denominada EAS (*Energy Absorbing Steering-wheel*) se complementa con una columna de dirección compuesta de tres secciones muy descentradas entre sí unidas por juntas tipo «cardán», que impiden que el volante se desplace hacia adentro incluso cuando el vehículo sufre un impacto muy fuerte. Además, la corona del volante y los radios son amplios y redondeados (cubiertos por un material expandido que al golpearse no produce astillas), con el fin de distribuir las fuerzas en una superficie más amplia y por tanto reducir las posibilidades de lesiones. Asimismo, el buje se encuentra empotrado profundamente y revestido de espuma que absorbe energía.

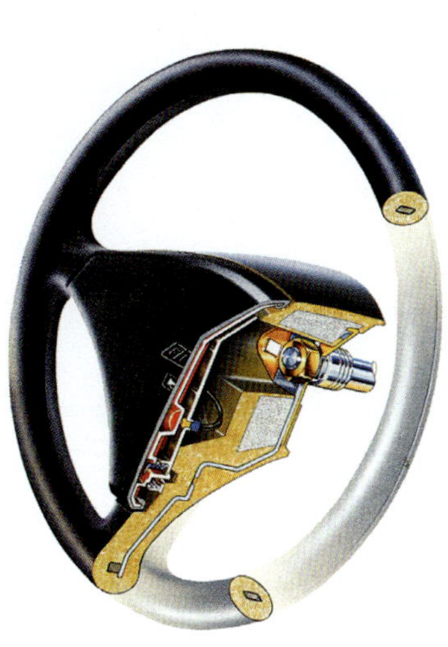

Figura 3.100. Volante EAS.

3.4.5. Pedales

Los pedales están cuidadosamente diseñados para evitar daños sobre piernas y pies. Para reducir las elevadas cargas a que se puede encontrar sometida la pierna, la pared frontal de cierre del habitáculo (salpicadero) debe ser resistente a las deformaciones, y el conjunto pedalier debe fijarse de tal modo que los pedales se alejen del conductor cuando se produzca una deformación

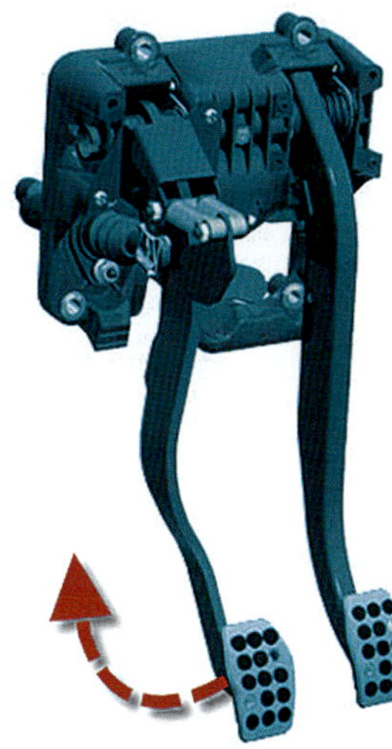

Figura 3.101. Desplazamiento del conjunto de pedales en caso de choque.

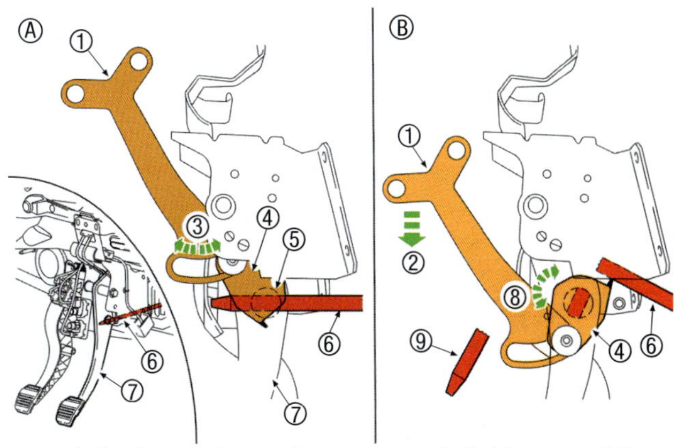

1. Palanca de desacoplamiento.
2. Dirección de movimiento de la palanca de desacoplamiento.
3. Dirección de movimiento en una frenada.
4. Mecanismo de desacoplamiento del pedal de freno.
5. Soporte para la varilla de accionamiento del cilindro maestro.
6. Varilla de accionamiento para el cilindro maestro.
7. Pedal de freno.
8. Movimiento giratorio del mecanismo de desacoplamiento.
9. Varilla de accionamiento partida (tras la colisión).

Figura 3.102. Dispositivo desacoplador del pedal con la bomba de freno.

importante en la parte delantera. En este sentido, existen algunos sistemas que desacoplan el pedal de freno del cilindro maestro al producirse una fuerte colisión, con el fin de reducir las lesiones que puedan producirse en los pies del conductor. Para ello, un mecanismo de desacoplamiento se encarga de partir la varilla de accionamiento que une el pedal de freno con el cilindro maestro cuando la colisión que se produce es de una cierta envergadura; en ese momento la presión que ejerce el cilindro maestro sobre el pedal de freno se interrumpe y este último puede bajar a la chapa del piso. La palanca de desacoplamiento se apoya en el tubo de sujeción del tablero de instrumentos. El soporte para la palanca de accionamiento del cilindro maestro es giratorio. Cuando se produce un impacto de envergadura, el apoyo para la varilla de accionamiento gira por la acción de la palanca de desacoplamiento y rompe la varilla.

3.4.6. Tablero de instrumentos

El tablero de instrumentos es una pieza multifuncional de precisión que, además de otras funciones, tiene una gran importancia en cuanto a seguridad y confort se refiere. Debe estar fabricado con una estructura portante de material ligero rodeada de poliuretano blando (PUR), tener un contorno redondeado y no presentar aristas para ayudar a proteger a los ocupantes (sobre todo en la zona de las rodillas) de los efectos de un choque. El grupo de climatización debe fijarse (a ser posible) sobre la vigueta transversal, para evitar su intrusión en el habitáculo en caso de choque. Asimismo, se evitará la colocación de bandejas abiertas (la guantera debe tener un punto preestablecido de rotura en caso de choque).

Figura 3.103. Diseño del tablero de instrumentos bajo criterios de ergonomía, estética, confort y seguridad.

3.4.7. Asientos

Aparte de acomodar a los ocupantes del vehículo garantizando el suficiente grado de confort y sujeción, los asientos cumplen funciones más importantes, como la de asegurar la máxima protección a los ocupantes en caso de impacto (siempre en combinación con los cinturones de seguridad y los airbags). En cuanto a ergonomía y confort se refiere, las múltiples posibilidades de regulación, el grado de sujeción lateral y el soporte lumbar, garantizan un nivel de comodidad idóneo incluso para largos desplazamientos. Por otro lado, las piezas del acolchado absorben grandes cargas mecánicas, tienen una excelente duración de servicio y pueden fabricarse en cualquier forma que se desee. La espuma moldeada elástica permite un diseño ergonómico con buenas propiedades de atenuación de vibraciones y un alto confort de conducción y climatización. Con el empleo de espuma y relleno de apoyo diferenciado se consigue un soporte óptimo a las distintas partes del cuerpo, permitiendo una sujeción del conductor con mayor estabilidad lateral en cualquier situación de conducción.

Figura 3.104. Regulación ergonómica del asiento.

Además de la ergonomía y el confort, en su diseño se presta especial atención a su fijación y anclaje: como ejemplo, en algunos casos, los asientos delanteros se desplazan ligeramente hacia atrás al producirse un choque frontal; en otros casos el bastidor del respaldo está constituido por una estructura de acero estampado vinculado a través de una rótula bilateral, adecuada para aumentar la solidez y la absorción de energía en los impactos traseros. Del mismo modo, en algunos asientos delanteros, en caso de choque frontal superior a 35 km/h, su configuración permite un aflojamiento estructural controlado para que la estructura pueda inclinarse hacia atrás absorbiendo parte de la energía sin causar lesiones a los ocupantes traseros.

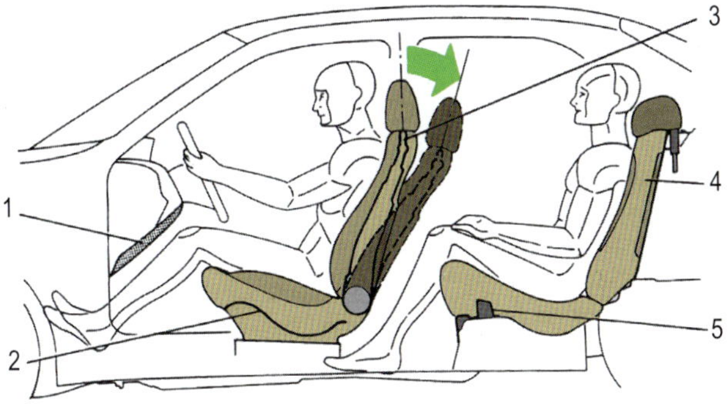

1. Revestimiento bajo la columna de dirección.
2. Bordes antideslizamiento de los asientos.
3. Estructura del respaldo delantero con deformación controlada.
4. Tabique posterior del respaldo.
5. Travesaño antideslizamiento trasero.

Figura 3.105. Configuración de los asientos.

Figura 3.106. Estructura de asiento integral con regulación motorizada.

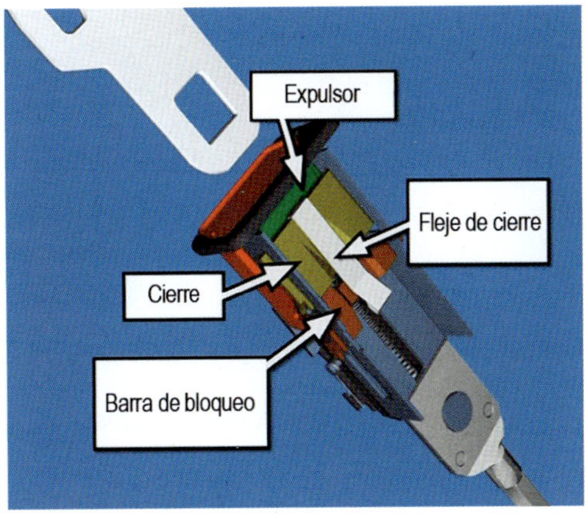

Figura 3.107. Hebilla de anclaje del cinturón de seguridad.

En general, su estructura debe impedir que el cuerpo se deslice hacia delante y hacia abajo en una colisión, por lo que se fabrican en forma de cuña antideslizante. En el caso de asientos traseros abatibles, para aumentar el espacio de carga, los puntos de sujeción de los mismos se estudian para que la carga no pueda irrumpir en el habitáculo debido a la inercia generada en el choque.

En los asientos integrales, la hebilla de anclaje del cinturón se fija a su estructura, y no sobre el suelo del habitáculo, para disminuir las lesiones provocadas por sus posibles desplazamientos en un choque. Asimismo, la polea superior de reenvío del cinturón de seguridad se encuentra integrada en la parte superior del respaldo. Un dispositivo adapta automáticamente la altura de este punto y asegura así una colocación siempre ideal del cinturón, con independencia de la altura y la constitución del ocupante. Esta configuración plantea mayores necesidades de rigidez y estabilidad del bastidor del asiento, del enclavamiento del respaldo y del sistema de reglaje del asiento; ya que durante las colisiones, los esfuerzos resultantes de la masa de inercia de los pasajeros actúan directamente sobre el asiento. Por esta razón, la estructura portante de la banqueta y del respaldo del asiento suele constar de elementos de aluminio o magnesio: perfiles extrusionados y piezas de chapa conformada. Asimismo, esta construcción contribuye de forma decisiva a la estabilidad transversal en caso de choque lateral.

3.4.8. Reposacabezas

Su función es la de acoger la cabeza de los pasajeros empujada hacia atrás, tanto en el caso de una dislocación del cuello debido a un choque trasero (por alcance), como en la fase de rebote que se produce a raíz de un choque frontal, protegiendo las vértebras cervicales contra la hiperextensión. Una de las evoluciones de este dispositivo lo constituyen los denominados reposacabezas «activos» que se montan en los asientos delanteros, y

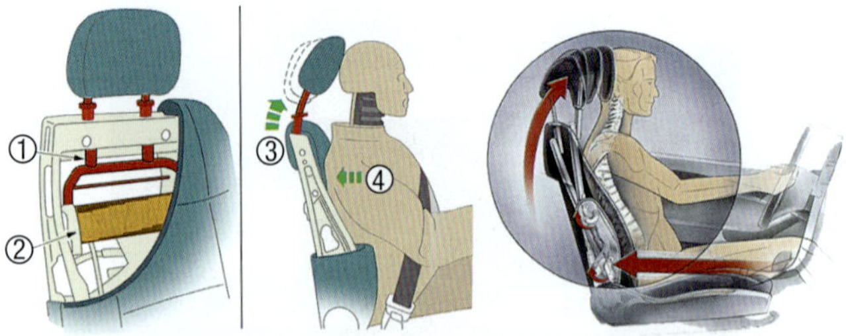

1. Soportes de reposacabezas en el interior del respaldo.
2. Banda de tejido resistente.
3. Dirección del movimiento del reposacabezas.
4. Movimiento del tronco en una colisión trasera.

Figura 3.108. Reposacabezas activo.

que funcionan de forma puramente mecánica desplazándose hacia adelante cuando el vehículo recibe un impacto por detrás. Este desplazamiento lo produce una banda de tejido muy resistente que une los dos soportes del reposacabezas en el interior del respaldo o una placa metálica unida a un varillaje. Cuando el vehículo recibe un impacto por detrás, la fuerza que se origina obliga al ocupante del asiento a empujar con la espalda contra esta banda o la placa (según el sistema), la cual, alcanzado un punto de torsión determinado, empuja hacia arriba y hacia delante la parte superior del reposacabezas. Seguidamente, el reposacabezas retorna a su posición original debido a la acción de un mecanismo de muelle. La barra del reposacabezas suele tener una trayectoria curva; cuanto más alto está el reposacabezas, más cerca estará de la cabeza.

En el sistema Neck Pro, si los sensores de colisión detectan un choque por detrás los reposacabezas se desplazan en fracciones de segundo hacia delante. De ese modo, el acolchado de estas piezas recoge a tiempo la cabeza de los ocupantes y disminuye el riesgo de lesiones en las vértebras cervicales.

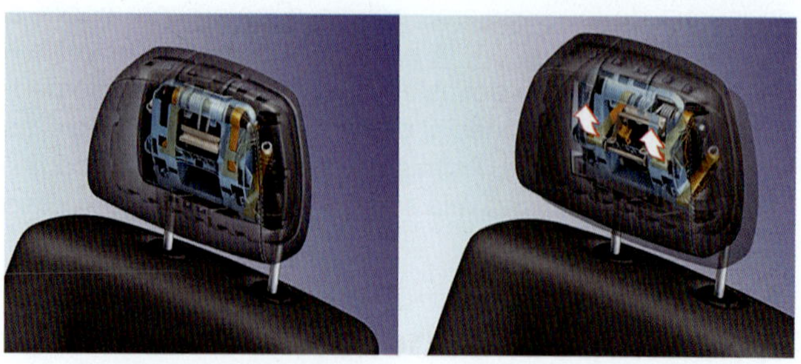

Figura 3.109. Reposacabezas con apoyo variable.

Otros sistemas, en lugar de mover el reposacabezas, desplazan el respaldo hacia atrás permitiendo apoyar toda la columna vertebral. También evitan que el cuerpo se catapulte hacia delante y, además, el movimiento de la parte superior del asiento crea una protección adicional para la cabeza y el cuello.

3.4.9. Otros dispositivos de seguridad pasiva

Como dispositivo de seguridad pasiva, se pueden considerar los que se detallan en los siguientes apartados.

Depósito de combustible

Debe fabricarse con materiales ignífugos e irrompibles por golpe; normalmente el material que se utiliza desde hace algunos años es el plástico. Su ubicación se realiza en zonas poco expuestas al riesgo de impacto, normalmente en la parte central inferior del vehículo.

Algunas marcas equipan sistemas de protección de incendios cuya función es la de cortar la corriente de la batería tras un accidente, eliminando además el suministro de combustible al motor.

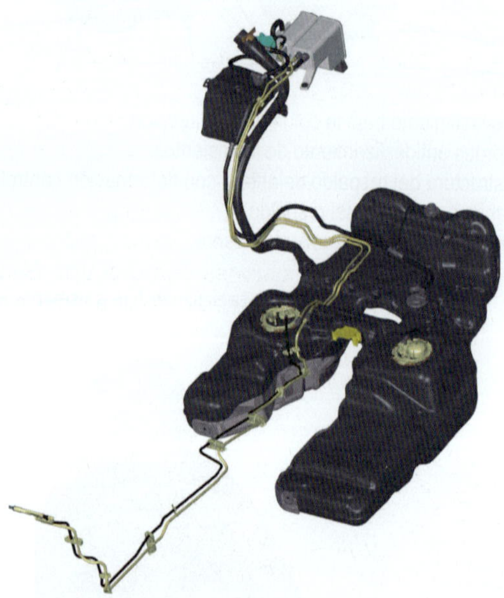

Figura 3.110. El depósito de combustible se encuentra ubicado en una zona segura del vehículo.

Limpiaparabrisas

Su diseño y fijación (mejor ocultos bajo el capó), debe evitar un aumento de riesgo de producir heridas en caso de atropello.

Cableado y elementos eléctricos

Deben estar bien aislados para evitar cortocircuitos, ya que siempre existe el riesgo de incendio tras un accidente incluso en choques de pequeña magnitud. El riesgo de sufrir un cortocircuito en cualquier punto del circuito eléctrico se encuentra presente en todos los automóviles en caso de accidente. Algunos fabricantes incorporan un sistema de seguridad que desconecta el borne positivo de la batería en caso de choque (en solo 3 milésimas de segundo) mediante un dispositivo pirotécnico. Asimismo, para evitar el riesgo de incendio producido por el aumento de temperatura de los cables eléctricos (debido a cortocircuitos fundamentalmente), otros fabricantes incorporan unos fusibles específicos (fusibles antiincendios) que cortan la circulación de la corriente eléctrica en cuanto detectan un incremento anormal de la temperatura.

Cristales

Los cristales son un elemento muy importante en la seguridad del vehículo. Además de proteger a los ocupantes de los elementos exteriores, permitir la visibilidad y mejorar el confort térmico, proporcionan una elevada rigidez al habitáculo (sobre todo las lunas pegadas) y absorben parte de la energía en caso de colisión. Los cristales de un vehículo están compuestos de vidrio de seguridad (vidrio de silicato), que no forma astillas cortantes al romperse. Para los parabrisas se ha impuesto el uso de cristal laminado, formado por dos capas de vidrio separadas por una lámina de plástico. Su principal ventaja radica en que el cristal laminado, al romperse, se desintegra en pedazos más grandes, y permite así seguir viendo a través del cristal, además de ofrecer un alto grado de protección en caso de impacto con la cabeza, ya que la lámina retiene las partículas de cristal. Las ejecuciones como el tipo Sekuriflex perfeccionan esta técnica por medio de una lámina adicional situada en el lado que da al interior del vehículo. Por otra parte, los cristales tintados reducen el calentamiento del habitáculo a causa del sol.

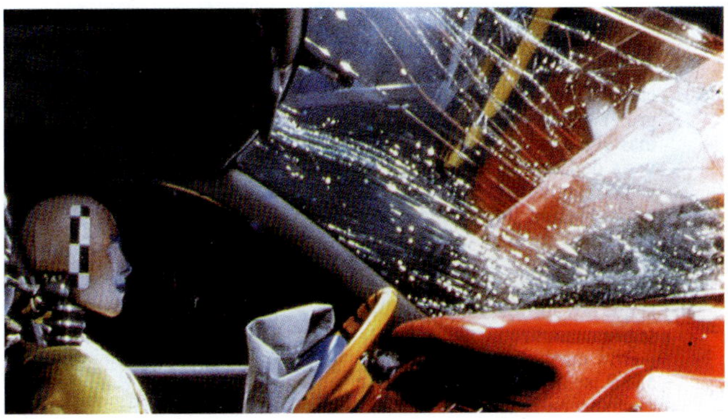

Figura 3.111. Rotura de una luna parabrisas laminada.

3.4.10. Seguridad de los peatones

Para establecer unas pautas que conlleven una serie de medidas por parte de los fabricantes para reducir las secuelas de un choque de un vehículo contra un peatón, se parte de las conclusiones y los datos estadísticos que se obtienen en la realización de simulaciones de impactos

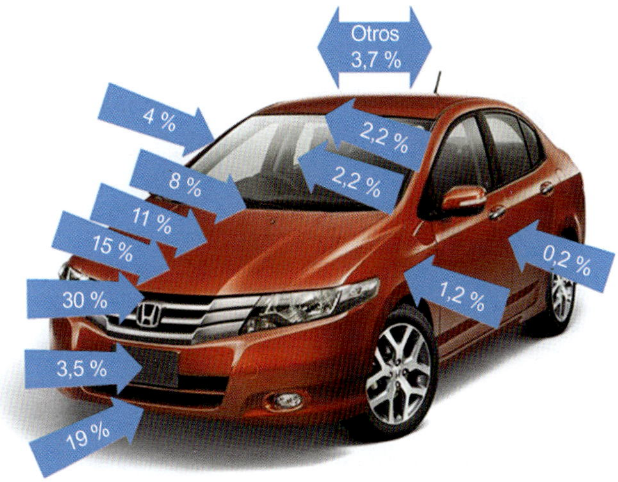

Figura 3.112. Zonas del vehículo de más frecuente impacto con los peatones.

y de la accidentabilidad real. Estos test establecen las zonas del vehículo que impactan con los peatones, más concretamente con las partes del cuerpo que sufren los atropellos. Esencialmente, estas zonas son: el paragolpes, el capó, el parabrisas e incluso los bajos.

Las conclusiones más significativas sobre los resultados obtenidos en las pruebas de impacto pueden resumirse en los siguientes conceptos:

- **Diseño de la carrocería.** Debe optimizarse, en la medida de lo posible, con superficies lisas y redondeadas, sin ninguna arista ni vierteaguas.
- **Paragolpes.** Deben aumentar su altura y fabricarse en materiales muy absorbentes a los impactos, para que se deformen con mayor facilidad. Las piernas suelen ser las que más impactos reciben de esta pieza.
- **Capó.** Este componente de la carrocería es el que golpea normalmente la cadera de la persona atropellada. Para aliviar en lo posible las consecuencias de la colisión se recomienda un diseño del mismo desprovisto de aristas y elementos decorativos que puedan agravar los efectos del atropello. Además, el material de fabricación también debe ser fácilmente deformable y muy absorbente. La batería y el radiador han de situarse lo más separados del capó como sea posible. Además debe cubrir los ejes de rotación de los limpiaparabrisas.
- **Parabrisas.** Juega un papel muy importante en los impactos, dado que los peatones atropellados suelen golpearse la cabeza con él. Los limpiaparabrisas deben ir siempre ocultos. Al mismo tiempo, los retrovisores exteriores serán retráctiles, para que al impactar con ellos alivien la crudeza del impacto.
- **Bajos.** Se deberá suavizar su diseño, eliminando aristas y zonas punzantes o salientes, para evitar que al pasar el vehículo por encima de una persona le produzca un daño mayor.

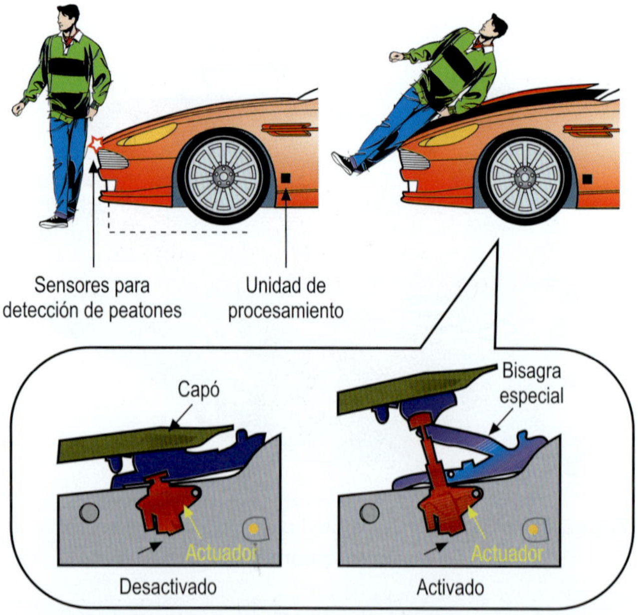

• Los sensores detectan la presencia de un peatón.
• Se envía una señal a los activadores pirotécnicos situados en el capó.
• La energía absorbida reduce el impacto con la cabeza.
• El proceso se completa en un tiempo muy rápido.

Figura 3.113. Sistema de seguridad para peatones mediante elevación del capó.

- **Manecillas de las puertas.** En la medida de lo posible, se deberá integrarlas dentro del nivel superficial del panel de la puerta, evitando que sobresalgan en demasía.

En la actualidad también hay varios sistemas que tienen como objetivo la protección de los peatones. Como ejemplo, el SensorCar funciona mediante un radar láser que detecta los obstáculos que se cruzan con el coche hasta 45 metros por delante de él, y avisa al conductor por medio de un *display* del posible peligro. En combinación con este sistema, un sensor situado en la parte trasera del vehículo previene la posibilidad de colisión por detrás, activando los pretensores de los cinturones y ajustando el asiento y el reposacabezas a los pasajeros.

3.4.11. Seguridad infantil

Como fruto de las experiencias de accidentología y biomecánica, las normas internacionales tratan de unificar criterios para conseguir una protección adecuada de los niños.

Actualmente, el sistema Isofix es el sistema estándar de seguridad que facilita y asegura las fijaciones de los asientos para niños. En el vehículo se incorporan dos puntos de anclaje rígidos situados de serie entre el respaldo y el asiento de la banqueta trasera. El asiento del niño dispone de dos cierres y un indicador de puesta en servicio que aseguran la fijación rápida y segura sin necesitar los cinturones de seguridad del vehículo.

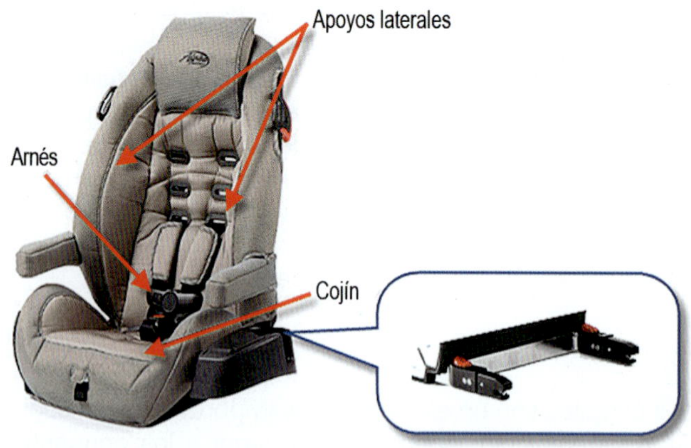

Figura 3.114. Asiento de niño con sistema de fijación Isofix.

El asiento Isofix respeta la morfología de los niños y garantiza una seguridad de muy alto nivel. Puede ir de espaldas a la carretera (para los niños de hasta dos años) y cara a la carretera para los de 2 a 4 años.

En la primera posición el cuerpo del bebé se sujeta mediante un cinturón tipo arnés de tres puntos, y en la segunda posición el asiento se sujeta mediante un sistema de sujeción utilizando el cinturón de seguridad (del propio coche) de 3 puntos.

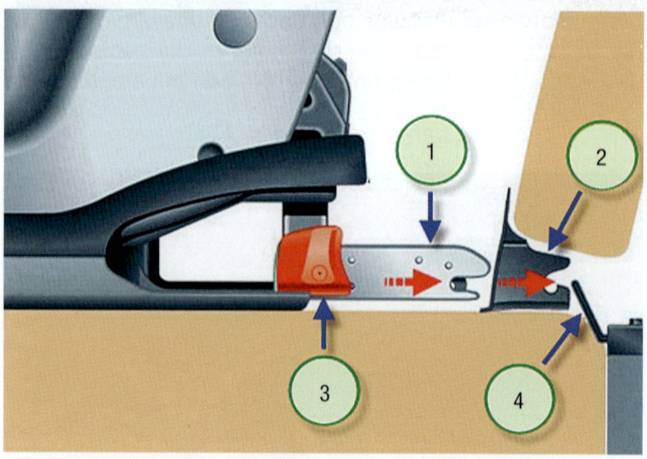

(1) Barra de acoplamiento. (3) Botón de extracción.
(2) Guía de cierre. (4) Soporte.

Figura 3.115. Anclaje Isofix.

Los dispositivos diseñados con arreglo al Isofix pueden adaptarse a cualquier vehículo que disponga de enganches metálicos normalizados.

A partir de la base de datos accidentológicos, se ha llegado a la conclusión de que, para los niños de 2 a 4 años, la postura más adecuada es la de espaldas a la carretera debido a su débil conformación y a la desproporción entre su

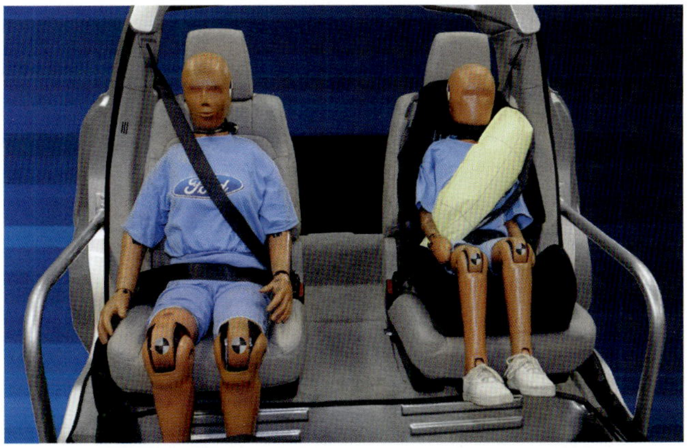

Figura 3.116. Asientos especiales para niños.

masa cerebral en relación con el resto del cuerpo. En caso de colisión, la cabeza se proyectaría violentamente hacia adelante, con resultados muy graves. Estando situado de espaldas a la carretera, en caso de colisión, esta gravedad se reduce a límites aceptables. Para los de edades de 2 a 4 años, la experiencia muestra que pueden ir situados de cara a la carretera y el asiento Isofix respeta esta posibilidad, pudiendo instalarse de ambas maneras.

Por último, en los modelos equipados de airbag para el pasajero y de airbag lateral sin posibilidad de desconexión, se debe indicar gráfica y claramente la contraindicación rigurosa de ubicar en los asientos delanteros dispositivos para el traslado de niños de corta edad.

Figura 3.117. Ubicación no aconsejable de la silla.

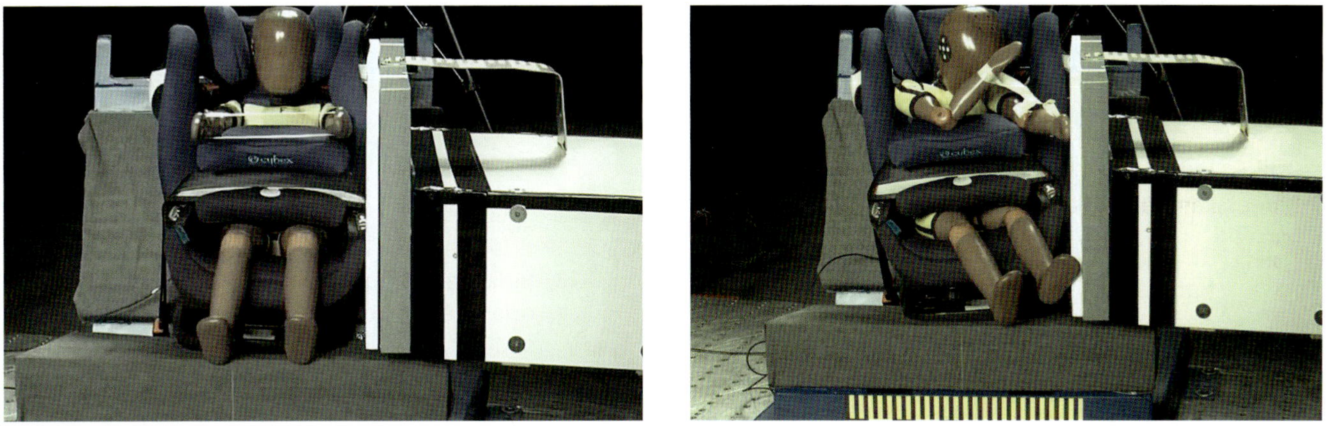

Figura 3.118. Prueba de impacto lateral a una silla para niños.

CUESTIONES

3.1. Identifica en la siguiente figura cada una de las diferentes zonas o módulos de la carrocería de un vehículo (en cuanto a comportamiento ante las colisiones se refiere), indicando su denominación habitual. ¿Cuál es el más resistente en caso de impacto?

3.2. Enumera los objetivos generales que se pretende conseguir con la realización de pruebas de impacto (*crash test*).

3.3. Resume las características más importantes en la realización de los *crash test* laterales.

3.4. Indica cuál es la diferencia entre las medidas de seguridad pasiva y de seguridad activa.

3.5. En la siguiente figura que representa los tipos de colisión más frecuentes, indica el porcentaje que corresponde en cada caso.

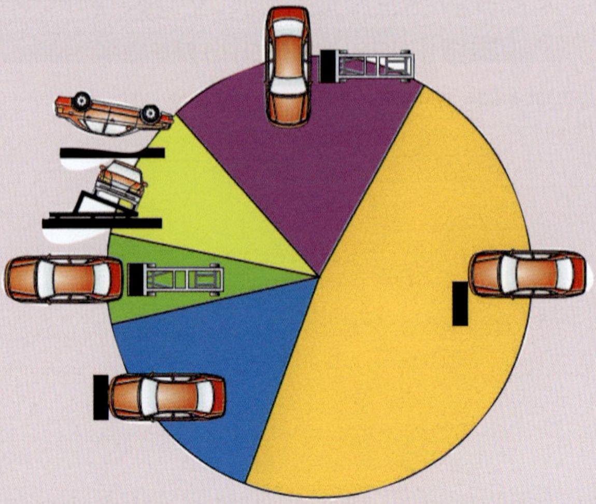

3.6. Enumera los aspectos más importantes que contempla el plan de seguridad pasiva de un automóvil.

3.7. ¿Qué son y qué función tienen las piezas denominadas *crash box*?

3.8. Cita algunas de las soluciones que se aplican a los capós para disminuir los riesgos de lesión en caso de accidente.

3.9. ¿Qué se consigue utilizando largueros cuya sección tenga forma cónica o piramidal?

3.10. ¿En qué consiste el concepto de deformación programada? Utiliza como apoyo los vehículos de la siguiente figura.

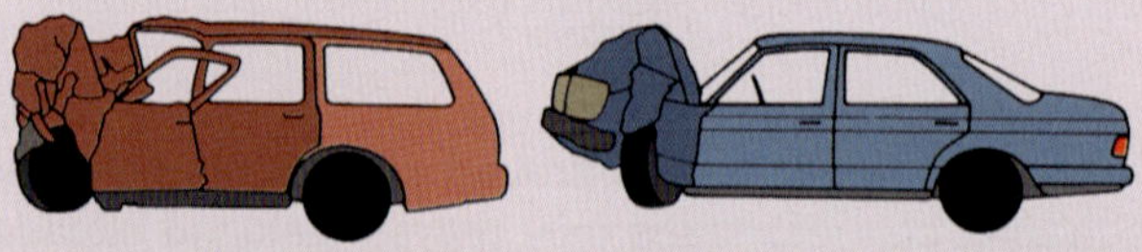

A B

3.11. Cita al menos cinco de las soluciones que pueden adoptarse para lograr un óptimo grado de protección lateral en caso de choque.

3.12. En caso de choque, ¿las puertas deben quedar cerradas o, por el contrario, deben abrirse con el impacto? Razona la respuesta.

3.13. Indica al menos cinco de las soluciones que pueden adoptarse para aumentar la seguridad de la estructura trasera en caso de choque.

3.14. Indica cómo se consigue que, en caso de choque frontal, el motor y la caja de cambios se deslicen hacia la parte inferior del vehículo, evitando así la intrusión en el habitáculo.

3.15. Indica cuál es el objeto de la configuración que presenta la siguiente pieza que forma parte de un larguero delantero.

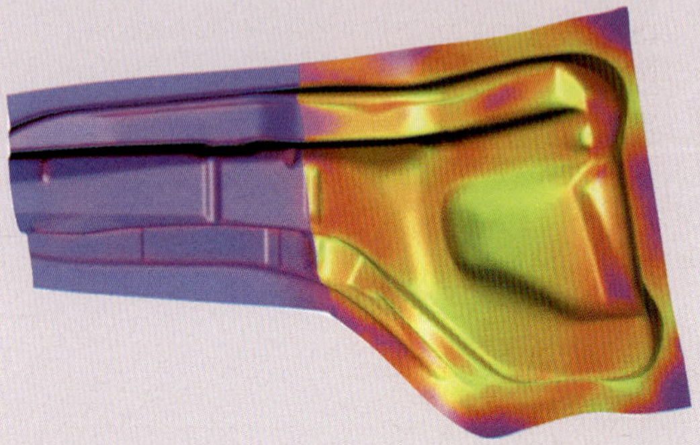

3.16. Identifica la zona coloreada de la siguiente figura, e indica por qué suele ser necesario reforzarla.

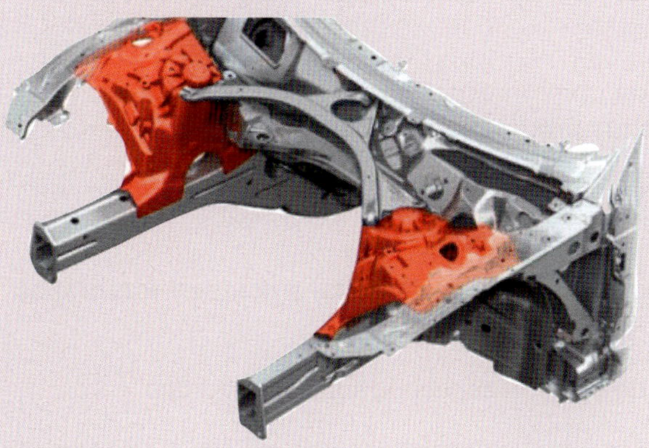

3.17. ¿A qué grupo pertenecen las piezas de la carrocería que tienen programada su deformación?

3.18. Indica los diferentes tipos de dispositivos airbag que equipan los automóviles en función de la protección que desarrollan.

3.19. Indica la particularidad más importante que presenta la siguiente figura en materia de seguridad pasiva.

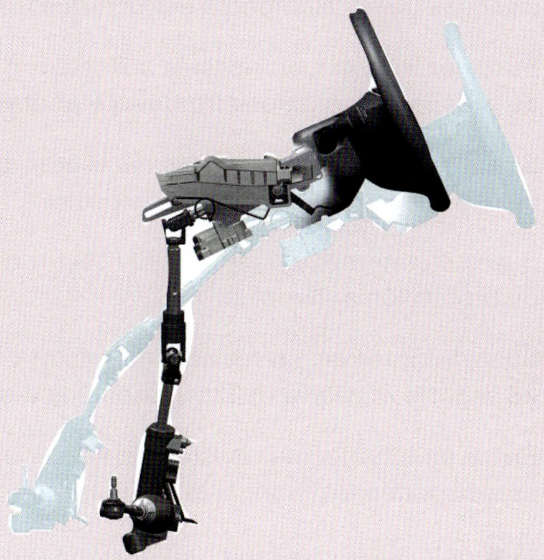

3.20. ¿Qué se conoce como efecto *submarining*? ¿Cómo se corrige?

ACTIVIDADES PROPUESTAS

3.1. Enumera los diferentes dispositivos de seguridad pasiva de un vehículo actual, compáralos con otros de un vehículo de hace 10 años y escribe tus conclusiones.

3.2. Localiza tres vehículos siniestrados de diferentes marcas y observa el comportamiento de los elementos o zonas con deformación preestablecida y determina el alcance de la deformación sufrida.

3.3. Analiza la célula de pasajeros de los vehículos anteriores y verifica la integridad de la misma para evaluar el comportamiento de los elementos con deformación preestablecida.

3.4. Comprueba el interior del habitáculo de un vehículo cualquiera y confecciona una relación de las medidas utilizadas por el fabricante para aumentar la seguridad pasiva del mismo.

3.5. Utilizando la documentación técnica adecuada, localiza los componentes de los sistemas airbag y los pretensores de cinturón de tres vehículos. Asimismo, consulta las precauciones para su desmontaje y manipulación.

3.6. Busca en las páginas web de varios constructores de automóviles y anota los tipos de airbags de modelos distintos.

3.7. Busca en las páginas web de los constructores anteriores y anota cinco modelos de vehículos distintos que dispongan de pretensores pirotécnicos.

3.8. Busca en internet, en revistas del sector o en artículos de opinión especializada, artículos sobre la deformación programada. Anota tus propias conclusiones.

3.9. Busca en internet, en revistas del sector o en artículos de opinión especializada, fotografías sobre los puntos fusibles de una carrocería.

3.10. Busca en internet, en revistas del sector o en artículos de opinión especializada, fotografías de zonas cajeadas de los elementos estructurales.

3.11. Busca en internet, en revistas del sector o en artículos de opinión especializada, las condiciones de prueba de los golpes frontales y anótalas y describe tus propias conclusiones.

3.12. Busca en internet, en revistas del sector o en artículos de opinión especializada, fotografías de la protección lateral de un vehículo.

3.13. Busca en internet, en revistas del sector o en artículos de opinión especializada, artículos y fotografías de protección antivuelco.

3.14. Busca en internet, en revistas del sector o en artículos de opinión especializada, las medidas de seguridad pasiva de cinco modelos distintos.

3.15. Busca en internet, en revistas del sector o en artículos de opinión especializada, las medidas que disponen los fabricantes para la seguridad de los peatones.

3.16. Mediante el acceso a internet, navega por páginas que alojen vídeos sobre pruebas de impacto (*crash test*), observando tanto las condiciones de realización de las pruebas como los resultados finales.

3.17. Mediante el acceso a internet, navega por páginas que alojen vídeos sobre la utilización de *dummies* en pruebas de impacto (*crash test*), observando cómo desarrollan su función y la información que transmiten.

4

INFLUENCIA DE UN GOLPE EN UN VEHÍCULO

CONTENIDO

OBJETIVOS

- Conocer el efecto de las fuerzas en los metales.
- Estudiar las fuerzas que intervienen en una colisión.
- Analizar las deformaciones que se pueden producir en la carrocería, en función de la estructura.
- Comprender los cambios que se producen en la estructura interna del metal cuando se produce una deformación.

INTRODUCCIÓN

Los metales sólidos, al igual que el resto de la materia, están compuestos por átomos, que a su vez están constituidos por un núcleo de iones positivos (átomos sin su electrón de valencia) y rodeados de los electrones que forman una gran nube electrónica. Muchos de estos electrones se denominan electrones libres o de valencia, y están débilmente enlazados con su núcleo. Los átomos están muy juntos unos con otros y los electrones de valencia no están asociados férreamente a ningún núcleo en particular, siendo atraídos constantemente por los átomos de su alrededor, moviéndose fácilmente por el metal. La alta conductividad térmica y eléctrica de los metales se basa en esta característica.

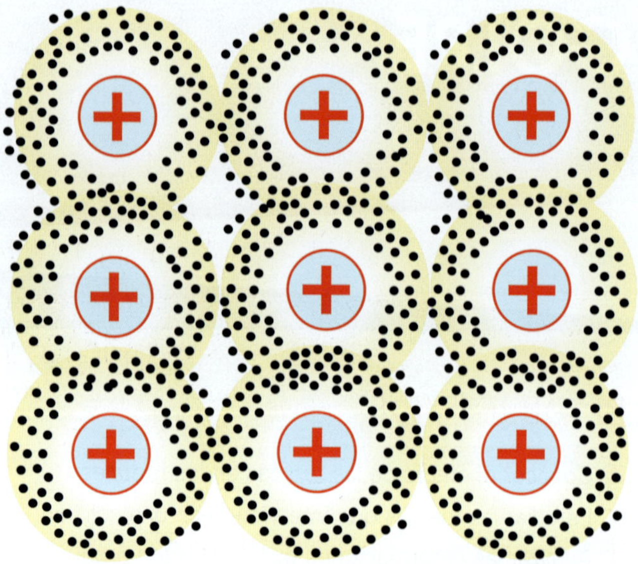

Figura 4.1. Composición de los metales.

Estas diminutas partículas que solo se pueden observar con el microscopio metalográfico se combinan entre sí formando una gran cantidad de granos de forma geométrica irregular, creándose configuraciones granulares que forman un sólido cristalino de distinta geometría y forma, en función de la disposición de los átomos que constituyen el sólido y de la fuerza de enlace entre ellos.

Las chapas metálicas utilizadas en la fabricación de las carrocerías pueden tener idéntico aspecto, pero existen diferencias en su composición química y estructura cristalina; por ejemplo, cuanto menor sea el número de electrones libres que tengan los átomos, más metálico resultará el enlace, y viceversa. La configuración granular de los metales determina su reacción ante una fuerza dada. Estas diferencias pueden afectar a su resistencia y características mecánicas en general. En el caso del acero suave los granos individuales pueden resistir cambios y movimientos considerables antes de romperse; en cambio, en los aceros duros o extraduros apenas se permite el movimiento de sus granos, pues al intentar desplazarse se rompe la estructura. A medida que aumenta la dureza, aumenta también la fragilidad.

Como ya se ha mencionado en unidades anteriores, los fabricantes de vehículos utilizan diferentes materiales en la estructura de la carrocería; como tienen propiedades físicas y mecánicas diferentes, el técnico reparador debe conocer las características generales del material para no dañar en la medida de lo posible la estructura interna del material cuando realice la reparación de la carrocería.

4.1. Efecto de las fuerzas en el metal

La configuración del grano del metal determina cómo reacciona a una fuerza dada. La resistencia al cambio presenta dos propiedades, que son:

- Deformación elástica (elasticidad).
- Deformación plástica (plasticidad).

La elasticidad es la capacidad del metal que le permite recuperar su forma original al suprimir las cargas que produjeron la deformación. Por ejemplo, si se dobla ligeramente un trozo de chapa, al dejar de realizar la fuerza que ha provocado su deformación la chapa recuperará su forma inicial.

Figura 4.2. Deformación elástica.

Por su parte, la plasticidad es la cualidad que tiene el metal de doblarse y adoptar distintas formas una vez superado el límite elástico, gracias a que los átomos del metal se pueden deslizar unos sobre otros sin distorsionar completamente la estructura del enlace metálico, aunque sin modificar su posición. En el ejemplo anterior, si se aplica una fuerza superior y se dobla la chapa hasta formar una «U» se observará que la chapa no recupera su forma original, se queda parcialmente curvada.

Figura 4.3. Deformación plástica.

En una colisión sucede de igual forma: si la colisión es pequeña, la chapa se deformará un poco y una vez desaparezca la fuerza deformadora, la chapa volverá a su posición original. Pero si la colisión genera una fuerza superior al límite elástico de la chapa, la deformación se mantendrá. En ocasiones, la deformación que se produce en un área no es debida a que se haya superado el límite elástico del material, sino a que las zonas adyacentes están deformadas y mantienen esa área en tensión. En este caso, una vez reparadas las zonas deformadas, esa área recuperará su posición original.

De lo anterior se deduce que es muy importante realizar un buen diagnóstico y analizar correctamente cómo se ha producido la deformación antes de iniciar la reparación.

La elasticidad y la plasticidad son propiedades que se pueden representar en un gráfico en el que se observa la relación entre el módulo del esfuerzo aplicado y el alargamiento producido en el metal cuando se le aplica una fuerza capaz de provocar una deformación (Figura 4.4).

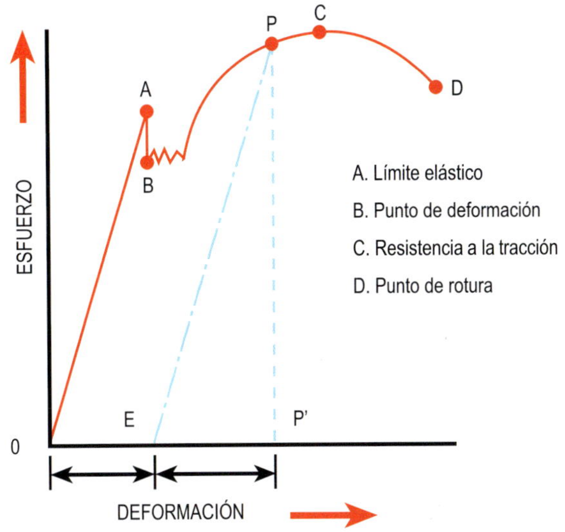

Figura 4.4. Gráfico esfuerzo-deformación.

Si el módulo aplicado aumenta progresivamente en pequeños valores, el alargamiento que se produce es proporcional a la fuerza aplicada. El punto A representa el límite elástico; si el módulo de la fuerza aplicada es inferior a este valor, la deformación del metal desaparecerá y volverá a su forma original, una vez que desaparezca la fuerza. Por el contrario, si se supera el punto A, y sigue aplicándose fuerza hasta llegar al punto P, el alargamiento del metal se producirá hasta P', pudiendo regresar hasta el punto E si desaparece la fuerza, pero siempre existirá el alargamiento OE. Si se supera la fuerza P, se producirá un deslizamiento granular excesivo del material y el alargamiento aumentará de forma considerable hasta que se produce la rotura.

Cuando la deformación plástica del metal en frío ha sido muy grande pero sin llegar al punto de rotura, la estructura granular en esta zona se encuentra muy alterada, los átomos se desplazan, giran y se trituran, desajustándose de tal forma que alteran bruscamente sus propiedades físico-químicas y mecánicas. En la chapa de la carrocería, si se produce un pliegue o nervadura, aumenta su resistencia mecánica y su dureza, y disminuye el alargamiento relativo y la resiliencia.

En definitiva, el metal se hace más duro y rígido en esta zona debido a las tensiones a que están sometidos los granos (Figura 4.5). Este incremento de la dureza se denomina endurecimiento del metal y se puede producir debido a una colisión, o ser provocado en el proceso de fabricación del panel para reforzar la zona.

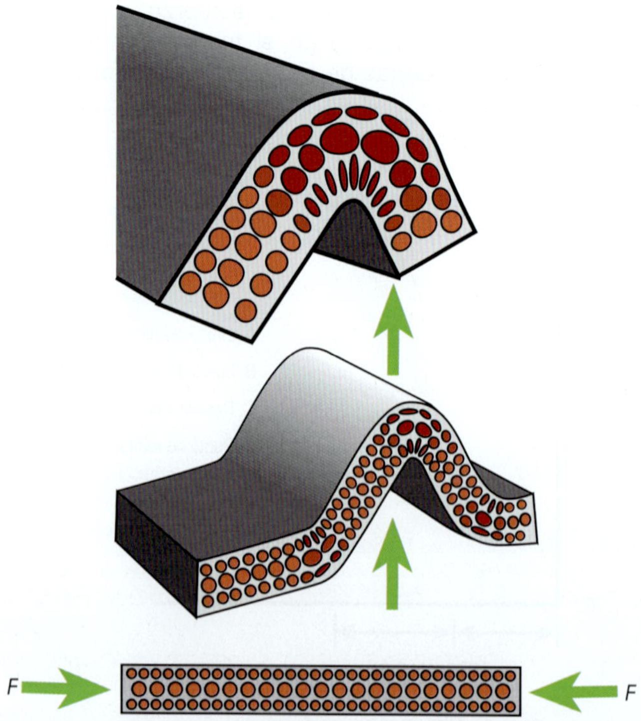

Figura 4.5. Tensiones internas del metal.

En la reparación de la carrocería hay que tener en cuenta estas zonas que tienen mayor rigidez, pues en ocasiones son las que provocan tensiones sobre las zonas adyacentes provocando su deformación.

Una vez más se resalta la importancia de dedicar el tiempo necesario al estudio de la colisión antes de iniciar la reparación para utilizar el método adecuado.

4.2. Fuerzas estáticas y dinámicas

Durante la marcha del vehículo la carrocería se encuentra sometida a la acción de diferentes fuerzas tanto estáticas como dinámicas.

Las fuerzas estáticas son generadas por la masa (el peso propio) del vehículo y su carga. Son las únicas fuerzas que actúan cuando el vehículo está parado.

Por su parte, durante la marcha surgen diferentes fuerzas dinámicas, que dependen principalmente del estado del firme. La magnitud de estas fuerzas y su efecto sobre la carrocería del vehículo dependen de los siguientes factores:

- La velocidad del vehículo.
- El estado de la superficie de la calzada.
- El tipo y las características de la carrocería.

Las fuerzas dinámicas afectan la resistencia a la fatiga y, por tanto, a la vida útil de los componentes de la estructura de la carrocería que absorben estas fuerzas.

Teniendo en cuenta la interacción de ambos tipos de fuerzas, las carrocerías se diseñan tomando como base una estructura resistente suficientemente capaz de evitar las deformaciones producto de los siguientes esfuerzos estructurales:

- De tracción, provocados por la marcha del vehículo, sobre todo en las aceleraciones y frenadas.
- De flexión, provocados por el peso total soportado (pasajeros, carga, órganos mecánicos), en particular el que se aplica directamente sobre los ejes delantero y trasero.
- De torsión, provocados por el desplazamiento vertical de los ejes cuando el firme es irregular.
- De cizalladura, provocados, sobre todo, por impactos frontales y traseros sobre las ruedas.

Figura 4.6. Esfuerzos de deformación que sufre una carrocería.

4.3. Concepto de energía cinética

Todos los objetos en movimiento adquieren una energía denominada cinética, como consecuencia directa de su masa y velocidad, según la siguiente expresión:

$EC = 1/2\, m\, v^2$	**EC** = Energía cinética **m** = Masa **v** = Velocidad

De ello pueden realizarse algunas consideraciones:

- Un vehículo que se desplace a la misma velocidad que otro, pero que tenga el doble de peso, tendrá el doble de energía cinética.
- Un vehículo igual a otro, pero que se desplace al doble de velocidad, tendrá una energía cinética cuatro veces mayor.

En una colisión, la gravedad de la misma no está determinada por la velocidad del vehículo previa a la colisión, sino por el cambio de velocidad Δv que el vehículo experimenta y por la rapidez con la que se produce este cambio; es decir, la deceleración. La deceleración viene determinada por la masa y la rigidez de los objetos que colisionan entre sí.

Partiendo del principio físico que dice que **la energía ni se crea ni se destruye, sino que solo se transforma,** cuando el vehículo disminuye su velocidad o se detiene esta energía cinética se transforma en otro tipo de energía, dependiendo del caso.

En caso de colisión, la disipación total de la energía no se producirá hasta que el vehículo no se detenga por completo. Durante la misma, parte de la energía se transforma en energía de deformación del vehículo, y parte es absorbida por el objeto golpeado. Cuando este objeto es muy rígido, como en el tercer ejemplo de la Figura 4.7, toda la energía es absorbida por el vehículo; es decir, la deformación continúa hasta que se ha absorbido toda la energía involucrada en el accidente, o dicho de otra forma, hasta que la energía cinética es igual a la energía necesaria para deformar la estructura del vehículo.

De ello se deduce que si la estructura del vehículo fuese altamente indeformable, en caso de impacto el choque sería mucho más violento ocurriendo un efecto parecido al de las bolas de billar; los vehículos saldrían despedidos con direcciones y velocidades distintas, y lo que es más importante, los ocupantes sufrirían bruscas aceleraciones y deceleraciones que les ocasionarían importantes lesiones internas y externas. Por tanto, tal y como se ha descrito en el apartado anterior, es necesario dotar a la carrocería de zonas de deformación programada, para que se comporte como un muelle, es decir: a mayor capacidad de deformación, más capacidad de absorción de energía. Todo ello manteniendo una estructura unitaria de seguridad para los ocupantes, como es el habitáculo de pasajeros.

Si la pérdida de velocidad se produce por subir una pendiente, la transformación se realiza en forma de energía potencial que el vehículo almacena.

Si se produce por la acción de los frenos, la transformación se realiza en forma de energía calorífica que se disipa al medio ambiente.

En el caso de choque, la energía cinética se transforma en energía de deformación de la carrocería.

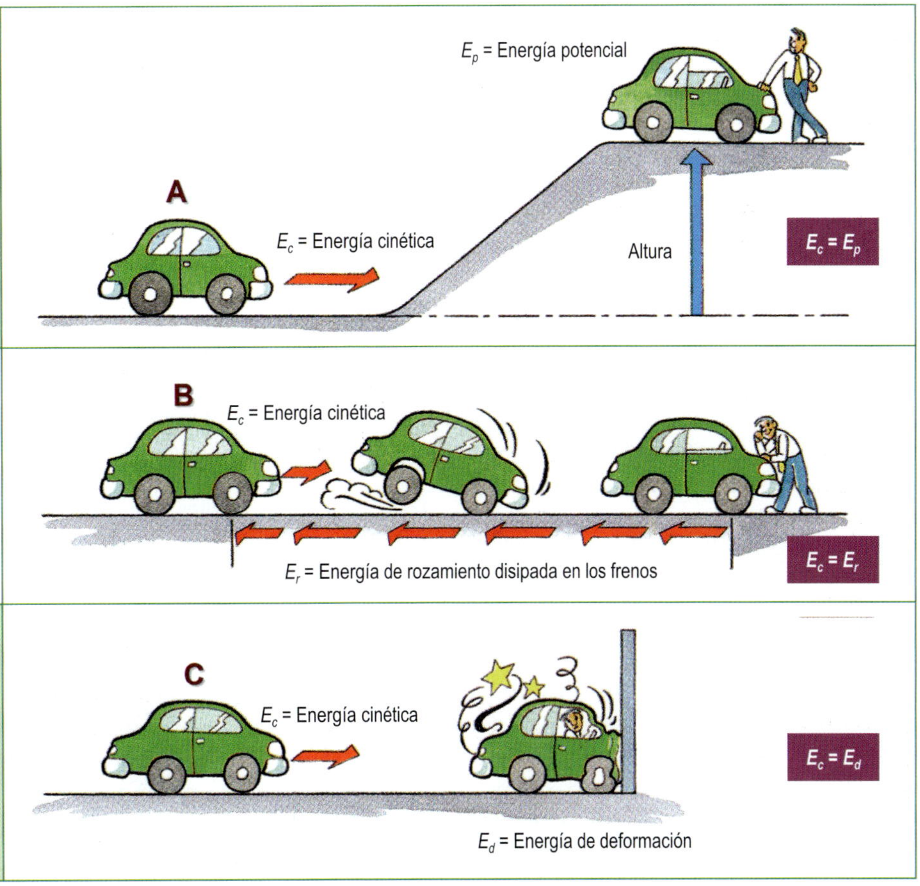

Figura 4.7. Transformación de la energía cinética en un vehículo.

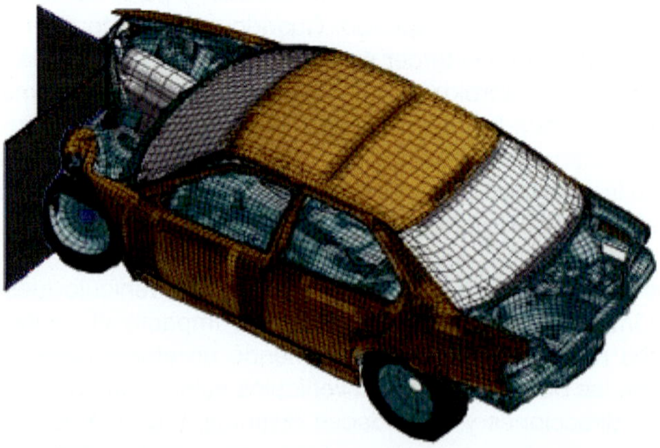

Figura 4.8. En el caso de choque, la energía cinética se transforma en energía de deformación de la carrocería.

Como resumen, los efectos de la colisión de un vehículo se traducirán en unos daños debidos a la acción conjunta de dos fuerzas: una externa, ejercida por otro vehículo u objeto sobre el que se colisiona, y otra de carácter interno, generada por la energía cinética del propio vehículo.

4.4. Fuerzas que intervienen en una colisión

En una colisión el tiempo que transcurre desde el momento del contacto hasta que las reacciones han finalizado es muy pequeño. Los desperfectos causados por las fuerzas de colisión se producen porque el vehículo cambia bruscamente su velocidad al colisionar contra otro objeto. Este cambio repentino de velocidad, producido en tan corto espacio de tiempo, crea una serie de fuerzas que se pueden agrupar en dos clases:

- **Fuerzas exteriores:** son generadas por la interposición de otro objeto en la trayectoria del vehículo, como otro vehículo, un poste, una pared, etcétera.
- **Fuerzas interiores:** son generadas por la inercia de todos los elementos del propio vehículo.

Partiendo de los tres módulos o secciones en que se estructura la carrocería de un automóvil, en caso de colisión contra un muro (fuerza externa) la parte frontal del vehículo que está en contacto directo con la pared sufre un cambio brusco de velocidad y se detiene; el resto del mismo sin embargo continúa moviéndose en la misma dirección, actuando contra las áreas del vehículo que están en contacto directo contra la pared, produciendo la deformación de esa zona en primer lugar y, a continuación, la del resto del vehículo, en relación con la energía que hubiese alcanzado el vehículo.

Figura 4.9. Colisión con un obstáculo rígido.

En la colisión de un vehículo que está parado y es golpeado desde atrás por otro, la superficie en contacto directo con el vehículo que golpea (fuerza exterior) comienza a desplazarse hacia delante por el empuje de la fuerza que se le aplica. Debido a la inercia que se crea en el vehículo estacionado, este se resiste al movimiento, creando una fuerza interior que actúa contra la zona del vehículo que ha empezado a avanzar, produciéndose la deformación de ambos.

Figura 4.10. Colisión con un obstáculo deformable.

La carrocería de los vehículos está diseñada para absorber impactos y proporcionar, dentro de unos límites, seguridad a los ocupantes del habitáculo, haciendo que la carrocería se contraiga y absorba la mayor parte de la energía. Pero no siempre ha sido de esta forma. Al inicio de la producción en serie de los vehículos se consideraba que la estructura tenía que ser casi indeformable, considerándose que el coche era más seguro cuanto más gruesas eran las chapas con las que estaba construido. Por tanto, desde aquel punto de vista, menos indeformable y más seguro, y, en efecto, la estructura estaba segura en las colisiones, pero de los ocupantes no se podía decir lo mismo, ya que toda la energía que se transmitía en la colisión se trasladaba en su totalidad a los ocupantes,

Figura 4.11. Vehículo indeformable = más riesgos para los ocupantes.

sometiéndolos a cargas extremadamente elevadas. En la actualidad, estos conceptos han cambiado, pero en el argot popular todavía se sigue relacionando la seguridad del vehículo con el grosor de la chapa.

Para comprender mejor el estudio de los efectos que se producen en un vehículo ante una colisión se exponen a continuación una serie de ejemplos tomando como base un vehículo con una estructura rectangular simple, para observar las distintas deformaciones producidas en función del material de construcción y del punto de aplicación de la fuerza deformadora. Las dos primeras colisiones corresponden a un vehículo con una estructura teóricamente indeformable, las siguientes son con una estructura deformable. En todos los casos se parte de que las colisiones se realizan con una fuerza de la misma intensidad.

4.4.1. Estructura muy resistente a la deformación

En este tipo de estructura muy resistente a la deformación los efectos en caso de golpe son los siguientes:

- **Golpe frontal:** si la energía que ha alcanzado el vehículo antes de la colisión no es suficiente para deformar la estructura ni el muro, ocurrirá igual que en el caso de un patinador que empuje una pared, que se desplazará hacia atrás (tercera ley de Newton). La fuerza aplicada al muro (acción) es la que le transmite el muro al vehículo, desplazándolo en la misma dirección, pero en sentido contrario.

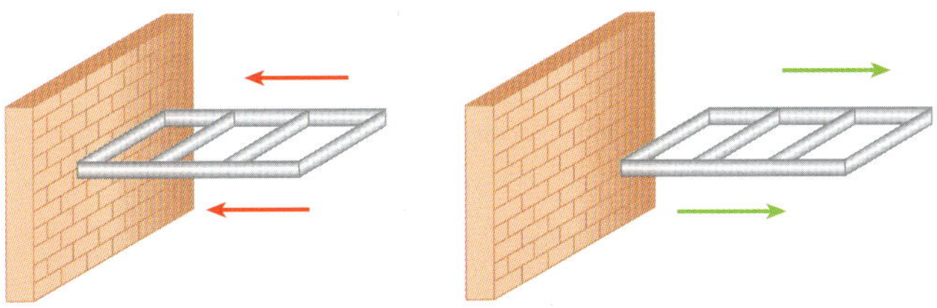

Figura 4.12. Golpe frontal. Tercera ley de Newton.

- **Golpe en un extremo del frontal *(offset)*:** en este caso, el punto de colisión afecta a un lado del frontal, por tanto, toda la energía se aplica en ese punto. Como se parte de que la estructura es indeformable, la fuerza de reacción provoca el giro de la estructura, que será mayor o menor en función del punto de aplicación (partiendo de que la intensidad del golpe es idéntica para todas las colisiones del ensayo).

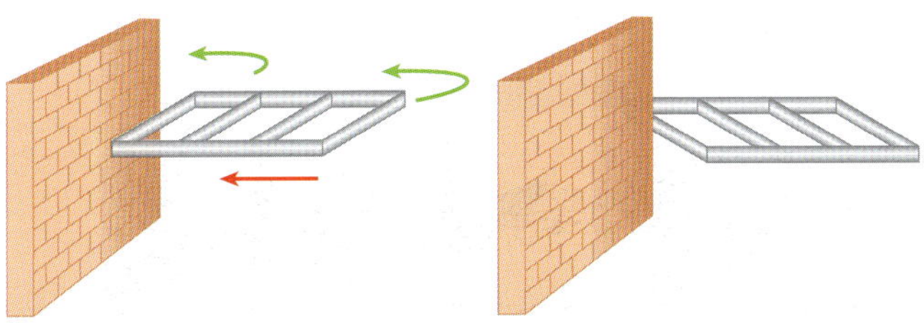

Figura 4.13 Golpe en un extremo del frontal (*offset*). Giro al producirse un golpe en un extremo.

4.4.2. Estructura deformable

En este tipo de estructura más deformable los efectos en caso de golpe son los siguientes:

- **Golpe frontal:** en este caso, las fuerzas de acción y reacción producen una deformación en forma de acordeón en la estructura, debido a que ambos lados están construidos con la misma forma y sus moléculas tienen la misma fuerza de cohesión. Se produce un acortamiento de longitud de los lados por igual.

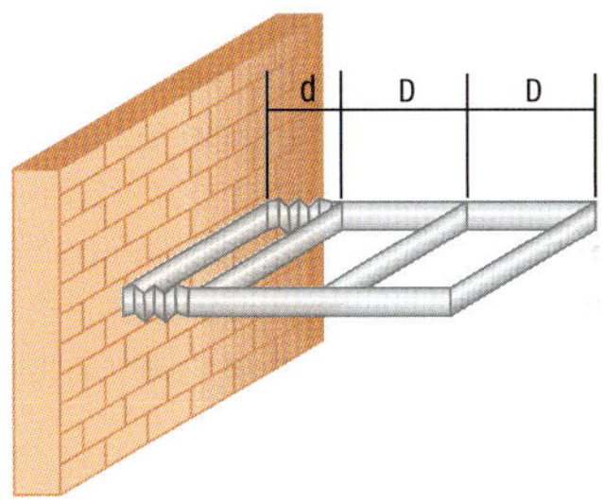

Figura 4.14. Golpe frontal. Deformación programada en una estructura deformable.

- **Golpe en un extremo del frontal *(offset)*:** el punto de colisión es un lado del frontal de la estructura, por tanto, toda la energía se aplica en ese punto, provocando en primer lugar la deformación de ese lado. Como en el otro lado ningún obstáculo le impide el paso, tiende a seguir su trayectoria, provocando el giro de la estructura, que será mayor o menor en función del punto de aplicación, pero en todo caso siempre tendrá tendencia a girar menos que el de la estructura indeformable.

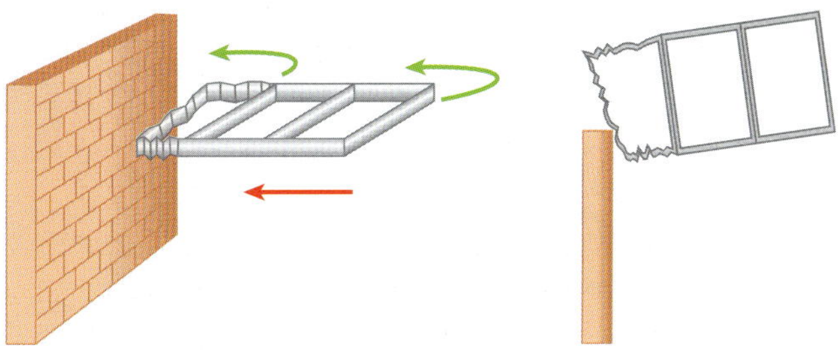

Figura 4.15 Golpe en un extremo del frontal (*offset*). Ejemplo de deformación.

Si se repite la colisión frontal pero cambiando el material de construcción de uno de los lados por otro de mayor capacidad de absorción de energía deformadora se observa que el efecto producido es una deformación distinta en cada lado, siendo mayor en el lado que tiene más capacidad de absorción (Figura 4.16) y, por tanto, el acortamiento de longitud es también mayor, provocando que la estructura gire hacia ese lado.

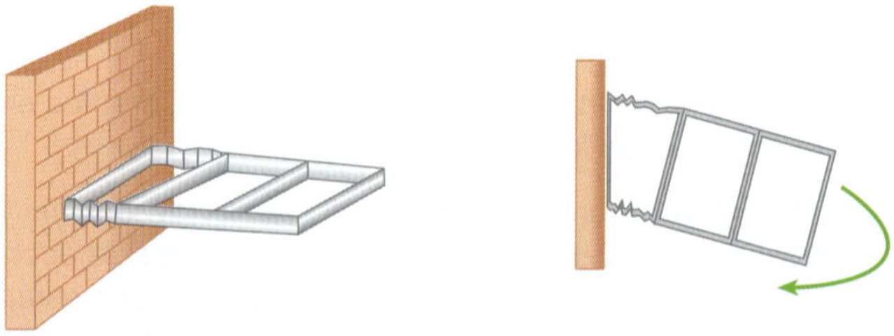

Figura 4.16. Ejemplo de deformación en una colisión.

En la realidad las colisiones no suelen producirse de forma tan simple, ni la estructura de los vehículos es tan rectangular y uniforme. En el diseño actual de las estructuras, las fuerzas deformadoras se distribuyen por toda la estructura en función del grado de deformabilidad de los materiales, canalizando y cambiando la dirección de esas fuerzas con el objetivo de asegurar la seguridad en el interior del habitáculo.

Cuando se produce un golpe en una carrocería, como la que aparece en el ejemplo de la Figura 4.17, se inicia la deformación en el área de contacto y se transmite disminuyendo progresivamente la energía de colisión en la medida que se va deformando. En dicho ejemplo se observa que según avanza la fuerza de colisión, cambia de dirección según el plan de deformación programada, reduciendo el valor de la energía de colisión. En el caso de impacto frontal, cuando la energía llega al final del larguero se divide en dos fuerzas (disminuyendo su valor), cambiando de nuevo de dirección, pasando al pilar delantero del habitáculo y de ahí al techo y a los bajos de la carrocería.

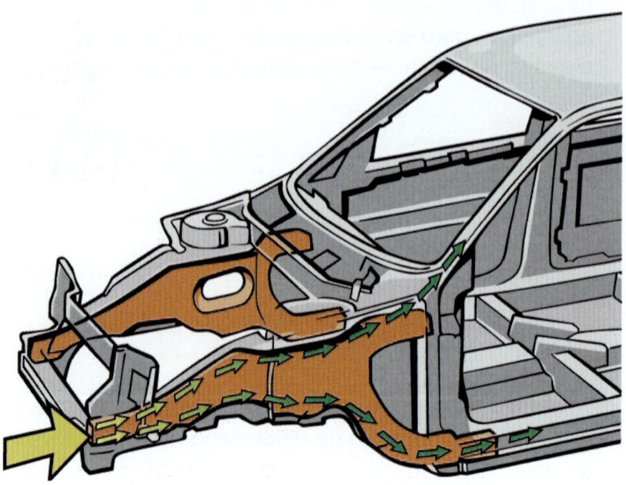

Figura 4.17. Ejemplo de trayectoria del flujo de energía a través de un larguero delantero.

La deformación total dependerá de la energía de la colisión, que a su vez depende de:

1. El ángulo y la dirección en que se ha producido el golpe; en función de este parámetro actuarán a la vez distintas fuerzas, constituyendo un sistema de fuerzas que producirá un efecto determinado.
2. La velocidad del/los vehículo/s en el momento de producirse la colisión; que determinará la intensidad o módulo de la fuerza de colisión.

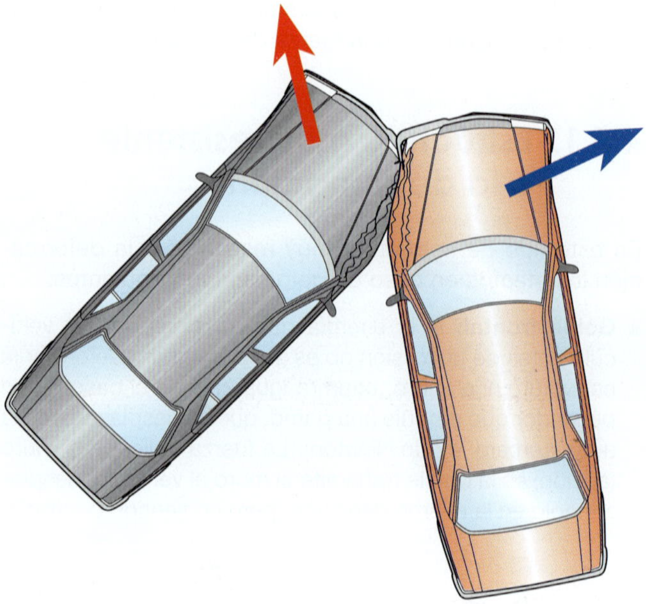

Figura 4.18. Ejemplo de colisión de dos vehículos en movimiento.

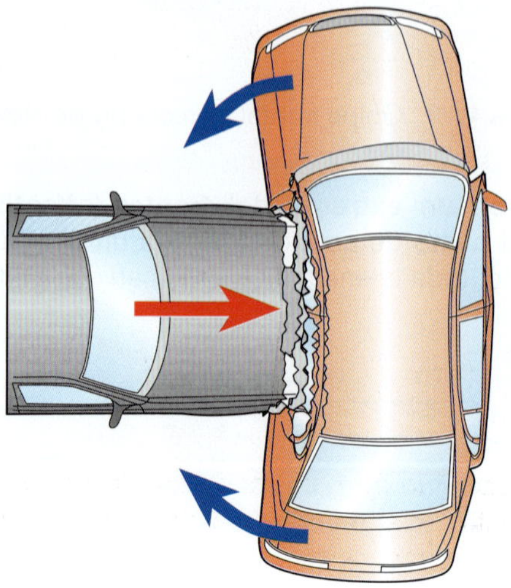

Figura 4.19. Ejemplo de deformación ante una colisión lateral.

3. La zona del vehículo que ha intervenido en la colisión; en función de la zona donde se produce la colisión (frontal, lateral, trasera) provocará unos efectos u otros.
4. Del área o superficie; si el golpe se produce como en los ejemplos anteriores (contra un muro), la superficie que interviene es amplia y, por tanto, la deformación se reparte por toda la zona. En cambio, si con los mismos parámetros el vehículo se golpea contra una columna, los desperfectos que se producen serán más graves, ya que el área es más reducida y en cambio la energía es la misma; a este nuevo parámetro se le denomina intensidad de esfuerzo y se define como fuerza por unidad de superficie y se expresa en kilopondios por milímetro cuadrado o cualquier múltiplo o submúltiplo de esta unidad.

$$I = F / S$$

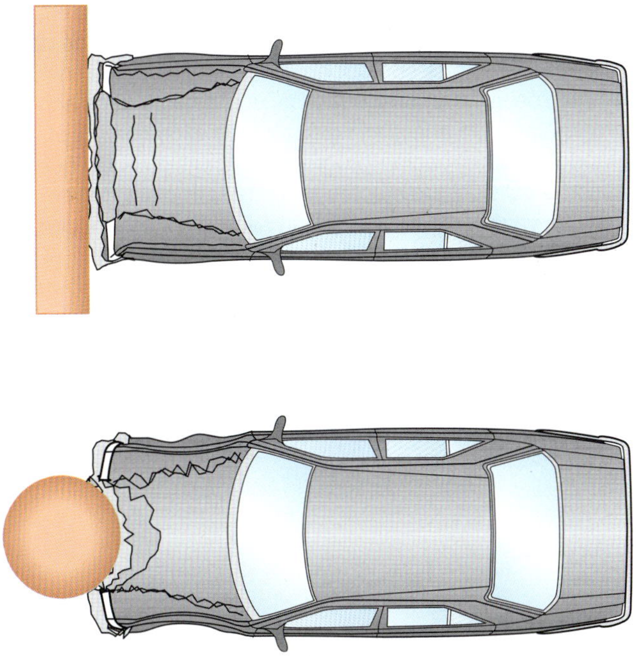

Figura 4.20. Ejemplo de deformación.

4.5. Deformación de la estructura en función de la zona de colisión

Las fuerzas que se producen cuando un vehículo colisiona contra otro en movimiento son las mismas que cuando colisiona contra un objeto parado. En la colisión de los dos vehículos en movimiento los efectos se incrementan porque se suman las energías generadas por ambos.

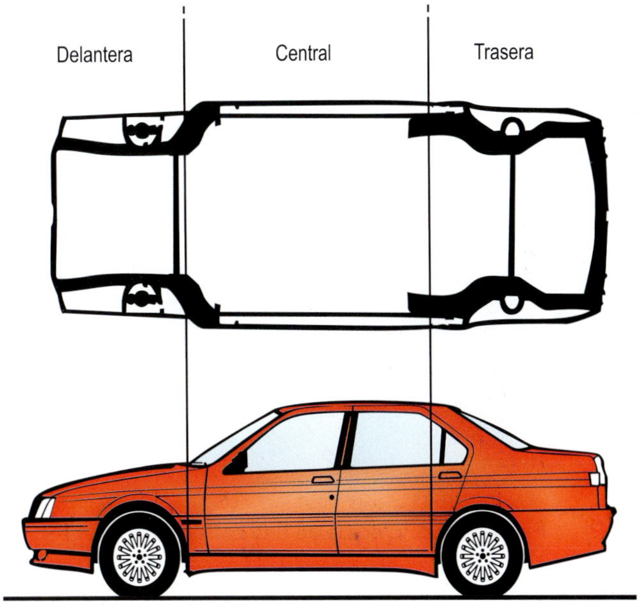

Figura 4.21. Secciones principales de la carrocería.

Tal y como se describe en la unidad anterior, para proceder a analizar las deformaciones que se producen en una colisión es conveniente dividir la carrocería en tres módulos o secciones principales:

- Sección delantera.
- Sección central.
- Sección trasera.

Las características constructivas que presenta cada una de las secciones provocan que, ante un impacto de suficiente magnitud, la carrocería no se comporte como una masa unitaria, sino que a medida que se va produciendo la colisión cada módulo actuará de forma independiente, pero incidiendo en los demás según la cantidad de energía por disipar. Por ello, en función de la zona con que colisiona se producirán más o menos desperfectos. Por ejemplo, en un golpe frontal contra un muro a una velocidad de 50 km/h la sección delantera se contrae longitudinalmente de un 30 % a un 40 %; en cambio, la sección central solo se contrae de un 1 % a un 2 % (partiendo de la base de que el vehículo genere la energía cinética suficiente para producir estos desperfectos).

Debido a la interacción de los tres módulos entre sí, en caso de impacto se observan tanto los daños en el área de impacto (directos) que ocasionan las deformaciones apreciables a simple vista (doblados, plegados, desalineamientos, etc.), como los daños que se localizan en otras zonas diferentes a la de impacto (indirectos), que son más difíciles de observar a primera vista.

La carrocería está diseñada para resistir colisiones de una determinada intensidad sin deformarse, pero a partir del valor de esa intensidad crítica se va deformando progresivamente, en función de su diseño y del grado

Figura 4.22. Efectos de una colisión frontal.

de deformabilidad de los materiales. Con este fin, como ya se ha mencionado, las carrocerías tienen una serie de zonas que están especialmente preparadas para que, en caso de colisión a una determinada intensidad, se deformen y absorban la mayor parte de la energía. Estas zonas se denominan zonas fusibles o secciones derrumbables; su diseño y construcción responde a la necesidad de convertir el habitáculo en una zona segura para sus ocupantes. Estas zonas no solo están diseñadas para deformarse antes que otras, sino que además canalizan la deformación para que provoquen el menor desperfecto posible; por ejemplo, en colisiones frontales de elevada magnitud la fuerza de la colisión se reparte en toda la superficie del frontal cuyos elementos se han configurado para absorber la energía del impacto y desviar la deformación del vehículo hacia zonas determinadas, para mantener la integridad del habitáculo.

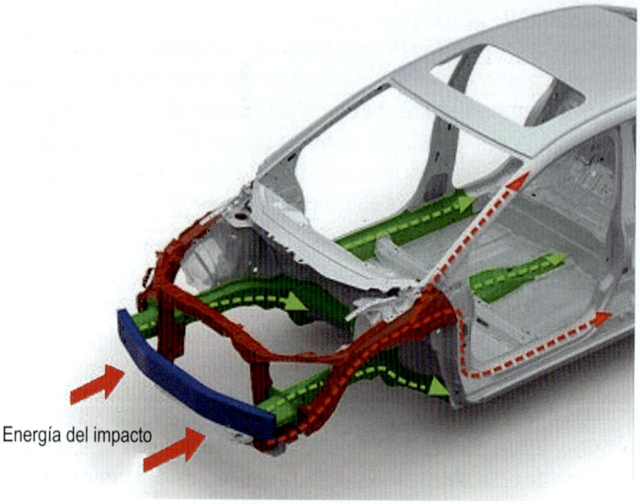

Figura 4.23. Desvío de la energía generada en una colisión frontal.

De forma análoga a los resultados de las pruebas de choque (*crash test*) descritos en el apartado anterior, en el siguiente apartado se analizan las deformaciones que se suelen producir en función de la zona de colisión, si bien es verdad que pueden estar implicadas varias zonas; por ejemplo, el vehículo que colisiona contra otro y a continuación sale despedido dando vueltas de campana o vuelve a colisionar.

En primer lugar se analizarán colisiones de vehículos con carrocería autoportante y posteriormente los vehículos con estructura formada por bastidor y carrocería.

4.6. Efectos de una colisión en una carrocería autoportante

Tal y como ya se ha descrito, los vehículos con carrocería monocasco y autoportante están diseñados con una estructura envolvente constituida por la unión de chapas de diversos espesores que conforman elementos distintos (incluido el suelo de la carrocería) que, a su vez, están unidos entre sí, proporcionando una gran rigidez a todo el conjunto y posibilitando su deformación programada, consiguiendo que, en caso de colisión, los efectos sobre la estructura de la carrocería se vayan reduciendo según avanza la deformación.

Figura 4.24. Carrocería autoportante.

Cuando colisiona un vehículo contra otro, o contra cualquier objeto, cada sección de la carrocería actúa como una fuerza individual que intenta mantener su estado de reposo, ofreciendo por tanto resistencia a cualquier cambio de estado. Este hecho puede provocar que unos elementos se mantengan sin deformaciones y el resto se deformen. Cada sección interviene de alguna manera en la deformación del resto en función de su diseño y de su peso; cuanto más pesada sea la sección, más fuerte es el efecto que causa (debido a la inercia).

A continuación se desarrollan para su análisis las siguientes colisiones:

- Colisión frontal.
- Colisión trasera.
- Colisión lateral.
- Colisión con vuelco.

4.6.1. Colisión frontal

Suponiendo que el vehículo colisiona contra un muro, el área de la carrocería que entra en contacto directo con el muro sufre un cambio brusco de velocidad, se detiene si el vehículo tiene la suficiente energía. El resto del vehículo (secciones central y trasera) continúa moviéndose en la misma dirección provocando la deformación del área que está en contacto contra el muro.

Figura 4.25. Colisión frontal. Primer efecto: cambio brusco de velocidad.

La fuerza de empuje del propio vehículo hace que comiencen a deformarse el travesaño delantero, las aletas, el capó y los largueros (desviándose normalmente hacia abajo), a la vez que se inicia el levantamiento de la zona que soporta la suspensión, debido al arco que forma la carrocería para la sujeción de esta y la fuerza hacia arriba que la suspensión está ejerciendo. Ello se debe al propio diseño del larguero, ya que está pensado para tratar de arrastrar los conjuntos mecánicos debajo del piso del vehículo, y a la fuerza que ejerce el sistema de la suspensión como reacción del suelo.

Figura 4.26. Colisión frontal. Segundo efecto: deformación de la parte delantera.

La sección trasera del vehículo sigue teniendo la inercia de desplazarse hacia delante, pero se encuentra con la oposición de la sección central, produciéndose una deformación hacia arriba, ya que la parte inferior (piso) suele ser muy resistente. Esta fuerza deformante provocará el cierre del hueco de la puerta y una elevada presión en la zona del techo (por efecto del pilar delantero) que suele doblar el travesaño estructural del parabrisas delantero, y la deformación del techo. Esta deformación será mayor en los vehículos que tienen el motor en la parte trasera, ya que tienen mayor peso en esa parte que los que tienen el motor en la parte delantera y en consecuencia adquieren más inercia. Por lo que respecta a las puertas delanteras, suelen ser expulsadas hacia fuera y se descuelgan por el propio giro del pilar delantero sobre su base.

Figura 4.27. Colisión frontal. Tercer efecto: deformación del resto de la carrocería.

Como resumen, a grandes rasgos es posible apreciar el grado de afectación del módulo central tras una colisión, observando si existe desplazamiento hacia arriba del travesaño del parabrisas, si en el techo o en el piso aparecen pliegues, y si las puertas se han abierto, arqueado o desencajado de sus huecos.

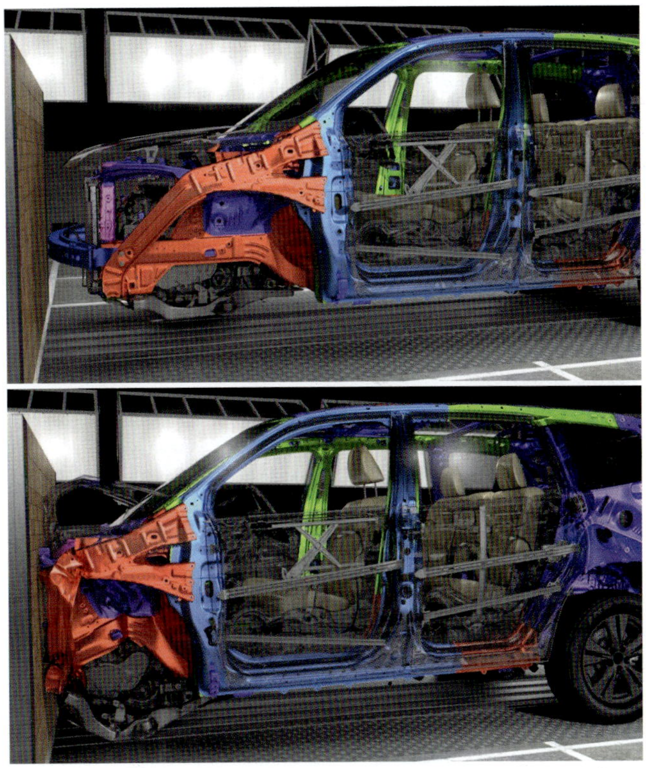

Figura 4.28. Efectos de una colisión frontal.

4.6.2. Colisión trasera

Si un vehículo es golpeado por la parte trasera por otro cuando está parado, o cuando circula a una velocidad inferior al vehículo que le golpea, la masa del primero se convierte en una fuerza activa contra el vehículo que está circulando a mayor velocidad, provocándose deformaciones en ambas carrocerías.

En el momento del impacto la sección delantera del vehículo que golpea entra en contacto con la sección trasera del golpeado, transmitiéndole la energía que el vehículo llevaba en ese momento. El vehículo golpeado puede ser desplazado, pero debido a la inercia que presenta se crea una fuerza interior que se opone a la fuerza aplicada, iniciándose la deformación de la sección trasera. Si los vehículos implicados en la colisión tienen el motor y la tracción en la parte delantera (en algunos casos supone el 50 % del peso total del vehículo) se desarrollan dos posibles efectos:

- En el vehículo que recibe la colisión, al tener el mayor peso en la parte delantera, la inercia mayor se crea en esta sección, oponiéndose al desplazamiento de las secciones central y trasera.
- En el vehículo que colisiona sucede al contrario; además esta sección se encuentra más reforzada para poder soportar todo el peso.

La conclusión es que aunque ambas zonas tienen diseñadas áreas de absorción de impactos, la zona más dañada siempre será la sección trasera que recibe la colisión, deformándose generalmente como se describe a continuación.

Una vez iniciada la deformación del faldón y del travesaño traseros, la energía deformadora continúa avanzando, deformando las aletas, el maletero y los travesaños, que normalmente se inclinarán hacia abajo, desplazándose sobre la suspensión y el suelo del maletero que comienza a romperse. La inercia que presentan las otras dos secciones provoca que el resto de la carrocería se resista a la fuerza exterior.

Figura 4.29. Colisión trasera. Primer efecto: cambio brusco de velocidad e inicio de la deformación.

A medida que avanza la colisión se producen desplazamientos y deformaciones adicionales (Figura 4.30). La sección trasera se desplaza hacia arriba, intentando arrastrar a la sección central (A) que se resiste, provocando que en el extremo opuesto (B) se desplace hacia abajo.

Figura 4.30. Colisión trasera. Segundo efecto: deformación en los puntos A y B.

La colisión continúa hasta que se agote la energía del vehículo que colisiona, provocando que el pilar o travesaño estructural central se desplace hacia arriba y deforme el techo. Las puertas se descentran y puede que se descuelguen.

Figura 4.31. Colisión trasera. Tercer efecto: deformación de las carrocerías en función de la energía de la colisión.

4.6.3. Colisión lateral

Los desperfectos laterales se producen cuando un vehículo es golpeado lateralmente por otro, o cuando choca lateralmente contra otro objeto. Las fuerzas que intervienen son similares en ambos casos. Para explicar estas fuerzas se utilizará el ejemplo de un vehículo que choca directamente sobre otro que está aparcado a una velocidad considerable.

En el momento del impacto, en el vehículo estacionado comienzan a deformarse las puertas y el pilar central, debido a la fuerza externa. El peso total del vehículo estacionado es la fuerza que se opone al vehículo (fuerza externa) que choca contra él.

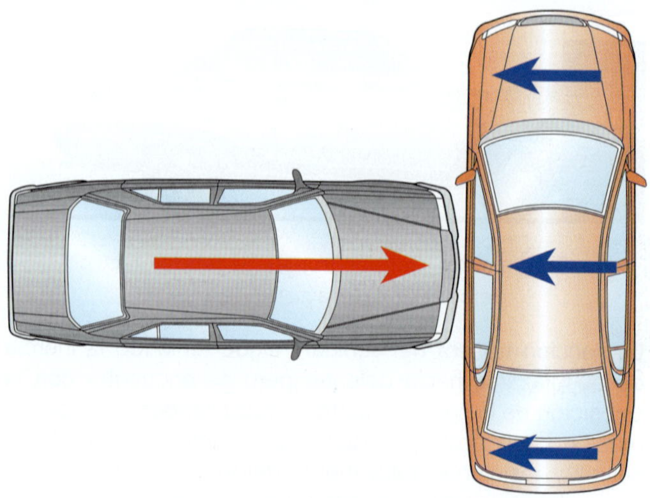

Figura 4.32. Colisión lateral. Primer efecto: deformación de los elementos en contacto.

El lateral del vehículo continúa deformándose a medida que la fuerza exterior lo empuja (Figura 4.33). A partir de este momento la sección central comienza a moverse en la misma dirección que la fuerza exterior se está moviendo. Los extremos se resisten al movimiento, mientras comienza a desplazarse lateralmente.

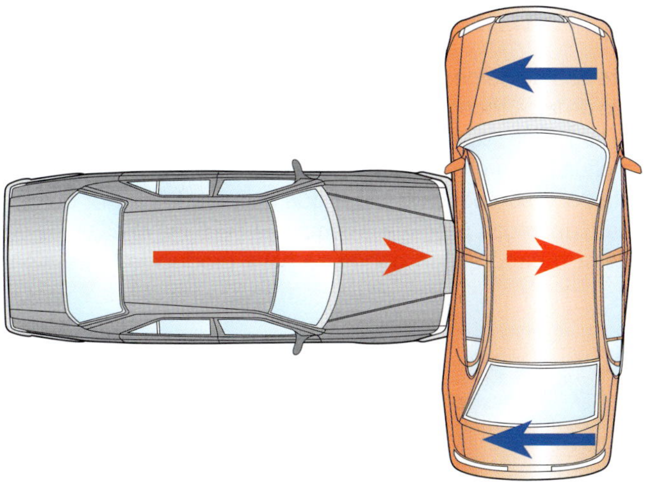

Figura 4.33. Colisión lateral. Segundo efecto: desplazamiento del vehículo que recibe la colisión.

A medida que continúa la transmisión de energía se producen distintas deformaciones en el lateral del vehículo. La sección central del mismo comienza a moverse más rápidamente, pero los extremos continúan resistiéndose al movimiento. Continúa la deformación lateral hasta que la fuerza interna es vencida y todo el vehículo comienza a resbalar lateralmente. La combinación de la rotura del metal en la sección central y la deformación en los extremos acorta la longitud del vehículo en ese lado de la colisión.

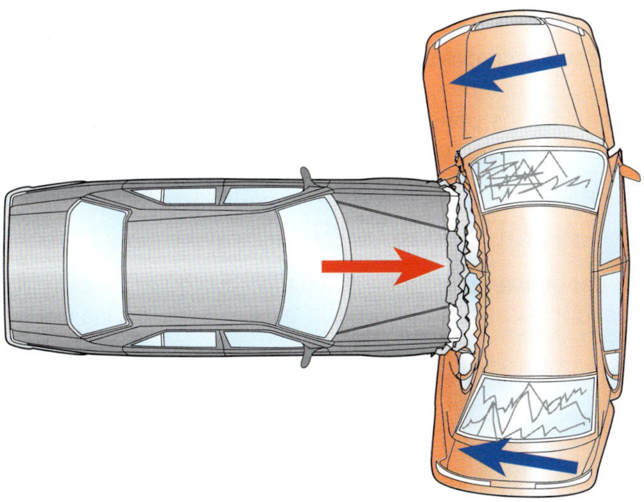

Figura 4.34. Colisión lateral. Tercer efecto: deformación de la zona central.

4.6.4. Colisión con vuelco

La mayoría de los vehículos que se ven involucrados en este tipo de colisión pueden rodar varias veces, provocando en la carrocería varias colisiones. Cada vez que el vehículo rueda y choca contra el suelo o algún otro objeto se considera una colisión independiente, y cada colisión por separado puede añadir o variar los desperfectos producidos.

En los siguientes ejemplos se analizan las fuerzas que participan en una colisión con vuelco, considerando que el vehículo solo rueda una vez.

Cuando el vehículo comienza a rodar, el techo golpea el suelo en una de las esquinas del parabrisas. Esta zona, que incluye la esquina del techo, el parabrisas, la junta de la viga y la parte central de la carrocería, sufre un gran cambio de velocidad, teniendo que soportar el peso del vehículo y la energía que todo el conjunto ha adquirido.

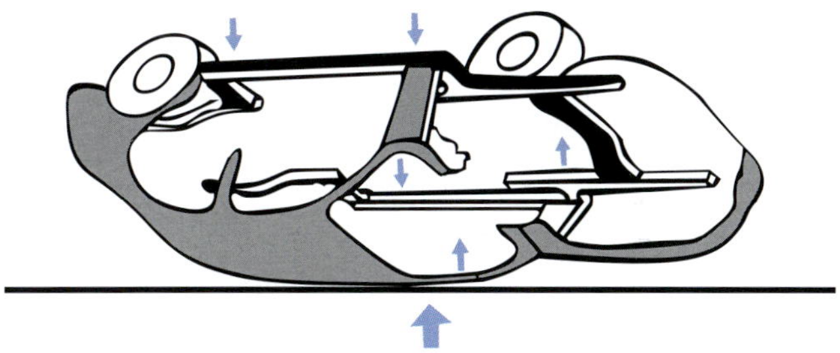

Figura 4.35. Colisión con vuelco. Primer ejemplo de deformación.

El área en contacto con el suelo se mantiene en el mismo sitio mientras el resto del vehículo continúa moviéndose, provocando un gran desperfecto en el travesaño estructural del parabrisas y en la zona del casco superior. Sin embargo, debido a la resistencia del travesaño y del pilar central, el desplazamiento que se produce en esta zona se transmite también hacia las zonas interior e inferior.

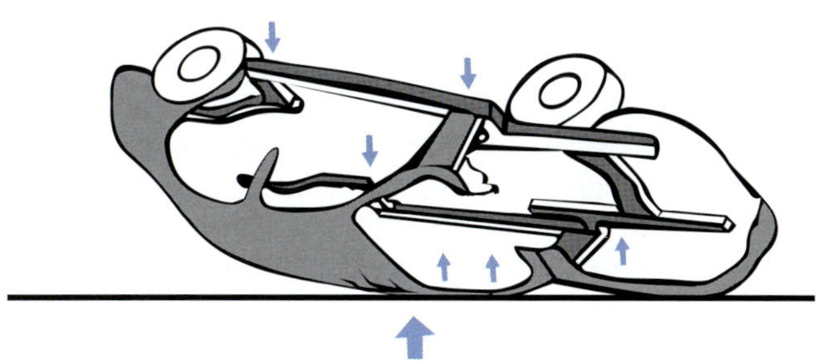

Figura 4.36. Colisión con vuelco. Segundo ejemplo de deformación.

A pesar de que la parte superior y la lateral son las que tienen los desperfectos más visibles, son las zonas bajas, como los largueros, los travesaños y el área del suelo, las que mantienen el descentramiento general de la carrocería.

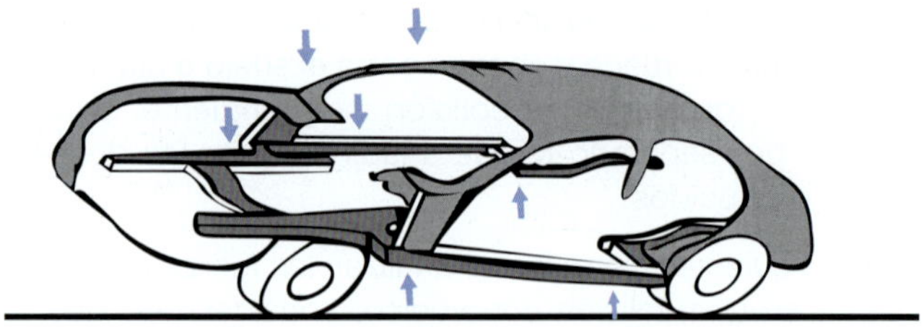

Figura 4.37. Colisión con vuelco. Tercer ejemplo de deformación.

4.7. Efectos de una colisión en un vehículo con bastidor

Los vehículos con bastidor son aquellos cuyo diseño está básicamente definido por dos estructuras que desempeñan funciones distintas: el bastidor y la carrocería.

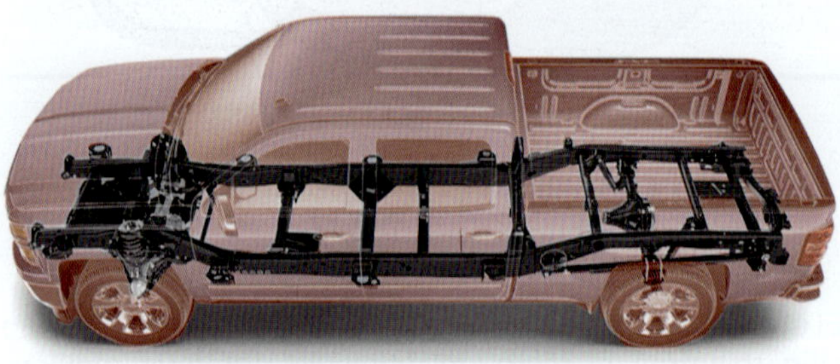

Figura 4.38. Carrocería con bastidor.

El bastidor es el que soporta todos los órganos mecánicos del vehículo y absorbe las fuerzas de flexión y torsión que se producen en la marcha del vehículo; también es la parte más resistente en caso de colisión y, al igual que en el caso de los vehículos con carrocería autoportante, tiene zonas diseñadas para absorber gran parte de la energía que se transmite en una colisión.

La carrocería está unida al bastidor de distintas formas dependiendo del fabricante, pero, independientemente del sistema de unión, pueden producirse deformaciones en puntos donde la carrocería esté poco dañada y, en cambio, el bastidor esté deformado, dependiendo de la dirección y magnitud de la colisión.

Las deformaciones del bastidor se pueden agrupar en distintas categorías, aunque en ocasiones se pueden presentar varias a la vez, siendo las más frecuentes:

- Desviación lateral.
- Hundimiento.
- Aplastamiento.
- Diamante.
- Torsión.

4.7.1. Desviación lateral

Este tipo de deformación es producido por una colisión en un lado de la carrocería, provocando el desplazamiento lateral de los largueros respecto de su línea central. El desplazamiento se sitúa hacia el lado donde se ha producido la colisión; en esta zona se puede observar que en la parte interior del larguero aparecen pliegues, además de posibles desajustes de puerta o capó según donde se haya producido la colisión.

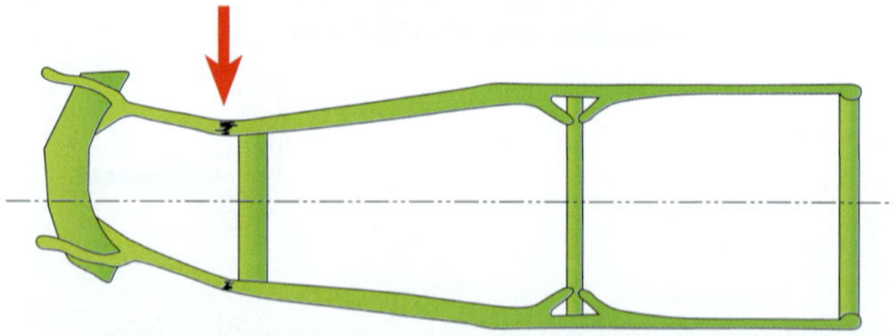

Figura 4.39. Desviación lateral.

4.7.2. Hundimiento

El hundimiento tiene lugar cuando un área está en un plano inferior de la cota establecida. Suele producirse por un impacto frontal o trasero.

Figura 4.40. Hundimiento.

El bastidor se deforma provocando pliegues que, dependiendo de la intensidad y de la zona del impacto, pueden desalinear los paneles de la carrocería, aunque aparentemente no se aprecien deformaciones.

4.7.3. Aplastamiento

Se denomina aplastamiento cuando cualquier sección del bastidor está más corto de lo especificado en las cotas.

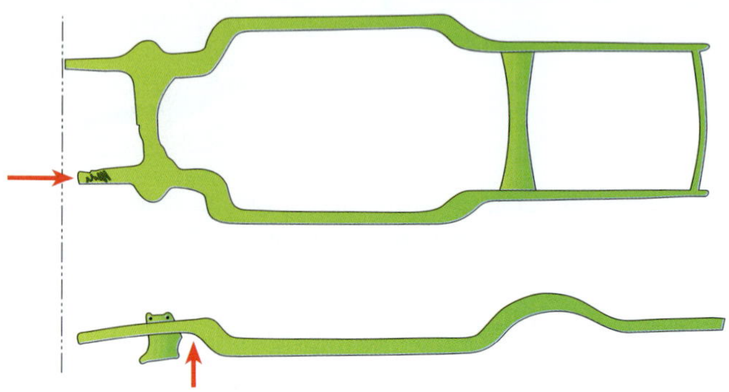

Figura 4.41. Aplastamiento.

Este tipo de deformación casi siempre está acompañada por el hundimiento del bastidor en otro punto distinto a la zona aplastada, como en el hundimiento que se produce por una colisión frontal o trasera.

4.7.4. Diamante

La deformación de diamante es aquella en la que todo un lado del bastidor ha sido desplazado hacia atrás o hacia delante respecto del otro lado, provocando que la carrocería se descuadre. En este tipo de deformación pueden aparecer otros efectos como el aplastamiento y el hundimiento.

Esta deformación se produce como consecuencia de una colisión muy fuerte en una zona retirada del centro, que puede ser tanto en la parte delantera como en la trasera.

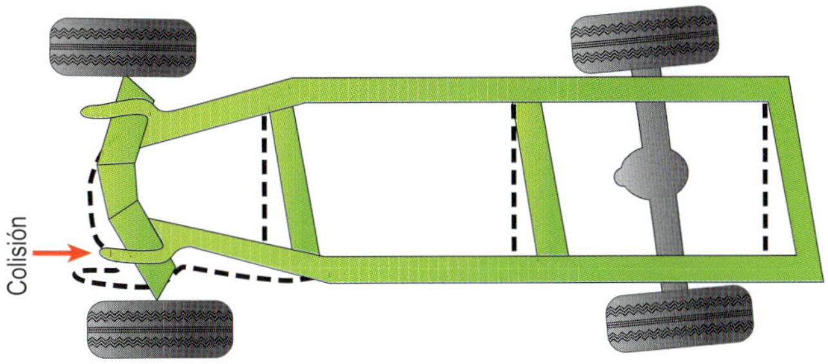

Figura 4.42. Deformación en diamante.

4.7.5. Torsión

Se denomina así cuando un larguero del vehículo se encuentra más elevado que las medidas establecidas en las cotas y, a la vez, el larguero opuesto está más bajo de lo indicado en las mismas, o hay hundimiento de un área con respecto a otras adyacentes.

Esta deformación se produce cuando el vehículo colisiona contra el bordillo o la mediana a una velocidad elevada, o también cuando se produce una colisión con vuelco.

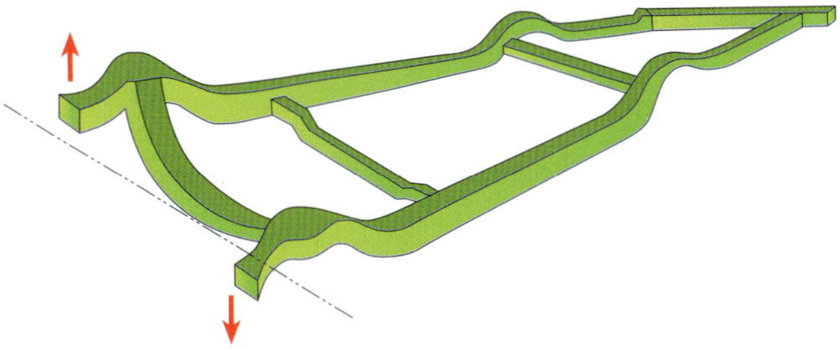

Figura 4.43. Torsión.

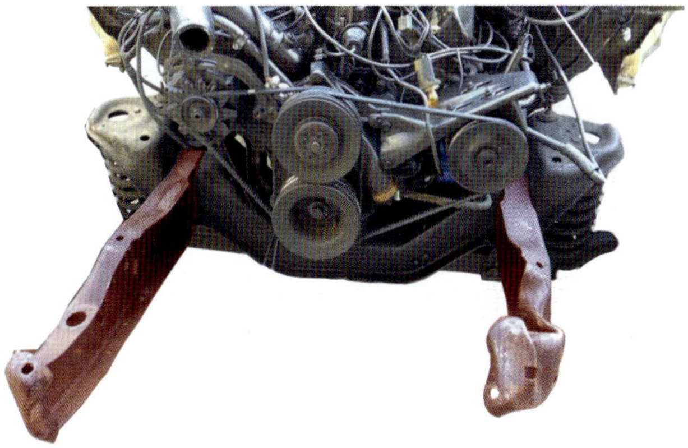

Figura 4.44. Bastidor dañado en los extremos (puntas).

CUESTIONES

4.1. Explica la constitución interna de los metales sólidos.

4.2. ¿Qué es la plasticidad?

4.3. ¿Por qué se produce el endurecimiento del metal cuando forma un pliegue muy pronunciado?

4.4. ¿De qué factores depende la deformación en una colisión?

4.5. Nombra los efectos más frecuentes que se pueden presentar en un vehículo con bastidor que sufre una colisión.

4.6. Indica qué es la deformación elástica.

4.7. Explica qué tipos de fuerzas intervienen en una colisión.

4.8. ¿Cuándo se dice que el bastidor tiene una deformación en diamante?

4.9. Explica qué es la deformación plástica.

4.10. Indica qué representan los puntos del gráfico.

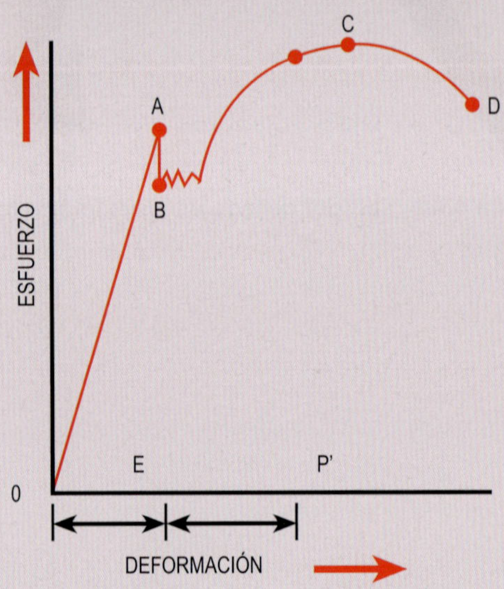

4.11. ¿Cómo se denomina esta deformación?

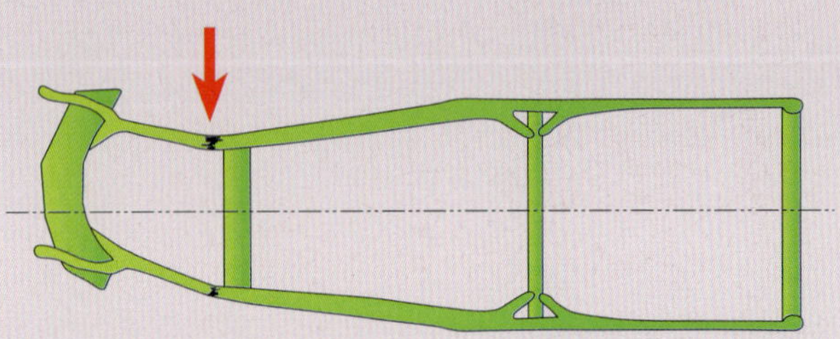

4.12. ¿Cómo se denomina esta deformación?

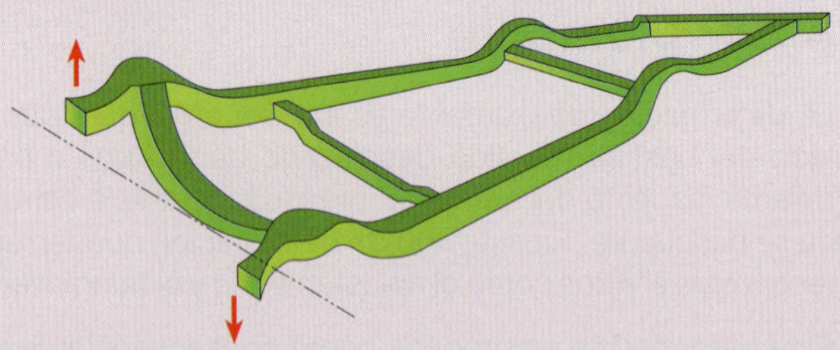

4.13. ¿Cómo se denomina la deformación de la siguiente ilustración?

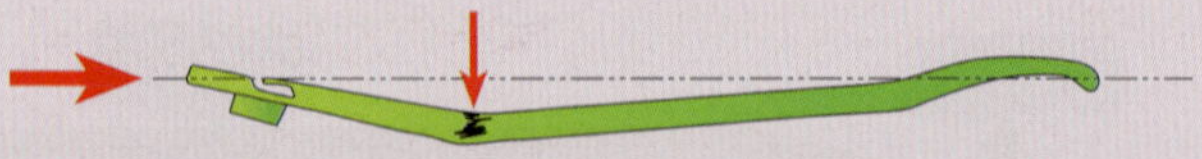

4.14. Indica cómo se denomina la deformación de la siguiente ilustración.

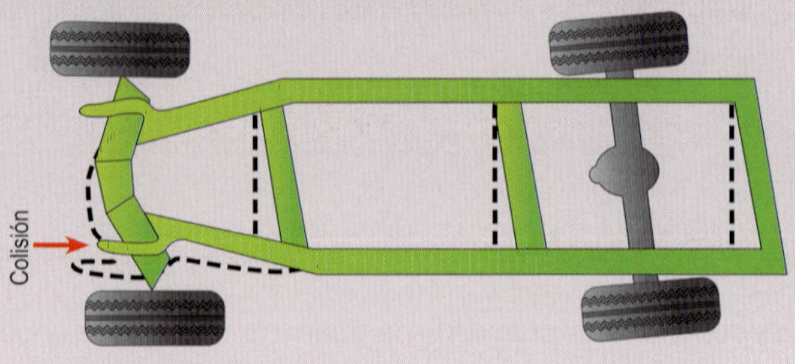

4.15. ¿Qué tipo de esfuerzo está desarrollando el vehículo de la imagen?

ACTIVIDADES PROPUESTAS

4.1. Describe paso a paso cómo se produce un accidente de dos vehículos que chocan frontalmente a gran velocidad; anota cómo se van deformando los elementos de cada vehículo según avanza la deformación.

4.2. Dibuja a mano alzada las diferentes deformaciones que se pueden producir en un vehículo con bastidor y carrocería.

4.3. Señala la respuesta correcta:

1. ¿Cuáles son las propiedades de la resistencia al cambio de un metal?

   a) Temperatura de evaporación y dilatación.
   b) Elasticidad y plasticidad.
   c) Dureza y tenacidad.
   d) Temperatura de fusión y flexibilidad.

2. Las fuerzas que intervienen en una colisión son:

   a) Fuerza transversal y perpendicular.
   b) Fuerza del propio vehículo.
   c) Fuerzas exteriores e interiores.
   d) 100 N.

3. ¿En qué golpe se cumple la tercera ley de Newton?

   a) Golpe frontal.
   b) Golpe en un extremo del frontal.
   c) Golpe lateral.
   d) Golpe transversal.

4. ¿Cuáles son los golpes para comprobar la deformación de la estructura?

   a) Golpe frontal y en un extremo del frontal.
   b) Golpe lateral y transversal.
   c) Golpe cerrado con vuelco.
   d) Golpe frontal y lateral.

5. La deformación total depende de:

   a) Ángulo y dirección.
   b) Velocidad.
   c) Resistencia.
   d) Ángulo, dirección, velocidad y área.

6. ¿En qué partes se divide la carrocería para analizar las deformaciones en una colisión?

   a) Media y alta.
   b) Baja, transversal y alta.
   c) Delantera, central y trasera.
   d) Delantera y trasera.

7. Efectos de una colisión en un vehículo autoportante:

   a) Colisión frontal trasera.
   b) Colisión lateral y con vuelco.
   c) Colisión frontal y lateral.
   d) Colisión frontal, trasera, lateral y con vuelco.

8. Una de las deformaciones del bastidor más común es:

   a) Corte de la carrocería.
   b) Licuefacción.
   c) Hundimiento.
   d) Destrozo.

9. El hundimiento tiene lugar cuando un área está en un plano:

   a) Inferior.
   b) Superior.
   c) Medio.
   d) Lateral.

10. Cuando cualquier sección del bastidor está más corta de lo especificado en las cotas se denomina:

   a) Hundimiento.
   b) Aplastamiento.
   c) Diamante.
   d) Torsión.

5

ANÁLISIS DE SISTEMAS DE FUERZAS

CONTENIDO

OBJETIVOS

- Repasar los conceptos de fuerza, movimiento e inercia.
- Comprender los principios de acción y reacción.
- Descomponer y calcular fuerzas vectoriales.

INTRODUCCIÓN

Para levantar un objeto es necesario aplicar una fuerza, que será mayor o menor en función de su peso. En las acciones cotidianas de cada día continuamente estamos aplicando fuerzas que producen efectos diferentes: movimientos de traslación, movimientos giratorios, deformaciones, contrarrestar el efecto de otra fuerza o mantener en equilibrio el objeto.

Fue Isaac Newton (1642-1727) quien, a través de sus tres leyes fundamentales, estableció las bases de la actual física y el estudio de las fuerzas. Anteriormente, otros científicos realizaron diversas investigaciones, como Copérnico, Galileo o Kepler, pero aún mucho antes los egipcios ya construían pirámides, en las que tenían que compensar todas las fuerzas presentes en la construcción para que no se derrumbaran (de hecho se puede afirmar que lo consiguieron, pues 4000 años después muchas siguen en pie).

Pero no todas las fuerzas son efectuadas por el hombre; en la naturaleza existen determinadas fuerzas cuyos efectos eran atribuidos en la antigüedad a los deseos de los dioses. La física moderna ha demostrado que la mayoría de los fenómenos están provocados por cuatro fuerzas fundamentales:

- La fuerza de la gravitación.
- La fuerza electromagnética.
- La fuerza de la interrelación débil.
- La fuerza nuclear.

Figura 5.1. Las fuerzas fundamentales.

La primera de ellas es la fuerza universal de atracción que existe entre todas las partículas con masa. Los planetas de nuestro sistema solar giran alrededor del Sol de forma continua y ordenada, manteniendo siempre la misma órbita, y nuestra galaxia en su conjunto mantiene una unión con el resto de las galaxias. En cambio, los objetos que se acercan a nuestro planeta son atraídos hacia el suelo. Estos dos fenómenos son causados por una misma fuerza, cuyo alcance en principio es ilimitado, la **gravitación.**

La segunda fuerza del universo es la **electromagnética.** Al igual que la gravitación, se ejerce a distancia, y es el origen de fenómenos como la electricidad, el magnetismo y la luz.

La tercera fuerza tiene su origen en el núcleo de los átomos (los protones y neutrones). En condiciones normales, los protones y neutrones son estables, pero mediante determinadas reacciones con ciertos elementos los protones se convierten en neutrones y viceversa (los neutrones en protones), produciendo radioactividad beta (β). A la fuerza que provoca esta transformación se le denomina **interrelación débil** y es la fuerza menos conocida hasta la fecha.

La última de las fuerzas es la **nuclear,** que también se origina en el núcleo de los átomos y se basa en la unión que entre sí tienen los protones y neutrones; tanto al separar estos elementos (fisión), como al unirlos (**fusión**), se desprende una cantidad de energía que es aprovechada para diferentes usos. La más utilizada hasta la fecha es la fisión, base de las centrales nucleares, aunque por los riesgos de radioactividad que produce son ya muchos los países que están optando por potenciar otras energías alternativas. La fusión, de momento, solo se utiliza en los laboratorios, aunque con resultados muy esperanzadores, ya que produce mucha más energía y mucha menos contaminación. De igual forma se está experimentando con la **fusión fría,** utilizando muones (partículas elementales cargadas positiva o negativamente, cuya masa es 208 veces la del electrón) para catalizar las reacciones y acelerar los procesos de unión.

En esta unidad se abordan básicamente los conceptos de análisis de los sistemas de fuerzas, donde se recuerdan algunos de los conocimientos adquiridos en cursos anteriores, como son la resolución de problemas de fuerzas mediante vectores, además de componer y descomponer distintos sistemas de fuerzas. Estos conocimientos son básicos, como ya se observará en las siguientes unidades, para el análisis adecuado de las deformaciones que se producen en los choques de los vehículos y para el correcto estiraje de la carrocería con los útiles apropiados.

5.1. Fuerzas

Un vehículo necesita la fuerza del motor para que inicie el movimiento o aumente su velocidad; de igual forma, para detener el vehículo el conductor aplica una fuerza a los frenos que transforma la energía que había adquirido el vehículo en calor, hasta conseguir detenerlo.

Del ejemplo expuesto se deduce que fuerza es toda acción que modifica el estado de reposo o movimiento de un objeto.

También existen fuerzas que no producen movimiento o aceleración alguna sobre el cuerpo en que actúa; por ejemplo, cuando se golpea fuertemente una chapa fina con un martillo la chapa no se mueve, pero se produce una deformación. Lo mismo ocurriría si el vehículo del ejemplo, una vez iniciado su desplazamiento, chocara contra un muro; de seguro que este no se desplazaría, en cambio el vehículo quedaría deformado en proporción a la velocidad que hubiese alcanzado al chocar con él.

Figura 5.2. Deformación en una colisión.

De este nuevo ejemplo se deduce que debe ampliarse la definición expuesta anteriormente sobre fuerza, quedando de la siguiente forma:

Fuerza es toda acción o causa que modifica el estado de reposo o movimiento de los cuerpos, o que produce una deformación.

Hasta ahora, en el concepto de fuerza del que se ha partido, se ha supuesto que la fuerza aplicada y el cuerpo están en contacto (el motor sobre el vehículo, el martillo sobre la chapa, el vehículo sobre el muro); este tipo de fuerza se denomina por contacto directo. Existen, no obstante, fuerzas que actúan a distancia, es decir, sin estar en contacto con el objeto, como las que ejerce un imán a través de su fuerza magnética sobre unos clavos, o la fuerza de atracción o repulsión entre las moléculas de un cuerpo, que provocan que los cuerpos se presenten en estado sólido, líquido o gaseoso.

En los cuerpos sólidos, sus moléculas están muy unidas entre sí, gracias a la fuerza con la que se atraen (cohesión). Este hecho hace que sus moléculas tengan poco movimiento y por tanto los sólidos tengan una forma y un tamaño constante; en cambio, en los cuerpos líquidos su cohesión molecular es más pequeña y las moléculas tienen más movimientos, siendo su forma variable gracias a esta libertad de desplazamiento, pero su volumen sigue siendo constante (por ejemplo, cinco litros de agua ocupan el mismo volumen en un recipiente redondo que en uno cuadrado, pero su forma cambia completamente).

Por último, los gases tienen una cohesión molecular nula, dando total libertad de movimientos a sus moléculas, produciendo un estado en donde varía constantemente su volumen y forma.

En los casos anteriores todo sucede gracias a la fuerza de atracción entre las moléculas que nunca tienen un contacto directo entre sí.

La magnitud de la fuerza se determina con unos aparatos llamados dinamómetros, que pueden adoptar distintas formas, pero básicamente todos se basan en la propiedad que tienen los aceros de flexionarse o distenderse cuando se les aplica una fuerza y volver a su forma original cuando esta deja de actuar. Entre los dinamómetros más usados se encuentran los denominados Leroy, Pesón y Regnier.

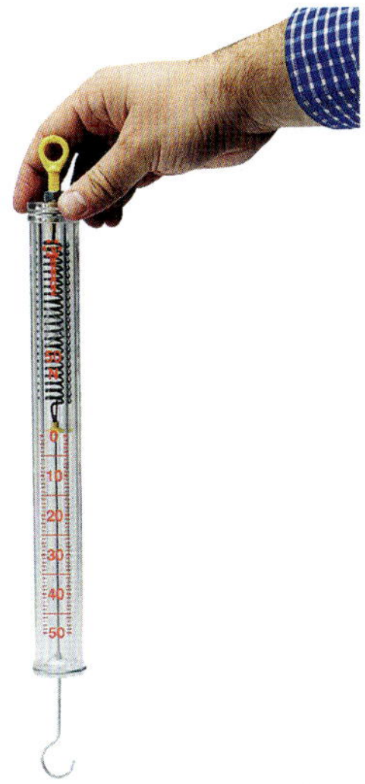

Figura 5.3. Dinamómetro Pesón.

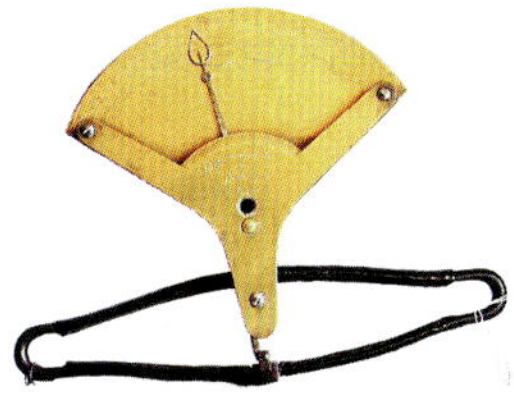

Figura 5.4. Dinamómetro Regnier.

La unidad en la que se mide la fuerza en el sistema internacional es el newton (N), que se define como la fuerza que, aplicada a un objeto de un kilogramo de masa, le produce una aceleración de un metro por cada segundo.

En la física aplicada se utiliza como unidad de esfuerzo el kilogramo fuerza, que se denomina kilopondio (kp) y se define como la fuerza con que la Tierra atrae un kilogramo de masa situado a 45 grados de latitud norte y al nivel del mar.

1 kp = 1000 p (pondios)

1 kp = 9,81 N

Para medir el esfuerzo que se realiza sobre una superficie o área se utiliza como unidad el kilogramo fuerza por centímetro cuadrado, kg f/cm^2.

5.2. Relación entre las fuerzas y los movimientos

Como se vio en el apartado anterior, para alterar el estado de reposo, movimiento o deformación de un objeto, este tiene que estar sometido a una determinada acción, la denominada fuerza; a mayor fuerza aplicada al objeto, mayor movimiento alcanzará o mayor deformación se producirá. Por tanto, es evidente que existe una estrecha relación entre la fuerza aplicada y el movimiento o la deformación producida.

Los principios en los que se basa esta relación se recogen en las tres leyes de Newton:

- Principio de inercia.
- Principio de la aceleración.
- Principios de acción y reacción.

5.2.1. Principio de inercia

Todo cuerpo seguirá en su estado de reposo o de movimiento si las fuerzas aplicadas sobre el cuerpo se equilibran mutuamente, o bien si no existe ninguna fuerza aplicada sobre él.

Si se conduce un vehículo y se frena bruscamente, el cuerpo del ocupante se desplaza hacia delante; esto es debido a que el cuerpo llevaba el mismo movimiento que el vehículo, pero al frenar el vehículo se detiene, y nuestro cuerpo tiene tendencia a mantener el movimiento que llevaba hasta ese momento, desplazándonos hacia delante.

Figura 5.5. Principio de inercia.

En cambio, si el vehículo acelera bruscamente, nuestro cuerpo tiene tendencia a ir hacia atrás; en este caso, nuestro cuerpo está en reposo, el vehículo inicia un movimiento rápido hacia delante; como la tendencia de nuestro cuerpo es la de mantenerse en reposo, y no seguir el movimiento del vehículo, se desplaza hacia atrás.

Esta tendencia de la materia a conservar su estado de movimiento o reposo se denomina **inercia.**

Este efecto es uno de los factores más estudiados en el diseño de la carrocería, ya que en caso de colisión de un vehículo que circule a 48 kilómetros por hora contra un muro los pasajeros soportan una desaceleración, que puede llegar a ser diez veces mayor que la fuerza de aceleración de un cohete espacial al despegar; de ahí la importancia de estudiar carrocerías que se puedan deformar progresivamente y de forma controlada (tal y como se describe en el apartado anterior) para transmitir la menor energía posible a los pasajeros. Los cinturones de seguridad también tienen una función importante para equilibrar la fuerza de inercia que se produce en los pasajeros.

5.2.2. Principio de la aceleración

La aceleración que experimenta un cuerpo es proporcional a la fuerza que la produce.

Este principio determina que a mayor fuerza ejercida es también mayor la aceleración que obtiene el cuerpo. Se puede observar esta afirmación utilizando como ejemplo una pequeña plataforma cargada con un peso, que se desplaza por la fuerza que sobre ella ejerce un determinado peso que tira de la plataforma en su caída. La plataforma adquiere una determinada aceleración, recorriendo un espacio en un determinado tiempo. Si se repite esta experiencia duplicando el peso que tira de la plataforma se observa que recorre el doble de espacio en el mismo período de tiempo, demostrando por tanto que la aceleración también se ha duplicado. Es decir, la aceleración que adquiere la plataforma es siempre directamente proporcional a la fuerza aplicada. Si se divide la fuerza aplicada entre la aceleración que adquiere la plataforma se comprobará que siempre se obtiene una cantidad constante:

$$F_1 / a_1 = F_2 / a_2 = K$$

siendo K la relación constante obtenida al dividir la fuerza aplicada a un cuerpo y la aceleración que se produce, denominándose masa inerte del cuerpo, designada con la letra m.

Figura 5.6. Aceleración experimental.

Repitiendo la experiencia anterior de la plataforma, pero aumentando en esta ocasión la masa, se observa que las aceleraciones son distintas, pero que siempre se mantiene la proporcionalidad entre ambas magnitudes.

De acuerdo con esto:

$$F / a = m \text{ donde } F = m \times a$$

Expresión que constituye la ecuación fundamental de la dinámica.

5.2.3. Principio de acción y reacción

Siempre que un cuerpo ejerce una fuerza (acción) sobre otro cuerpo, este reacciona con otra fuerza (reacción) igual en magnitud y dirección a la primera, pero de sentido opuesto.

De este principio se deduce que las fuerzas actúan por parejas; así, por ejemplo, si un patinador intenta empujar una pared con los patines puestos, este se desplazará hacia atrás, ya que al realizar el esfuerzo contra la pared está realizando el mismo esfuerzo sobre sí mismo, solo que en sentido contrario, y como el rozamiento con el suelo es mínimo, gracias a las ruedas de los patines se produce su desplazamiento hacia atrás. Igualmente se puede observar este principio en el desplazamiento de los aviones a reacción; los gases que salen de las turbinas hacia atrás son la fuerza de acción, la fuerza de reacción que se produce impulsa hacia delante al avión.

También se puede observar este principio cuando un vehículo colisiona contra un muro; la fuerza que el vehículo aplica contra el muro produce en primer lugar una fuerza de igual magnitud y dirección, pero de sentido contrario, absorbiendo parte de la magnitud de esta fuerza la deformación de la carrocería. El resto de la fuerza aplicada produce un desplazamiento del vehículo en sentido contrario.

Figura 5.7. Principio de acción y reacción.

5.3. Carácter vectorial de la fuerza

Cuando se dispara una flecha con un arco no solo importa la fuerza con que se lanza, también interesa apuntar correctamente para dar en el blanco, es decir, tiene que ir en la dirección y el sentido adecuados. Otro ejemplo para demostrar que los efectos de la fuerza aplicada no dependen solo de su intensidad se puede observar en el juego del billar, donde para que la bola realice el desplazamiento deseado es necesario aplicarle el impulso en la dirección, el sentido y en el punto de la bola adecuados.

De las experiencias anteriores se puede afirmar que una fuerza está compuesta por:

- **Intensidad o módulo:** es el valor numérico de la fuerza.
- **Punto de aplicación:** es el punto donde se aplica la fuerza.
- **Dirección:** es la línea recta en la que se ejerce la fuerza.
- **Sentido:** es el lado hacia el que se dirige la fuerza. En toda línea recta caben dos sentidos, uno hacia cada extremo de la línea.

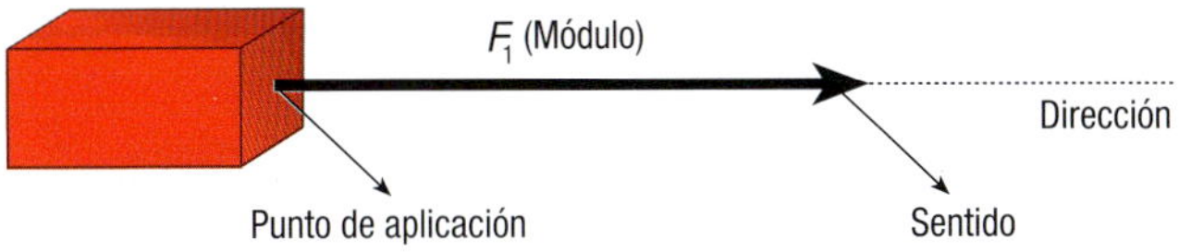

Figura 5.8. Composición de una fuerza.

Definidos los elementos de una fuerza, se deduce que esta admite la misma representación que los vectores, es decir, se puede representar como un segmento rectilíneo orientado, donde la flecha de la línea indica el sentido, y la longitud indica el módulo o la intensidad, siendo el origen el punto de partida del segmento, que es el punto de aplicación de la fuerza.

5.4. Sistemas de fuerzas

Se denomina sistema de fuerzas al conjunto de fuerzas que actúan simultáneamente sobre un cuerpo. Generalmente se genera una fuerza única que produce el mismo efecto que el conjunto de las fuerzas; a esta fuerza se le denomina resultante del sistema. Por el contrario, partiendo de la fuerza resultante puede descomponerse y hallar otras que, actuando a la vez, produzcan el mismo efecto.

Cuando actúan varias fuerzas sobre el mismo cuerpo producen un efecto distinto, en función de su intensidad, dirección, sentido y punto de aplicación, pudiendo presentarse distintos casos:

- Fuerzas en la misma dirección.
- Fuerzas angulares.
- Fuerzas con direcciones paralelas.

5.5. Fuerzas en la misma dirección

Este sistema de fuerzas a su vez se puede presentar de dos formas:

- **Fuerzas con el mismo sentido:** por ejemplo cuando varias personas tiran a la vez de una misma cuerda para arrastrar un objeto. En este caso la fuerza resultante (*R*) es igual a la suma de las intensidades de las distintas fuerzas aplicadas y tendrá la misma dirección y sentido que estas.

- **Fuerzas de sentido contrario:** por ejemplo cuando dos grupos de personas tiran a la vez de una cuerda pero en sentido contrario unos de otros. Ahora la fuerza resultante es la diferencia de las intensidades de las fuerzas aplicadas y llevará el sentido de la mayor.

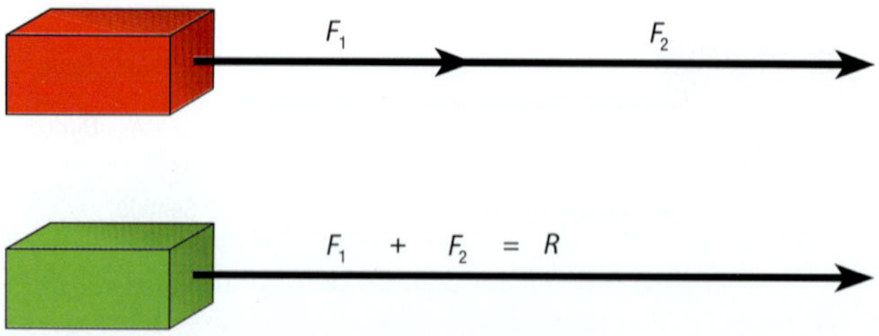

(F_1) 5 kp + (F_2) 10 kp = (R) 15 kp

Figura 5.9. Fuerzas en el mismo sentido.

En el caso de que las intensidades de las fuerzas aplicadas en los dos grupos sean iguales, la resultante será nula.

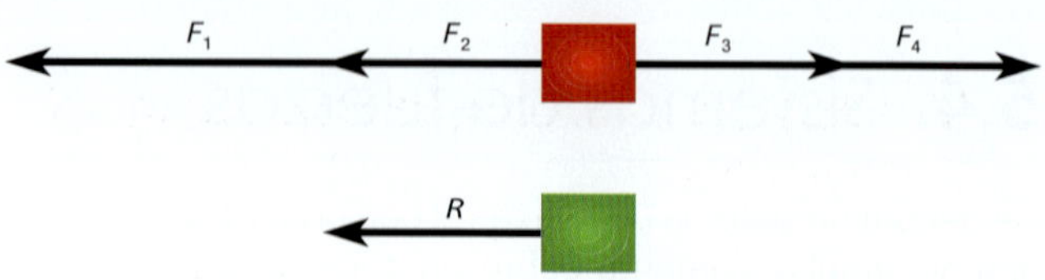

(F_1) 10 kp + (F_2) 5 kp - (F_3) 5 kp - (F_4) 5 kp = (R) 5 kp

Figura 5.10. Fuerzas en sentido contrario.

5.6. Fuerzas angulares

Son dos fuerzas que actúan sobre el mismo punto de un objeto formando ángulo. Su resultante coincide en dirección y sentido con la diagonal del paralelogramo que se obtiene al trazar en el extremo de cada fuerza unas líneas paralelas idénticas vectorialmente a las fuerzas que componen el sistema. En el caso de que las fuerzas fuesen perpendiculares entre sí, su intensidad o módulo se obtiene de aplicar el teorema de Pitágoras.

También se puede resolver vectorialmente la suma de las fuerzas colocando una fuerza a continuación de la otra, respetando sus respectivas direcciones y uniendo el origen de la primera fuerza con el final de la última.

Este sistema se denomina **método del polígono** y es también válido para resolver sistemas de fuerzas donde se aplican varias fuerzas de forma simultánea.

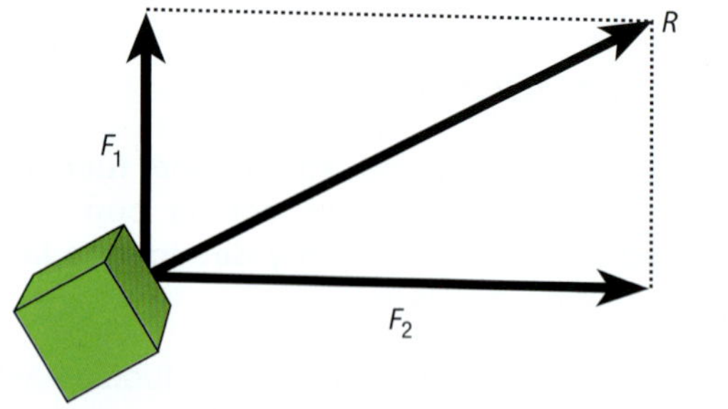

$F_1 = 3$ kp $\quad F_2 = 4$ kp

$R^2 = F_1^2 + F_2^2 \longrightarrow 3^2\text{ kp} + 4^2\text{ kp} = 5^2\text{ kp} \longrightarrow R = 5\text{ kp}$

Figura 5.11. Fuerzas angulares.

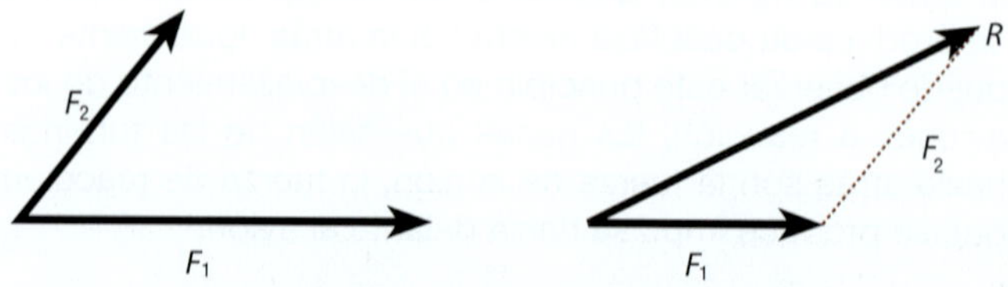

Figura 5.12. Resolución vectorial.

Este sistema se denomina **método del polígono** y es también válido para resolver sistemas de fuerzas donde se aplican varias fuerzas de forma simultánea (Figura 5.13).

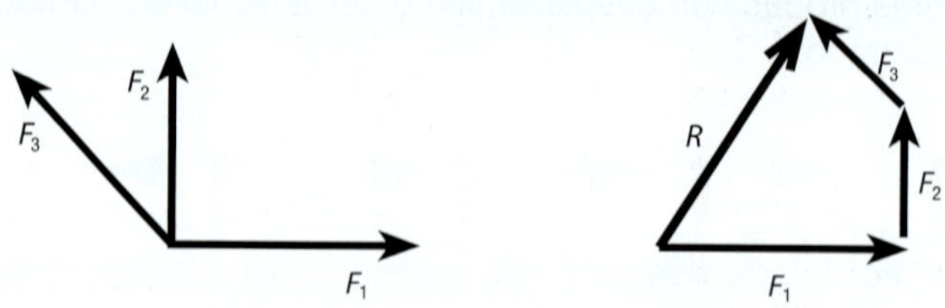

Figura 5.13. Método del polígono.

En las reparaciones estructurales de las carrocerías es necesario aplicar estos conocimientos para corregir adecuadamente estas deformaciones.

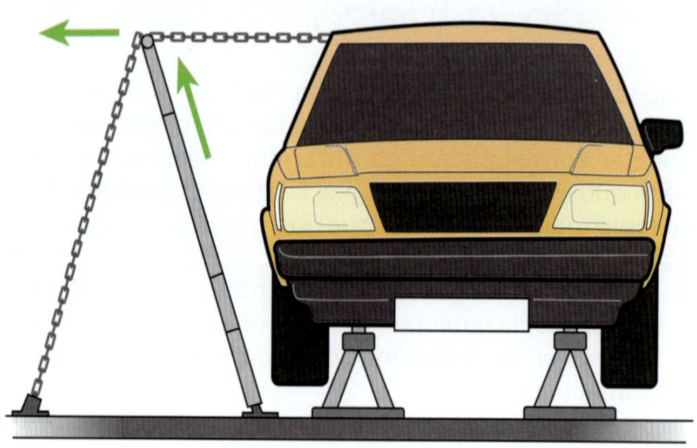

Figura 5.14. Ejemplo real de fuerzas angulares.

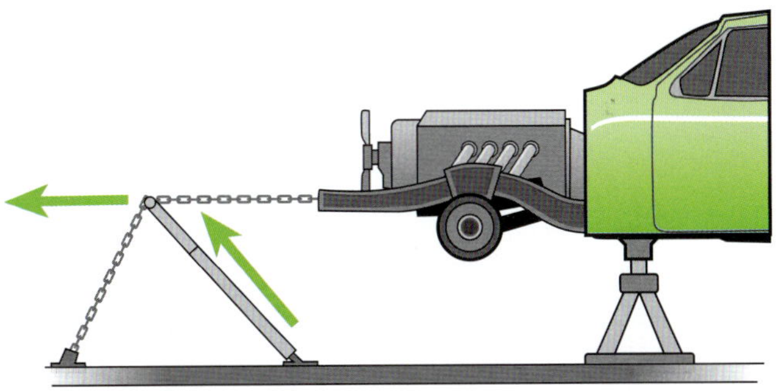

Figura 5.15. Ejemplo real de fuerzas angulares.

5.7. Fuerzas con direcciones paralelas

Los ejemplos explicados hasta ahora son de fuerzas aplicadas en un punto en concreto del cuerpo, pero pudiera ser que las fuerzas que actúan sobre el cuerpo lo realicen de forma paralela pero en distintos puntos de aplicación, pudiéndose presentar dos casos:

- Fuerzas paralelas en el mismo sentido.
- Fuerzas paralelas de sentido contrario.

5.7.1. Fuerzas paralelas en el mismo sentido

Si se tiene una barra metálica suspendida en su parte central por un dinamómetro, y se le aplican dos fuerzas paralelas equidistantes en el mismo sentido y de intensidades iguales, se observa que la barra está en equilibrio y que el dinamómetro marca la suma de las dos fuerzas aplicadas, verificándose que el producto de la fuerza aplicada F_1 por la distancia *AC* es igual al producto de la otra fuerza por su distancia.

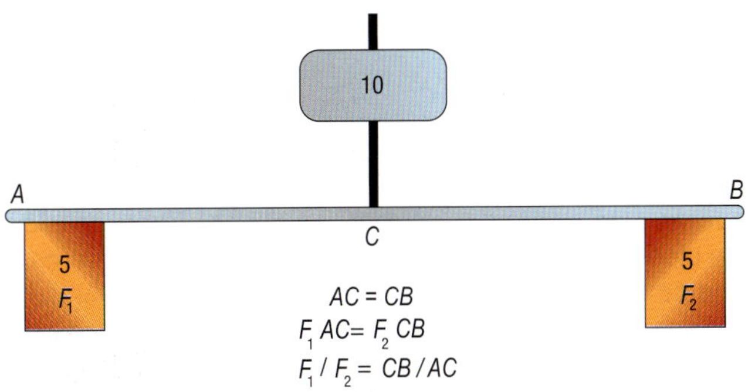

Figura 5.16. Fuerzas con direcciones paralelas.

Pero si las intensidades de las fuerzas no son iguales, para conseguir el equilibrio es necesario que el punto de aplicación de la resultante se encuentre a una distancia tal que se cumpla la ecuación anterior:

$$F_1 / F_2 = CB / AC$$

La resolución vectorial de este tipo de fuerzas se realiza prolongando la fuerza vector $\boldsymbol{F_2}$ en $\boldsymbol{F_1}$, pero en el sentido contrario, y a la vez prolongando la fuerza vector $\boldsymbol{F_2}$ hasta que tenga la misma longitud que $\boldsymbol{F_1}$. Uniendo el extremo de las dos prolongaciones se obtiene una intersección con la barra donde actúan las fuerzas; esa intersección determina el punto de aplicación de la resultante, que será la suma de las dos fuerzas y en el mismo sentido que estas.

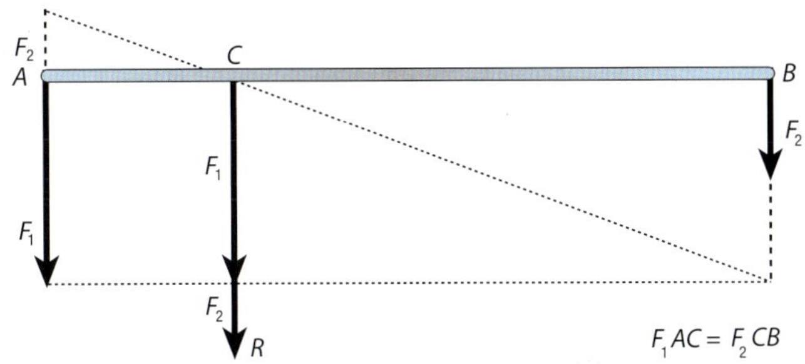

Figura 5.17. Resolución vectorial.

5.7.2. Fuerzas paralelas de sentido contrario

Son fuerzas que, actuando de forma paralela, tienen sentido contrario una respecto a la otra. Su resultante será una fuerza cuyo módulo será la diferencia de las dos, su sentido el de la mayor y el punto de aplicación estará en un punto exterior al segmento que une las dos fuerzas *AB*, cumpliéndose la siguiente ecuación:

$$F_1 AC = F_2 CB$$

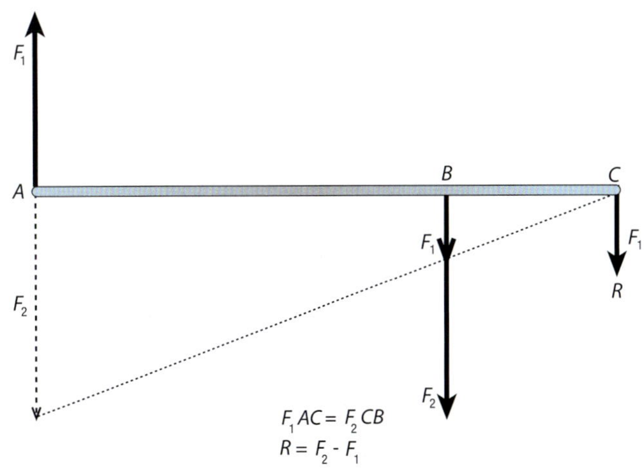

Figura 5.18. Fuerzas paralelas de sentido contrario.

La resolución vectorial de este tipo de fuerzas se realiza prolongando la fuerza vector $\boldsymbol{F_2}$ en $\boldsymbol{F_1}$ pero en el sentido contrario y a la vez superponiendo en el mismo sentido el vector $\boldsymbol{F_1}$ sobre $\boldsymbol{F_2}$. La recta que une la prolongación de $\boldsymbol{F_1}$ con el extremo de la superposición de $\boldsymbol{F_1}$ sobre $\boldsymbol{F_2}$ cortará la prolongación de la recta de aplicación, obteniéndose el punto de aplicación de la resultante.

Cuando existen más de dos fuerzas paralelas se determina primero la resultante de dos de ellas, tal y como se desarrolla en el ejemplo anterior, luego se compone esta con la tercera, y así sucesivamente hasta hallar la resultante final.

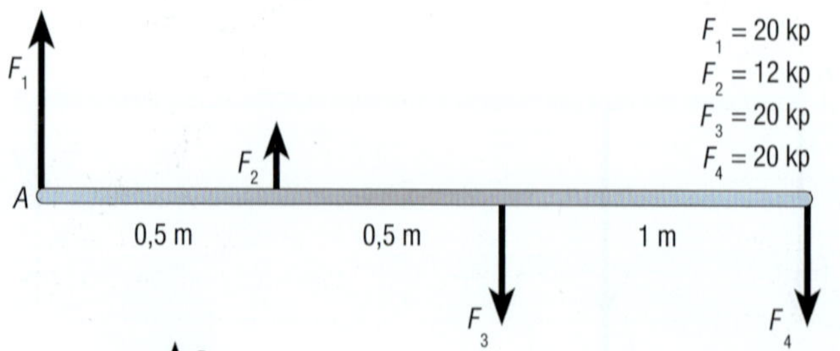

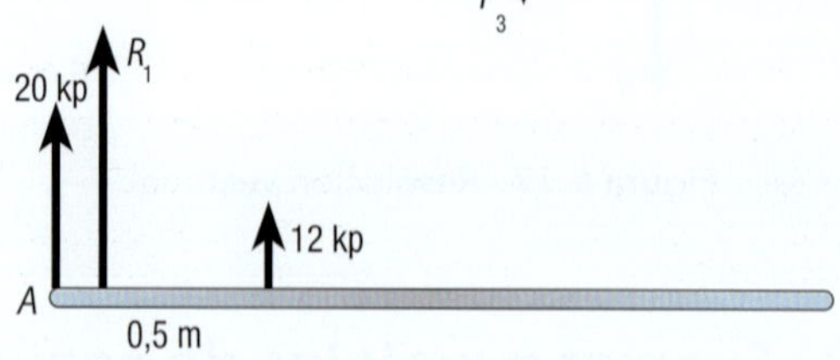

$R_1 = 20 + 12 = 32$ kp

$20 \times d_1 = 12\,(0{,}5 - d_1) \rightarrow 20\,d_1 = 6 - 12\,d_1 \rightarrow 32\,d_1 = 6 \rightarrow d_1 = 32/6 = 0{,}1875$ m

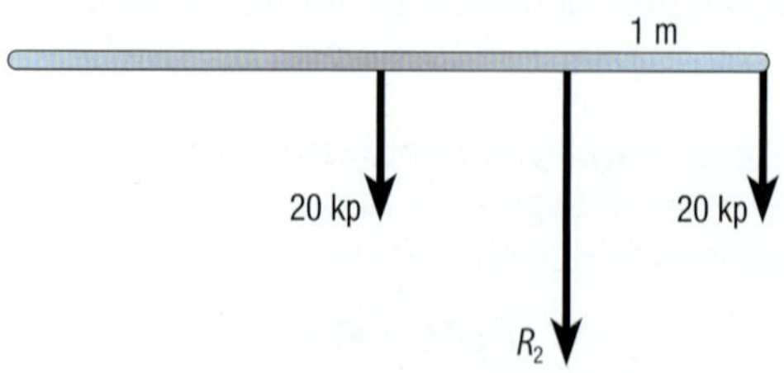

$R_2 = 20 + 20 = 40$ kp

$20 \times d_2 = 20\,(1 - d_2) \rightarrow 20\,d_2 = 20 - 20\,d_2 \rightarrow 40\,d_2 = 20 \rightarrow d_2 = 0{,}5$ m

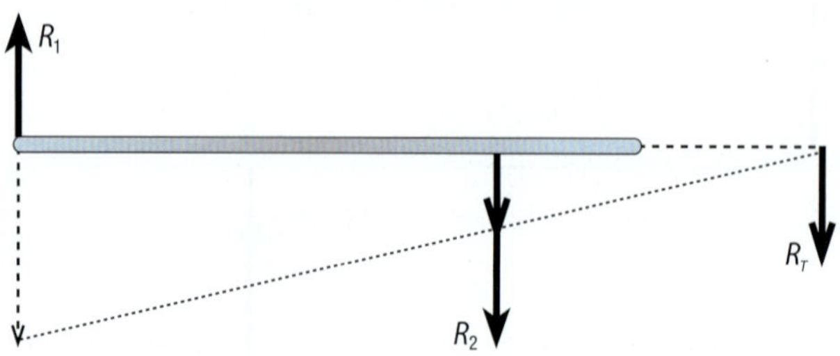

$R_T = 40 - 32 = 8$ kp

$32\,(1{,}875 + 0{,}5 + 0{,}5 + d_3) = 40 \times d_3 \rightarrow 38 + 32\,d_3 = 40\,d_3 \rightarrow 38 = 8\,d_3$

$d_3 = 38/8 = 4{,}75$ m $\rightarrow d_T = 0{,}1875 + 0{,}5 + 0{,}5 + 4{,}75 = 5{,}9375$ m

Figura 5.19. Ejemplo resolución de fuerzas paralelas de sentido contrario.

En la práctica es frecuente tener que realizar varios tiros a la vez pero en sentido contrario.

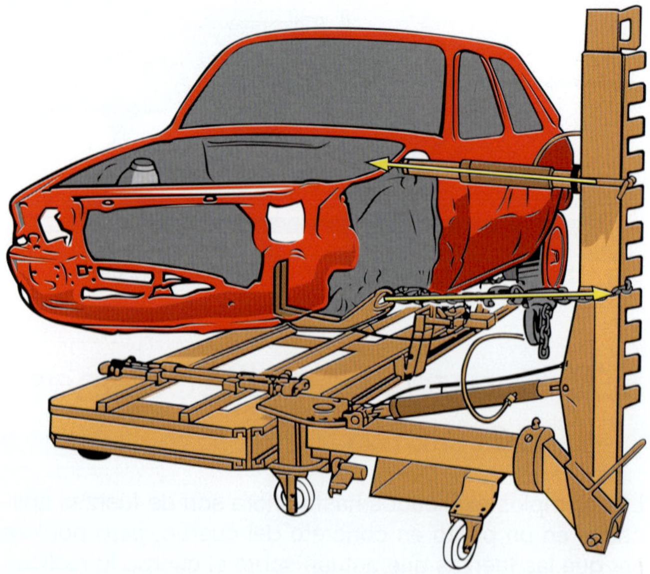

Figura 5.20. Ejemplo real de fuerzas paralelas de sentido contrario.

5.7.3. Par de fuerza

Si el sistema de fuerzas está formado por dos fuerzas paralelas de igual intensidad, pero de sentido contrario y con distinto punto de aplicación, se le denomina **par de fuerza.**

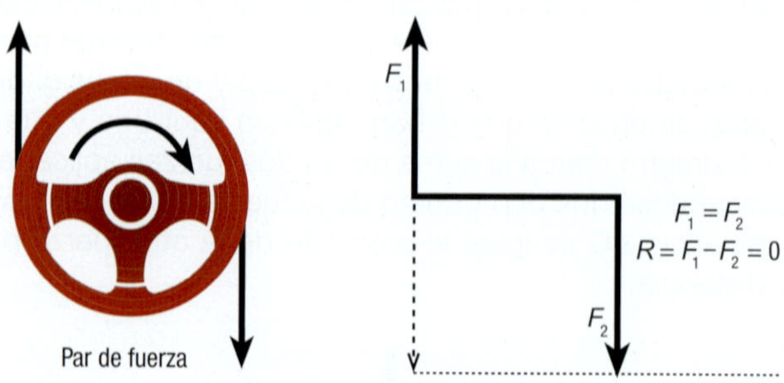

Figura 5.21. Par de fuerza.

Al calcular su resultante se observa que es nula, lo que no quiere decir que sus efectos sean también nulos, ya que en este caso se produce un movimiento de rotación. Un ejemplo muy común de este sistema de fuerzas es el que se realiza cuando se gira el volante de un vehículo; cada mano ejerce una fuerza de idéntica intensidad pero de sentido contrario, produciendo el giro del mismo.

La característica más importante de este sistema es su **momento,** que es el producto de la distancia que existe entre las dos fuerzas por la intensidad de una de ellas. El momento de un par de fuerza determina su poder de giro, siendo equivalentes todos los pares con igual momento, aunque las intensidades de las fuerzas que las compongan sean distintas; por ejemplo, un par de fuerzas formado por dos fuerzas de 10 kp con una distancia de separación de 3 m es equivalente a otro par formado por dos fuerzas de 15 kp con una separación de 2 m. Debido a que en ambos casos su momento resultante es de 30 kp × m.

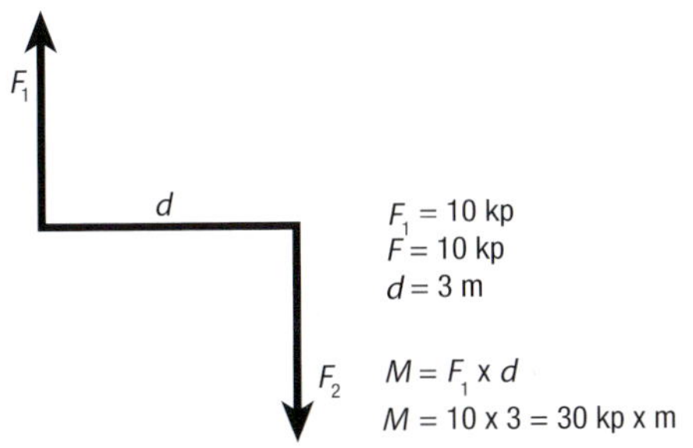

Figura 5.22. Resolución de un par de fuerza.

5.8. Momento de una fuerza

Al principio de esta unidad se recordaba la definición de fuerza:

Fuerza es toda acción o causa que modifica el estado de reposo o movimiento de los cuerpos, o que produce una deformación.

El movimiento que puede producir una fuerza es generalmente de traslación, aunque en el apartado anterior se ha podido comprobar que también puede producir un movimiento de rotación, donde estos efectos se miden mediante una nueva magnitud denominada **momento de una fuerza, y se define como el producto de la intensidad de la fuerza aplicada por la distancia existente entre la fuerza aplicada y el eje de rotación.**

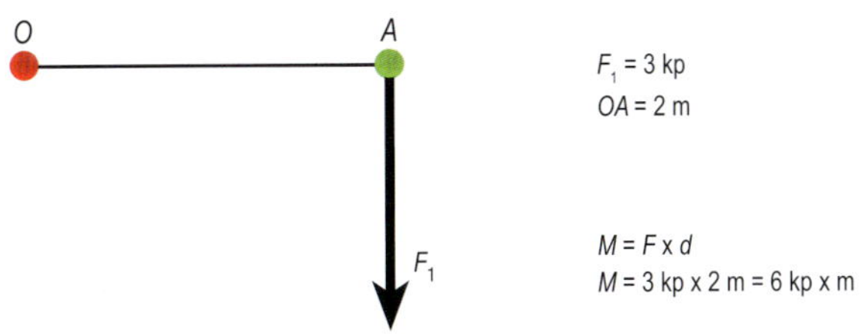

Figura 5.23. Momento de una fuerza.

Esta magnitud rotatoria es directamente proporcional a la distancia entre el eje y la fuerza aplicada; por ejemplo, si hay que aflojar un tornillo que está considerablemente apretado habrá que realizar menos fuerza utilizando una llave con una palanca grande que si se utiliza la misma llave con una palanca pequeña, con la que habría que realizar mucha más fuerza.

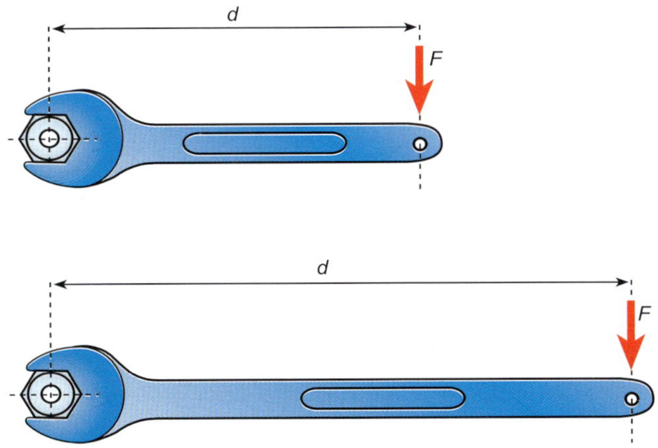

Figura 5.24. Ejemplo de momento de una fuerza.

En función del sentido de giro se establecerá que será positivo (+) o negativo (–): en el primer caso (+) si gira en sentido contrario a las agujas del reloj, y negativo si gira en el mismo sentido.

En las uniones de elementos realizadas por tornillos medir esta magnitud en cada tornillo es fundamental para controlar la presión que ejerce un elemento contra otro; para controlar esta magnitud se utiliza la llave dinamométrica, útil indispensable en el sector de vehículos autopropulsados.

Figura 5.25. Llave dinamométrica.

Si son varias las fuerzas aplicadas en distintos puntos, cada fuerza aplicada tendrá su momento en relación con el punto de giro producido, dependiendo el efecto del giro de la suma algebraica de dichos momentos, pudiéndose sustituir todas las fuerzas aplicadas por otra (resultante) que multiplicada por la distancia de aplicación fuese igual que la suma algebraica de todos los momentos (Figura 5.26).

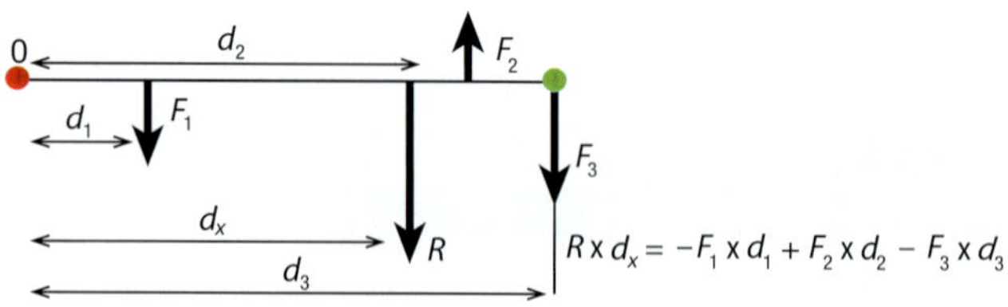

Figura 5.26. Varias fuerzas aplicadas a distintos puntos.

En cualquier sistema de fuerzas, el momento resultante está en función del punto de giro elegido. En el ejemplo anterior, el cálculo del momento se ha realizado tomando como referencia el punto O, pero podría calcularse respecto a otros puntos. En este caso la magnitud del momento será distinta, aunque siempre se cumplirá la ecuación anterior.

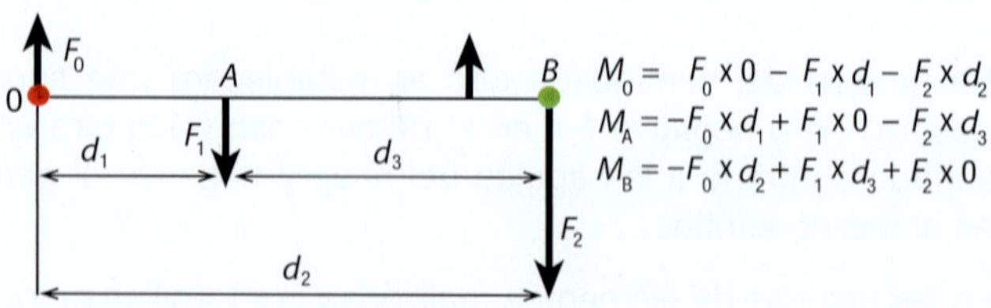

Figura 5.27. Resolución del momento de una fuerza.

Actividad resuelta 5.1

Calcula la fuerza que se ejerce en el punto B de la carrocería y la que tiene que soportar el punto de anclaje A en función de los parámetros que aparecen en la Figura 5.28.

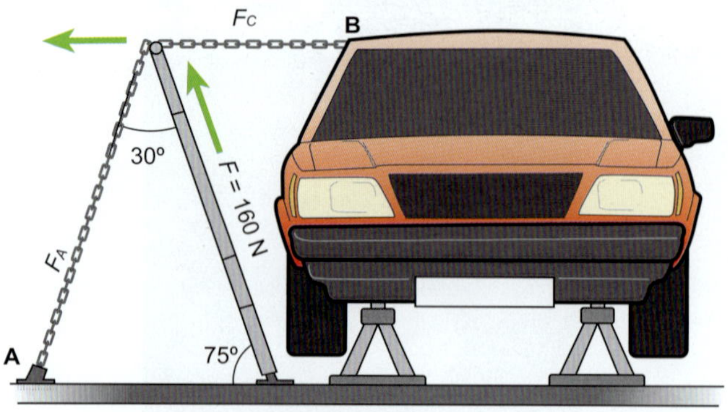

Figura 5.28. Cálculo de la fuerza que se ejerce en el punto B.

1. Fuerza que se ejerce en el punto B:

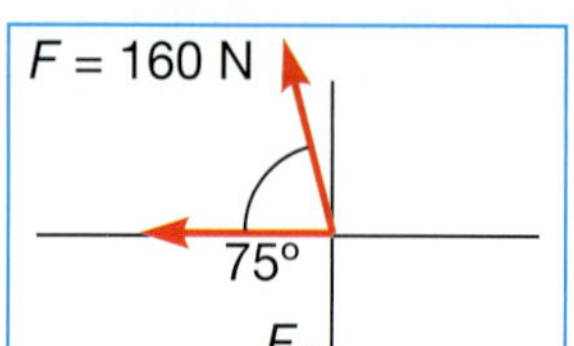

$\cos 75° = F_C / F$

$F_C = F \cdot \cos 75°$

$F_C = 160 \cdot \cos 75°$

$F_C =$ **41,41 N**

2. Fuerza que tiene que soportar el punto de anclaje A:

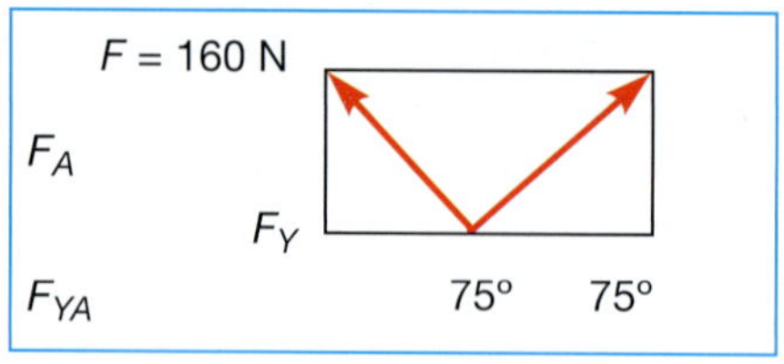

$\text{sen } 75° = F_Y / F$

$F_Y = F_{YA}$

$\text{sen } 75° = F_{YA} / F_A$

$F_Y / F = F_{YA} / F_A$

$$F_A = F \cdot F_{YA} / F_Y \longrightarrow \mathbf{F_A = F = 160\ N}$$

Actividad resuelta 5.2

Calcula la fuerza que debe ejercer el gato hidráulico para realizar un tiro de 350 N en el punto A y la fuerza que tiene que soportar el anclaje B en la Figura 5.29.

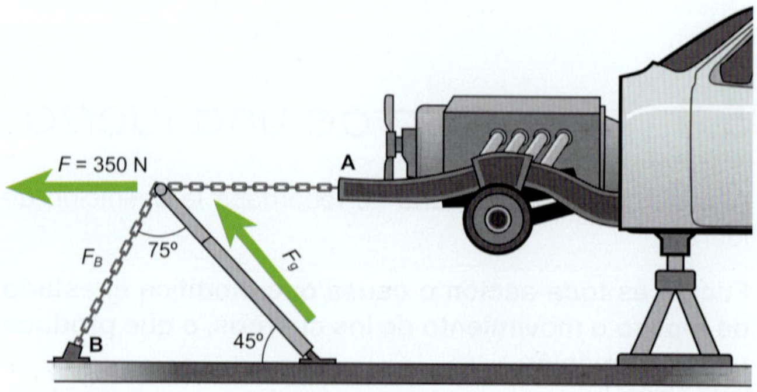

Figura 5.29. Cálculo de la fuerza que tiene que soportar el punto B.

1. Calcular la fuerza que debe ejercer el gato hidráulico para realizar un tiro de 350 N en el punto A:

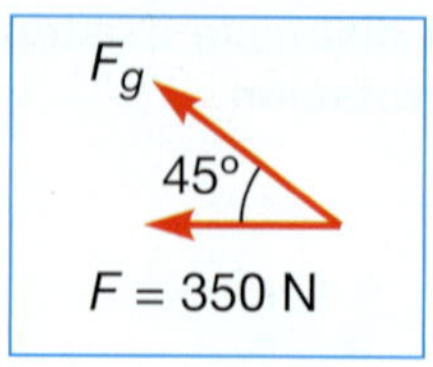

$\cos 45° = F / F_g$

$F_g = F / \cos 45° = 350 / \cos 45°$

$F_g =$ **494,97 N**

2. La fuerza que tiene que soportar el anclaje B:

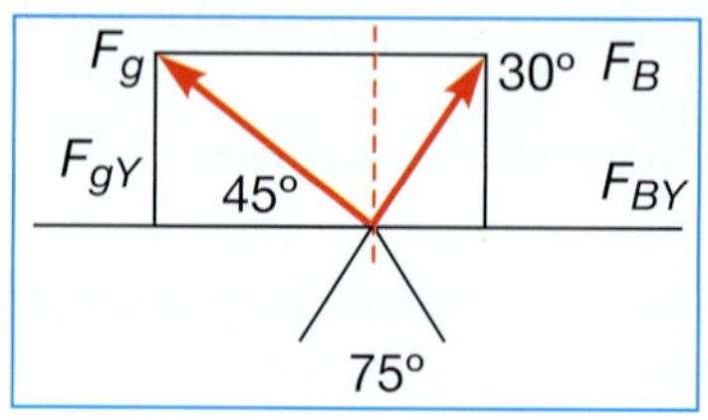

$\text{sen } 54° = F_{gY} / F_g$

$F_{gY} = F_g \cdot \text{sen } 45°$

$F_{BY} = F_{gY}$

$\cos 30° = F_{BY} / F_B$

$F_B = F_{BY} / \cos 30°$

$$F_B = F_g \cdot \text{sen } 45° / \cos 30° = 494{,}97 \cdot \text{sen } 45° / \cos 30° =$$
$$= 349{,}99 / \cos 30° = 404{,}14\ \text{N}$$

***FB* = 404,14 N**

5.9. Sistemas de fuerzas en el espacio

Se dice que una fuerza representada por el vector *OA* está en el espacio cuando el vector tiene componentes sobre los tres ejes de un sistema de coordenadas rectangulares.

Si se proyecta un vector sobre tres ejes rectangulares se aprecia que ese vector no es otra cosa que la diagonal del paralelepípedo cuyas aristas son, precisamente, sus proyecciones sobre los ejes, llamando *A* al vector y A_x, A_y, A_z a los valores numéricos de sus proyecciones sobre los ejes X, Y, Z. De ello se deduce que cualquier vector se puede definir mediante tres números, ya que las proyecciones del vector determinan su módulo, dirección y sentido.

Los puntos dimensionales de la carrocería del vehículo también vienen expresados por tres números que se corresponden con las proyecciones sobre los ejes X, Y, Z.

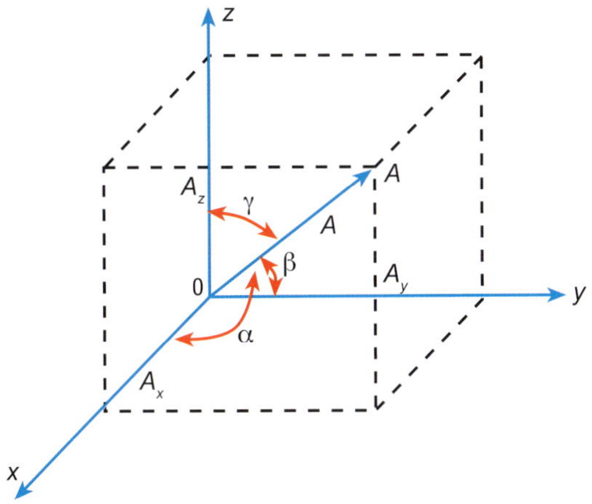

Figura 5.30. Proyección de un vector.

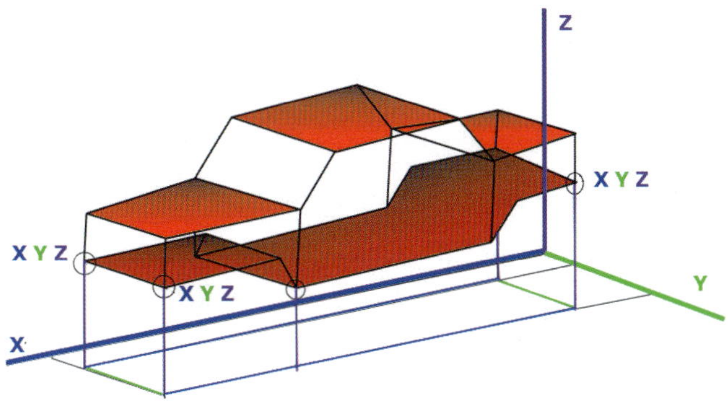

Figura 5.31. Puntos dimensionales de una carrocería.

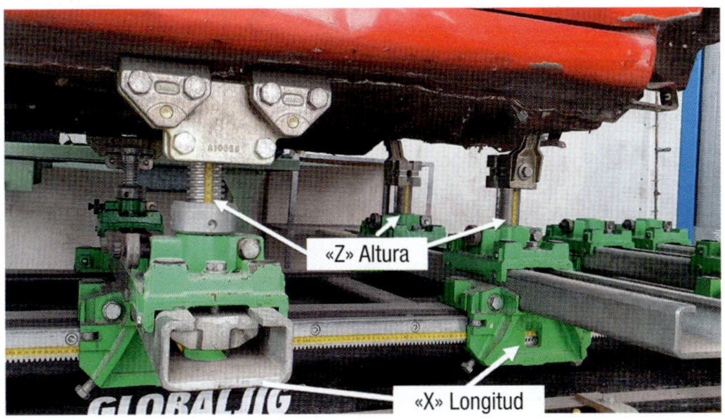

Figura 5.32. Ejemplo de puntos dimensionales de una carrocería.

CUESTIONES

5.1. ¿Cuántas fuerzas fundamentales están identificadas en la actualidad?

5.2. Identifica y describe los elementos que componen una fuerza.

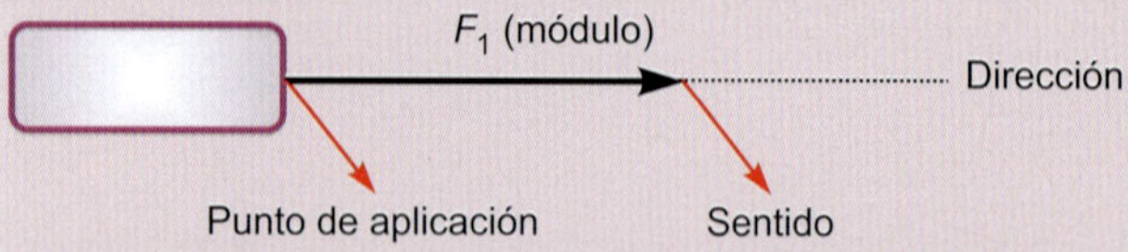

5.3. Enumera los distintos sistemas de fuerzas.

5.4. Describe las tres leyes de Newton.

5.5. ¿Qué es un dinamómetro?

5.6. ¿Qué es el momento de una fuerza?

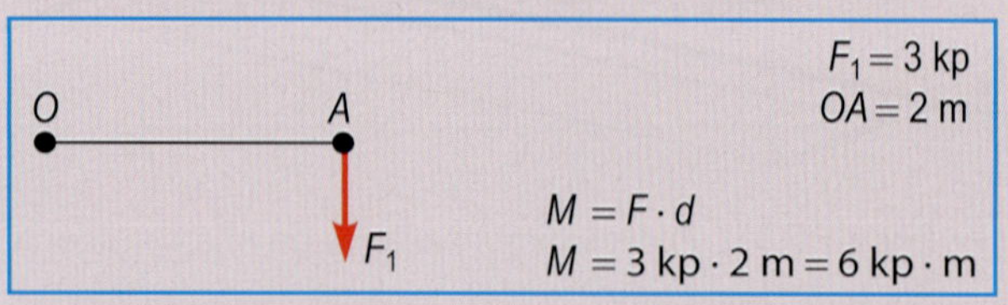

5.7. Explica en qué consiste el principio de acción y reacción.

5.8. En el siguiente sistema de fuerza determina la fuerza resultante y el punto de aplicación.

$F_1 = 700$ N / $F_2 = 700$ N

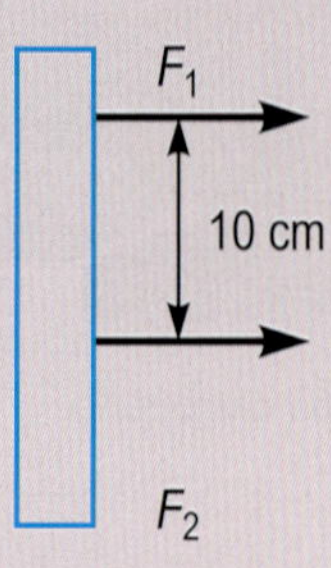

5.9. En el siguiente sistema de fuerza determina la fuerza resultante y el punto de aplicación.

$F_1 = 200$ N / $F_2 = 400$ N

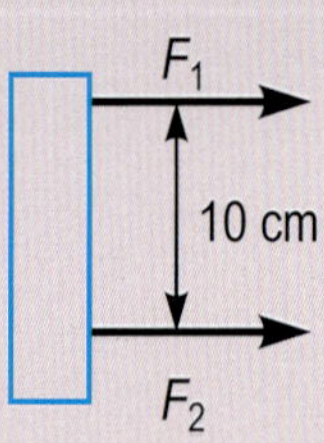

5.10. Calcula la fuerza resultante del siguiente ejemplo.

$F_1 = 500$ N / $F_2 = 300$ N

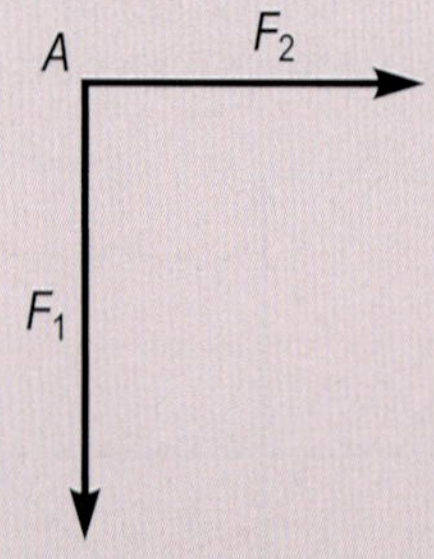

5.11. Calcula la fuerza que se aplica en el punto A conociendo los datos de la figura.

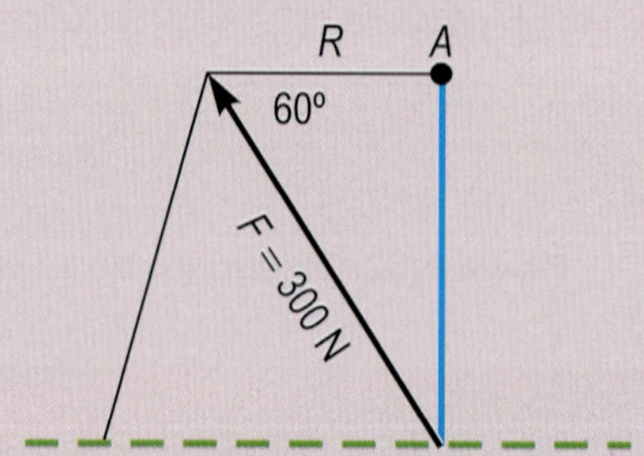

5.12. Calcula la fuerza que se aplica en el punto A conociendo los datos de la figura.

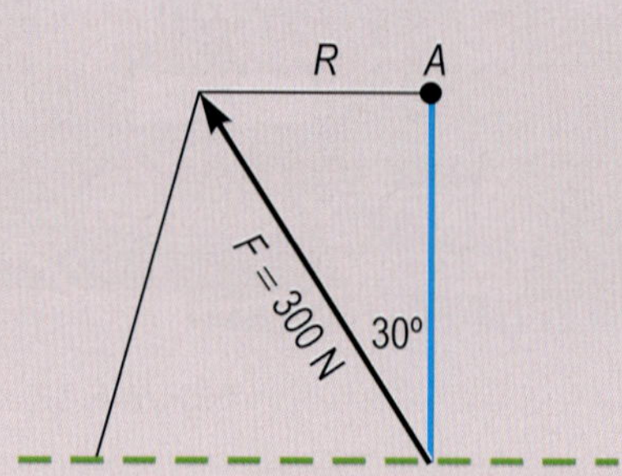

ACTIVIDADES PROPUESTAS

5.1. Desarrolla un ejemplo sobre el principio de la aceleración.

5.2. Resuelve vectorialmente la suma de las fuerzas del gráfico.

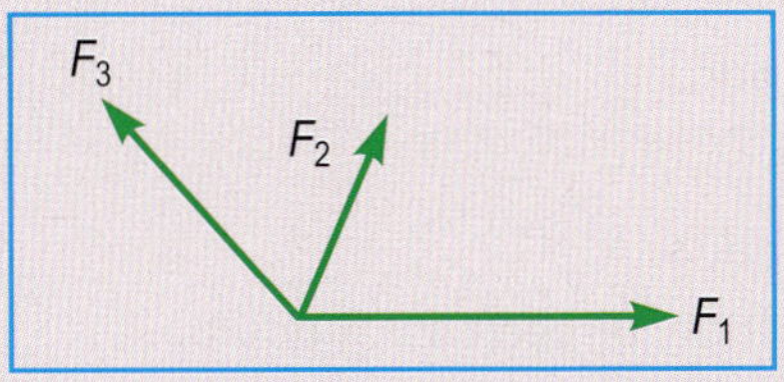

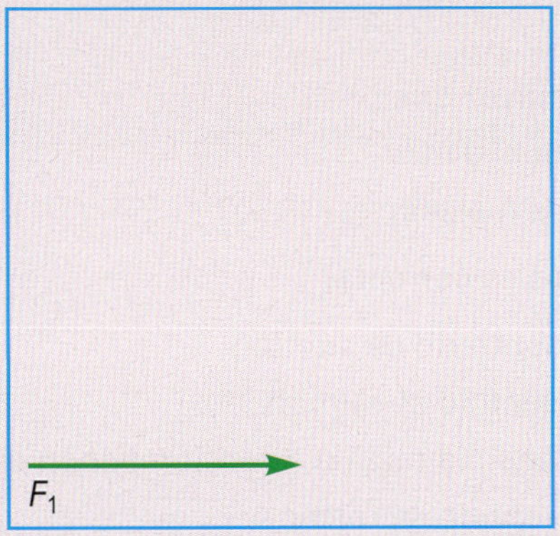

- Desarrolla un sistema de fuerzas paralelas de sentido contrario, dándole valor a cada fuerza y calculando su resultante.
- Desarrolla un sistema de fuerzas paralelas que estén en el mismo sentido, dándole valor a cada fuerza y calculando su resultante.

5.3. Señala la respuesta correcta:

1. Una fuerza:

   a) Es toda acción o causa que no modifica el estado de reposo o movimiento de los cuerpos o que produce una deformación.
   b) Es toda acción que no modifica el estado de reposo o movimiento de los cuerpos o que no produce una deformación.
   c) Es toda acción o causa que modifica el estado de reposo o movimiento de los cuerpos o que produce una deformación.
   d) Es toda acción que permite el equilibrio de un cuerpo.

2. ¿Cuáles son los principios en los que se basa la relación entre las fuerzas y los movimientos?

   a) Principio de inercia y principio de aceleración.
   b) Principio de inercia, principio de aceleración y principio de acción y reacción.
   c) Principio de equilibrio.
   d) Principio de acción y reacción y principio de equilibrio.

3. ¿En qué unidad se mide la fuerza en el sistema internacional?

a) Kilopondios.
b) Metros.
c) Pascales.
d) Newton.

4. Una fuerza viene definida por:

a) Sentido y dirección.
b) Dirección, módulo y sentido.
c) Punto de aplicación, sentido, dirección y módulo.
d) Dirección, punto de aplicación y sentido.

5. Un cuerpo está en reposo:

a) Cuando no está parado.
b) Cuando una fuerza es mayor que otra.
c) Cuando una fuerza es igual a otra.
d) Cuando se equilibran las fuerzas.

6. ¿Cuál de estas afirmaciones es correcta?

a) Las fuerzas de sentido contrario se suman.
b) Las fuerzas del mismo sentido se suman.
c) Todas las fuerzas que tienen la misma dirección tienen el mismo sentido.
d) Las fuerzas del mismo sentido se restan.

7. El momento de una fuerza es:

a) $|F| \times d$ (entre fuerza aplicada y eje de rotación).
b) $|F| \times d$ (entre las dos fuerzas).
c) $|F_1| \times |F_2|$.
d) $|F| / d$ (entre fuerza aplicada y eje de rotación).

8. Según el siguiente vector (3, 8, 6), ¿en qué eje se representaría el 8?

a) Eje X.
b) Eje Y.
c) Eje W.
d) Eje Z.

9. Si la dirección de giro de un momento es contraria a las agujas del reloj:

a) El signo es +.
b) El signo es –.
c) Es 0.
d) No importa el signo.

10. ¿Cuál de las siguientes afirmaciones es correcta?

a) El resultado del producto escalar es un vector.
b) Un número es el resultado del producto vectorial.
c) El resultado del producto vectorial es un vector.
d) Un vector no es el resultado del producto vectorial.

6

EQUIPO DE ENDEREZADO

CONTENIDO

OBJETIVOS

- Identificar los diferentes tipos de bancadas.
- Saber cuáles son los diferentes sistemas de tracción y anclaje.
- Conocer y seleccionar los diferentes accesorios en función del trabajo que realizar.

INTRODUCCIÓN

Para no modificar la estructura molecular del material y, por tanto, sus características mecánicas (resistencia, dureza, tenacidad, etc.), la reparación estructural de la carrocería siempre se realizará en frío, es decir, sin aplicar ningún tipo de calor, siendo necesario utilizar grandes fuerzas en sentido contrario a las que provocaron la deformación en la colisión.

La fuerza aplicada, en ocasiones, llega a ser de varias toneladas, dependiendo de la deformación y de la zona afectada. Para ello se necesita un equipamiento específico capaz de:

- Aplicarla en el punto adecuado, con la dirección correcta.
- Anclar correctamente la carrocería para no dañar otras zonas en el transcurso de la reparación.
- Tiene que permitir utilizar un equipo de medida para verificar la reparación.

Los equipos de enderezado que cumplen todas estas características son las bancadas; son un conjunto de elementos y útiles con los que se pueden diagnosticar y reparar las carrocerías de los vehículos cuando sufren una colisión que afecta a su estructura.

Figura 6.1. Equipo de enderezado estructural.

Se pueden clasificar de distintas formas, aunque la más generalizada se realiza en función del sistema de medida que utiliza por ser uno de los elementos de mayor importancia, pues la fiabilidad de la reparación depende, entre otros, de la precisión con que se tomen las medidas de cada cota y son:

- Bancadas universales.
- Bancadas de control positivo o de útiles.

Existen otros tipos de bancadas como son: las minibancadas, las bancadas para motos o las bancadas para vehículos industriales.

Básicamente todas las bancadas tienen los mismos principios y sus diferencias se encuentran en la manera de aplicarlos y el sistema que utilizan para verificar los puntos de control de la carrocería. También existen en el mercado bancadas que están preparadas para utilizar ambos sistemas (universal y control positivo).

La elección del tipo de bancada vendrá determinada por distintos factores relacionados directamente con el taller de reparación, como:

- El volumen de trabajo.
- Los modelos de vehículos que suelen reparar.
- El espacio disponible en el taller.
- El presupuesto disponible para la adquisición de la bancada.
- El perfil profesional del carrocero/a.

Generalmente, las bancadas están compuestas por:

- El banco de trabajo (bastidor).
- El sistema de anclaje.
- El equipo de tracción.
- Los accesorios.
- El equipo de medida.

6.1. Banco de trabajo

Se denomina con este nombre a la parte más rígida de la bancada. Es el encargado de sujetar el vehículo y todos los útiles necesarios para realizar correctamente los trabajos de reparación y comprobación. Existen dos tipos de bancos:

- De bastidor elevado del suelo.
- De bastidor anclado al suelo.

6.1.1. Bastidor elevado del suelo

Está compuesto por una estructura rectangular de vigas de acero en doble «T» o en «U», las más usuales, pero también las hay de sección cuadrada, soldadas entre sí, que le hacen prácticamente indeformable. La parte superior suele estar totalmente mecanizada para obtener una superficie plana de referencia, sobre la que se basa la medición de la carrocería, bien porque sostiene al equipo de medida (bancadas universales), o bien porque sirve de soporte para los útiles de medida (bancadas de control positivo).

En los bordes tienen unos rieles o cremallera que sirven de anclaje a distintos dispositivos y accesorios de la bancada (pinzas de anclaje, ruedas, gatos, soportes, etcétera).

Las bancadas de control positivo tienen practicados distintos orificios en la parte superior, donde se sujetan los útiles de comprobación y anclaje.

Este tipo de bastidor se puede encontrar en el mercado de distintas formas: fijos, móviles y sobre elevador.

- **Fijos:** el bastidor se encuentra elevado sobre el suelo mediante unas vigas que hacen de patas y que se encuentran atornilladas al suelo. Este sistema se utilizaba mucho en los inicios de las bancadas, pero tiene el inconveniente de que ha de realizarse obra para el anclaje y nivelado del suelo y permanentemente está ocupando un espacio fijo en el taller.

  Actualmente, existen otros bastidores que también son fijos, pero requieren menos obras para su anclaje y nivelado, ya que tienen unas patas regulables para su correcto nivelado.

Figura 6.2. Bancada fija.

- **Móviles:** el bastidor se encuentra elevado sobre el suelo, pero apoyado sobre unas ruedas que pueden soportar el peso de la carrocería y todo el equipamiento de enderezado.

Figura 6.3. Bancada móvil.

  Todas las ruedas tienen incorporado un sistema de freno y bloqueo para evitar el movimiento del bastidor en el transcurso de la reparación y, dependiendo del modelo, las ruedas pueden estar fijas en las esquinas o desplazarse a lo largo de la bancada.

  La ventaja respecto al sistema anterior es que la bancada se puede trasladar a cualquier espacio del taller y no requiere ninguna obra en su instalación.

- **Sobre elevador:** en este caso el bastidor se encuentra sobre un elevador, permitiendo al operario regular la altura de la carrocería a sus necesidades de trabajo.

  Es un sistema que facilita el trabajo de la reparación, ya que, en muchas ocasiones, sobre todo cuando hay que trabajar en los largueros o en la parte inferior de la carrocería, las posturas del operario pueden ser incómodas y fatigosas. Regular la altura de trabajo significa una mejora importante, tanto en tiempo como en salud y seguridad del operario.

  Existen en el mercado distintos tipos de elevadores para bastidores: de tijera (pantógrafo) y de columnas (Figura 6.5), siendo el sistema más extendido el de tijera.

Figura 6.4. Elevador de pantógrafo.

Figura 6.5. Elevador de columnas.

6.1.2. Bastidor anclado al suelo

Consiste en unos raíles que están empotrados en el suelo que hacen las veces de bastidor (Figura 6.6), donde se pueden acoplar y anclar a lo largo de los raíles los distintos útiles y accesorios necesarios para la reparación (soportes, anclajes, gatos, etcétera).

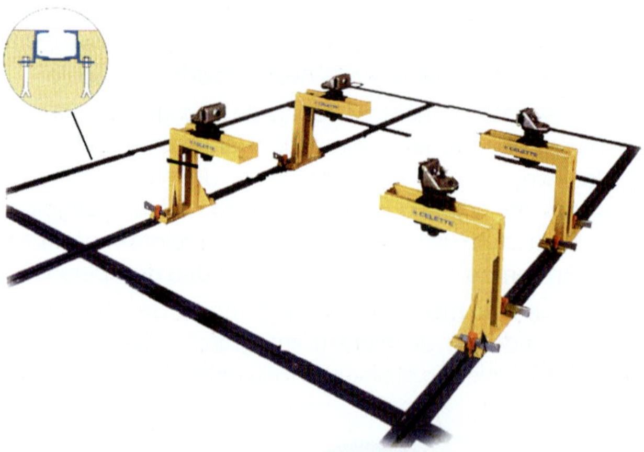

Figura 6.6. Bastidor anclado al suelo.

Figura 6.7. Ejemplo de reparación de bastidor anclado al suelo.

La ventaja principal que presenta esta bancada es que, cuando no se utiliza, el espacio queda totalmente libre y se le puede dar otra utilidad. El inconveniente es que se requiere realizar obra para su instalación y, por otro lado, si se quiere cambiar su ubicación dentro del taller los raíles no son recuperables.

Es un sistema de bancada que se utiliza mucho para la reparación de vehículos de grandes dimensiones.

6.2. Sistema de anclaje

Es el conjunto de útiles y accesorios que se utilizan para fijar la carrocería al bastidor.

Todas las bancadas disponen de un sistema de anclaje para mantener la carrocería bien sujeta, al tiempo que se realizan los distintos trabajos de reparación (medición, tiros de tracción, diagnosis, etc.). El anclaje se realiza sujetando la carrocería en unos puntos concretos, previstos por el fabricante del vehículo con una serie de mecanismos que a su vez se sujetan al bastidor de la bancada.

Dependiendo del modelo de bancada, del modelo del vehículo y del punto de la carrocería que hay que sujetar, se deberá utilizar el sistema de anclaje adecuado (Figura 6.8); no obstante, existen unas mordazas universales de anclaje (Figura 6.9) que realizan el agarre en zonas resistentes, normalmente en las pestañas de los estribos.

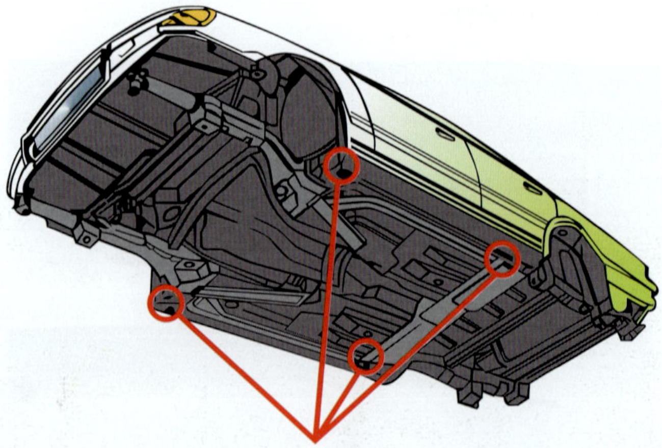

Figura 6.8. Puntos de anclaje.

Todos los puntos de amarre, así como los útiles adecuados, vienen descritos en las fichas técnicas de las bancadas.

Un vehículo mal amarrado puede provocar una deformación de la carrocería en puntos distintos a los provocados por la colisión, incluso ser el causante de un accidente durante el proceso de trabajo; por tanto, nunca se deberá escatimar tiempo para realizar el correcto anclaje de la carrocería.

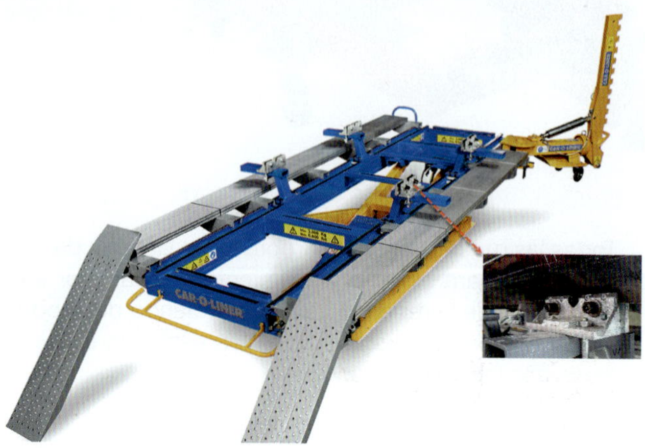

Figura 6.9. Mordazas universales.

6.2.1. Diferentes tipos de anclajes

En el sistema de anclaje de las bancadas se incluyen unos útiles que sirven para inmovilizar las piezas que se tengan que sustituir en el proceso de la reparación, mientras se realiza su unión definitiva mediante la soldadura o por el sistema prescrito por el fabricante del vehículo.

En la Figura 6.10 se muestran diferentes tipos de anclajes.

Figura 6.10. Diferentes tipos de anclajes.

6.3. Equipo de tracción

Está compuesto por equipos que utilizan la fuerza hidráulica para realizar tiros de tracción o compresión, realizando esfuerzos en la misma dirección pero en sentido contrario a los que produjeron la deformación de la carrocería, con el fin de restablecer sus cotas originales.

Normalmente, suelen ser gatos comandados por una bomba oleohidráulica o hidroneumática de gran potencia.

Se puede presentar accionando tres mecanismos distintos:

- Escuadras.
- Columnas.
- Tiros vectoriales.

6.3.1. Equipo de tracción con escuadra

También llamado «L», Caimán, Cobra y otra serie de denominaciones, según el fabricante de la bancada. Está compuesto por un cilindro hidráulico que es accionado con una bomba oleohidráulica o hidroneumática. Este cilindro une dos brazos que forman una escuadra y pueden bascular en su punto de unión. Cuando el cilindro es sometido a presión provoca que los extremos libres de los brazos se separen.

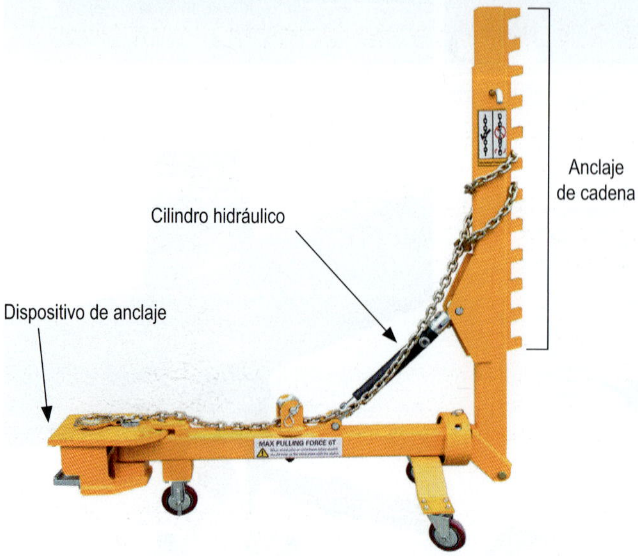

Figura 6.11. Escuadra de tiro.

El brazo que está colocado horizontalmente lleva incorporado un sistema de anclaje a la bancada y el brazo vertical tiene distintos acoplamientos para poder sujetar la cadena de tiro, formando diferentes ángulos respecto al punto deformado de la carrocería. El punto de unión de ambos brazos puede girar para que la cadena pueda ser posicionada en la misma dirección que la fuerza que provocó la deformación.

El tiro que produce este equipo de tracción en muchas ocasiones ha de ser corregido en el transcurso del estiramiento, ya que la dirección de la fuerza va cambiando según se desplaza el punto deformado.

Figura 6.12. Distinta posición de la escuadra de tiro.

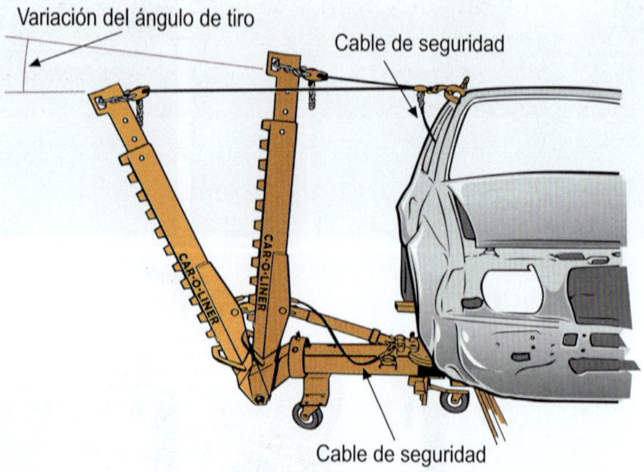

Figura 6.13. Variación del ángulo de tiro.

6.3.2. Equipo de tracción por columna

Igual que los sistemas anteriores, también adopta otras denominaciones, como «torre de estiraje» (Figura 6.14).

El equipo está compuesto por:

- **Una bomba hidroneumática.**
- **Un cilindro hidráulico:** instalado en el interior de la columna.
- **La columna principal:** dispone en su parte inferior de un sistema de anclaje para fijarse a la bancada, pudiendo estar anclada de forma fija (nunca se desmonta de la bancada) o por el contrario ser móvil, pudiéndose desmontar de la bancada.

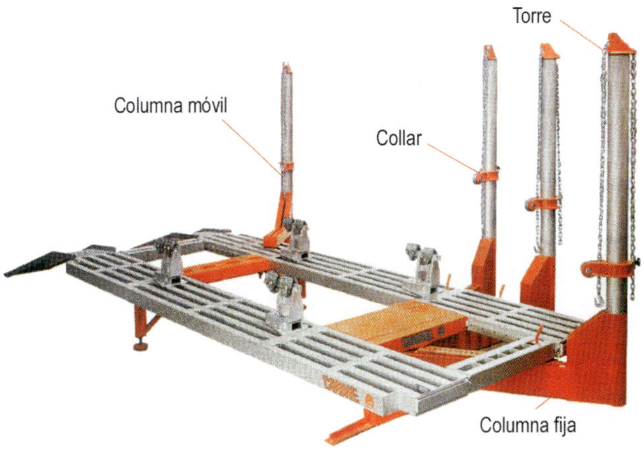

Figura 6.14. Equipo de tracción por columna.

- **La torre** que se desplaza por el interior de la columna, saliendo por la parte superior, donde tiene incorporada una polea.
- **El collar:** es un sistema de regulación de la altura del tiro y se desplaza por el exterior de la columna hasta situarlo en el ángulo de tiro necesario, posición donde se bloquea y no tendrá movimiento mientras se realiza el estiramiento. En la parte posterior tiene un anclaje para sujetar la cadena de tiro.

Figura 6.15. Tiro de tracción con columna.

El funcionamiento del equipo es muy simple, la cadena de tiro está fijada al collar, pasa por la torre y, de nuevo, atraviesa el collar por el lado opuesto en forma de polea, donde se ancla a la carrocería para tirar de un punto en concreto. Cuando la bomba hidroneumática transmite su presión al cilindro provoca el desplazamiento de la torre hacia arriba que, a su vez, tira de la cadena, pero como esta tiene un extremo anclado en el collar (que no se puede mover), se produce el desplazamiento desde el otro extremo que está anclado a la carrocería, extrayendo la deformación. En algunos modelos, el extremo de la columna, en lugar de estar anclado al collar, se encuentra fijado a la torre, pero de esta manera se pierde fuerza de tiro.

La principal característica de este equipo es que la dirección de tiro permanece constante en todo su desplazamiento, característica que le hace ser un equipamiento idóneo para determinados tiros.

Figura 6.16. Tiro constante, no hay variación de ángulo.

6.3.3. Equipo de tracción por tiros vectoriales

Este equipo se basa en los sistemas de fuerzas angulares, donde se estudian detenidamente los puntos de anclaje de la cadena de tiro para que, aplicando una única fuerza en cada polígono formado, el punto deformado retorne a sus cotas originales.

El equipo más simple de este método está compuesto por un gato hidráulico de expansión que suele incluirse como accesorio al equipamiento de las bancadas; de hecho, en los sistemas explicados anteriormente hay que recurrir a este sistema en determinadas deformaciones para provocar un tiro adicional.

También existen bancadas que están diseñadas especialmente para utilizar este equipo y vienen preparadas con soportes de apoyo para los gatos hidráulicos y amarres para las cadenas. Los gatos pueden ser actuados con una bomba manual o hidroneumática.

Para las bancadas que utilicen los sistemas explicados anteriormente, también existen unas escuadras vectoriales que tienen incorporados uno o varios gatos, que se anclan a la bancada igual que los sistemas anteriores. La escuadra dispone de varios gatos que actúan conjuntamente; unos serán para tirar y otros para empujar.

El accionamiento de estos gatos suele realizarse mediante una bomba hidroneumática. En el caso de la escuadra que dispone de varios gatos, dispone además de una llave para enviar la presión al gato deseado.

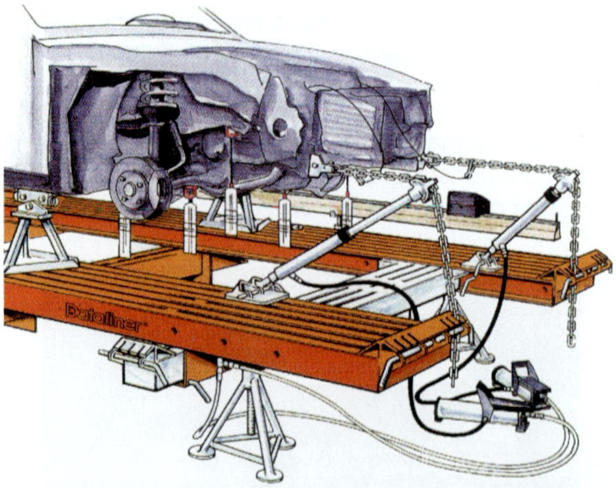

Figura 6.17. Equipo de tracción vectorial.

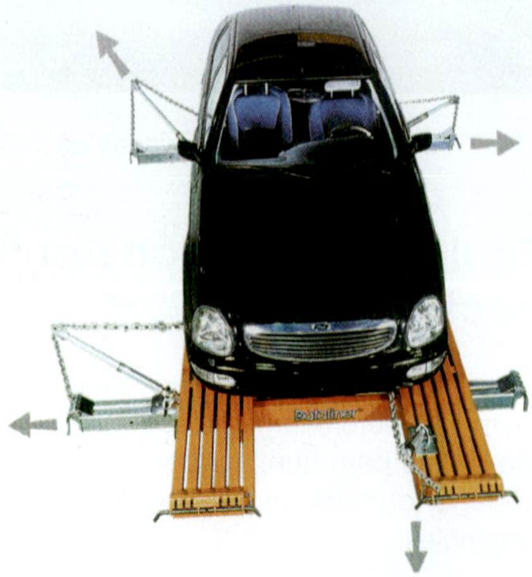

Figura 6.18. Bancada con equipo vectorial.

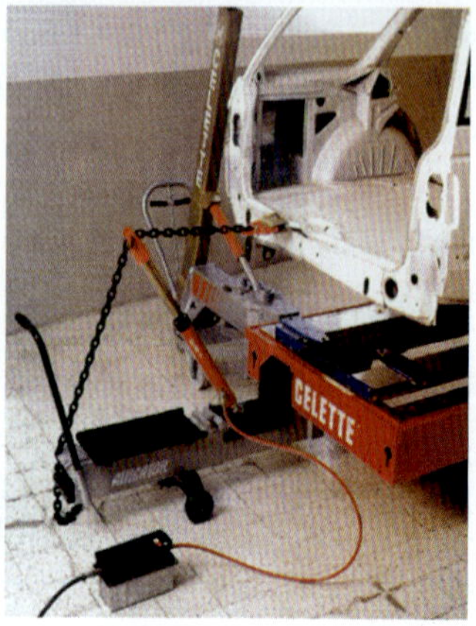

Figura 6.19. Escuadra de tiro vectorial.

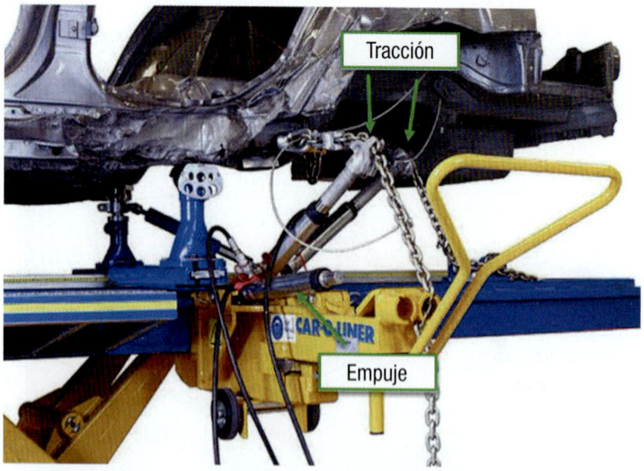

Figura 6.20. Escuadra vectorial con tres gatos.

Figura 6.21. Tiro vectorial con mando único.

6.4. Equipo de medida

La medición en las reparaciones estructurales de la carrocería resulta fundamental para asegurar que las cotas de los puntos deformados una vez efectuada la reparación sean las indicadas por el fabricante del vehículo. Las cotas de la estructura de la carrocería están en estrecha relación con la geometría de la suspensión y de la dirección que, por otro lado, son sistemas que en los vehículos actuales tienen pocas posibilidades de ser manipulados para corregir variaciones, como ocurría en los vehículos antiguos, donde existía la posibilidad de corregir muchos de los ángulos de estos sistemas (avance, caída, altura, etc.).

Una variación en las cotas de la estructura de la carrocería no corregida puede suponer una pérdida de seguridad y del correcto comportamiento dinámico del vehículo, además de producir vibraciones, ruidos o un desgaste excesivo en alguno de los mecanismos del vehículo.

Existen distintas formas de comprobar la reparación de la carrocería:

- Empleando útiles específicos para el control de cada punto de la carrocería seleccionado por cada fabricante de vehículos, siendo necesario disponer de útiles distintos para cada vehículo.
- Utilizando un sistema de medida universal que permite controlar los puntos de cualquier carrocería.
- Utilizando un sistema de medida basado en la comparación de los puntos simétricos de la carrocería.

El primer sistema se denomina de control positivo o de útiles, y está compuesto por una serie de calibres fijos para cada punto que hay que comprobar. Estos calibres están diseñados por el fabricante de la bancada a partir de las dimensiones proporcionadas por el fabricante de vehículos y de su propia investigación. Son fáciles de utilizar pero requiere poder disponer de un número de útiles muy amplio en caso de que sea un taller no marquista, aunque en la actualidad, y debido al gran número de modelos de vehículos, el proveedor de la bancada dispone de un sistema de alquiler de los útiles del taller. Este sistema también es conocido por el nombre MZ y ha tenido distintas evoluciones, la última el sistema MZ+, que básicamente consiste en la separación del actual juego de fijación en dos partes: pistón y terminal. En otras palabras, de una pieza del juego de fijación que se tenía se pasa a tener dos piezas. El objetivo ha sido reducir la pieza que difiere de modelo a modelo.

A continuación se expone un proceso de este sistema de medida.

PROCESO PARA EL SISTEMA DE MEDIDA POR CONTROL POSITIVO

1. Se dispone de un vehículo que ha sufrido una deformación en el larguero derecho.

   Montar la carrocería en la bancada e instalar los útiles de medida, sujeción y tiro.

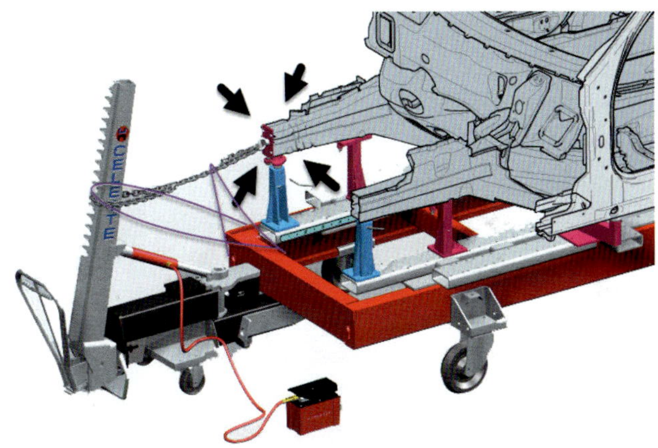

2. A través del calibre fijo, comprobar la desviación que se ha producido como consecuencia de la deformación derivada del golpe.

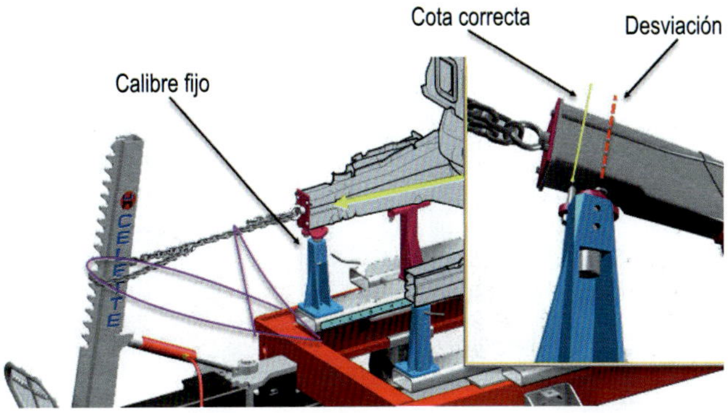

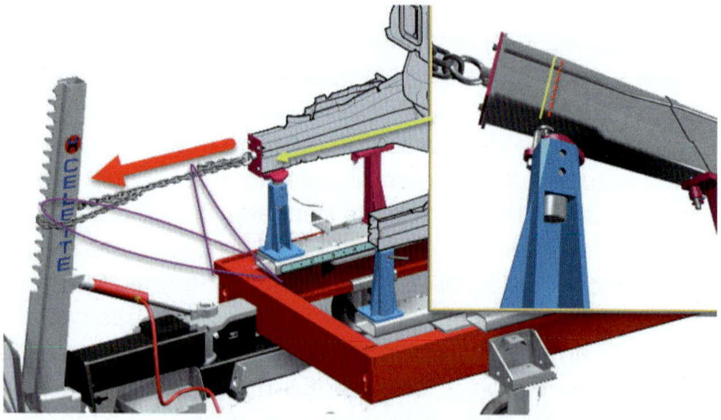

Con los útiles de tiro enderezar el larguero, y la zona de desviación va disminuyendo.

3.

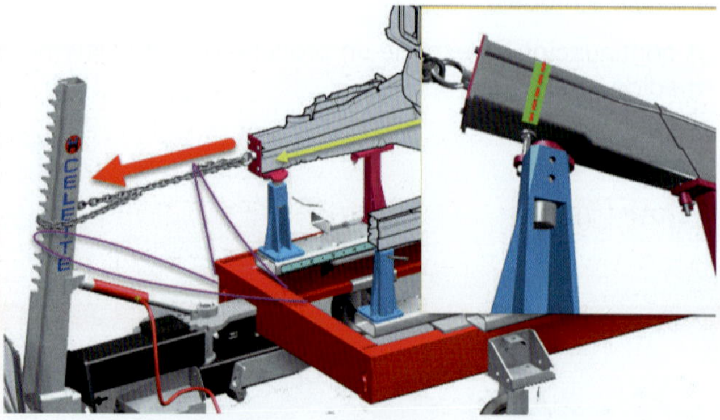

Una vez que desaparece la desviación y el punto de control del larguero coincide con el punto de la cota, dejar de hacer tiro.

4.

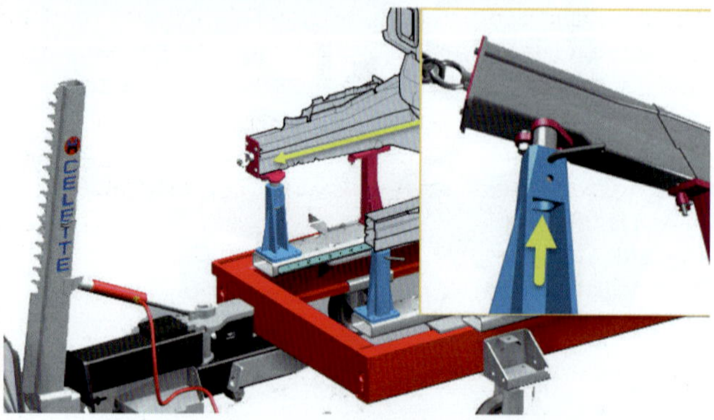

Si al dejar de hacer tiro ambos puntos coinciden, subir el eje del calibre e introducirlo en el punto de control.

5.

Tener especial cuidado con no pasarse al hacer el tiro, siempre es mejor comprobar con asiduidad hasta hacer coincidir los puntos.

6.

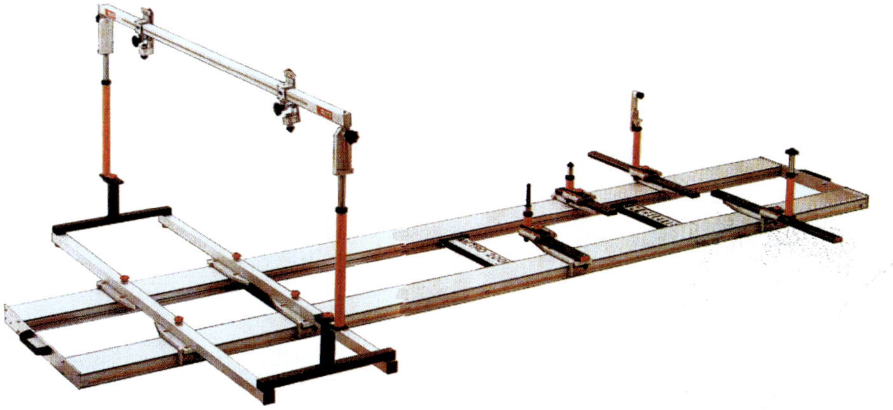

Figura 6.22. Control dimensional.

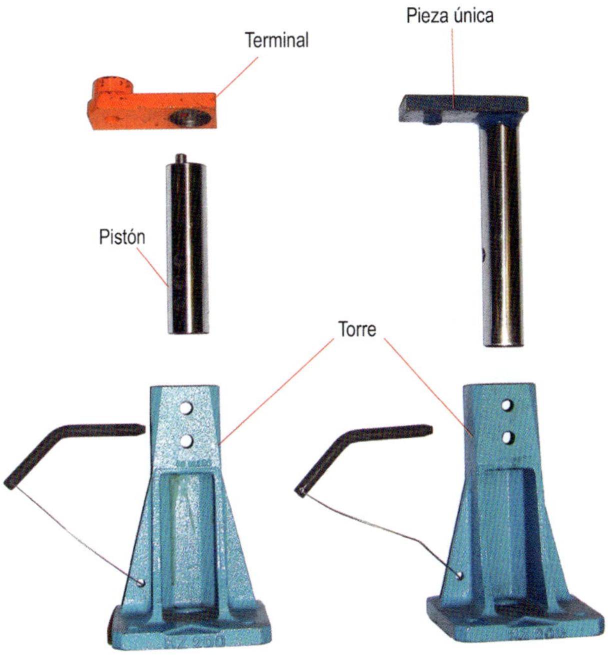

Figura 6.23. Sistema MZ+ y MZ.

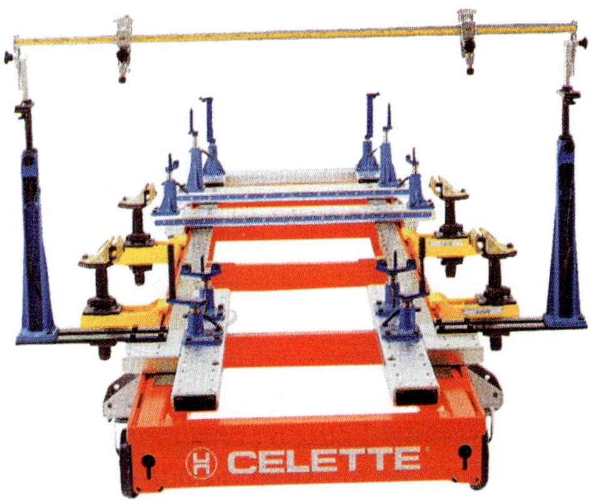

Figura 6.24. Control positivo.

El segundo sistema se denomina de control universal o dimensional. En el mercado existen distintos equipos y útiles que realizan esta función; su característica principal es que puede medir por comparación o directamente cualquier punto de la carrocería de cualquier vehículo.

Todos estos sistemas se desarrollan con mayor amplitud en la unidad de diagnóstico de daños estructurales.

6.5. Accesorios

Para realizar la reparación, además de los componentes explicados anteriormente, son necesarios otra serie de útiles, sin los cuales en algunos casos no sería posible la reparación, y en otros para que pueda ser llevada a cabo de la forma más adecuada y en el menor tiempo posible. Los más utilizados se describen a continuación; no obstante, no son todos, ya que en determinados vehículos se requiere un utillaje específico.

6.5.1. Cadena

Es uno de los elementos indispensables en la reparación de la carrocería. Las cadenas están fabricadas para soportar la fuerza de tracción de los gatos hidráulicos que se incluyen en el equipamiento de la bancada (son distintas a las que se suelen suministrar habitualmente en las ferreterías). En caso de necesitar otras cadenas, se deben pedir al fabricante de la bancada.

En caso de rotura de un eslabón, este no debe soldarse, pues se desconoce la fuerza de tracción que sería capaz de soportar y puede suponer un serio peligro.

Las características que definen a una cadena son: la longitud, la fuerza de tracción que es capaz de soportar, el diámetro de los eslabones y el sistema de anclaje que tiene en sus extremos.

Figura 6.25. Cadena.

6.5.2. Eslinga textil

Es una cadena de fibra textil capaz de soportar la fuerza de tracción de los gatos hidráulicos incluidos en el equipamiento de la bancada. Tiene la ventaja de ser más ancha que la cadena y no dejar marca en la chapa donde realiza el tiro. Este tipo de cadena se utiliza mucho en la industria para trasladar pesadas cargas o como sistema de seguridad de los operarios de la construcción.

Figura 6.26. Eslinga.

6.5.3. Uniones de cadena

Es un útil que se utiliza cuando es necesario prolongar dos cadenas.

Figura 6.27. Uniones de cadena.

6.5.4. Mordazas

Es el útil encargado de anclar la cadena en la zona donde se desea realizar el tiro. Como las zonas donde se tienen que realizar los tiros pueden tener una geometría y una conformación muy diferentes, existe una gran gama de mordazas, con diferentes configuraciones. A continuación se exponen las más habituales:

Figura 6.28. Mordazas para realizar tiros rectos.

- Acoplando un útil a las mordazas de tiros rectos se pueden realizar tiros desde cualquier ángulo, aunque existen también mordazas que ya vienen preparadas para realizar este tipo de tiros.

Figura 6.29. Mordaza para tiro lateral.

- Existe también una doble mordaza para realizar tiros laterales sin que se revire.

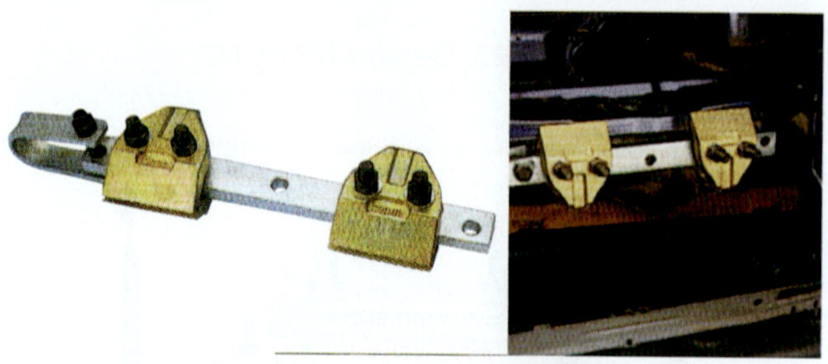

Figura 6.30. Mordaza doble.

- Mordazas autoblocantes: actúan de forma que al ejercer la tracción se ajustan con más fuerza a la superficie de acoplamiento. Esto se consigue gracias a la forma cónica que tienen en el extremo opuesto; al aumentar la fuerza de tracción, el cono se desplaza haciendo bascular el extremo de sujeción.

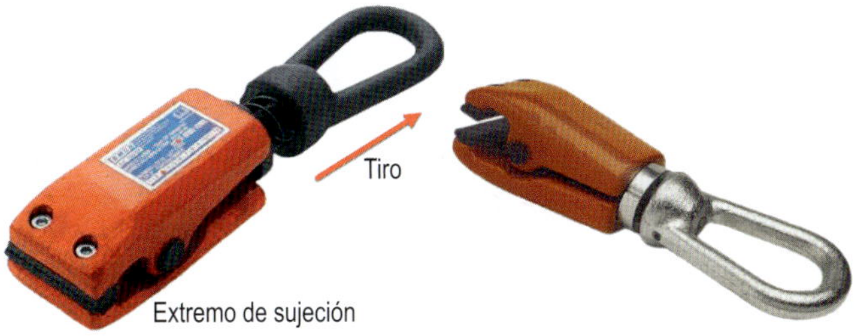

Figura 6.31. Mordaza autoblocante.

- Mordazas diseñadas para salvar pestañas y entrar en lugares estrechos de difícil acceso.

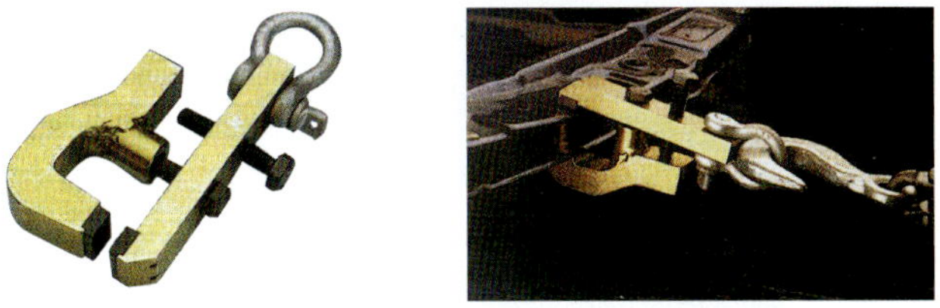

Figura 6.32. Mordaza de apertura especial.

- Mordazas finas, diseñadas para lugares estrechos, como pueden ser los largueros de la carrocería.

Figura 6.33. Mordaza fina.

- Mordazas para enderezar techos, cuyo punto de sujeción está preparado para fijarse al vierteaguas.

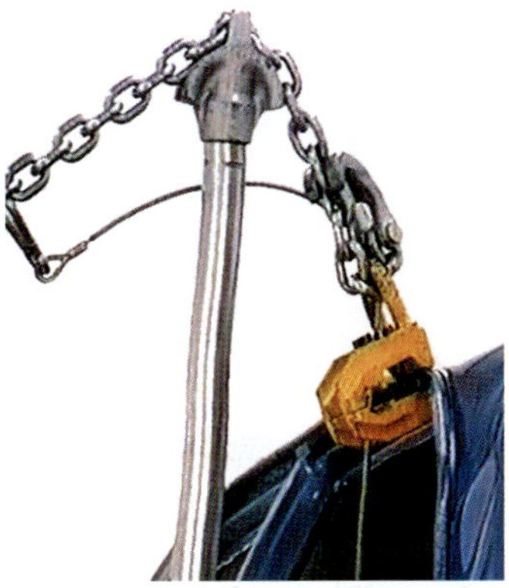

Figura 6.34. Ejemplo de sujeción para realizar tiro en el techo.

- Mordazas diseñadas para efectuar tiros en distintas direcciones sin cambiar el anclaje de la mordaza.

Figura 6.35. Mordazas para varios tiros.

- Mordaza de tipo tijera: se caracteriza porque al aplicar más fuerza de tiro, mayor es su agarre.

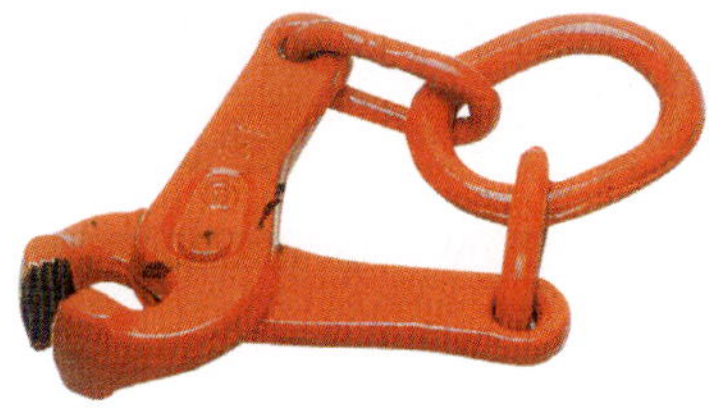

Figura 6.36. Mordazas tijera.

6.5.5. Cable de seguridad

Su función es limitar el desplazamiento de la cadena de tiro y las mordazas en caso de rotura o deslizamiento sobre la superficie de acoplamiento.

También se utiliza para limitar el desplazamiento del equipo de tracción en los casos anteriores.

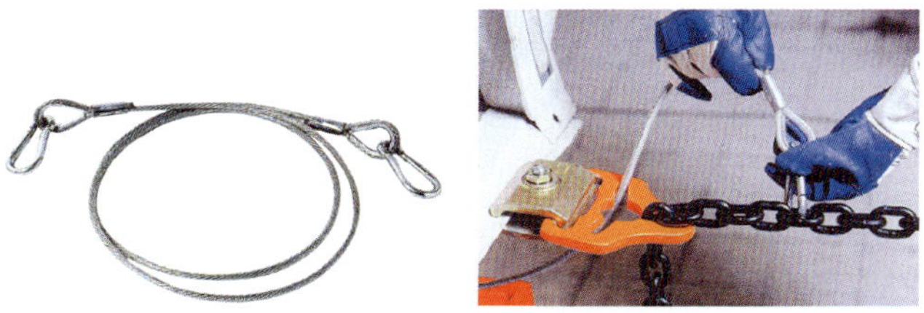

Figura 6.37. Cadena de seguridad.

6.5.6. Reenvío

Es un útil que se utiliza para cambiar la dirección del tiro.

Figura 6.38. Reenvío.

6.5.7. Plataformas rodantes

Es un útil que se utiliza para trasladar vehículos que tienen las ruedas bloqueadas (Figura 6.39).

Figura 6.39. Plataforma rodante.

6.5.8. Cabrestante

Es un torno que tiene acopladas algunas bancadas para subir los vehículos a la plataforma. Al igual que el resto de los cabrestantes utilizados en la industria puede ser manual o eléctrico (Figura 6.40).

6.5.9. Pilar de apoyo

Se utiliza para poder elevar un punto de la carrocería cuando se encuentra en un elevador (Figura 6.41).

6.5.10. Placa de anclaje universal

Es una placa que dispone de múltiples orificios para que se pueda atornillar o fijar en distintas zonas de la carrocería y realizar tiros rectos (Figura 6.42).

Figura 6.40. Cabrestante.

Figura 6.41. Pilar de apoyo.

Figura 6.42. Placa de anclaje universal.

6.5.11. Elevador móvil

Es un elevador portátil que se emplea para montar la carrocería en la bancada o poder realizar diagnósticos.

Figura 6.43. Elevador móvil.

6.5.12. Caballetes con ruedas

Son unos soportes con ruedas que sirven para desplazar la carrocería a la zona de reparación. Dependiendo de su altura, también se utilizan para desmontar la mecánica. La sujeción a la carrocería se realiza mediante unas mordazas. Es muy importante apretar fuertemente los tornillos de las mordazas para evitar movimientos indeseados que puedan provocar accidentes.

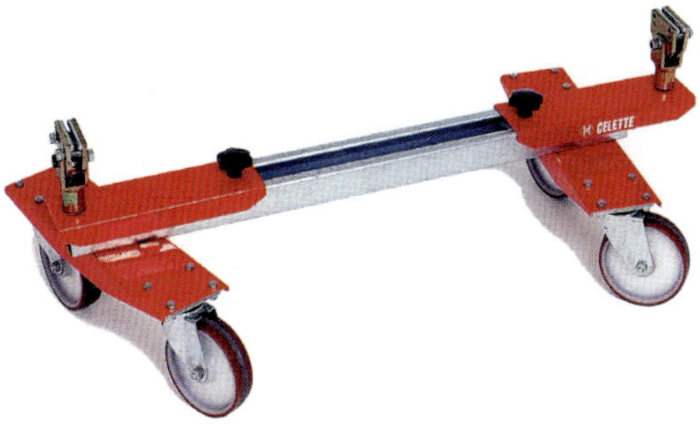

Figura 6.44. Caballete con ruedas.

6.5.13. Útil McPherson

Útil que se adapta a las torres de suspensión para efectuar tiros sin deformarlas.

Figura 6.45. Útil torre de suspensión McPherson.

6.5.14. Caballetes individuales

Son unos soportes que se emplean para mantener el vehículo elevado mientras se introduce la bancada y proceder a su amarre.

Figura 6.46. Caballetes individuales.

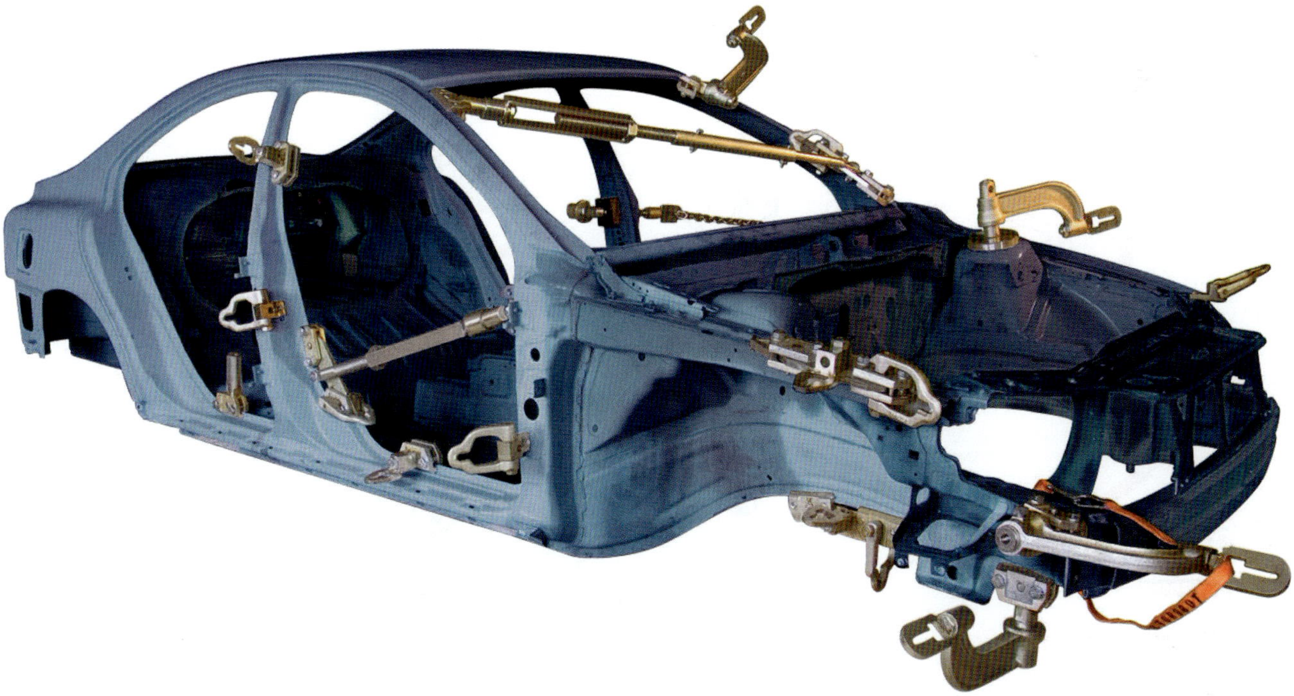

Figura 6.47. Útiles de tiro.

6.5.15. Extensor mecánico

Son unos brazos extensibles que se utilizan para evitar la deformación de huecos de la carrocería cuando se realizan los tiros. Para esta operación también se pueden utilizar los gatos hidráulicos conectándoles unos agarres especiales en sus extremos.

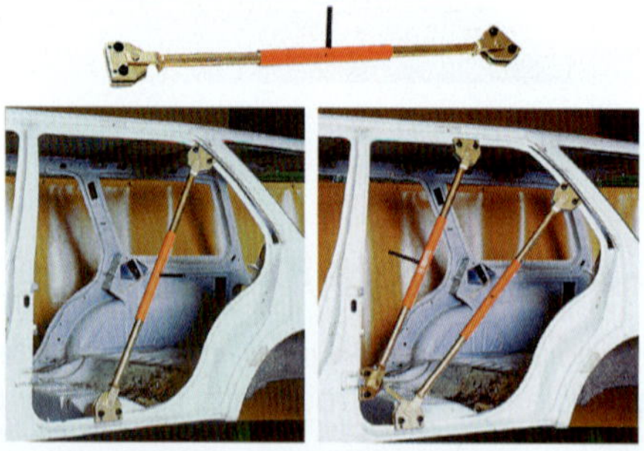

Figura 6.48. Extensor mecánico.

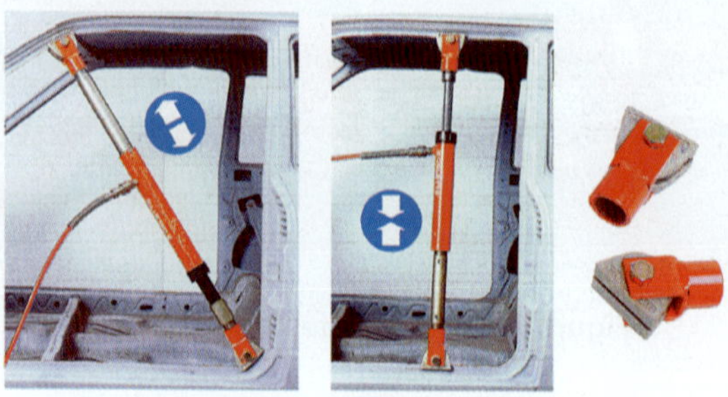

Figura 6.49. Extensor hidráulico.

6.5.16. Gancho de tracción universal

Es un útil diseñado para realizar los primeros tiros en grandes daños.

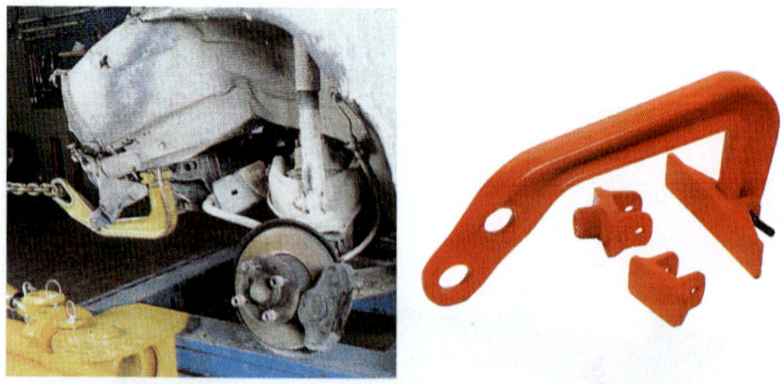

Figura 6.50. Gancho de tracción universal.

6.5.17. Equipo hidráulico portátil

Está formado por gatos hidráulicos en cuyos extremos se pueden acoplar distintos adaptadores y extensiones para enderezar las zonas deformadas, pudiendo usarse para comprimir, tensar o estirar la chapa en distintas posiciones y zonas como:

- Separación de largueros.
- Huecos de puertas.
- Separación de los montantes centrales.
- Aproximación de los montantes centrales.

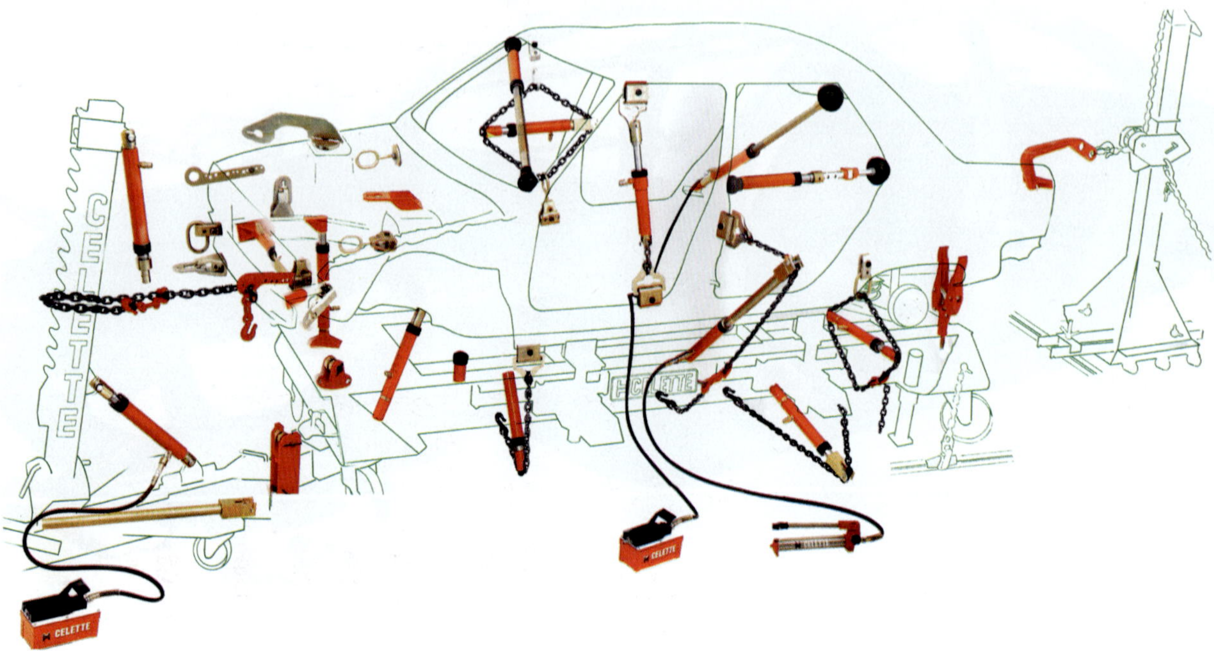

Figura 6.51. Equipos hidráulicos portátiles.

- Separación de guardabarros.
- Restablecimiento de la diagonal del habitáculo.
- Etcétera.

El equipo está compuesto (Figura 6.52) por una bomba hidráulica manual y unos cilindros hidráulicos de distintas dimensiones que se conectan entre sí mediante una tubería flexible de alta presión, ya que este equipo puede suministrar una fuerza de tracción de hasta 10 toneladas. En los cilindros hidráulicos se pueden acoplar distintos soportes y extensiones, utilizando unos acoplamientos rápidos, que variarán en función del punto donde haya que aplicar la fuerza.

Figura 6.52. Elementos de un equipo hidráulico.

6.6. Otros tipos de bancadas

Además de las descritas anteriormente, existe una gran variedad de bancadas, cada una con una característica determinada que la diferencia de las demás, pero sus principios de funcionamiento son iguales. A continuación se detallan algunas de ellas.

6.6.1. Bancadas para vehículos industriales

Son bancadas cuyos principios son similares a los de las que se utilizan para los turismos, salvo que sus estructuras son más robustas para poder realizar y soportar mayores esfuerzos. Al igual que en la reparación de los turismos, existen bancadas de bastidor, elevadas del suelo y de bastidor anclado al suelo. La elección del sistema que utilizar vendrá determinada, entre otras cosas, por la zona que hay que reparar del vehículo (Figuras 6.54 y 6.55).

Figura 6.53. Bancada anclada al suelo.

Figura 6.54. Reparación de travesaños.

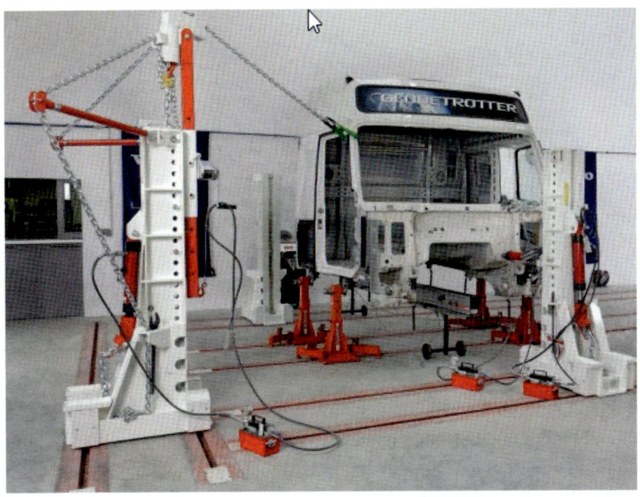

Figura 6.55. Reparación de cabina.

Figura 6.56. Equipamiento básico para reparación de cabina.

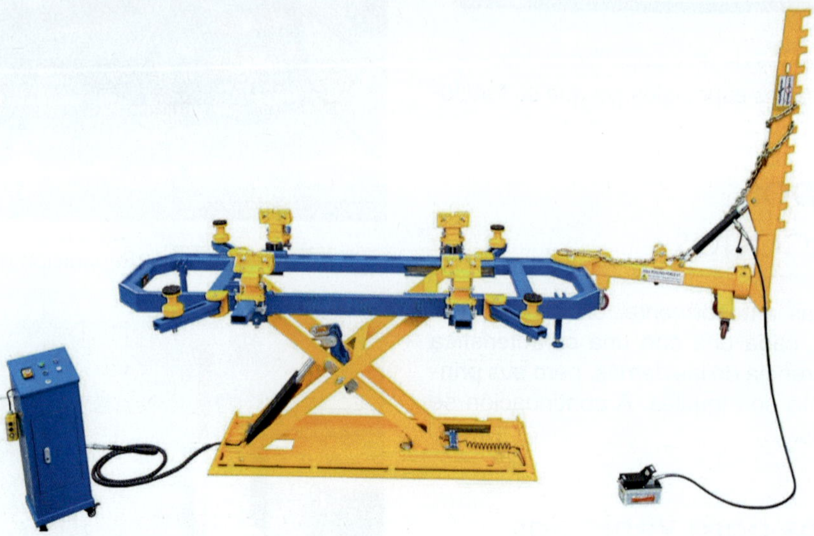

Figura 6.57. Minibancada.

En la Figura 6.56 aparece el equipamiento básico para la reparación de las cabinas de camión de carga pesada:

- Banco concebido para el enderezamiento de las cabinas.
- Juego de soportes universales.
- Gálibo específico para cada cabina.
- Torres de tracción.
- Mantenimiento de las estructuras traseras de la cabina.
- Mantenimiento del zócalo de la cabina.
- Estribos móviles.

6.6.2. Minibancadas

Son bancadas de reducido tamaño que se utilizan para efectuar reparaciones rápidas en deformaciones que no hayan afectado de manera importante la estructura del vehículo. Básicamente, consisten en un bastidor de reducido tamaño que está instalado sobre un pantógrafo y dispone de un juego de mordazas de sujeción. Los tiros se realizan normalmente con un gato hidráulico en forma de «L», aunque dependiendo del fabricante también puede estar equipado con un gato vectorial y sus accesorios de tiro.

Figura 6.58. Ejemplo de reparación con minibancada.

6.6.3. Bancadas plegables

En realidad no son bancadas especiales, ya que su funcionamiento es igual al de las demás, aunque con la peculiaridad de que, una vez realizado el trabajo, se pueden plegar para que ocupen menos espacio en el taller.

Figura 6.59. Bancada plegable.

6.6.4. Conjunto de tracción simple

En determinadas ocasiones se producen golpes que no afectan a la estructura de la carrocería, pero es necesario realizar diversos tiros para su reparación. Estos tiros se pueden realizar con las minibancadas, o también con este conjunto de tracción simple, compuesto por dos o cuatro caballetes que están unidos por una barra que sujeta las mordazas de sujeción. Sobre esta barra hace tope el gato hidráulico para realizar el tiro.

La principal ventaja que presenta este sistema es que su coste es reducido y no se requieren muchos accesorios. Por el contrario, los tiros (tal y como su nombre indica) han de ser simples y solo deben utilizarse en deformaciones que **NO** hayan afectado a la estructura de la carrocería.

Figura 6.60. Conjunto de tracción simple.

6.7. Mantenimiento de los equipos de tracción

El equipo de tracción y sus accesorios están sometidos a grandes cargas y esfuerzos, por lo que es importante realizar una inspección de forma periódica, reparando los posibles desperfectos o cambiando aquellos que no tengan reparación por exceso de desgaste o deformación.

Como norma, la inspección deberá realizarse siempre antes de utilizarse, revisando:

- **Los componentes hidráulicos:**
  - Comprobar que el pistón del gato no está arañado ni tiene fugas.

- Comprobar que los pasadores de seguridad están correctos.
- Comprobar que las mangueras del circuito hidráulico no tienen fugas.
- Comprobar que las conexiones rápidas de las mangueras se conectan bien y no tienen fugas.
- Utilizar siempre el aceite recomendado por el fabricante.

- **Los componentes mecánicos:**
  - Comprobar que todos los pernos y tornillos están apretados.
  - Comprobar que los pasadores de seguridad están correctos.
  - Comprobar que las cuñas de bloqueo no han sufrido daños; en caso de tener rebabas, esmerilarlas para evitar posibles accidentes.
  - En los equipos de tracción de columnas, engrasar al menos dos veces al año la torre y la columna.
  - Revisar las cadenas para comprobar que no tengan eslabones estirados o doblados.

Como norma básica de mantenimiento y control es aconsejable que después de usar el equipo se limpie y se guarde ordenadamente.

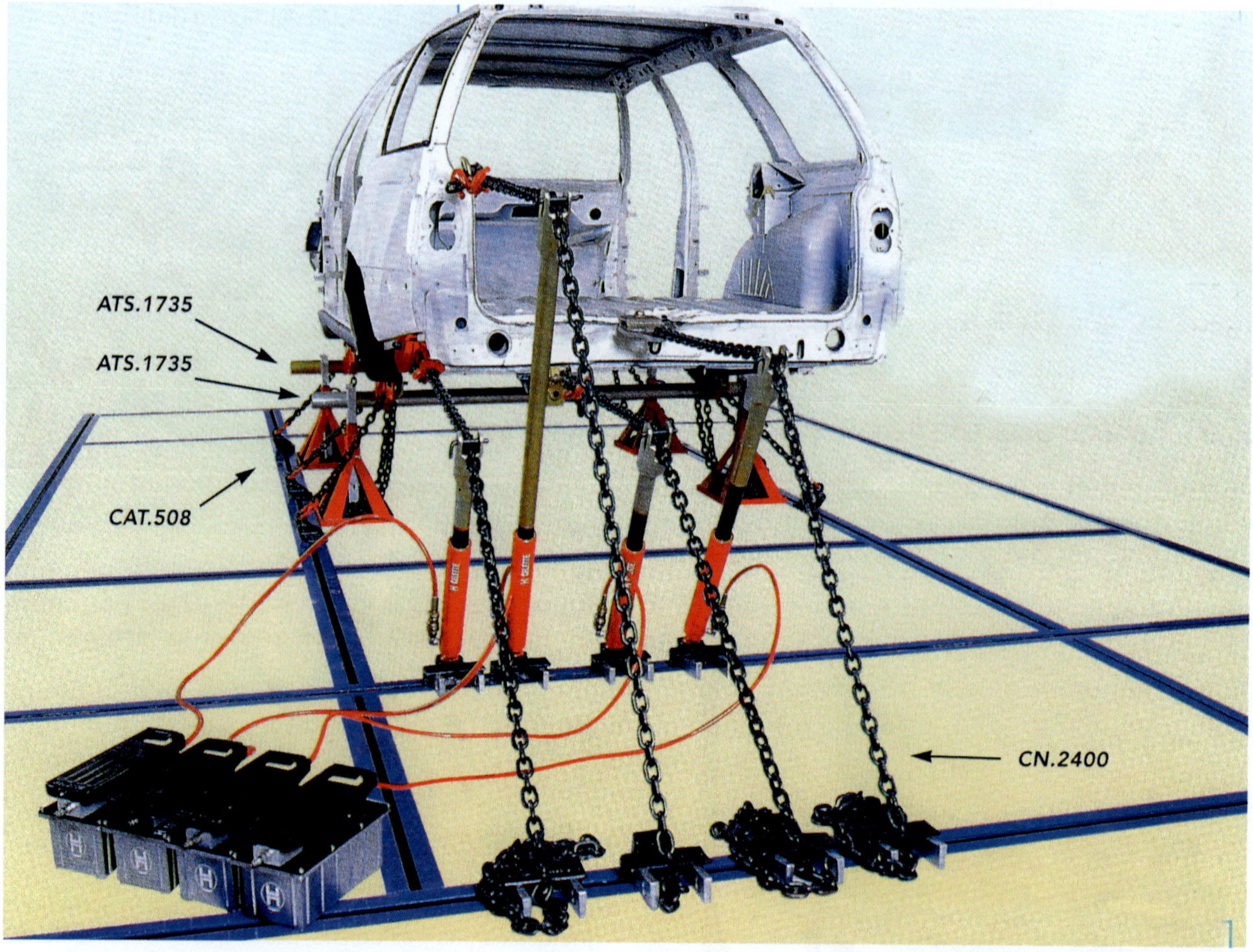

Figura 6.61. Mantenimiento de los equipos de tracción.

CUESTIONES

6.1. Explica la diferencia entre los distintos tipos de equipos de tracción.

6.2. ¿Cuántos tipos de bancos de trabajo existen y cuáles son sus diferencias?

6.3. Detalla un mínimo de cuatro mordazas distintas y sus aplicaciones.

6.4. ¿Qué diferencia hay entre una bancada de vehículos industriales y otra de turismos?

6.5. ¿Qué es una plataforma rodante y para qué sirve?

6.6. ¿Qué factores determinan la elección del tipo de la bancada?

6.7. ¿Qué son los sistemas de anclaje?

6.8. ¿Qué misión tiene el cable de seguridad y dónde se coloca?

6.9. ¿Cómo se debe realizar el mantenimiento de los elementos hidráulicos y mecánicos de los equipos de tracción?

6.10. ¿Qué son las minibancadas?

6.11. Indica cuál de estos dos sistemas es el MZ+:

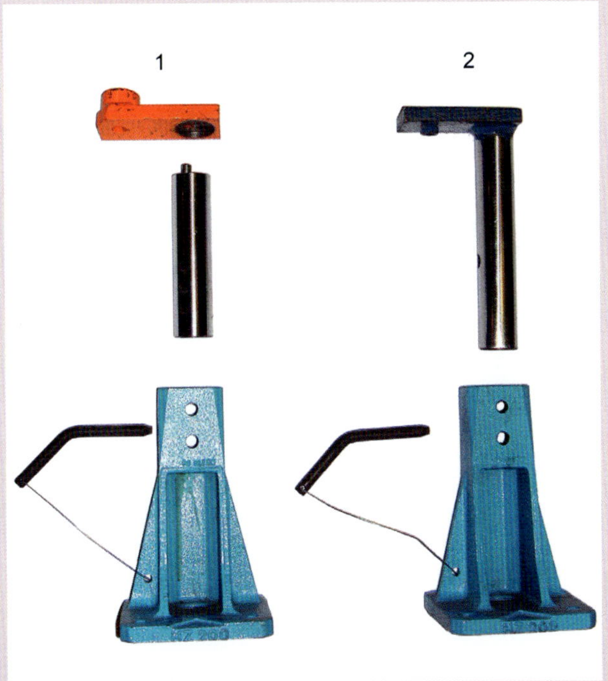

6.12. Indica cómo se denominan los útiles de las imágenes que aparecen a continuación.

6.13. ¿Qué es un extensor mecánico?

6.14. ¿Cómo se denominan los elementos marcados en la imagen?

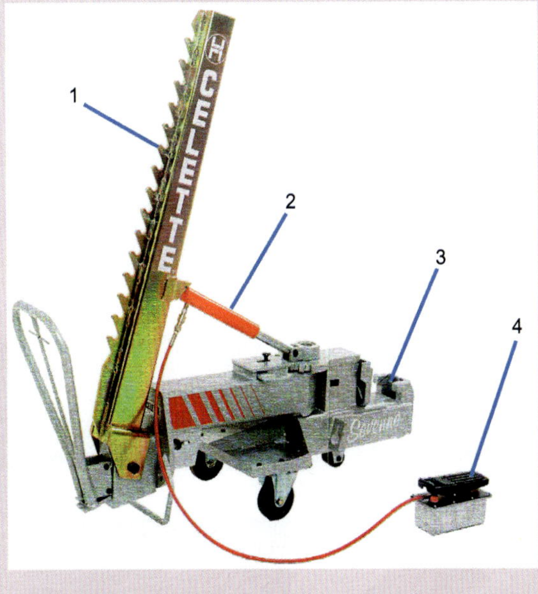

6.15. ¿Qué es una eslinga textil?

6.16. Explica para qué se utiliza el útil de la imagen siguiente.

6.17. ¿Para qué se utilizan los caballetes con ruedas?

6.18. ¿Qué es un gancho de tracción universal?

6.19. ¿Cómo se llama el sistema de control de la imagen siguiente?

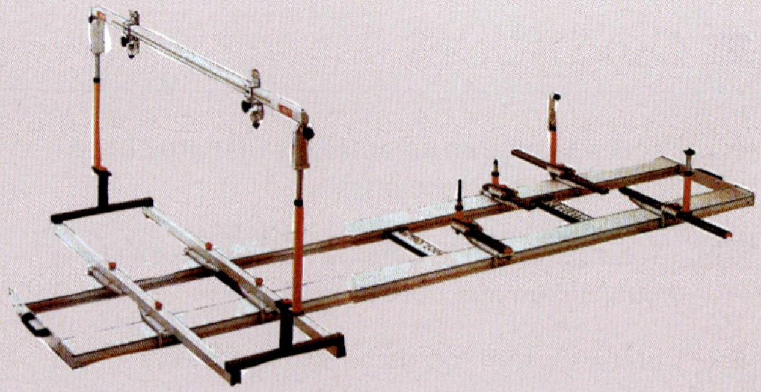

ACTIVIDADES PROPUESTAS

6.1. Realiza una relación de las herramientas y los útiles que tienes en el taller relacionados con la reparación de los elementos estructurales de la carrocería.

6.2. Un vehículo ha sufrido una colisión, deformándose el larguero delantero derecho a la altura de la sujeción de la suspensión. ¿Puede repararse con el conjunto rápido de tracción? Razona la respuesta.

6.3. Realiza el mantenimiento del gato hidráulico de la bancada de tu centro.

6.4. A través de internet localiza bancadas distintas a las que tienes en tu centro y analiza las diferencias existentes.

6.5. Escribe los nombres de las mordazas que aparecen a continuación:

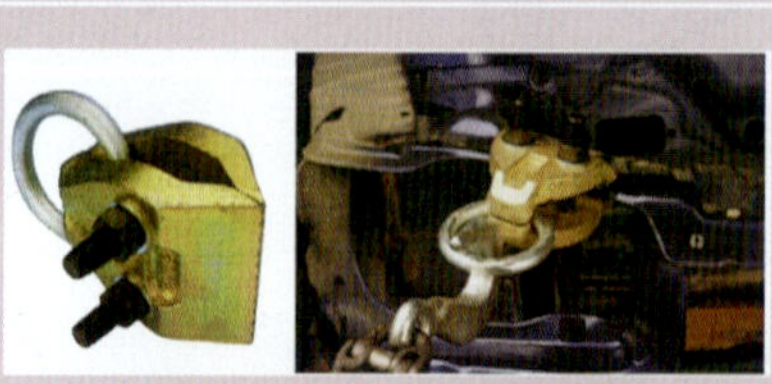	

7

DIAGNÓSTICO DE DAÑOS ESTRUCTURALES

CONTENIDO

OBJETIVOS

- Conocer los diferentes sistemas para diagnosticar y comprobar la estructura de la carrocería.
- Identificar los distintos sistemas de comprobación.
- Aprender a interpretar las fichas técnicas de la carrocería.
- Analizar los posibles desperfectos de una colisión realizando una inspección visual.
- Reconocer las zonas fusibles diseñadas por el fabricante del vehículo.
- Establecer el método adecuado para comprobar las cotas de la carrocería.
- Localizar y comprobar los distintos puntos de control.

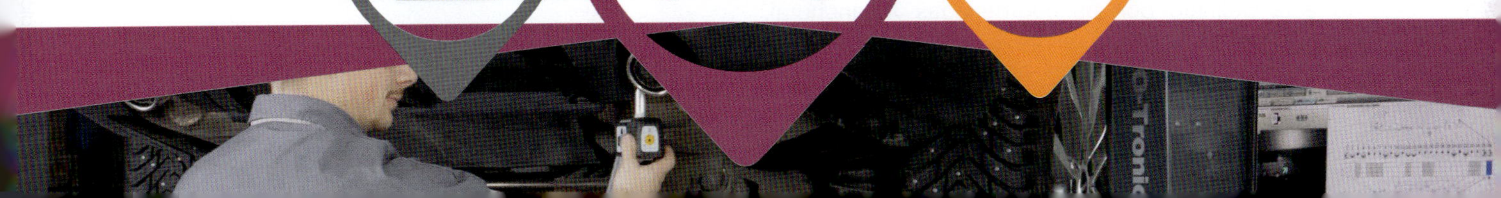

INTRODUCCIÓN

Cuando un vehículo sufre una colisión es necesario, en primer lugar, diagnosticar las deformaciones que se han producido en la carrocería, detectando las zonas afectadas y evaluando los daños que se han producido. Esta primera parte de la reparación es, sin lugar a dudas, una de las operaciones más importantes y hay que dedicarle el tiempo que sea necesario. De ello van a depender las decisiones posteriores que hayan de tomarse en base a las siguientes consideraciones:

- ¿Resultó afectada la estructura del vehículo?
- ¿Se puede reparar esta deformación?
- ¿Qué elementos de la carrocería hay que sustituir?
- ¿Qué elementos se pueden conformar para que vuelvan a sus cotas originales?

Como respuesta a estas consideraciones el carrocero podrá establecer un plan de trabajo utilizando el método y los medios más adecuados, respetando las indicaciones del fabricante del vehículo y las normas de seguridad e higiene. Todo con el objetivo de conseguir una reparación de calidad.

El proceso de diagnóstico de una colisión que ha afectado a la estructura del vehículo se ha de iniciar siempre obteniendo la información de las cotas de la carrocería, proporcionada por el fabricante de la bancada o útil de medida que se vaya a utilizar.

A partir de la localización de los datos de comprobación se podrá establecer la deformación producida por la colisión utilizando los medios de verificación que disponga el taller. Estos medios pueden ser simples (como comparar los puntos simétricos de la carrocería), o utilizar la tecnología actual más avanzada (sistemas informatizados).

Una carrocería mal reparada puede provocar un mal comportamiento del vehículo en la carretera, o un desgaste anormal de los neumáticos, entre otras anomalías.

Esta unidad comienza indicando la forma de interpretar las fichas de datos de diferentes fabricantes de carrocerías y bancadas, el procedimiento adecuado para realizar una inspección visual, como punto de partida del primer diagnóstico que se debe realizar en cualquier colisión, para introducirse a continuación en los distintos sistemas que existen en la actualidad para comprobar la carrocería y los métodos más apropiados para su correcta utilización.

7.1. Cotas de la carrocería

La carrocería del vehículo está diseñada mediante cotas que determinan con exactitud todos y cada uno de sus puntos basándose en una medición espacial, donde cada punto está definido por las coordenadas X (anchura), Y (longitud) y Z (vertical).

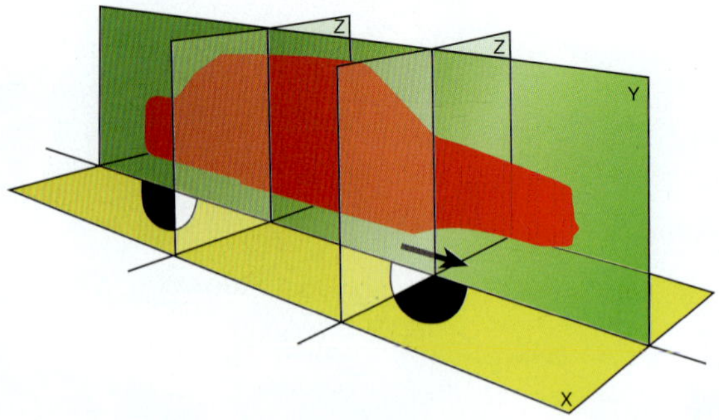

Figura 7.1. Coordenadas de la carrocería.

El conocimiento de estas cotas es indispensable para la comprobación y reparación de la carrocería. Los datos son proporcionados por: los fabricantes de vehículos, los fabricantes de útiles de medidas y los fabricantes de bancadas.

Todas las informaciones son complementarias y se utilizará una u otra en función de:

- Los puntos que hay que medir (distancia entre puntos, medidas tridimensionales, etcétera).
- Los medios que se utilicen (compás de varas, sistema universal de medida, etcétera).
- Lugar donde se encuentra el vehículo situado (elevador, bancada, sobre el suelo, etcétera).
- La precisión de las medidas (sistema mecánico, por comparación, sistema informático, etcétera).

La información de las cotas es específica para cada marca de vehículo y para cada modelo; inclusive, un mismo modelo puede presentar variaciones en sus cotas dependiendo de la fecha de fabricación.

Todas las cotas vienen acompañadas normalmente de su tolerancia dimensional.

Los fabricantes de vehículos, a través de sus manuales de reparación, informan de los puntos de control de la carrocería, las zonas fusibles y todos sus puntos dimensionales, tanto para una diagnosis visual, como para una comprobación con medición entre puntos (Figura 7.2).

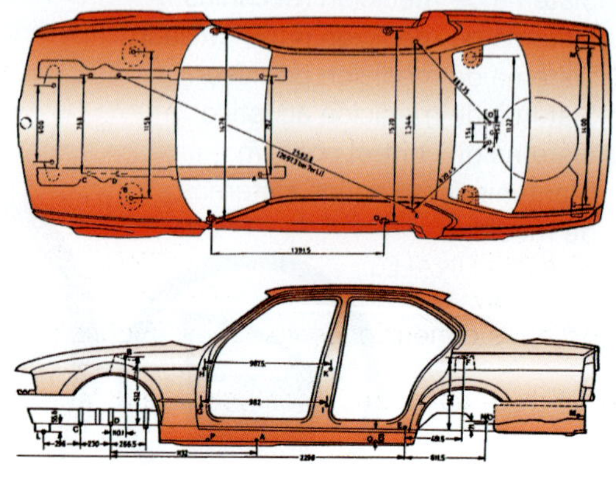

Figura 7.2. Puntos de control.

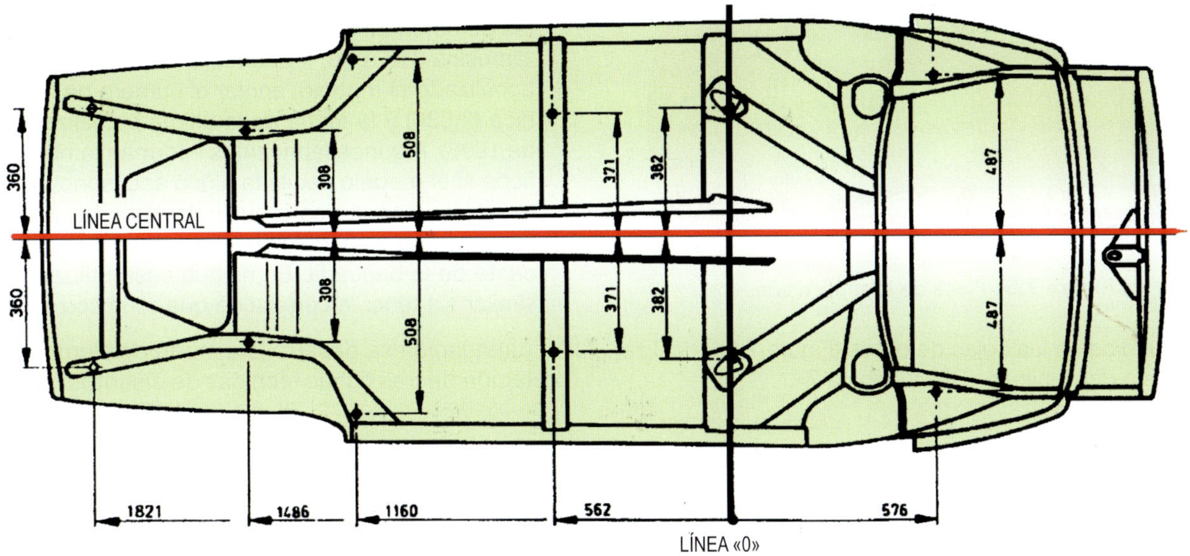

Figura 7.3. Línea central y «0».

Sin embargo, algunas cotas proporcionadas por el fabricante del vehículo no se pueden emplear para la comprobación de la carrocería en la bancada, ya que los puntos de referencia para la reparación del vehículo montado en la bancada pueden variar, siendo necesario recurrir a cotas proporcionadas por el fabricante de la bancada que se establecen basándose en la información dada por el fabricante del vehículo y sus propias mediciones.

Las cotas se establecen partiendo de unas líneas principales de referencia que se utilizan para dimensionar el vehículo en su plano horizontal, transversal y vertical. Estas líneas principales son:

- **Línea central:** es la línea que pasa longitudinalmente por el centro del vehículo, siendo también el eje de simetría. Entre otras dimensiones, a partir de esta línea se definen el ancho de vía, la distancia entre largueros y la distancia de los anclajes de la suspensión (Figura 7.3).
- **Línea «0» de la carrocería:** es una línea perpendicular a la línea central que puede estar situada en diferentes posiciones a lo largo de este eje. A partir de esta línea se toma la referencia para las cotas de longitud. Algunos modelos de bancadas no emplean un punto «0», sino que informan de la distancia de longitud existente entre cada punto de control.
- **Línea de referencia:** es una línea paralela al plano del vehículo en sentido vertical y a partir de la cual se obtienen todas las dimensiones verticales (Figura 7.4).

De acuerdo con estas tres referencias se establece la alineación o la desalineación de la estructura de la carrocería y en su caso el proceso más idóneo para realizar los tiros de tracción.

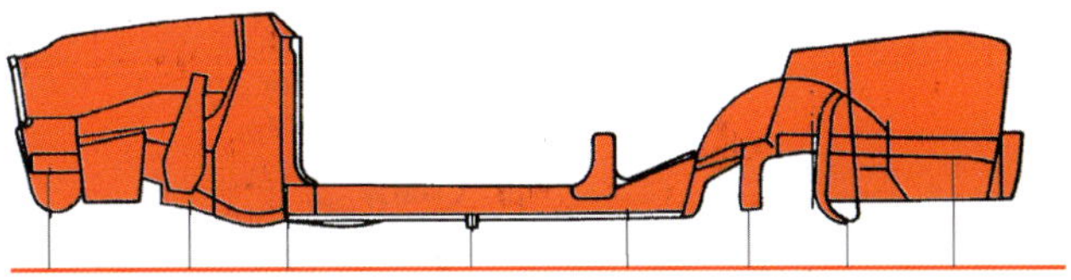

Figura 7.4. Línea de referencia.

7.2. Fichas técnicas o de datos

Basándose en las tres líneas citadas anteriormente, cada fabricante de bancada o útil de medida ha desarrollado unas fichas técnicas o fichas de datos donde informa al operario de las cotas de comprobación, los útiles que hay que utilizar y, en caso de ser necesario, la mejor forma de anclar la carrocería. La interpretación de estas fichas es sencilla, basándose principalmente en la interpretación gráfica de los dibujos que aparecen en la ficha y las dimensiones correspondientes. Estas dimensiones pueden variar ligeramente entre vehículos del mismo modelo, debido a las tolerancias de producción; en cualquier caso siempre se debe buscar la simetría de los puntos como referencia básica.

Independientemente de la procedencia de la ficha técnica, en primer lugar se ha de seleccionar la ficha adecuada para ese modelo. Esta operación se realiza de la siguiente forma:

1. Localizar la placa de identificación del vehículo para determinar el modelo (Figura 7.5).

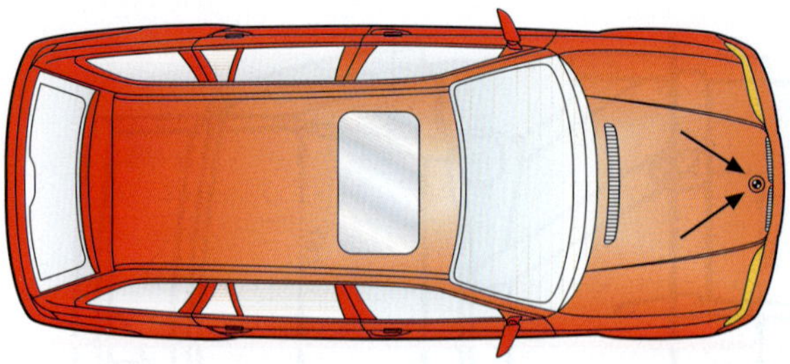

Figura 7.5. Placa de identificación.

2. En el índice de las hojas de datos (Figura 7.6), localizar la marca del vehículo «BMW página 7».
3. Acudir a la página indicada donde comienzan los modelos de este fabricante de vehículo y localizar el modelo «limusina 316, E46, 4 puertas».
4. Localizado el modelo, anotar el número de la ficha técnica (2:036) y la fecha de la última actualización (el 09 de 1998). Algunos fabricantes informan también en esta ficha si el modelo necesita algún accesorio de medida, mordazas especiales o cualquier otro útil. En caso de no encontrar el modelo buscado, consultar con el fabricante de la bancada. En ningún caso utilizar otra ficha similar sin tener la certeza de que es la correcta.

A continuación se desarrolla a modo de ejemplo la interpretación de tres fichas técnicas de distintos fabricantes.

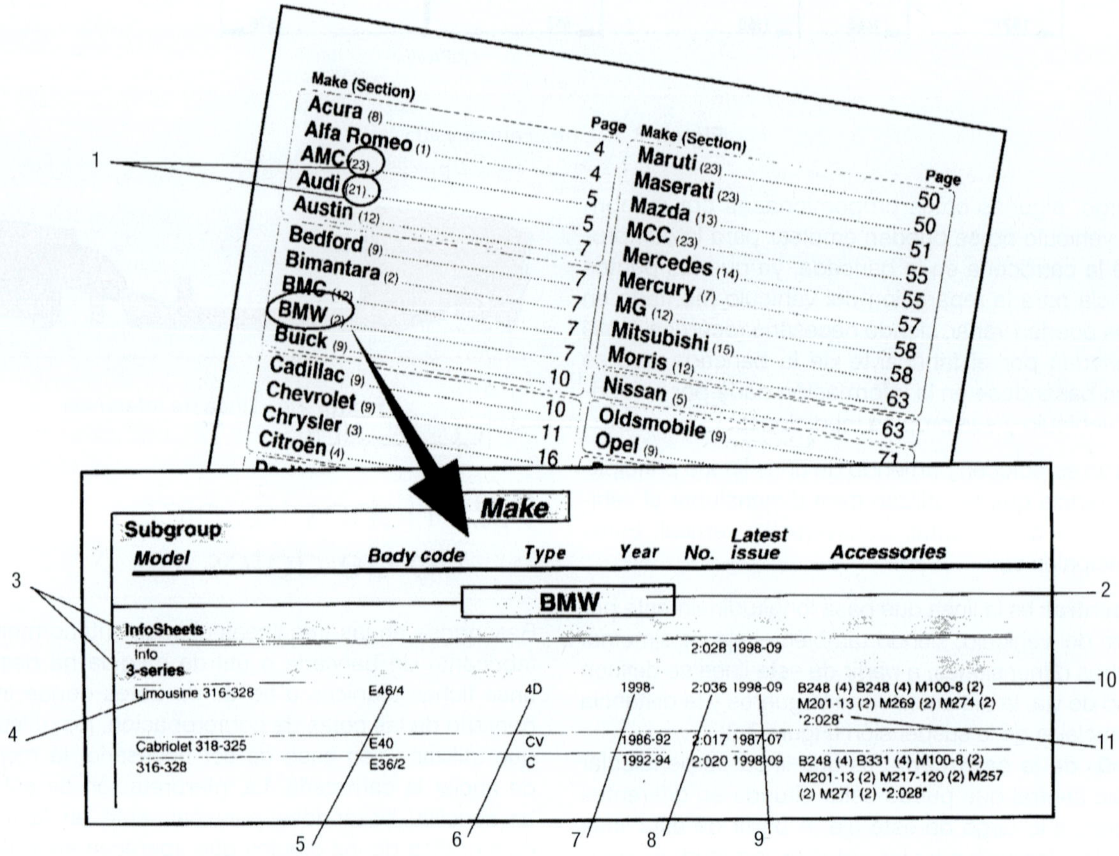

1. Prefijo de marca (índice).
2. Marca.
3. Subgrupos.
4. Modelo de coche y distancia entre ejes en mm.
5. Código de carrocería (en ocasiones distancia entre ejes).
6. Códigos. (Ver la última página del manual de hojas de datos o página 8 en este manual.)
7. Año.
8. Número de hoja de datos.
9. Fecha de actualización.
10. Accesorios de medida y de bancada. Pueden variar dependiendo del mercado. (Por ejemplo, el kit B-73 en USA incluye accesorios adicionales.)
11. Número de hoja de información.

Figura 7.6. Hoja de datos. **Ejemplo BMW serie 3 de 1998, limusina 316, E46, 4 puertas.**

7.2.1. Fichas Car-O-Liner

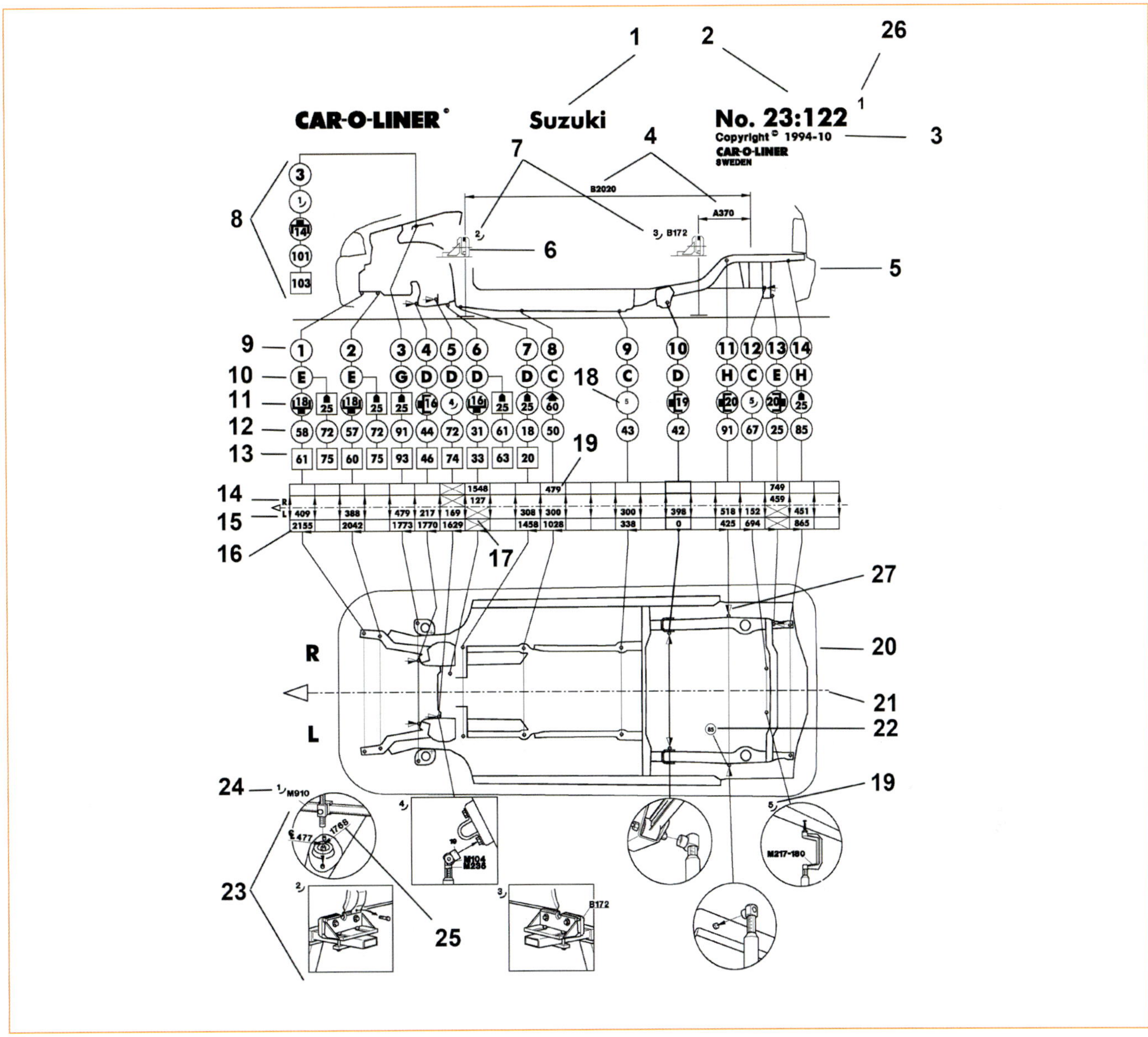

Figura 7.7. Ficha Car-O-Liner.

A continuación se indica pormenorizadamente cada uno de los componente de la ficha Car-O-Liner:

1. Marca del vehículo.
2. Número de la ficha.
3. Fecha de actualización de la ficha.
4. Distancia de las mordazas al centro del eje trasero.
5. Vista lateral, parte izquierda del vehículo.
6. Posición de las mordazas de anclaje.
7. Utilizar mordazas especiales, R = derecha, L = izquierda, ver dibujos explicativos «2 y 3».
8. Puntos de medidas, controlados desde arriba con el sistema de medida de puntos superiores M-910.
9. Numeración de los puntos de medidas; los puntos de medida o de control son los puntos de referencia que el fabricante de la bancada o útil de medición ha considerado conveniente por su localización o posición para informar de las tres cotas que los definen. Pueden ser orificios, tornillos, pestañas, etcétera.
10. Tubo de altura (Figura 7.8): son unos tubos de extensión de distintas longitudes sobre los que se desplazan

unas escalas deslizantes graduadas en milímetros para la medición de altura. Están clasificados por distintas letras: B, C, D, etcétera.

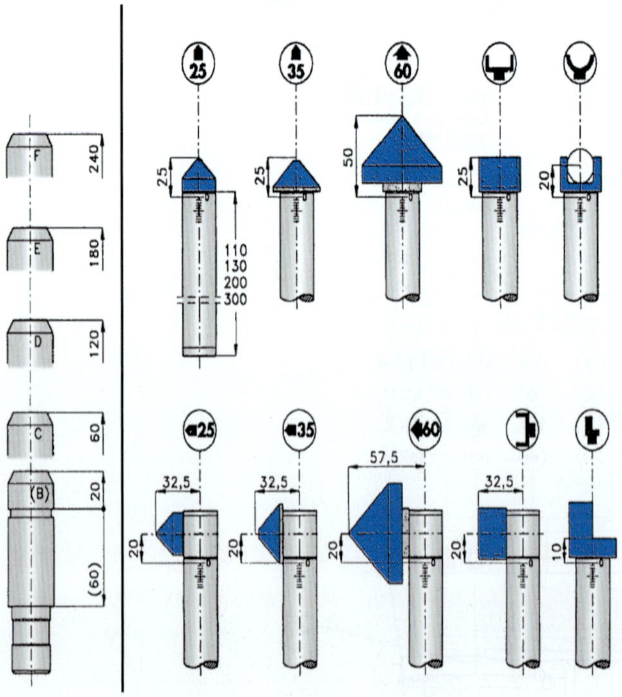

Figura 7.8. Tubos de altura.

11. Tipo de adaptador: son adaptadores de medición, preparados para tomar las medidas en los puntos indicados en la ficha. Si se encuentra en el interior de un cuadrado, indica que hay que realizar la comprobación con la mecánica desmontada, y si se encuentra en el interior de un círculo es para realizar la comprobación con la mecánica montada. El extremo de cada adaptador está diseñado para unos puntos determinados.

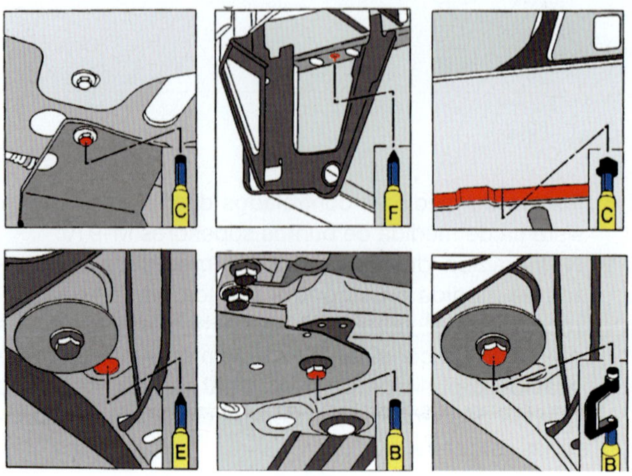

Figura 7.9. Adaptadores de medición.

12. Dimensiones de altura: es la cota de altura que debe medir ese punto con la mecánica montada. La cota se lee directamente en la escala graduada.
13. Dimensiones de altura sin motor: es la cota de altura que debe medir ese punto con la mecánica desmontada.
14. Longitud y anchura de la parte derecha del vehículo: indica la cota de longitud y anchura del lado derecho, siempre que ese punto no sea simétrico respecto al lado izquierdo. La casilla superior indica la cota de longitud y la segunda casilla indica la cota de anchura.
15. Longitud y anchura de la parte izquierda del vehículo: indica la cota de longitud y anchura del lado izquierdo, siempre que ese punto sea simétrico respecto al lado derecho. La casilla inferior indica la cota de longitud y la segunda casilla indica la cota de anchura.
16. Igual medida para las partes izquierda y derecha: siempre que en las casillas inferiores (lado izquierdo) aparezcan cotas y las casillas superiores (lado derecho) no tengan cotas, significa que la cota reflejada es para ambos lados.
17. Punto que solo existe en la parte derecha: cuando en las casillas superiores (lado derecho) aparezcan cotas y las casillas inferiores (lado izquierdo) tengan unas cruces, significa que esa medida es exclusivamente para el lado derecho.
18. Longitudes diferentes pero igual anchura: cuando en la casilla superior aparece una cota reflejada y en la siguiente casilla no aparezca ninguna cota, indica que ese punto tiene la misma medida de anchura que el lado izquierdo, pero es de diferente medida de longitud.
19. Ver el dibujo explicativo: algunos puntos de medidas tienen anotado un número que se corresponde con un dibujo aclaratorio.
20. Vehículo visto desde arriba.
21. Línea central del vehículo.
22. Dimensiones de altura del lado izquierdo no simétrica.
23. Dibujos explicativos para puntos de medidas: si están dentro de un círculo (◯) es con la mecánica montada, y si está dentro de un cuadrado (□) es con la mecánica desmontada.
24. Dimensiones para el sistema de medida de puntos superiores M-910: indica que esta cota debe utilizarse siempre que se utilice el útil M-910 para tomar medidas en la parte superior. Estas son las cotas de ese punto.
25. Medida de longitud con el útil M-910 para puntos superiores.
26. Número de página.
27. Dirección de la medición (si no es desde abajo).

7.2.2. Fichas Celette

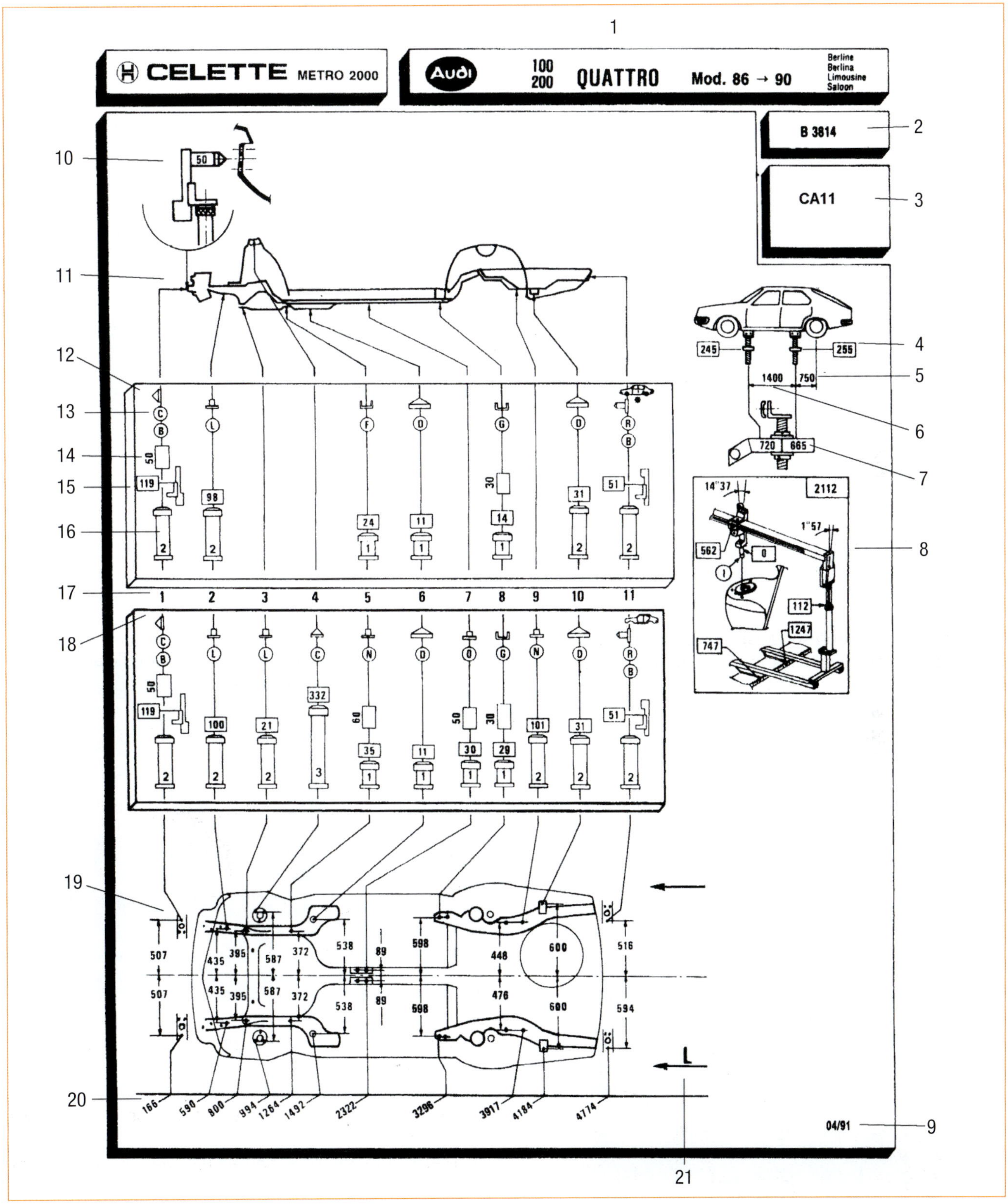

Figura 7.10. Ficha Celette.

A continuación se indica cada uno de los componentes que aparecen en la ficha Celette de la Figura 7.10:

1. Marca y modelo del vehículo.
2. Número de ficha.
3. Accesorios.
4. Cota de altura de las mordazas de anclaje traseras.
5. Cota de longitud de las mordazas de anclaje partiendo del centro del eje trasero.
6. Cota de longitud entre las mordazas de anclaje.
7. Cota de anchura de las mordazas de anclaje.
8. Cota de las torres de suspensión.
9. Fecha de actualización de la ficha.
10. Dibujo explicativo de un punto de control.
11. Vista lateral izquierda de la carrocería.
12. Útiles y puntos de control de la carrocería con la mecánica montada.
13. Terminales específicos para cada punto de control. Están clasificados por letras.

Figura 7.11. Terminales específicos.

14. Distanciales específicos para cada punto de control. Están clasificados por números que normalmente se corresponden con su medida de extensión.

Figura 7.12. Distanciales específicos.

15. Cota de altura de cada punto de control con los útiles indicados.
16. Torres específicas para cada punto de control. Están clasificadas por números.

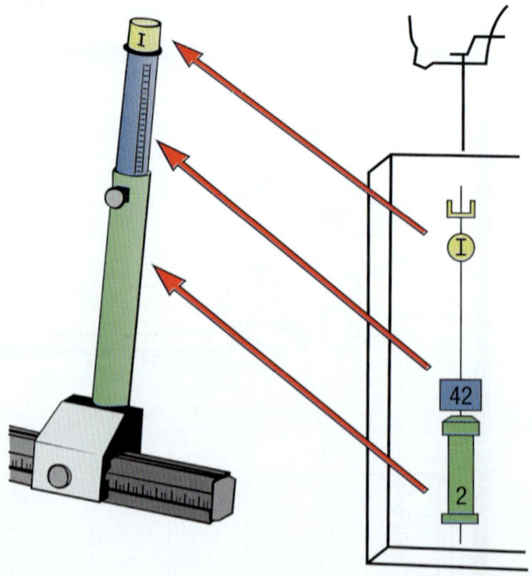

Figura 7.13. Torres específicas para cada punto.

Para el control de las cotas de cada punto no siempre es necesario montar distanciales, en muchas ocasiones solo con los terminales y las torres se pueden controlar las cotas de ese punto. En estos casos, los distanciales no están reflejados en la ficha.

Figura 7.14. Distanciales específicos.

17. Identificación de los puntos que controlar (Figura 7.15).
18. Útiles y puntos de control de la carrocería con la mecánica desmontada.
19. Carrocería vista desde arriba (planta) con las cotas de anchura entre los puntos de control.
20. Cotas de longitud de cada punto de control.
21. Lado izquierdo de la carrocería.

Figura 7.15. Ejemplos de puntos que hay que controlar con sus útiles específicos.

7.2.3. Fichas de Spanesi

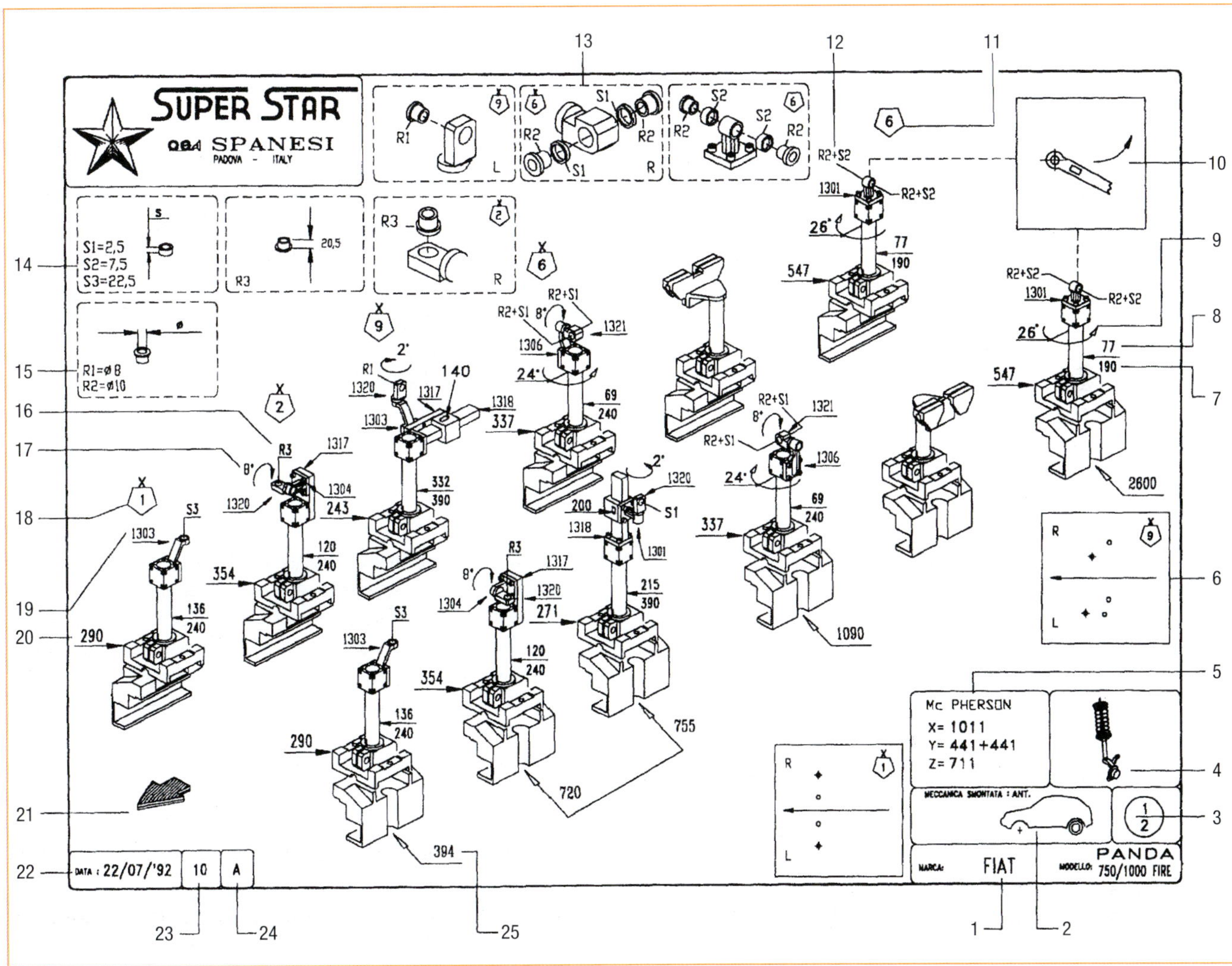

Figura 7.16. Ficha de Spanesi.

A continuación se indica cada uno de los componentes de la ficha Spanesi de la Figura 7.16:

1. Marca y modelo de vehículo.
2. Ficha para la reparación delantera del vehículo.
3. Esta ficha se compone de dos páginas, siendo esta la primera.
4. Control de la suspensión MacPherson.
5. Cotas de control de la torre de suspensión MacPherson.
6. Puntos de referencia para el punto de control número 9.
7. Identificación de la torre para comprobar ese punto.
8. Cota de altura.
9. Grados que se debe girar el útil horizontalmente para posicionarlo correctamente.
10. Retirar brazo.
11. Identificación del punto de control con la mecánica montada.
12. Tipo de ensamblaje.
13. Dibujo explicativo de un ensamblaje.
14. Dimensión de las arandelas de ensamblaje.
15. Dimensión de los casquillos de ensamblaje.
16. Tipo de ensamblaje.
17. Grados que se debe girar el útil verticalmente para posicionarlo correctamente.
18. Identificación del punto de control con la mecánica desmontada.
19. Identificación del cabezal de la torre.
20. Cota de anchura.
21. Dirección de la carrocería.
22. Fecha de actualización de la ficha.
23. Número de la ficha.
24. Clasificación de las modificaciones.
25. Cota de longitud. Esta cota puede venir indicada para banco de trabajo de 5 metros.

7.3. Análisis visual de una colisión

Cuando un vehículo ha sufrido una colisión es preciso realizar un diagnóstico previo para analizar qué tipo de deformación se ha producido. El primer diagnóstico que se debe realizar consiste en una inspección visual de todo el vehículo, no solo de la zona que ha sufrido el impacto. También es conveniente revisar detenidamente (en función del tamaño de la colisión) el resto del vehículo; ya que la fuerza recibida por una colisión se transmite con facilidad por las zonas más resistentes de la carrocería, afectando al final a los elementos más débiles que pueden encontrarse en otras zonas del vehículo. Prueba evidente de ello son los vehículos antiguos, que tenían unos largueros casi indeformables, donde la deformación se producía cuando el larguero cambiaba de dirección, o en los puntos más débiles que, a veces, ya se encontraban dentro del habitáculo de la carrocería.

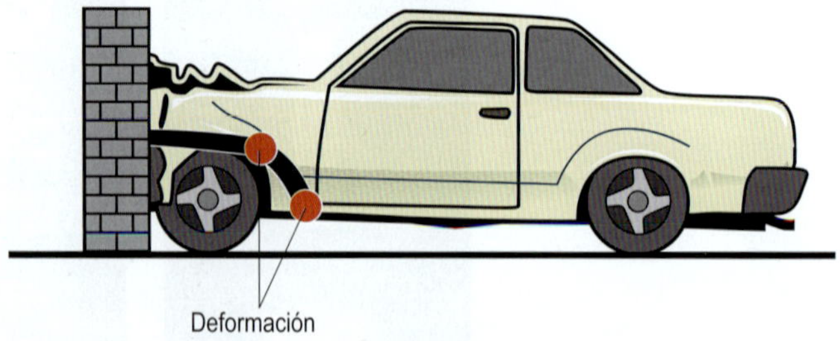

Figura 7.17. Ejemplo de deformación.

En la actualidad ya no es así, pero dependiendo de la dirección y del punto de la colisión pueden aparecer deformaciones en otras zonas del vehículo.

Mediante un análisis visual se pueden sacar conclusiones de los daños que ha ocasionado la colisión, utilizando esa información para establecer el método de trabajo que hay que seguir para su total diagnóstico.

Figura 7.18. Análisis visual.

La inspección visual comenzará alejándose un poco del vehículo, dando una vuelta a su alrededor, fijándose en el estado general de la carrocería y deduciendo cómo se produjo la colisión y las zonas afectadas. Se observa al contraluz los bordes de las aletas, las posibles aguas del techo y del capó, así como las zonas donde se encuentre la pintura saltada. Se compara el plano del suelo con los bajos de la carrocería y se determina si existe un posible retorcimiento. Para confirmar esta observación hay que fijarse en la distancia existente entre el hueco de la aleta con la rueda y compararla con el hueco del otro lado.

A continuación, situarse más cerca del vehículo para observar y medir las distintas holguras y los desniveles existentes entre los elementos de la carrocería (Figura 7.19) como capó, puertas, pilares, aletas, portón, etc., comparándolas con las cotas del manual de reparación del vehículo.

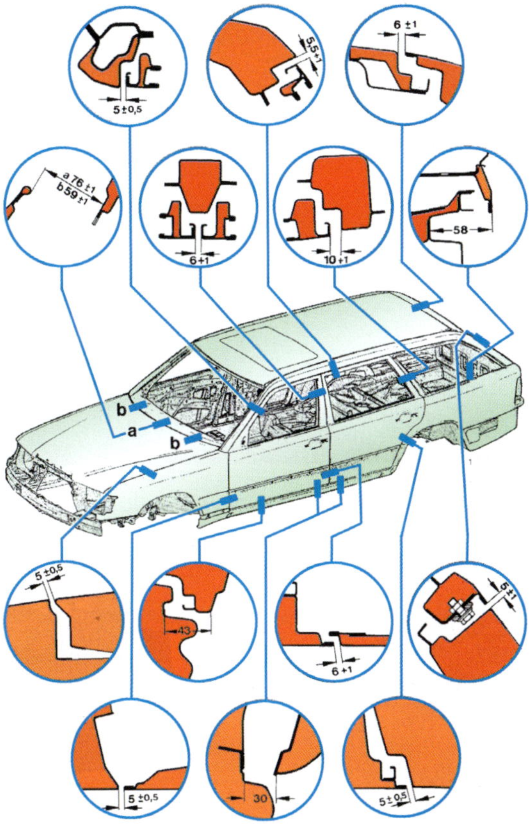

Figura 7.19. Control de holguras y desniveles especificado por el fabricante.

Las puertas están sujetas por las bisagras que, a su vez, están ancladas en los pilares de forma que, en caso de deformación, las luces entre la puerta y los elementos que les rodean variarán. Es preciso abrir y cerrar la puerta observando su desplazamiento y que se ajusta correctamente, o cerciorarse de que efectivamente existe variación de las luces.

La verificación de la separación entre los elementos se puede realizar utilizando unas galgas de espesores como las de las Figura 7.20, 7.21 y 7.22.

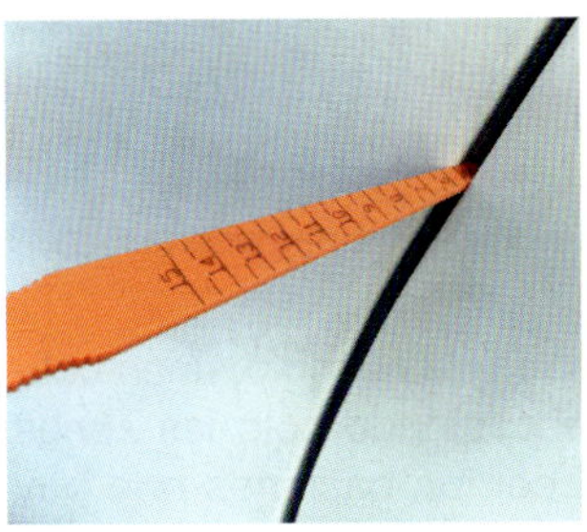

Figura 7.20. Galgas para el control de la holgura.

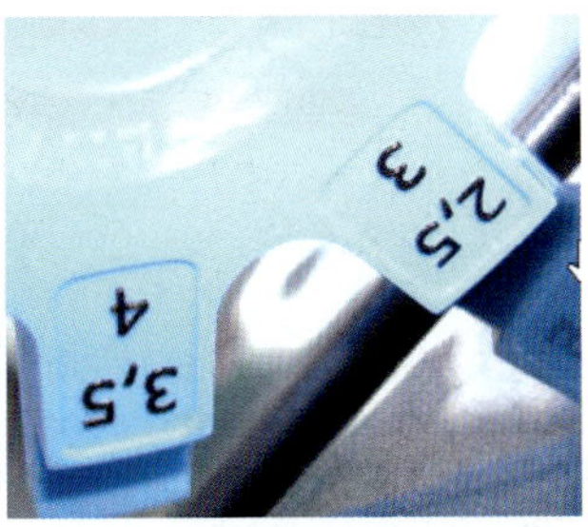

Figura 7.21. Galgas para el control de la holgura.

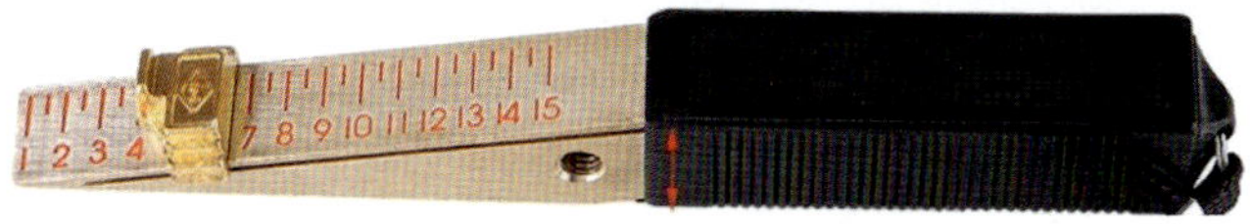

Figura 7.22. Galgas para el control de la holgura.

Observar de igual forma las luces del capó y del portón trasero, abriéndolo y cerrándolo para comprobar que funciona correctamente.

Abrir el capó y consultar en el manual de reparación los puntos de deformación precalculados (Figura 7.23), que son los primeros en deformarse durante un accidente. Si surgen dudas, pasar la mano por la zona y confirmar si existen pliegues o abolladuras.

Hay que tener en cuenta que en una colisión se pueden producir daños indirectos como consecuencia de la inercia de los objetos pesados que están anclados sobre monturas de gomas. Cuando se produce una colisión, el motor, la caja de cambios y los elementos más pesados se desplazan en sentido contrario a la fuerza que provoca el golpe, pudiendo deformar los soportes de anclaje o golpear la zona adyacente. Revisar con detenimiento estas zonas.

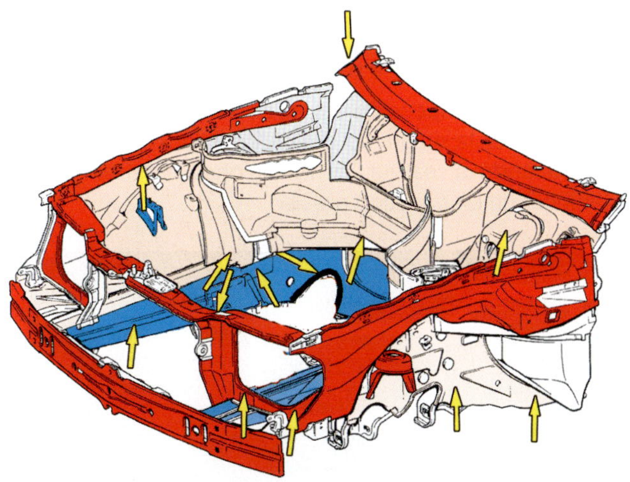

Figura 7.23. Observar puntos de deformación programada.

Abrir el portón y observar si se han producido daños ocasionados por el equipaje que, al igual que en el caso anterior, se haya desplazado por efecto de la colisión, golpeando las paredes del maletero. Si la colisión ha sido muy fuerte, también se pueden producir deformaciones como consecuencia de la propia inercia del vehículo, que tiende a mantener la posición que tenía antes de producirse la colisión. Observar las juntas de unión entre elementos. Si los selladores se encuentran agrietados es síntoma de una posible deformación o tensión acumulada.

Si la colisión ha sido muy fuerte no se debe olvidar revisar el habitáculo, pues los propios pasajeros han podido provocar daños en los asientos, el tablero de instrumentos o el volante.

Figura 7.24. Revisar el maletero.

Comprobar que el cinturón de seguridad funciona correctamente y, si es un vehículo con pretensor pirotécnico, asegurarse de que su mecanismo se encuentra correctamente, o si, por el contrario, ha saltado.

Elevar el vehículo y revisar los puntos de deformación precalculados (Figura 7.25). Pasar la mano por los largueros y observar si existen abolladuras o pliegues. Siempre es más fácil detectar estos síntomas en la zona cóncava, ya que en el otro lado aparecerá una curva más suave y difícilmente observable (Figuras 7.26 a 7.28).

Si se observa deformación en los largueros o en la plataforma, se debe bajar el vehículo y retirar las alfombras del habitáculo y del maletero para realizar una inspección visual de esta zona en la que se pueden ocultar daños.

Realizada esta inspección visual, se estará en condiciones de determinar la magnitud del daño producido en la colisión, pasando a realizar las mediciones necesarias para establecer un diagnóstico preciso.

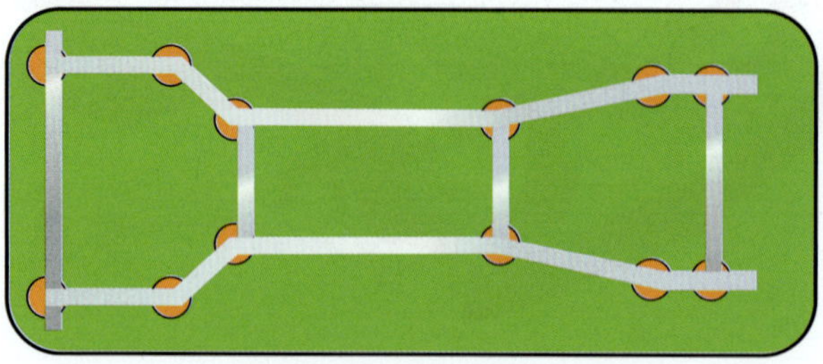

Figura 7.25. Observar los puntos de deformación en largueros y travesaños.

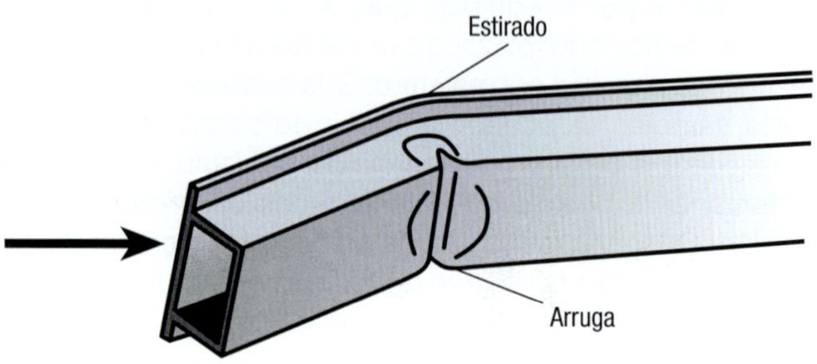

Figura 7.26. Deformación de un larguero.

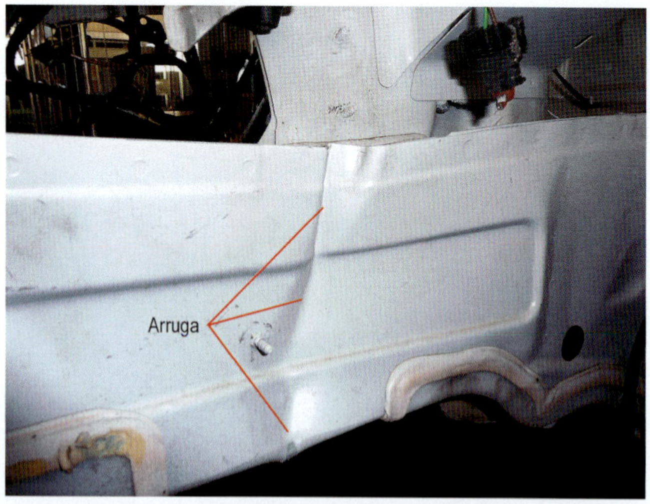

Figura 7.27. Ejemplo de arruga.

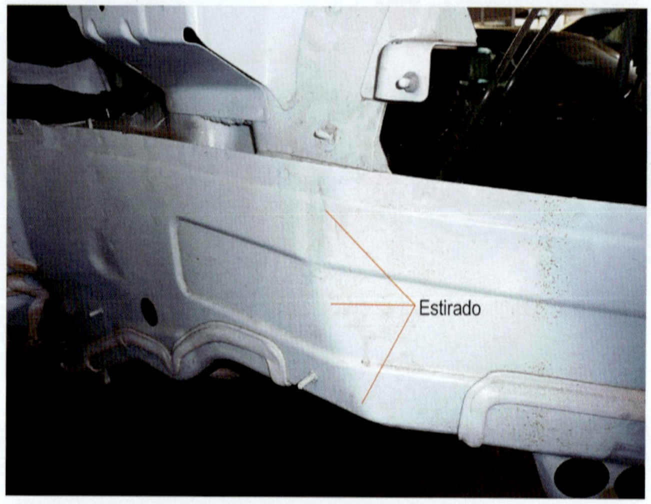

Figura 7.28. Ejemplo de estirado.

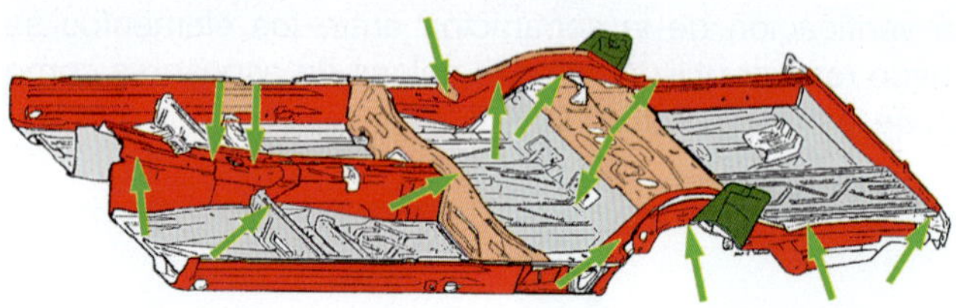

Figura 7.29. Inspección visual de las zonas ocultas.

A continuación se analizan, a modo de ejemplo, unas colisiones de intensidad fuerte, describiendo solo las zonas dañadas de la carrocería y las comprobaciones que hay que realizar, además de la inspección visual (no se detallan los elementos o mecanismos mecánicos/eléctricos afectados en la colisión).

Tabla 7.1. Colisión frontal central

Elementos deformados	Elementos que pueden estar deformados	Comprobaciones que realizar
Parachoques delantero	Revestimiento inferior del parabrisas	Alineación del bastidor
Aletas delanteras	Montantes delanteros del techo	Cotas del habitáculo
Pase de ruedas delantero	Techo	Cotas del marco de las puertas
Travesaño delantero	Montantes puertas delanteras	Cotas del marco del parabrisas
Largueros del bastidor inferior	Montantes puertas posteriores	Cotas del compartimento del motor
Soporte de la suspensión	Salpicadero	
Capó motor	Bajos de la parte delantera	

Tabla 7.2. Colisión frontal izquierda

Elementos deformados	Elementos que pueden estar deformados	Comprobaciones que realizar
Parachoques delantero	Aleta delantera derecha	Alineación del bastidor
Aleta delantera izquierda	Montante delantero izquierdo del techo	Cotas del habitáculo
Pase de rueda izquierdo	Techo	Cotas del marco de las puertas
Travesaño delantero	Montante puerta delantera izquierda	Cotas del marco del parabrisas
Larguero inferior izquierdo	Larguero inferior derecho	Cotas del compartimento del motor
Capó del motor	Montante central del techo	

Tabla 7.3. Colisión lateral

Elementos deformados	Elementos que pueden estar deformados	Comprobaciones que realizar
Parachoques delantero	Aleta delantera derecha	Alineación del bastidor
Aleta delantera izquierda	Larguero delantero derecho	Cotas del habitáculo
Pase de ruedas izquierdo	Montante derecho del techo	Cotas del marco de las puertas
Larguero delantero izquierdo	Montante puerta izquierda	Cotas del marco del parabrisas
Travesaño delantero	Salpicadero	Cotas del compartimento del motor
Capó del motor	Montante central del techo	

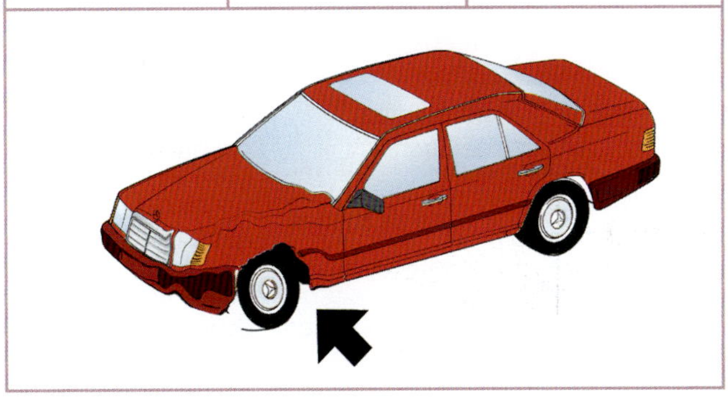

Tabla 7.4. Colisión lateral a la altura del montante de la puerta delantera

Elementos deformados	Elementos que pueden estar deformados	Comprobaciones que realizar
Travesaño delantero	Túnel del piso	Alineación del bastidor
Larguero derecho	Aleta derecha	Cotas del marco de las puertas
Revestimiento del bastidor inferior del parabrisas	Larguero derecho	Cotas del marco del parabrisas
Revestimiento de los bajos de la puerta izquierda	Montante puerta derecha	Cotas del compartimento del motor
Aleta izquierda	Montante del techo	
Pase de rueda izquierdo		
Puerta izquierda		
Salpicadero		
Piso		
Montante de la puerta izquierda		

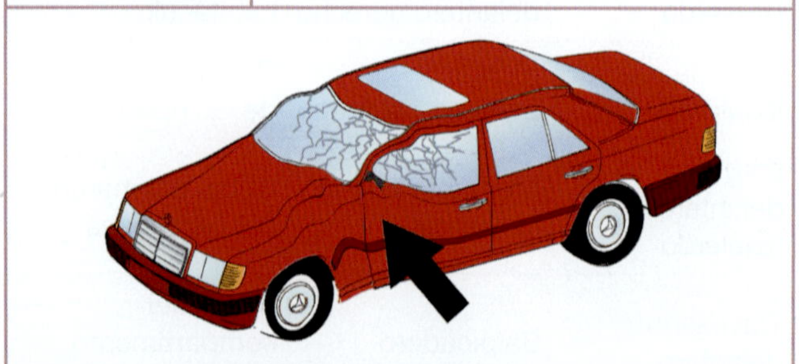

Tabla 7.5. Colisión posterior central

Elementos deformados	Elementos que pueden estar deformados	Comprobaciones que realizar
Parachoques trasero	Montantes del techo	Alineación del bastidor
Revestimiento travesaño trasero	Pases de ruedas	Cotas del habitáculo
Largueros posteriores	Travesaño trasero	Cotas del marco de las puertas traseras
Piso		Cotas del marco de la luna trasera
Aletas traseras		Cotas del habitáculo

7.4. Compás de varas

El compás de varas, también denominado regla graduada, es un útil de medida que se utiliza para una medición rápida y aproximada de la estructura de la carrocería o para medir determinadas zonas del vehículo (huecos de lunas, anclajes, etc.). Es de fácil utilización y con él se puede realizar un prediagnóstico de las posibles deformaciones producidas en la colisión.

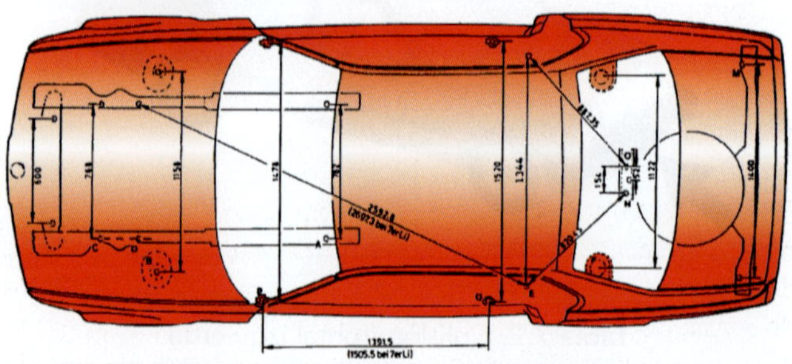

Figura 7.30. Cotas de la carrocería.

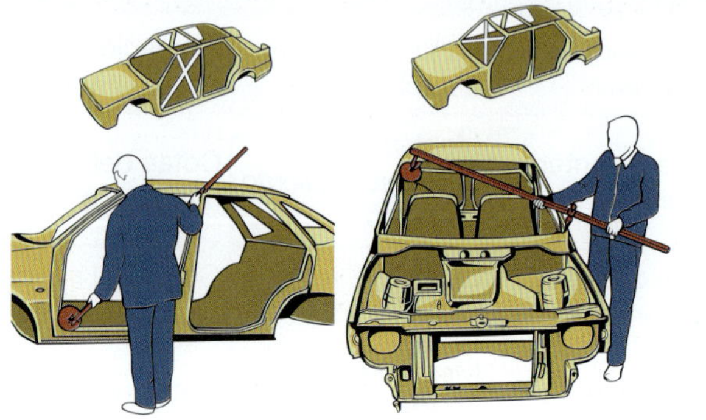

Figura 7.31. Ejemplo de medición con el compás de varas.

Está constituido por un tubo telescópico que incorpora normalmente una escala graduada en milímetros. En cada extremo tiene un soporte por donde se desplaza perpendicularmente una varilla que también está milimetrada y forma un ángulo de 90° respecto del tubo telescópico, pudiéndose intercambiar con una terminación distinta, o de diferentes dimensiones, en función del punto que hay que controlar. Algunos modelos tienen también incorporada una burbuja de nivel para poder tomar cotas de altura utilizando la graduación de la varilla.

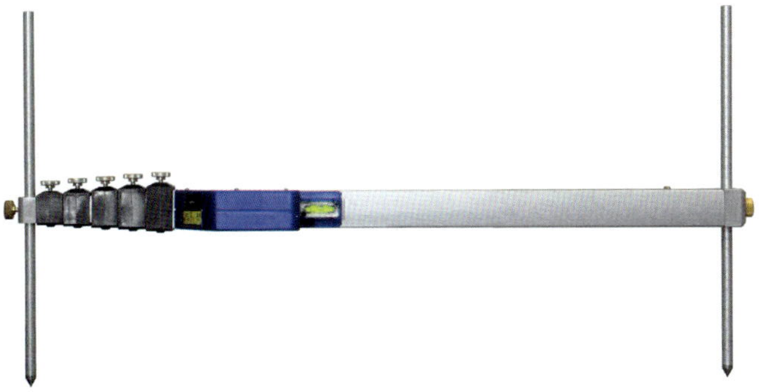

Figura 7.32. Compás de varas.

La medición con este útil se puede realizar:

- Por comparación.
- Por medición.

7.4.1. Por comparación

Este método se basa en comprobar la simetría entre los puntos de control de la estructura, es decir, puntos cuyas dimensiones son iguales en ambos lados. La mayor parte de estos puntos son agujeros en la estructura del vehículo y sus dimensiones son la distancia de centro a centro de cada orificio. También se pueden realizar mediciones por comparación para comprobar la alineación de las rótulas de la suspensión, los soportes de anclajes, etcétera.

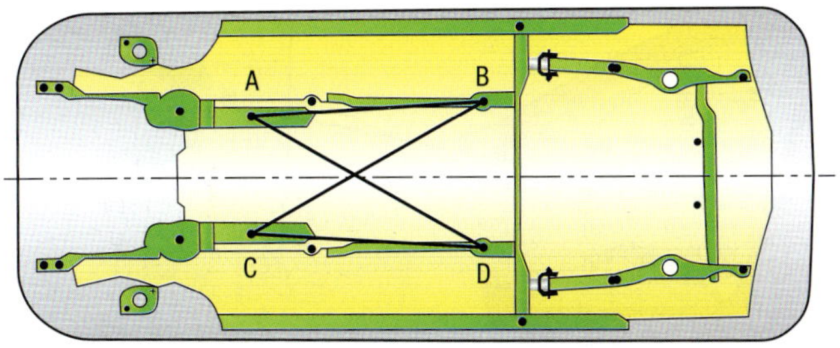

Figura 7.33. Medida por comparación.

Para realizar medidas por comparación es indispensable realizar siempre como mínimo dos medidas (longitud y diagonal); de lo contrario, la medición puede llegar a ser errónea como se describe en los siguientes ejemplos.

Control de puntos simétricos

La medida de la cota AD se comprueba que es igual a la cota BC; lo mismo ocurre al medir la cota AC, que es igual a la cota BD, por lo que se puede afirmar que los puntos de control A, B, C, D no tienen deformación.

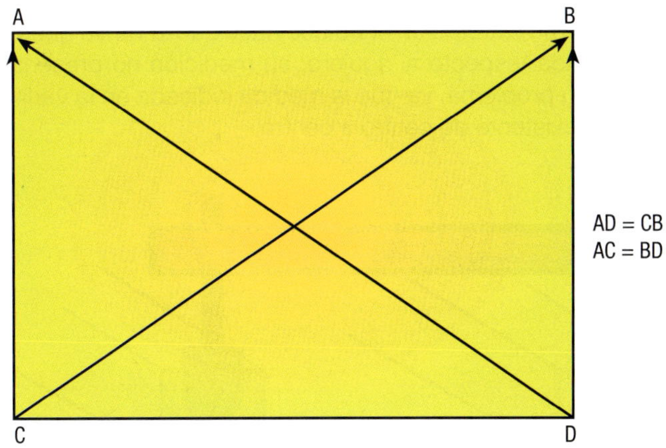

Figura 7.34. Medidas simétricas.

Control de puntos con deformación hacia la derecha

Las cotas longitudinales AC y BD tienen las mismas medidas. En cambio, las cotas diagonales son distintas, produciéndose un desplazamiento hacia el lado más largo (en este ejemplo, hacia el lado derecho).

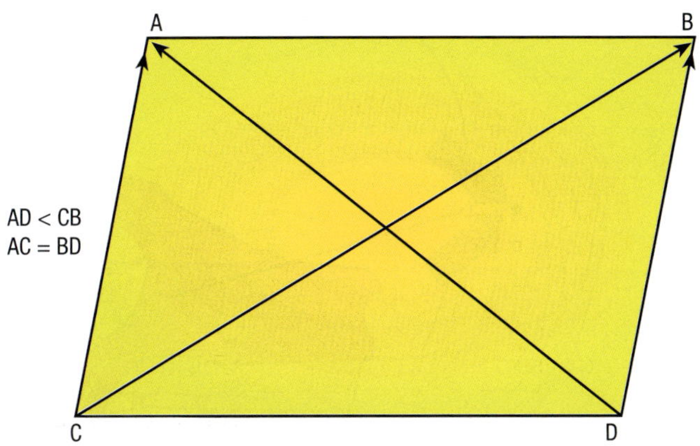

Figura 7.35. Medidas no simétricas.

7.4.2. Por medición

Con este método se trata de medir la distancia que hay entre dos puntos comparándola con la indicada en la ficha técnica. Cualquier variación de las cotas significaría que el punto controlado ha resultado afectado por la colisión. Como en la mayoría de los casos, los puntos de referencia en la estructura son taladros. Las medidas hay que tomarlas de centro a centro, pudiéndose presentar diversos casos:

- **Los orificios son del mismo tamaño.** En este caso, si la varilla del compás está correctamente centrada respecto a los agujeros a medir, bien porque son del mismo diámetro que los agujeros o porque se ha podido acoplar en su extremo un cono que hace que la varilla quede centrada respecto al agujero, su medición no presenta ningún problema, ya que la medida indicada en la varilla es la existente de centro a centro.

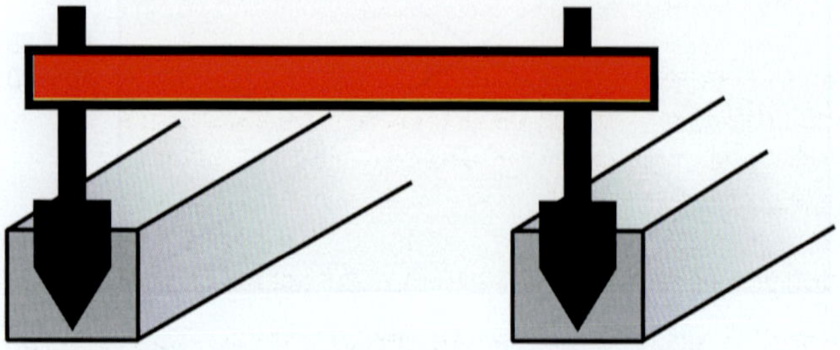

Figura 7.36. Medidas con orificios iguales y adaptadores idóneos.

En el caso de que la varilla no quede centrada respecto de los agujeros (debido, por ejemplo, a que el diámetro de la varilla es inferior), hay que tomar la medida en uno de los extremos de los agujeros (Figura 7.37), siempre que en los dos sea en el mismo lado, para que se mantenga la medida central.

- **Los agujeros tienen distintos tamaños.** Es un pequeño inconveniente que se resuelve tomando las medidas existentes entre los extremos más alejados y los extremos más cercanos; ambas medidas se suman y se dividen por dos. El resultado es la distancia de centro a centro de los taladros.

Figura 7.37. Medidas con orificios iguales y adaptadores más pequeños.

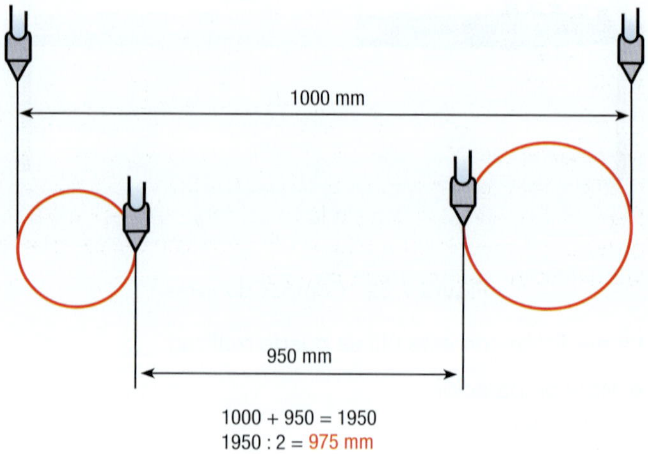

Figura 7.38. Medidas con orificios de distintos diámetros.

También se pueden medir zonas de la carrocería cuyos puntos de control no sean agujeros y tengan otros puntos de referencia. En estos casos la ficha técnica indicará cuál es el punto en concreto desde donde se deben tomar las medidas.

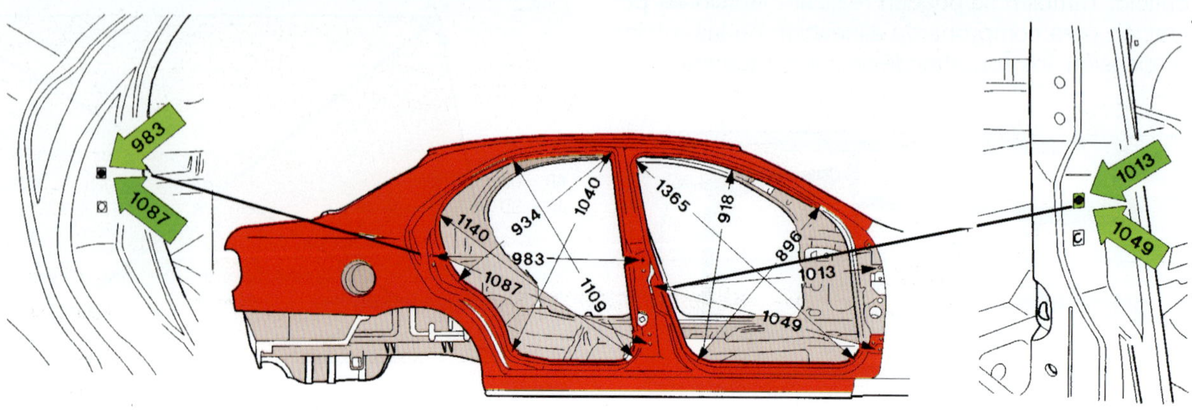

Figura 7.39. Medidas con puntos de control.

Tanto para las medidas por comparación como para las medidas directas de comprobación de las cotas, se alcanzará mayor precisión cuanto mayor sea la distancia de los puntos que hay que controlar y se obtendrá mayor seguridad de la verificación si se realiza más de una medición desde el mismo punto de control.

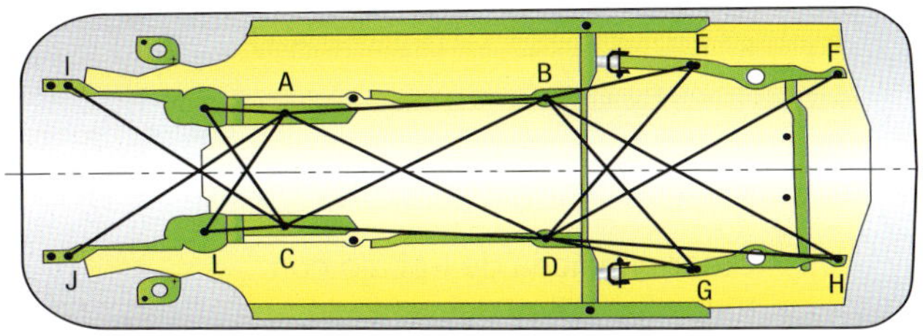

Figura 7.40. Verificar el mismo punto de control desde varias posiciones.

Si el compás de varas tiene incorporada una burbuja de nivel, se pueden controlar cotas de altura siempre que el vehículo esté nivelado.

El proceso es idéntico al utilizado anteriormente; es decir, se medirán las cotas de longitud y las diagonales, pero manteniendo el tubo telescópico perfectamente nivelado. Para ello se apoyará una de las varillas y se desplazará la otra hasta nivelar el compás. A continuación se observará la medida que marcan ambas varillas.

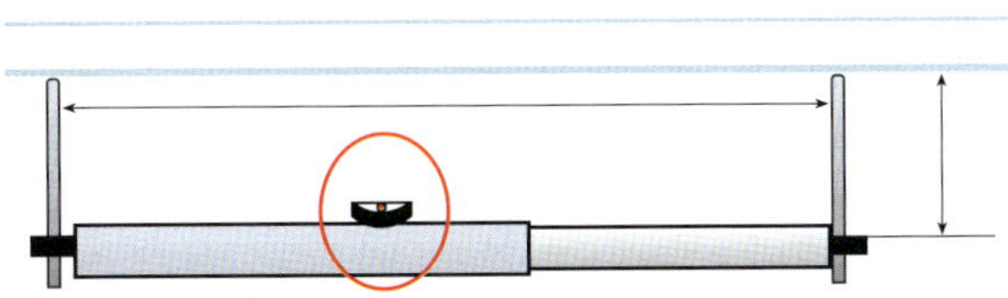

Figura 7.41. Mantener nivelado el compás.

En algunas marcas de vehículos, la medición del bastidor se realiza partiendo de un punto central que se encuentra en el travesaño central.

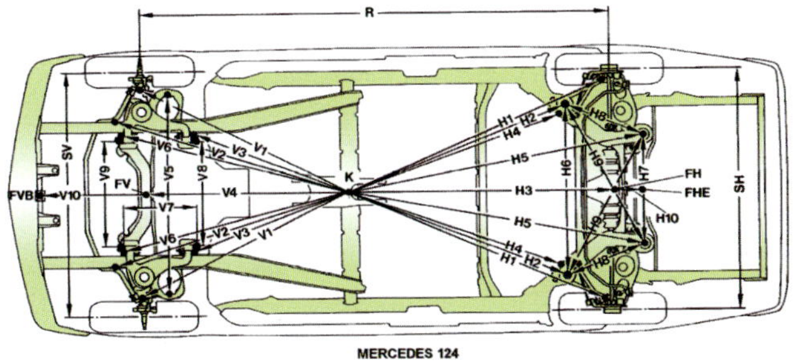

Figura 7.42. Medición desde el mismo punto de control.

7.5. Compás digital

Actualmente existen compases digitales que miden la distancia de los puntos seleccionados y los compara con las cotas definidas por el fabricante. Las medidas recopiladas, a través de *bluetooth,* se insertan en una base de datos a través de un programa instalado previamente en un ordenador, y confirma si son correctas, o no, las medidas tomadas.

Por otro lado, este sistema permite compilar toda la información de la carrocería, en lo que concierne al diagnóstico, así como incluir fotografías reales y datos adicionales sobre la carrocería y realizar un informe sobre las mediciones efectuadas.

Su utilización es rápida y precisa. A continuación se desarrolla un resumen del proceso con el compás digital Point X de Car-O-Liner.

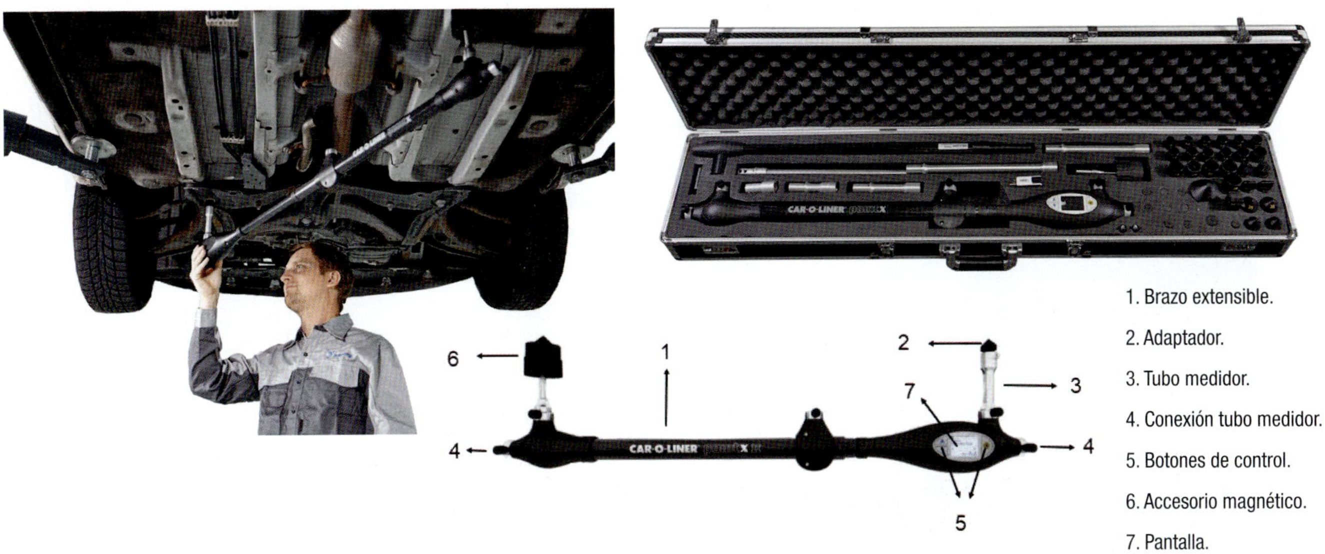

Figura 7.43. Compás digital Point X de Car-O-Liner.

PROCESO DE MEDICIÓN CON EL COMPÁS DIGITAL POINT X DE CAR-O-LINER

Situar el vehículo en un elevador.

Crear una ficha de trabajo con todos los datos del vehículo: marca, modelo, año de fabricación, etcétera.

Esta información debe ser correcta, ya que permitirá al programa establecer los útiles necesarios y los puntos de medidas.

1.

Se inicia realizando el centrado del equipo en una zona no dañada de la carrocería.

Seleccionar lo que corresponda, «con o sin mecánica».

Seleccionar los puntos de referencia sin daños. En el ejemplo se eligen los puntos 12 y 18.

En la figuras de la izquierda aparecen:

- El punto donde se debe realizar la medida.
- El adaptador que se debe utilizar (25).
- La longitud del brazo extensible (100 mm).

Para obtener los mejores resultados de centrado, la distancia entre los puntos de referencia deben ser como mínimo el 50 % de la longitud del vehículo.

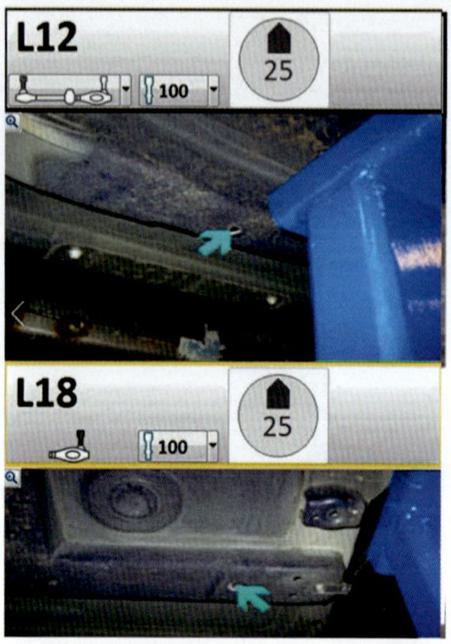

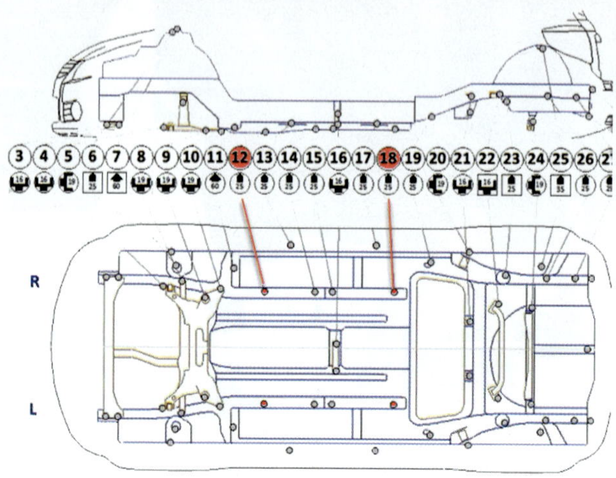

2.

3.

Una vez seleccionados los puntos para el centrado, para comenzar, elegir un punto de referencia, en el ejemplo será L12.

Partiendo del L12, tomar la medida de longitud al punto L18 (1); a continuación, tomar la medida al punto R12 (2).

Al tomar estas medidas el programa confirmará que el centrado se ha realizado correctamente.

Al tomar cada medida, recordar pulsar el botón de control para mandar la información al ordenador.

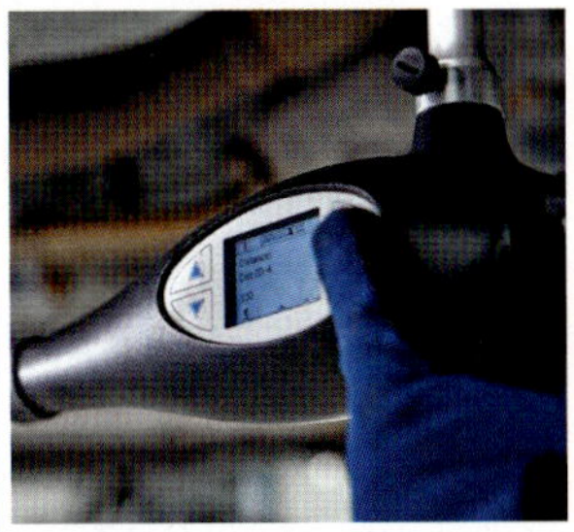

4.

Cuando se realiza el centrado, en la tarjeta electrónica, el Point X dispone de un inclinómetro digital, que determina el ángulo de inclinación que tiene el vehículo, lo que le permite medir la altura de los puntos seleccionados.

Cuando se mide la zona seleccionada el software conoce el ángulo que le correspondería, trasladando a milímetros la diferencia de ángulo entre el centrado y el que está midiendo en ese momento.

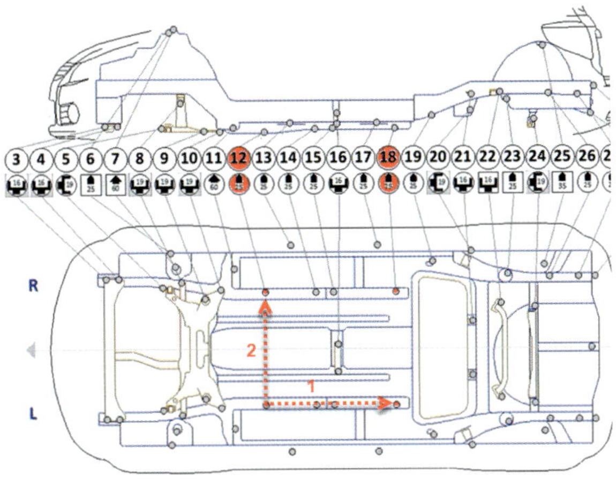

5.

Realizado el centrado, se puede proceder a medir la zona dañada; en el ejemplo se ha elegido la zona delantera, los puntos L3 y R3.

En las figuras del lado izquierdo se facilita la información necesaria para realizar las medidas.

Se comienza partiendo del punto de referencia elegido en el centrado, L12. A continuación, medir:

1. L12 al L3
2. L12 al R3
3. R12 al L3
4. R12 al R3
5. L3 al R3

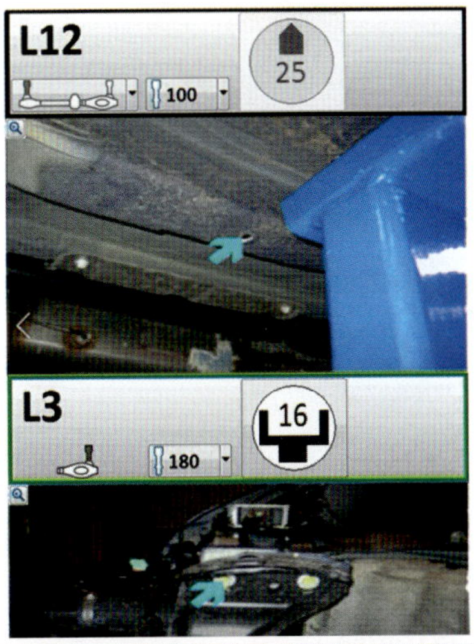

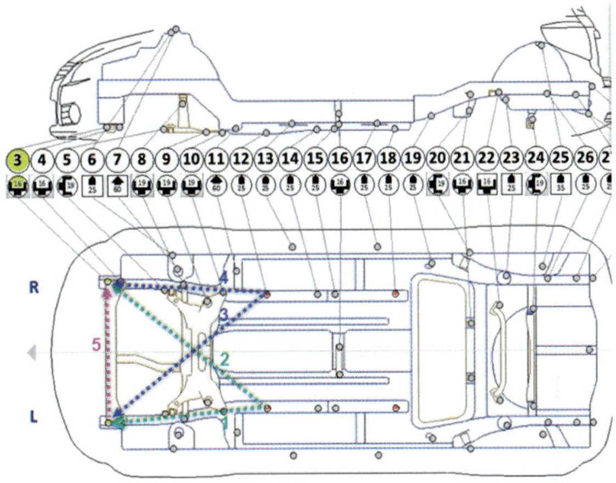

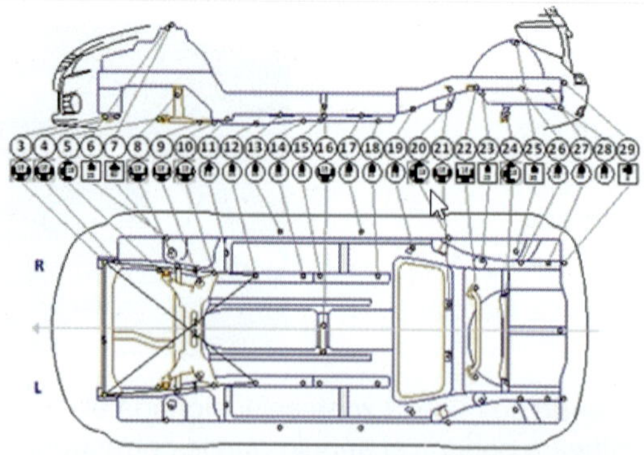

ID	Distance: Datasheet Value	Distance: Measured Value	Distance: +/-	Height: Datasheet Value	Height: Measured Value	Height: +/-
1	1145	1130	**-15**	138	161	**23**
2	1428	1424	**-4**			
3	1428	1412	**-16**			
4	1145	1130	**-15**	138	162	**24**
5	950	944	**-6**			

Figura 7.44. Valores de medición y referencia en la hoja de datos.

Los valores de medición y los valores de referencia del fabricante se indican en la parte inferior de la hoja de datos, pudiendo imprimirse el informe.

La primera columna informa de las medidas que debe tener según la ficha técnica; la segunda, la medida que tiene ese punto; y la tercera, la diferencia entre las dos medidas.

Si se sospecha que se han podido producir más deformaciones, o para determinar hasta dónde llegó la deformación, se pueden realizar otras medidas en los puntos que se estimen oportunos, partiendo del punto de referencia elegido previamente.

7.6. Sistema de medidas Codhe

Es una evolución del compás de varas, con el que se pueden medir puntos simétricos del vehículo por comparación o utilizando las cotas de las fichas técnicas que acompañan al sistema de medida.

Puede utilizarse con la mecánica desmontada o con la mecánica montada y medir cualquier punto exterior de la carrocería.

Está compuesto por (Figura 7.45):

- **Barra transversal.** Es una barra que tiene una graduación en milímetros partiendo de la zona central; tiene la misma medida a ambos lados. Por ella se desplaza libremente el soporte de la barra de medición.
- **Útiles adaptadores.** Son los útiles necesarios para sujetar la barra transversal a los distintos puntos de la carrocería (Figura 7.46).

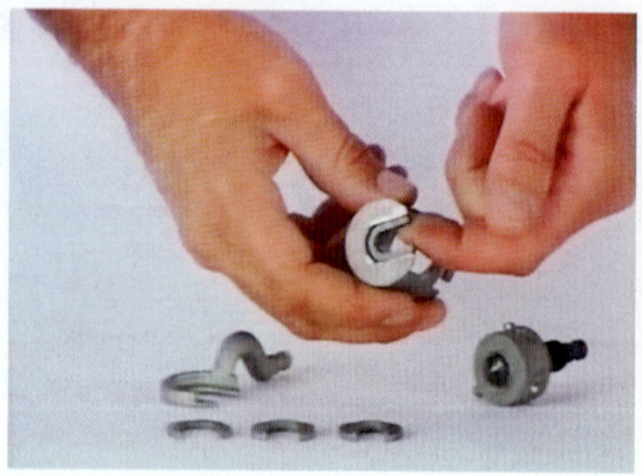

Figura 7.46. Preparación de los adaptadores.

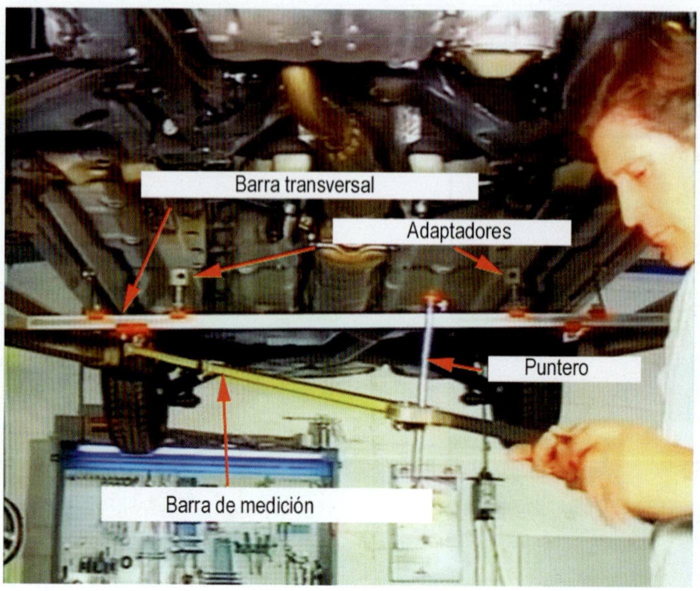

Figura 7.45. Sistema de medida Codhe.

- **Barra de medición.** Es una barra extensible graduada en milímetros. Uno de sus extremos se sujeta a la barra transversal y en el otro se acopla una barra que termina en un cono denominada puntero.
- **Puntero.** Es una barra terminada en cono que se utiliza para comprobar los distintos puntos de la carrocería.
- **Fichas técnicas.** Son los datos que el fabricante del medidor tiene preparados con sus respectivas cotas para poder comprobar distintos puntos de la carrocería.

El método de utilización es muy parecido al del compás de varas, pero aporta mayor precisión y resulta más fácil de utilizar. Consiste en montar en dos puntos que no estén deformados una regla transversal, perfectamente nivelada respecto de la carrocería. Sobre esta regla se instala una barra de medición, que se desplaza a los puntos que se quieren controlar. Una de las ventajas que presenta este sistema con respecto al compás de varas es que, una vez graduado para un punto, su punto simétrico se puede comprobar fácilmente sin necesidad de tener que cambiar la graduación.

7.7. Galgas de nivel

Denominadas también «calibres de centrado», es un sistema de medición que utiliza un procedimiento muy sencillo y a la vez eficaz. Se utiliza para detectar desalineamiento en la estructura mediante la instalación de varias galgas de nivel que se han instalado previamente en la base de la carrocería. Todas las medidas pueden realizarse con el vehículo montado en una bancada o en un elevador.

Cada galga está compuesta por dos barras que pueden deslizarse entre sí, manteniéndose siempre paralelas. En sus extremos tienen incorporado un sistema de fijación que les permite adaptar unas reglas o varillas verticales, las cuales se sujetan en los puntos a controlar. En la parte central de las barras está fijado un pivote u objetivo de centrado que siempre permanece en el centro de las dos barras y se utiliza para observar la alineación de la estructura.

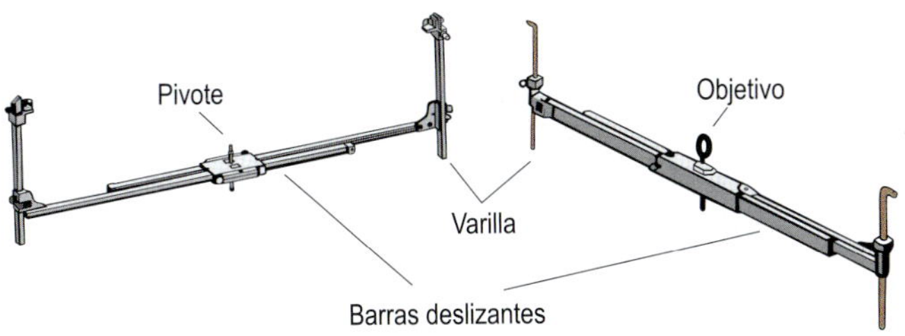

Figura 7.47. Elementos de las galgas de nivel.

Para efectuar una medición con este sistema se ha de comenzar consultando la ficha técnica para elegir dos puntos simétricos y consultar las cotas de anclaje para colgar el primer calibre. Los puntos elegidos no deben estar afectados por la deformación, ni deben estar deformados. En caso de deformación, elegir otros puntos.

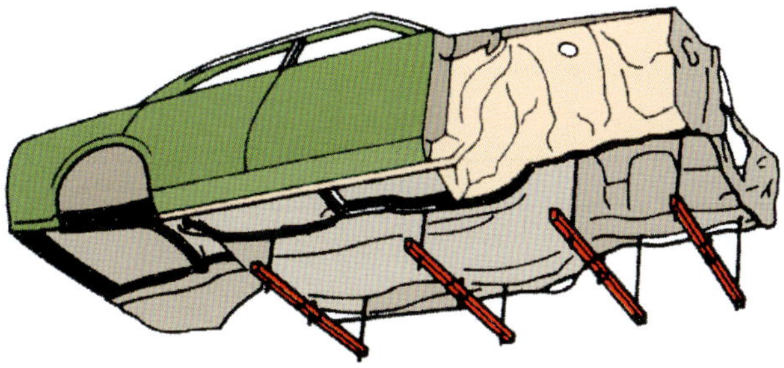

Figura 7.48. Elegir siempre dos puntos simétricos no afectados por la deformación.

A continuación se eligen de nuevo otros dos puntos simétricos que no estén afectados por la deformación y se cuelga otro calibre. Instalados los dos calibres, hay que mirar por el pivote o el objetivo y comprobar que están alineados.

Estos dos calibres se instalarán, de ser posible, en la parte central de la carrocería.

Si lo que se desea es comprobar la alineación total del vehículo (porque visualmente no se observan deformaciones) será necesario instalar dos calibres más, uno en la sección delantera y otro en la sección trasera.

La alineación de la carrocería será correcta cuando los calibres están en posición paralela y los pivotes u objetivos centrados.

Si visualmente ya se observa la zona deformada habrá que instalar uno o dos calibres más en la zona afectada por la colisión y volver a mirar por el objetivo para comprobar el alineamiento de los calibres.

En una alineación correcta de los cuatro calibres desde el pivote u objetivo no debe observarse ninguna desviación.

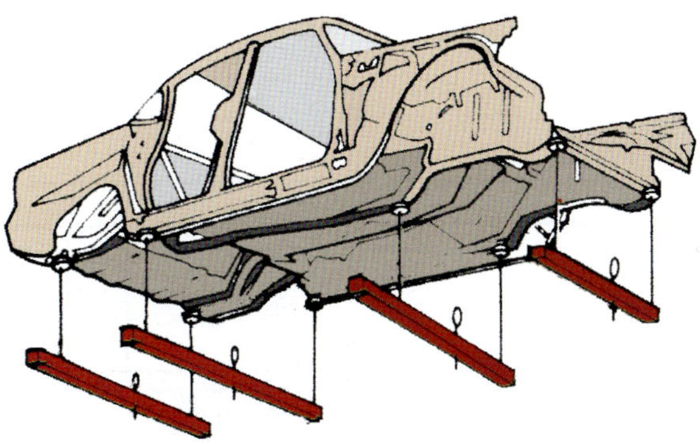

Figura 7.49. Alineación correcta.

La desalineación del/los calibre/s instalado/s en la zona deformada con los otros dos calibres instalados en la zona no deformada indicará el tipo de deformación que se ha producido en la zona, tal y como se indica en los siguientes gráficos (Figuras 7.51 a 7.53).

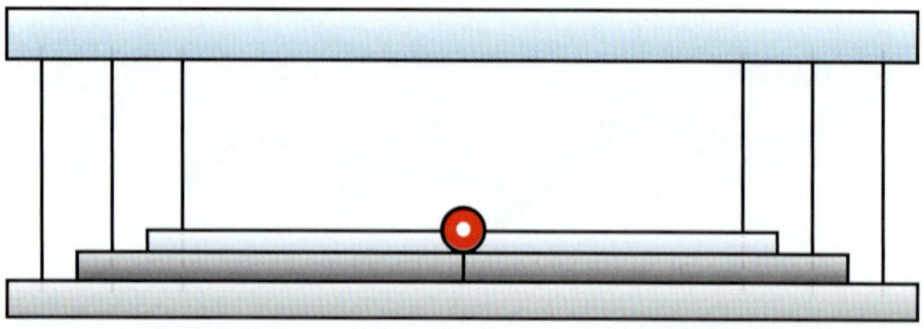

Figura 7.50. Objetivo y pivote centrado.

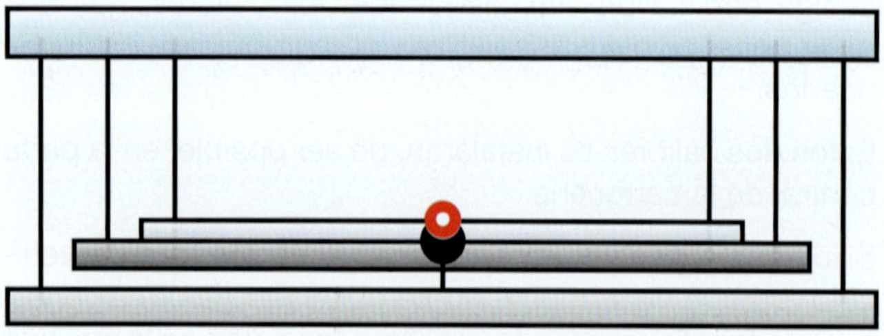

Figura 7.51. Hundimiento.

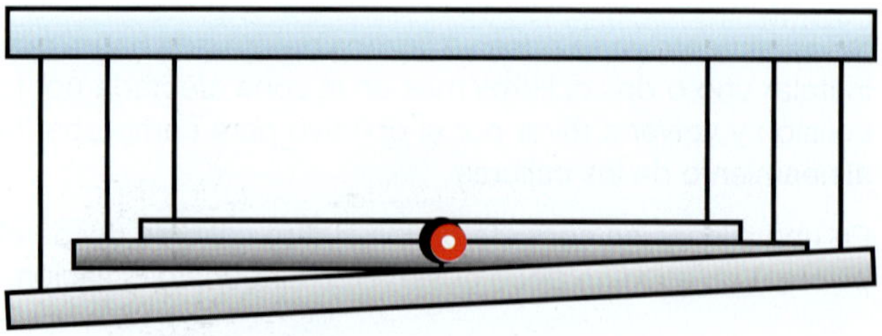

Figura 7.52. Retorcimiento.

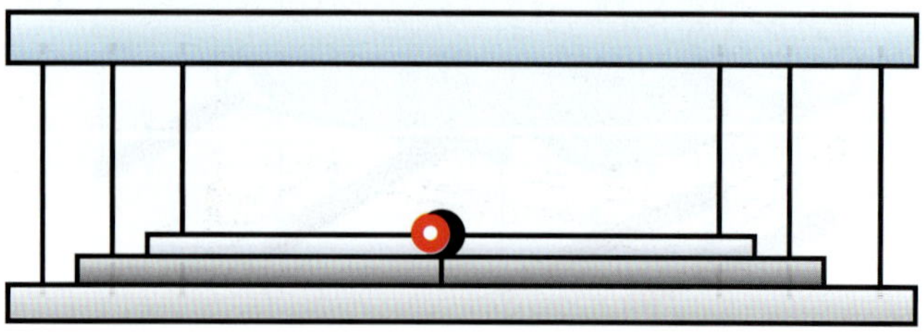

Figura 7.53. Desviación lateral.

7.8. Diagnóstico con sistemas de medición universales

Este sistema de medición de la carrocería permite tomar medidas en las tres dimensiones (anchura, altura y longitud), evaluando de forma rápida las posibles deformaciones que tiene la carrocería. La ventaja de este sistema respecto a la utilización del compás de varas o los calibres de nivel radica en que la lectura de las medidas es directa.

En el mercado existen diversos diseños, por lo que a la hora de su utilización deberán leerse atentamente las instrucciones de uso y mantenimiento.

Los más usuales son:

- Sistema mecánico.
- Sistema informatizado.
- Sistema láser.
- Sistema acústico.

7.9. Sistema de medición mecánico

Este tipo de medidor se suele utilizar normalmente en la bancada, pues necesita apoyarse en una superficie perfectamente plana, siendo totalmente independiente a la bancada, es decir, que normalmente no está montado de forma fija en la bancada, aunque también existen modelos de bancada en los que el sistema de medida está incorporado a los útiles de sujeción de la misma y otros que distribuyen un sistema de medición que se puede utilizar en cualquier elevador (estos son casos particulares).

Básicamente, el sistema de medición está compuesto por los elementos que se indican a continuación:

- **Un puente de medida** (Figura 7.54). Es un bastidor fabricado de aluminio, dotado de escalas graduadas en los laterales para la medición de longitud. Está diseñado para colocarlo en la parte fresada de la bancada.
- **Carros de medida** (Figura 7.55). Denominados también «correderas de medidas o semirraíles de medidas transversales», que se desplazan a través del puente de medida y llevan incorporadas unas escalas para medir la anchura.
- **Útiles de medida.** Son unos elementos que se acoplan para adaptarse a los distintos puntos de medida que tiene la carrocería.

Están compuestos por tres grupos de componentes:

- Tubos de extensión de distintas longitudes.
- Escalas deslizantes graduadas en milímetros para la medición de altura.
- Adaptadores de medición, preparados para tomar las medidas en los puntos indicados en la ficha.

- **Útil para comprobar la parte superior de la carrocería.** Adopta diversos nombres en función del fabricante de la bancada. Sirve para poder medir los puntos elevados de la carrocería y comprobar por comparación las partes exteriores como el techo, las aletas, etcétera.

A continuación se detallan los pasos que deben seguirse para medir la carrocería de un vehículo utilizando un medidor de estas características (Car-O-Liner) que puede servir de referencia para otros modelos.

El proceso se desarrolla en esta secuencia:

- Localización de la ficha técnica.
- Sujeción del vehículo en la bancada.
- Elección de los puntos de medidas.
- Montaje y centrado del sistema de medida.
- Primer método de diagnóstico.
- Segundo método de diagnóstico.

Figura 7.54. Puente de medida.

Figura 7.55. Carro de medida.

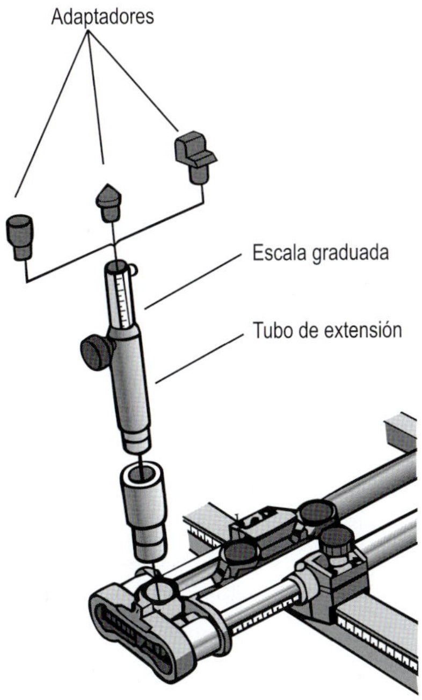

Figura 7.56. Útiles de medida.

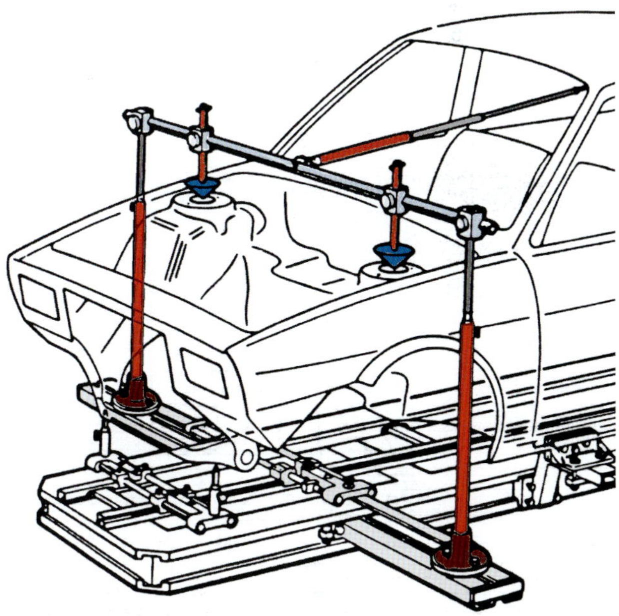

Figura 7.57. Útiles para verificar la parte superior.

PROCESO DE LOCALIZACIÓN DE LA FICHA TÉCNICA

AUDI

Audi 80,8C FWC Sedan, 4 door, 1992, 21:049 1991-12

Audi 80,8C Quatro Sedan, 4 door, 1992, 21:052, 1992-05

Audi 80, Quatro Sedan, 4 door, 1985, 21:025, 1985-01

Audi 90 FWd Sedan, 4 door, 1988, 21:045, 1991-05

En primer lugar acudir al índice general para localizar la marca del vehículo que se desea reparar. A continuación localizar el vehículo en concreto que hay que reparar.

En el ejemplo se trata de un Audi 80, 8C, Sedan, 4 puertas, modelo 1992.

1.

No. 21:049

Copyright 1991 - 12

CAR-O-LINER

SWEDEN

Anotar el número de la ficha de reparación.

Si no se localiza la ficha para ese modelo o no coincide el año de fabricación no se debe asociar a otro modelo; consultar con el proveedor de la bancada antes de tomar ninguna decisión.

2.

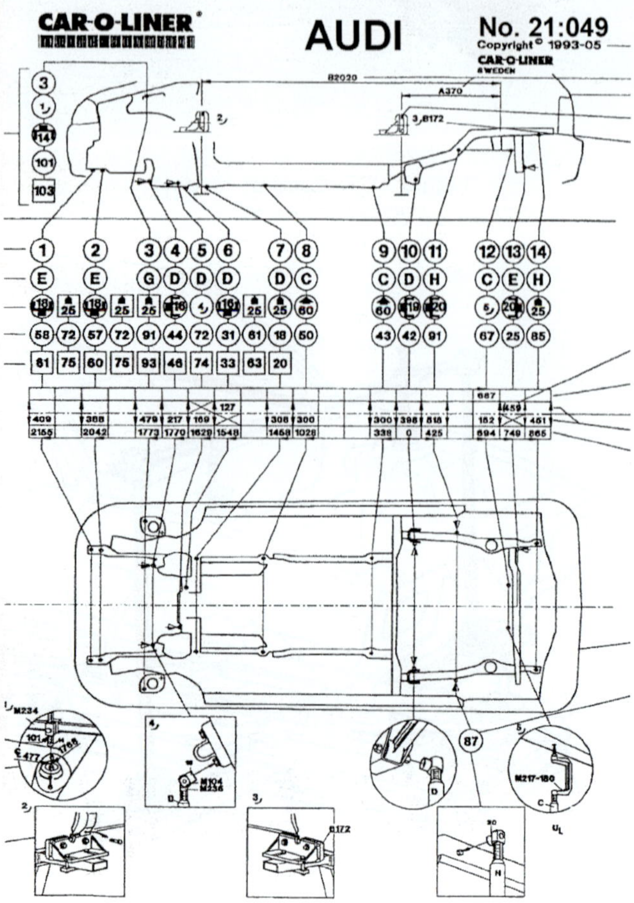

En la ficha se localizará la información de los puntos correctos donde colocar las mordazas de sujeción y de todos los puntos posibles por controlar, así como los útiles necesarios y las medidas de todas las cotas para cada punto.

3.

PROCESO DE SUJECIÓN DEL VEHÍCULO EN LA BANCADA

1.

La primera información que se debe comprobar será la distancia a la que hay que colocar las mordazas de agarre.

En algunos modelos de bancadas, los puntos de control son a la vez puntos de amarre y las mordazas solo se utilizan para sujetar mejor la carrocería a la hora de realizar los tiros de enderezados, para que no se produzcan deformaciones en los puntos de control/amarre. En este tipo de bancadas el primer paso será elegir los puntos de control y posicionar los útiles.

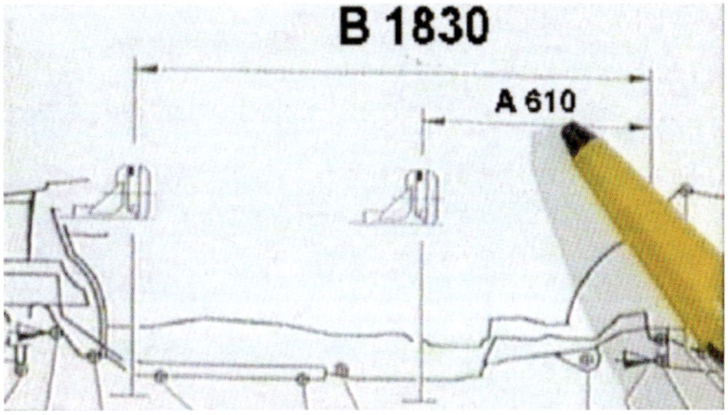

2.

A continuación, dependiendo del modelo de bancada que se disponga, se preparará el vehículo para sujetarlo con las mordazas.

En la descripción fotográfica que se adjunta se sube el vehículo en el elevador y se colocan debajo de las ruedas unos caballetes, bajando posteriormente el elevador hasta que la bancada quede liberada del peso del vehículo.

3.

Partiendo del centro del eje trasero, marcar con una tiza o un rotulador el lugar donde se debe anclar la primera mordaza de anclaje.

4.

Realizar la misma operación para marcar la posición de la segunda mordaza de anclaje y repetir la operación en el otro lado del vehículo.

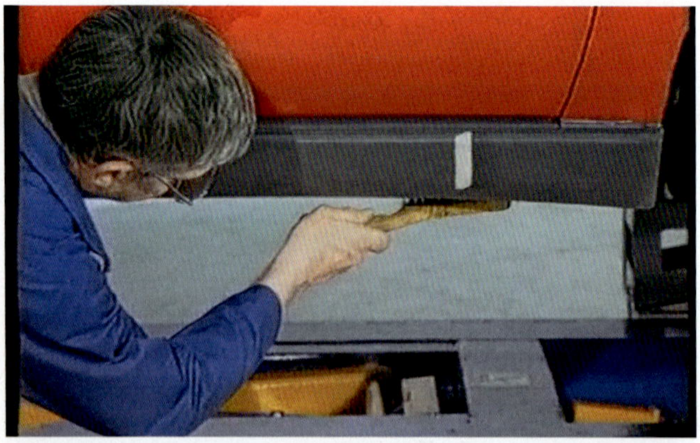

5. Es importante que la zona de anclaje esté totalmente limpia; si es preciso, utilizar un cepillo de cerdas metálicas para proceder a su limpieza.

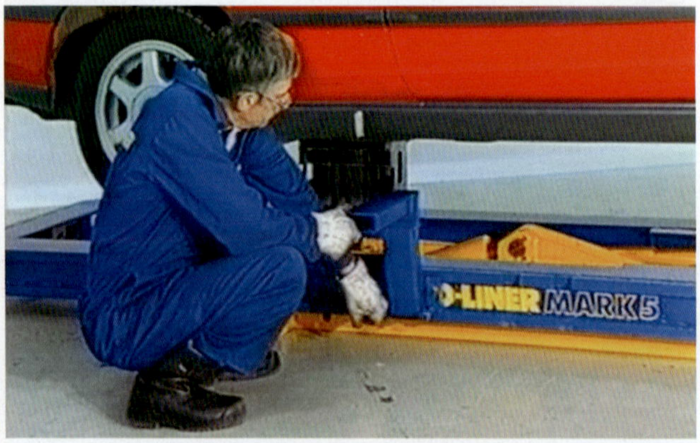

6. Bajar del todo la bancada y montar los brazos que sujetan las mordazas de anclaje.

Esta operación también puede variar dependiendo del modelo de bancada que disponga el taller.

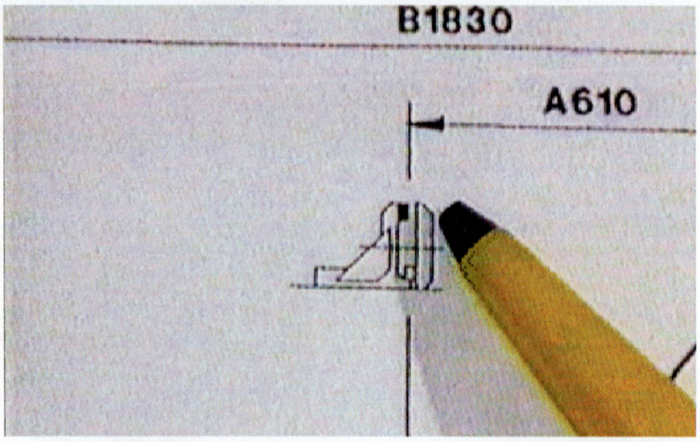

7. Algunos modelos de mordazas de anclaje tienen una posición preestablecida y hay que verificar en la ficha técnica de la bancada su correcto posicionamiento.

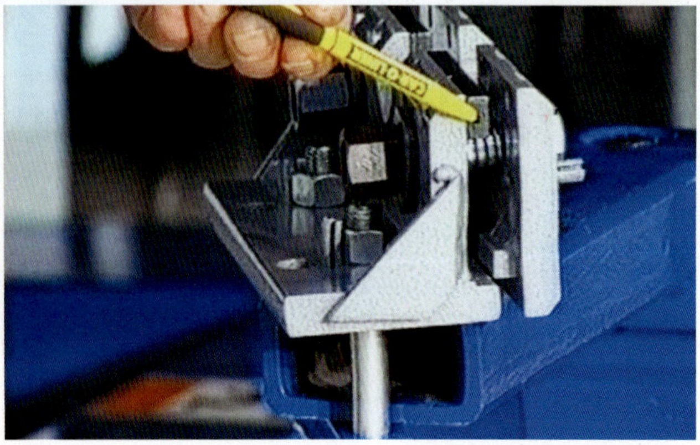

8. En estos casos las mordazas tienen grabadas una letra o señal para diferenciar las del lado derecho de las del lado izquierdo.

9.	Colocar las mordazas en los brazos soporte, abriendo al máximo las pinzas.	
10.	Subir el elevador, asegurándose de que las pinzas han encajado en la zona adecuada y están en la posición correcta; normalmente la marca realizada en la carrocería tiene que estar en el centro de las mordazas de anclaje. Una vez asegurado que todo está correcto, apretar los tornillos de anclaje en el orden que indiquen las instrucciones de la bancada.	

7.9.1. Elección de los puntos de medidas

Con la ficha seleccionada delante y observando los bajos del vehículo, elegir varios puntos simétricos que no estén dañados por la colisión.

Es recomendable un mínimo de tres o cuatro puntos lo más alejados posible unos de otros.

La simetría de los puntos se puede comprobar utilizando el compás de varas.

Para acotar la zona dañada es recomendable comenzar por puntos muy alejados de la zona del impacto para asegurarse de que no ha llegado la deformación. A continuación se realizan las comprobaciones en puntos más cercanos hasta llegar a detectar la zona afectada por la colisión.

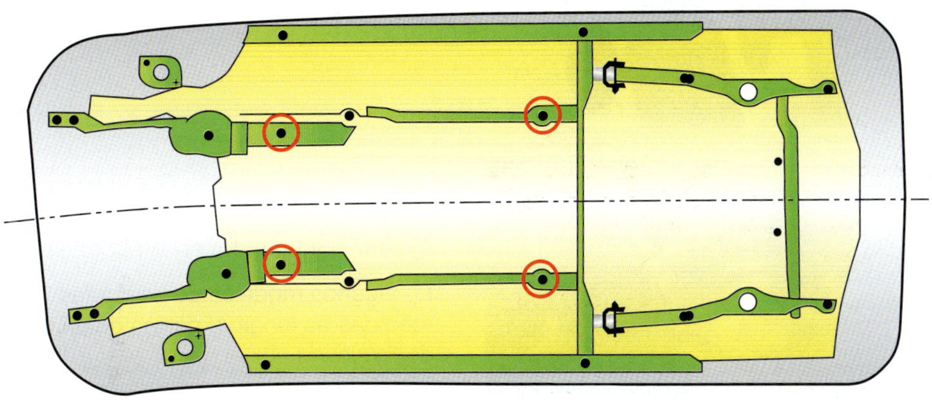

Figura 7.58. Elegir varios puntos de control no dañados por la colisión.

PROCESO DE MONTAJE Y CENTRADO DEL SISTEMA DE MEDIDA

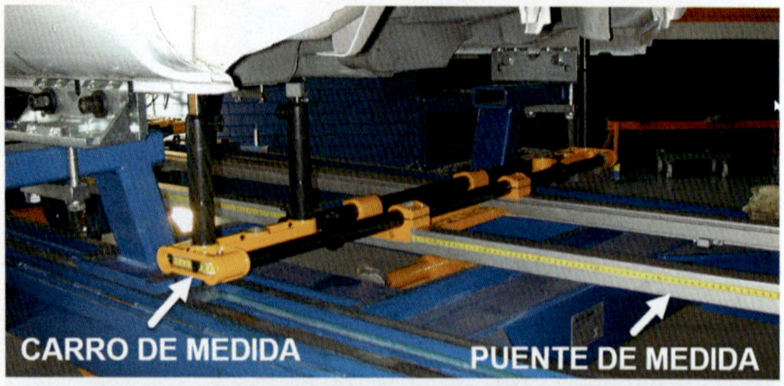

La siguiente operación será montar el puente de medida en la bancada.

1.

Elegidos los puntos de verificación en el vehículo, consultar la ficha técnica de la bancada para saber qué útiles se tienen que montar (tubos, adaptadores, etc.) y en qué posición.

Comenzar montando el carro de medida sobre el puente.

2.

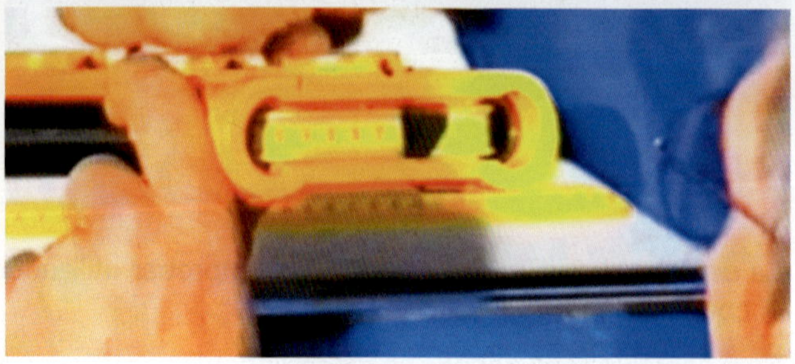

Ajustar la medida de anchura indicada en la ficha.

3.

Preparar los tubos y los adaptadores especificados en el carro de medidas.

4.

Ajustar el adaptador en el punto elegido.

En algunos modelos de bancadas las medidas de longitud parten de un punto denominado «0».

5.

6. Repetir las tres últimas operaciones en el lado opuesto.

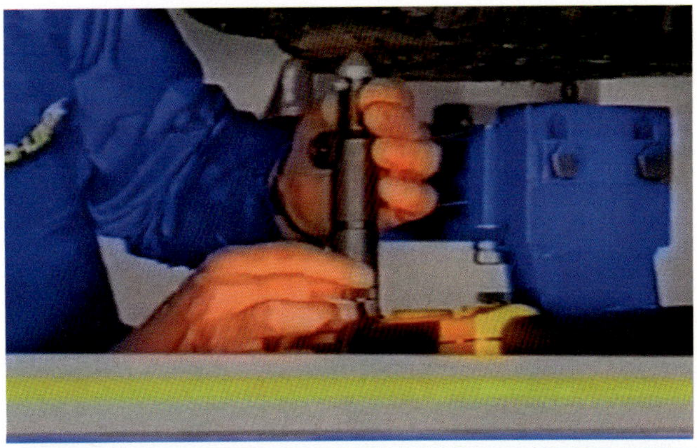

7. Colocar la cinta métrica del puente de medida haciendo tope con el carro montado.

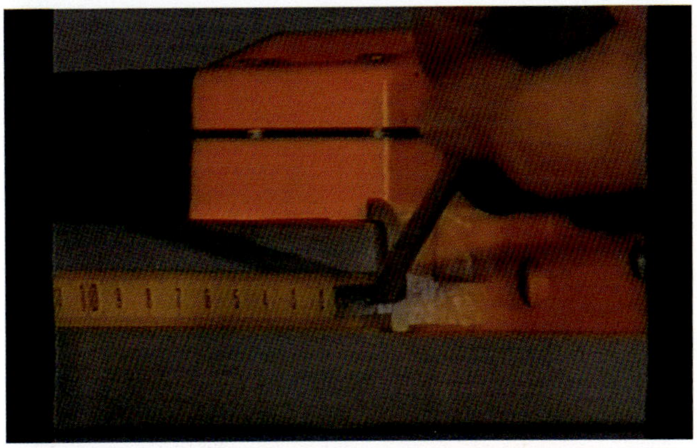

8. Montar otro carro de medida y desplazarlo sobre el puente hacia la zona donde se han elegido los otros puntos de verificación.

9. Desplazarlo hasta la longitud indicada en la ficha.

Ajustar la longitud de anchura. 10.

Montar el tubo y el adaptador especificado en la ficha y ajustarlo al punto elegido. 11.

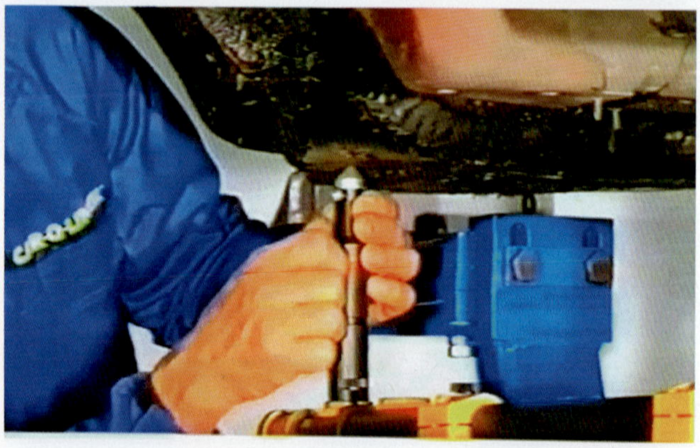

Realizar las dos últimas operaciones en el lado opuesto. 12.

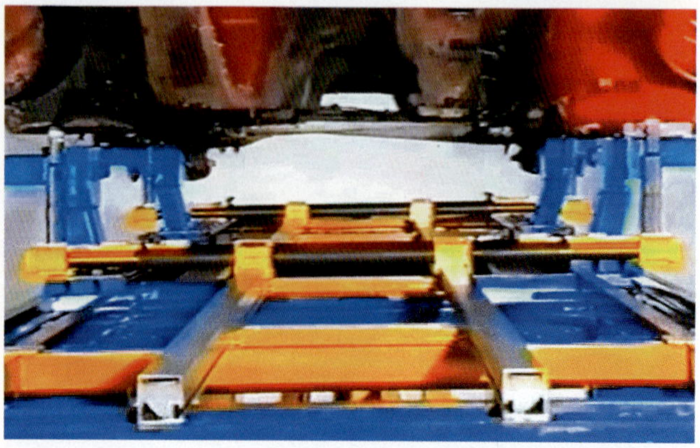

El puente de medida ya está centrado respecto de las partes no dañadas, lo que significa que está centrado con relación al vehículo. Desplazándolo a través del puente se podrán comprobar todos los puntos del vehículo. 13.

La comprobación de las zonas dañadas por la colisión se puede realizar de dos formas distintas, que se desarrollan a continuación.

Si al ajustar los adaptadores sobre los puntos elegidos como no dañados se observase una medida distinta a la indicada en la ficha significa que, aunque aparentemente no están dañados, realmente sí lo están. Por tanto, se han de elegir otros puntos más alejados de la deformación.

En la Figura 7.59 se eligieron los puntos A, pero las cotas leídas no son las indicadas en la ficha, resultando necesario pasar a los puntos B.

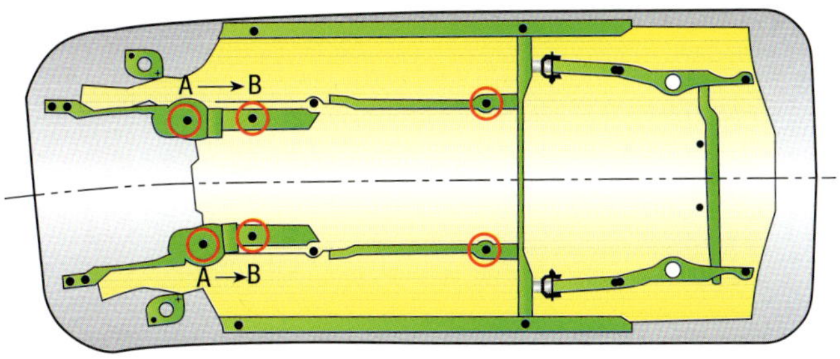

Figura 7.59. Es importante verificar que los puntos elegidos para medir no estén afectados por la colisión.

7.9.2. Primer método de diagnóstico

Consiste básicamente en medir las cotas (largo, ancho y alto) de los puntos dañados por la colisión comparándolas con las cotas especificadas en la ficha. Para verificar dónde comienza la deformación es aconsejable iniciar esta operación en zonas anteriores a las que visualmente parecen deformadas para asegurarse de que están dentro de las cotas establecidas en la ficha. A continuación ir avanzando hacia la zona que claramente está deformada.

De la comparación de las cotas reales y las cotas establecidas en las fichas se podrá cuantificar la deformación y la forma o secuencia de establecer los tiros de enderezado.

A continuación se establece una secuencia de cómo se desarrollaría este método con una bancada Car-O-Liner.

PROCESO DE DIAGNÓSTICO POR MEDICIÓN

1. Colocar otro carro de medida sobre el puente con los útiles precisos para controlar los puntos elegidos.

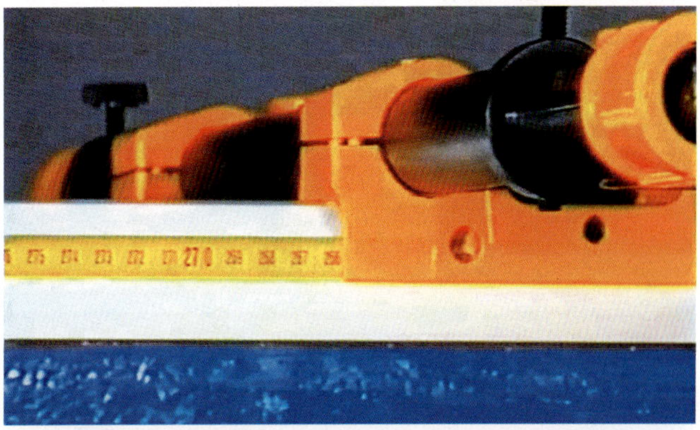

2. Ajustar el adaptador al punto elegido y dejarlo bloqueado para poder comprobar las cotas.

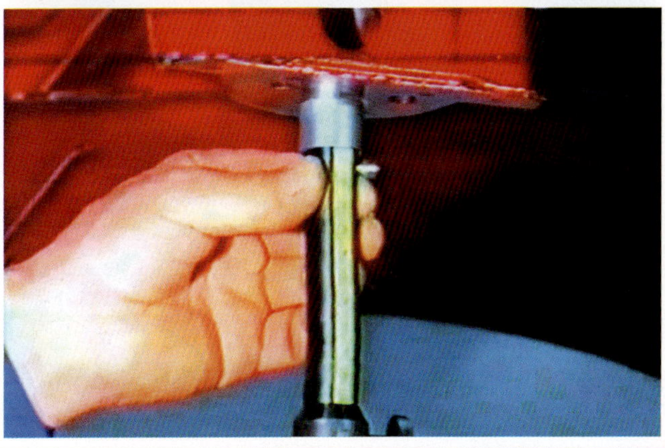

Comprobar las cotas de anchura.

3.

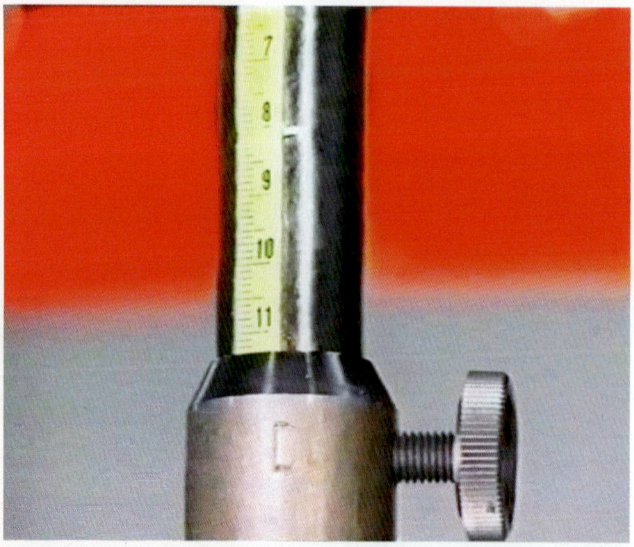

Comprobar las cotas de altura.

4.

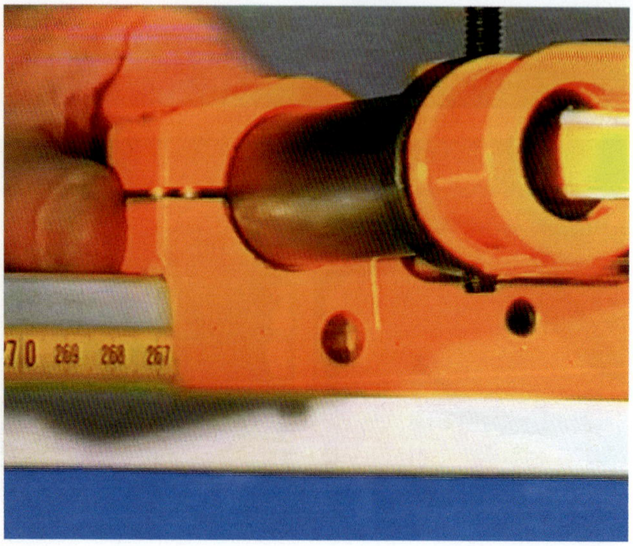

Comprobar las cotas de longitud.

Anotar las medidas anteriores y comparar con las cotas de la ficha técnica.

Realizar esta operación en distintos puntos para establecer su grado de deformación y su secuencia de reparación.

5.

7.9.3. Segundo método de diagnóstico

En este caso se trata de montar todos los útiles de medida a las cotas indicadas en la ficha técnica para los puntos elegidos y observar visualmente la diferencia que existe entre dónde tendrían que estar y dónde están realmente. Este método permite hacerse una idea de forma gráfica de cómo se deben realizar los tiros, aunque en muchas ocasiones no se pueden realizar por la configuración de la propia deformación. El método anterior es un sistema más completo, pues permite hacerse una idea más amplia de la deformación, ya que se pueden tomar las cotas de distintos puntos antes de realizar los tiros.

A continuación se establece una secuencia monográfica sobre la forma correcta de realizar estas operaciones.

PROCESO DE DIAGNÓSTICO VISUAL

1.	Instalar un carro de medida con los útiles adecuados para cada punto que se desea analizar. Fijarlos a las cotas establecidas en la ficha.	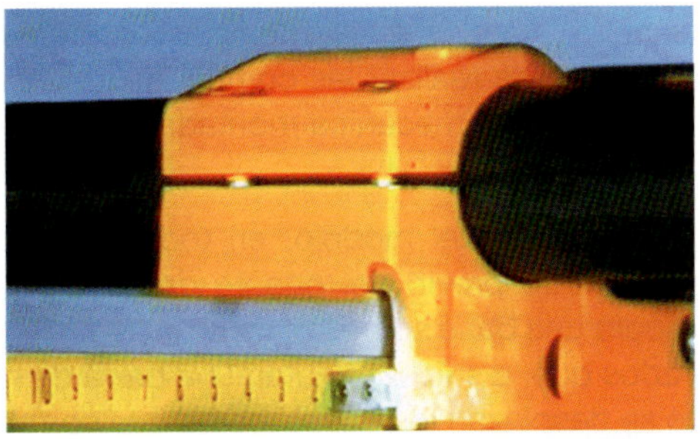
2.	Observar la diferencia existente entre el adaptador y el punto elegido. Dicha diferencia representa la deformación que ha producido la colisión en ese punto.	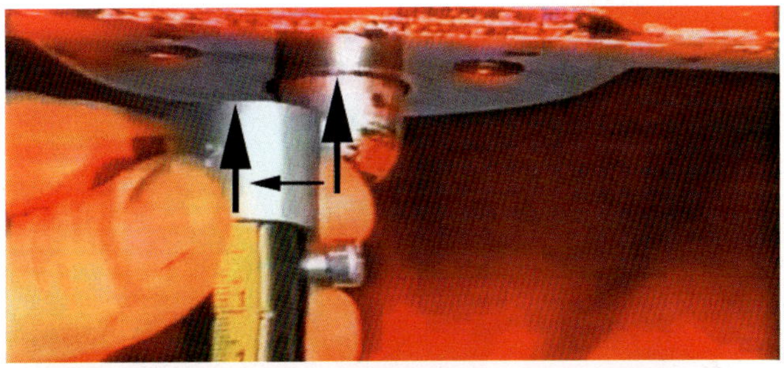 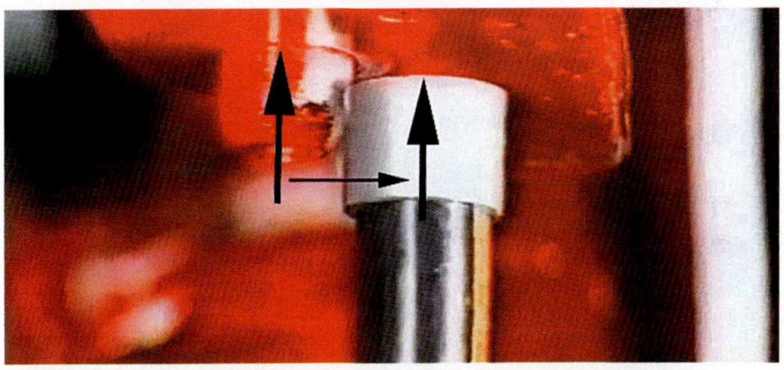
3.	Si el útil entra correctamente es que no hay deformación.	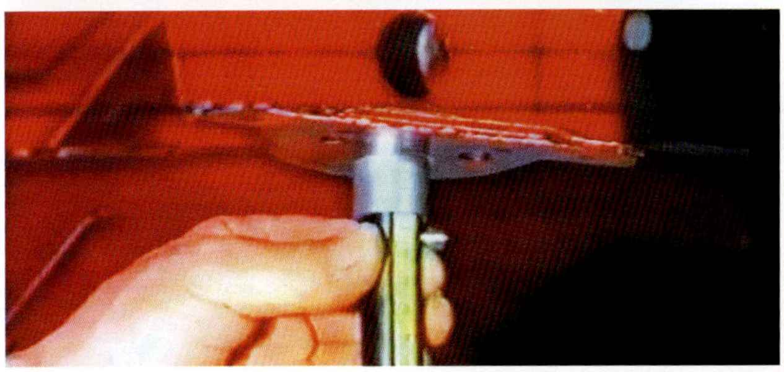

7.9.4. Comprobación de la parte superior

Los sistemas explicados hasta ahora sirven para comprobar todos los puntos de la parte inferior de la carrocería, pero las deformaciones también se pueden producir en la parte superior, como es el caso de la zona de anclaje de la suspensión McPherson o el techo del vehículo. Para estos casos, todas las bancadas disponen de unos accesorios que se acoplan al puente de medida y sirven para medir las cotas (largo, ancho y alto) de cualquier punto exterior y elevado de la carrocería, o simplemente para poder establecer su correcta posición por comparación de aquellos puntos exteriores que sean simétricos.

A determinados modelos se les puede incorporar un compás de simetría para realizar las comparaciones de forma más rápida, tanto con mecánica montada, como desmontada.

Independientemente del modelo, en todos los casos se parte del centrado previo del puente de medida, al que se le incorpora una base sobre la que se instalan unos pilares calibrados que, a su vez, sujetan una barra de medida, por la que se desplazan los adaptadores que controlan los puntos elegidos.

Figura 7.60. Útiles de verificación para la parte superior del vehículo.

Figura 7.61. Compás de simetría.

Por último, con relación a estos aparatos de medida, conviene observar siempre las precauciones generales para la conservación de cualquier aparato de medida:

- No forzarlo.
- No golpearlo.
- Guardarlo siempre en su armario, perfectamente ordenado.
- Protegerlo de las proyecciones de soldadura.
- Realizar de forma periódica su calibrado para asegurarse de que las medidas que se toman son las correctas, de lo contrario se podría llegar a reparaciones defectuosas. El calibrado se debe realizar con los útiles adecuados, realizado por personas especializadas.

Figura 7.62. Guardar de forma adecuada los útiles.

7.9.5. Diagnóstico de un vehículo con un golpe fuerte en el lateral

El proceso explicado en el apartado anterior es aplicable en el supuesto de que la carrocería tenga un mínimo de tres o cuatro puntos de control sin deformación, pero se puede presentar un vehículo con una colisión lateral muy fuerte donde solo se disponga de puntos de control de un lateral. En estos casos, el equipo de medida se centrará utilizando al menos dos puntos de control del mismo lateral no deformado, realizándose como se explica a continuación.

En la Figura 7.63 se observa un vehículo que tiene un fuerte golpe lateral (en banana), aunque también se puede presentar este caso en un golpe en forma de diamante.

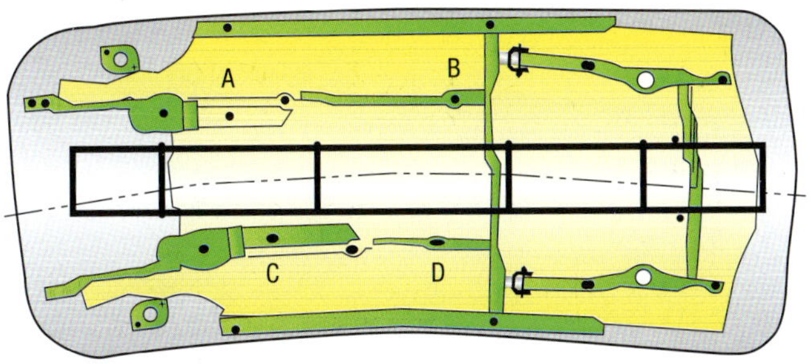

Figura 7.63. Deformación «en banana».

A simple vista o con un compás de varas se comprueba que los puntos de control de ambos lados no son simétricos, debido a la deformación producida en la colisión.

Montar el puente de medida y detectar dos puntos de control del lado no dañado por la colisión. En el ejemplo los puntos A y B no están dañados.

Montar los carros de medida y los adaptadores necesarios para los puntos elegidos, posicionándolos en las cotas indicadas en la ficha (longitud, anchura y altura).

Como los carros se desplazan de forma paralela a través del puente, al posicionar el carro a las medidas correctas en los dos puntos de un lado, el puente queda centrado en relación con la carrocería, pudiéndose observar en el lado opuesto del carro de medida la diferencia con sus puntos simétricos.

En la Figura 7.64 del ejemplo solo se pueden observar las diferencias de longitud y anchura entre los puntos C/C" y D/D". Además de las diferencias de cota de longitud y anchura, seguro que se ha producido un cambio de cota en altura.

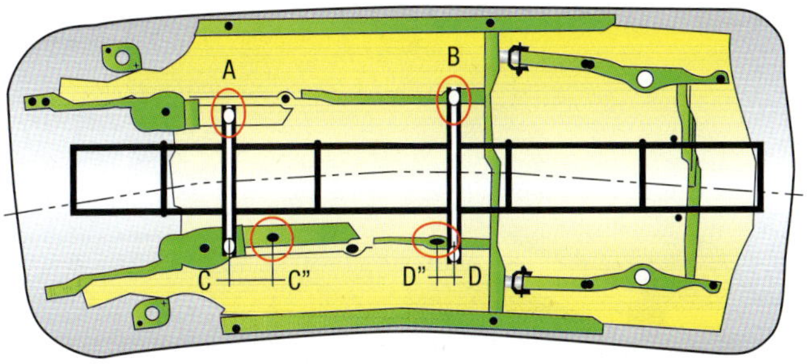

Figura 7.64. Deformación entre los puntos C/C" y D/D".

7.10. Sistema de medición informatizado

Este es uno de los más modernos sistemas de control de la carrocería, que posibilita un completo diagnóstico de todas las cotas, de forma fácil y rápida, permitiendo:

- Verificar todos los puntos de control, tanto con la mecánica montada como desmontada.
- Verificar las partes externas de la carrocería.
- Controlar el desplazamiento de los puntos de control durante la reparación.
- Su utilización se puede realizar con el vehículo montado en la bancada, en un elevador o en el suelo.
- Medir puntos que no están en la ficha técnica por comparación.
- Imprimir toda la información cuando se solicite; por ejemplo, antes de la reparación y una vez concluida esta para certificar su correcta reparación.
- Crear un historial del vehículo para futuras consultas.

En el mercado existen distintos modelos (Figuras 7.65 y 7.66).

Figura 7.65. Sistema informatizado de medición Car-O-Liner.

Básicamente el equipo suele estar compuesto por:

- **Un brazo palpador.** Es el encargado de establecer la posición exacta de cada uno de los puntos de la carrocería que se desea verificar.
- **Una regla calibrada.** Tiene incorporado un carril por donde se desplaza el brazo de medida e informa del control de las medidas longitudinales.
- **El sistema informático.** Está compuesto por una serie de elementos informáticos (ordenador, impresora, etc.) capaces de recibir, almacenar y comparar las medidas enviadas por el brazo palpador y la regla calibrada.

A continuación, como ejemplo, se describe de forma genérica el proceso para medir con el sistema Car-O-Tronic Vision.

Todo el proceso se desarrolla montado el vehículo sobre la bancada, pero también se puede realizar utilizando el elevador y un soporte para el medidor (Figura 7.67).

Figura 7.66. Sistema informatizado de medición CELETTE.

Figura 7.67. Medición realizada en el elevador.

PROCESO DE MONTAJE DEL VEHÍCULO SOBRE LA BANCADA

1. Crear una ficha de trabajo con todos los datos del vehículo: marca, modelo, año de fabricación, etcétera.

Esta información ha de ser correcta, ya que permitirá al programa establecer los útiles necesarios y los puntos de medida.

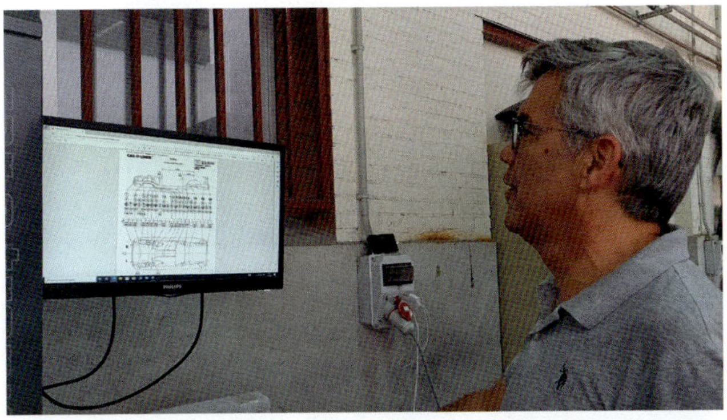

2. Verificar las medidas donde se deben colocar las mordazas de agarre.

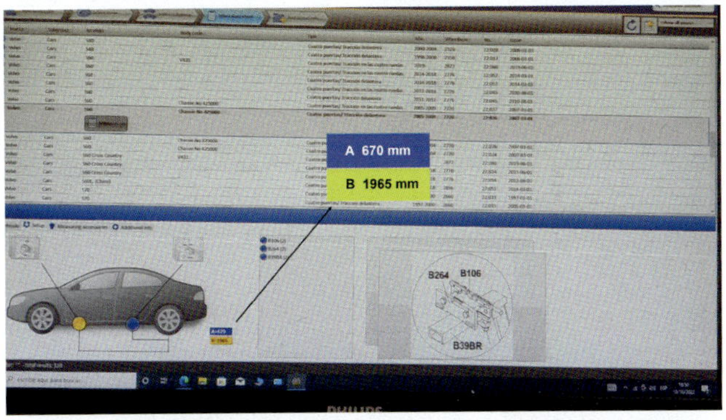

3. Partiendo del eje trasero, marcar el lugar donde se deben anclar las mordazas.

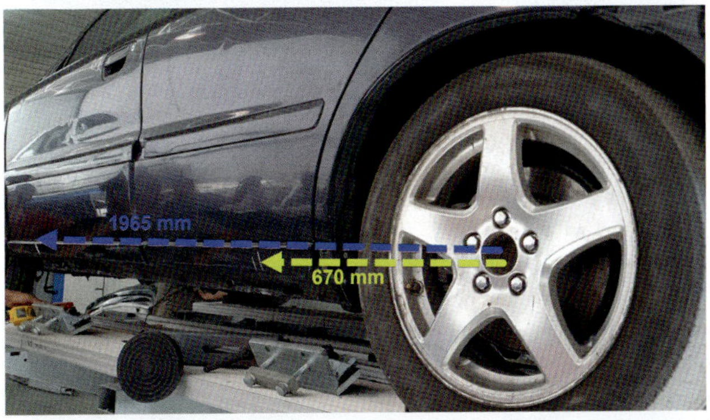

4. Montar los pilares de apoyo, subir la carrocería y montar las mordazas en las marcas realizadas anteriormente.

Bajar la carrocería, cerciorándose de que las mordazas encajan correctamente y están en la posición adecuada. 5.

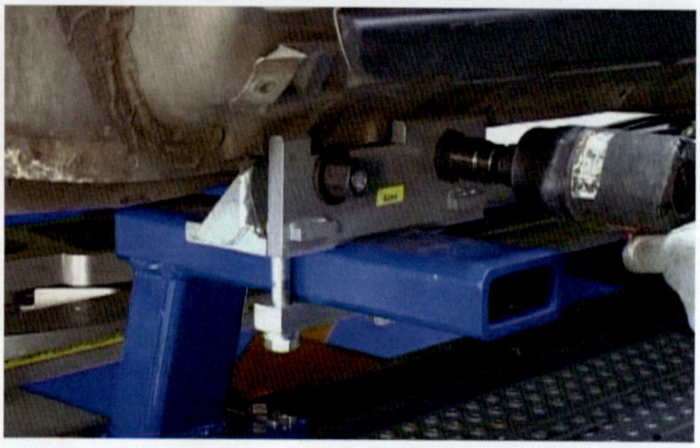

Apretar toda la tornillería de sujeción. 6.

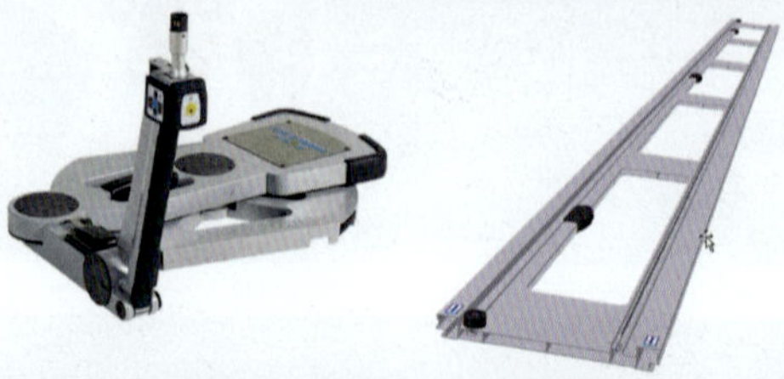

Colocar el puente (regla calibrada) y la corredera (palpador) de medición. 7.

PROCESO DE CENTRADO DEL SISTEMA DE MEDIDA RESPECTO AL VEHÍCULO

1.

Realizar el ajuste del software al estado del vehículo indicando:

1. Comenzar con el punto de inicio preseleccionado por la ficha técnica (marcado en azul) o seleccionando otro punto que no esté dañado.
2. Medir cuatro o cinco puntos de la sección central, preferentemente con una distancia entre ellos de al menos el 50 % de largo del vehículo.
3. Si tiene motor o está desmontado.
4. Si está apoyado sobre tacos de un elevador /bancada o sobre las ruedas.
5. Si tiene mecánica montada o desmontada.

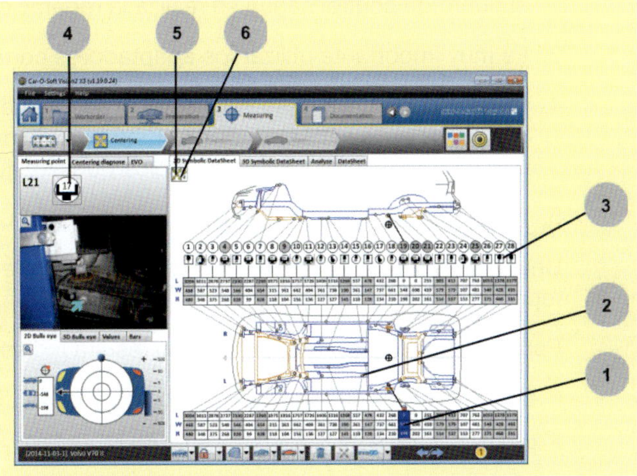

2.

1. Utilizar el adaptador que muestra la ficha técnica.
2. Una vez completado el centrado, el programa indica visual y acústicamente si el centrado se ha realizado correctamente.

PROCESO DE MEDICIÓN DE LA ZONA DAÑADA

1. Seleccionar el método «Diagnóstico» para verificar las posibles deformaciones en la carrocería.
2. Si se selecciona el método «Reparación» se podrá ver en directo en la diana (3) cómo se va desplazando el punto de control según se realiza la reparación.
3. Es muy importante utilizar los adaptadores correctos para el punto que se va a medir.
4. Durante todo el proceso de medición se cuenta con la ayuda de una función llamada «Punto de búsqueda automática» o «ASP». Esta función muestra qué tan cerca está el palpador del punto que hay que medir. Cuando está verde indica que está justo en el punto que se debe medir.
5. Registrar en el sistema los puntos de medición, presionando el botón de destino.

Una vez realizadas todas las mediciones se puede imprimir un informe del diagnóstico, o comenzar la reparación.

Para realizar un diagnóstico correcto resulta indispensable:

- Utilizar los adaptadores adecuados para cada punto.
- Realizar muchas medidas en diferentes puntos para comprobar donde comienza la deformación.

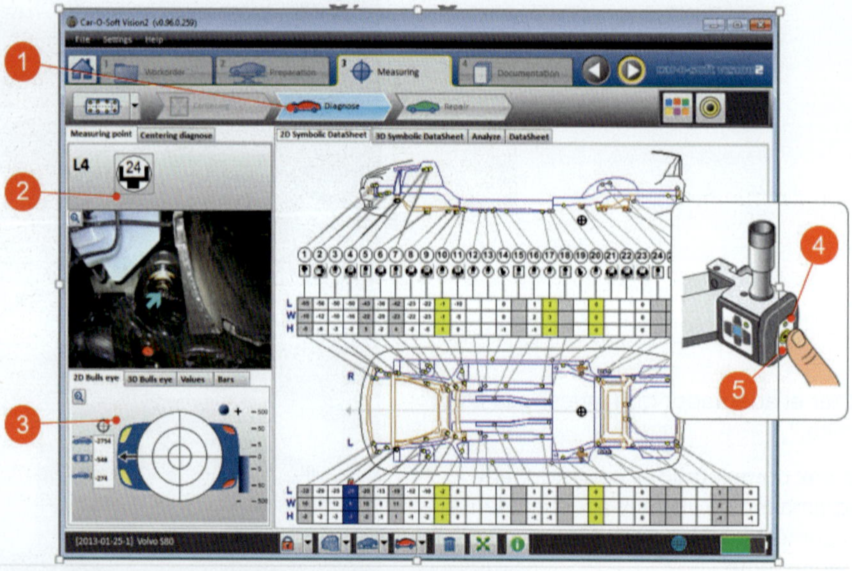

Medición del punto 9R.

1.

2.	Medición del punto 9L.	
3.	Medición del punto 4R.	
4.	Medición del punto 4L.	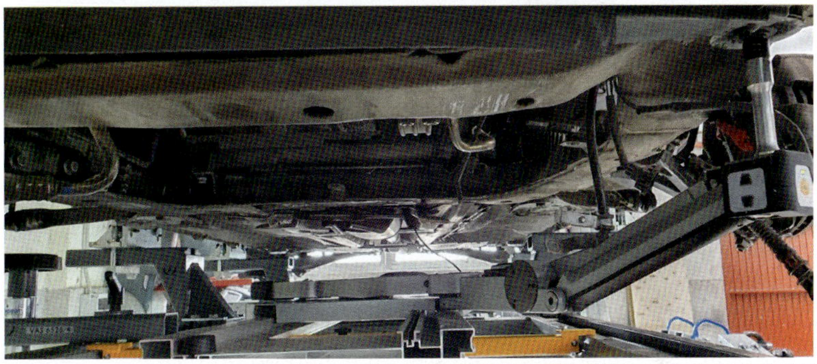

En el gráfico de la Figura 7.68 se detallan los datos obtenidos en los puntos 4R y 4L.

1. Punto que se está midiendo (L4), lado izquierdo, marcado en color azul. Sin colorear, lado derecho con las medidas obtenidas.
   Indica que se ha de utilizar el adaptador n.° 20.
2. Figura indicando dónde se debe poner el palpador para medir el punto 4L.
3. Se indica en azul el punto que se está midiendo, en este caso el 4L.

4A. Medida indicada en la ficha técnica del fabricante.

Largo

Ancho

Altura

4B. Medidas tomadas en ese punto.

4C. Diferencia entre las medidas del fabricante y las tomadas en el vehículo.

5. Medidas tomadas en el punto en medición, incluyendo gráfico representativo con la desviación respecto a las medidas de la ficha.
   Si el punto azul estuviese en el centro de la diana, indicaría que no hay deformación.
   Es un gráfico muy práctico para observar cómo se van desarrollando los tiros en la bancada para reparar las deformaciones producidas.

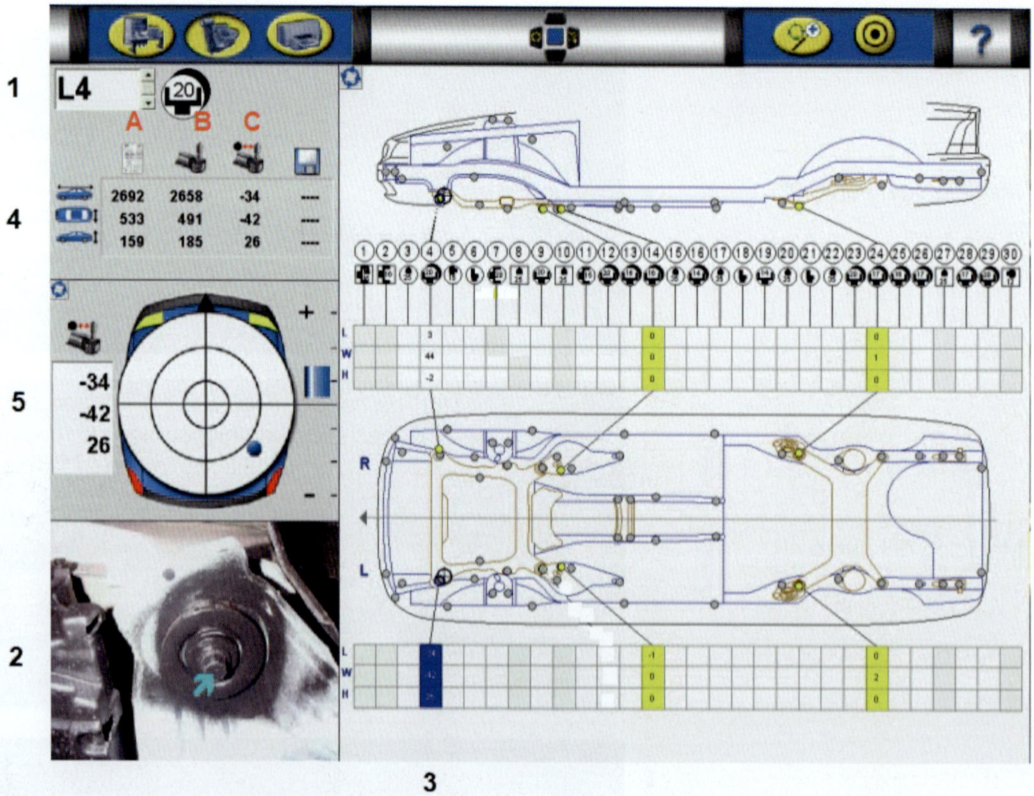

Figura 7.68. Gráfico que aparece en la pantalla con los datos de la medición.

7.11. Sistema de medición por láser

Este sistema de medida está basado en el uso de un haz de luz láser que tiene la propiedad de emitir un rayo luminoso con un diámetro constante, independientemente de la distancia. El nombre de láser proviene del significado de su misma palabra (*Light Amplified by Stimulated Emission of Radiation*), cuya traducción es «luz amplificada por emisión estimulada de radiación».

El equipo (Figura 7.69) está compuesto por:

- Dos guías de deslizamiento horizontales (1).
- Una fuente de rayos láser (2).
- Un sistema óptico de reflexión motorizado (3).
- Escalas de medidas transparentes milimetradas (4).
- Un sistema informático (5).

El equipo permite la comprobación de los puntos de control con y sin mecánica montada, y se puede utilizar tanto en bancadas como en elevadores, permitiendo su uso inclusive durante el proceso de reparación.

Las escalas transparentes se posicionan en los puntos de medición indicados en la ficha técnica (Figura 7.70). El proyector láser envía el rayo al sistema óptico motorizado, el cual ilumina las escalas de medición desde varios ángulos y mide la posición exacta en tres coordenadas.

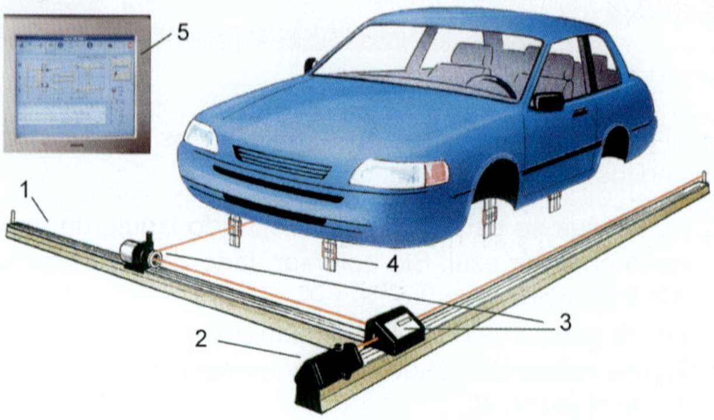

Figura 7.69. Sistema de medición por láser.

El sistema se autocalibra, aunque el vehículo y el sistema de medida no estén paralelos; el ordenador puede calcular la posición del vehículo y especificar exactamente el centro lineal del mismo.

El aparato de medida reenvía los datos obtenidos vía infrarrojos al ordenador, el cual calcula y compara automáticamente estos datos con la información de la ficha técnica. Cualquier diferencia de cotas se puede leer directamente en la pantalla, junto con información complementaria que indica si las medidas obtenidas se encuentran dentro de tolerancia.

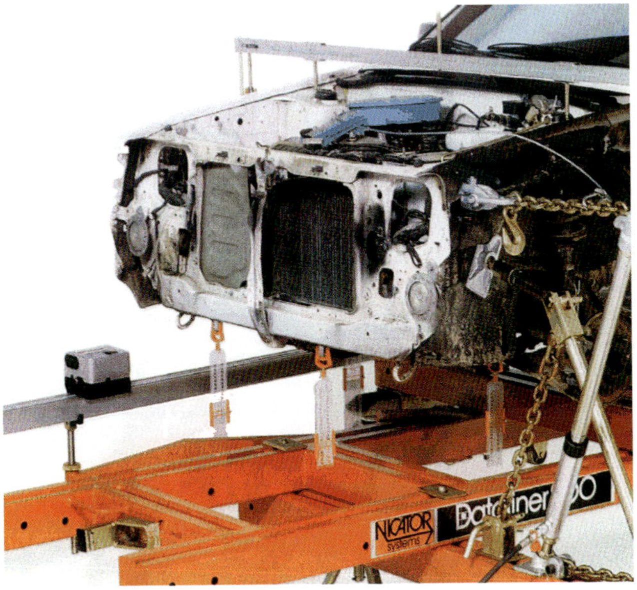

Figura 7.70. Posición de las escalas transparentes.

7.12. Sistema de medición acústico

El fundamento de este sistema se basa en la propiedad del sonido para propagarse a una velocidad constante. Esta característica hace que sea posible medir con exactitud el tiempo que tardan las ondas en desplazarse entre dos puntos. Ya que, de acuerdo al tiempo que transcurre desde la emisión hasta la recepción, se determina la distancia entre ambos puntos.

El equipo (similar al medidor láser) puede medir los puntos de control con y sin mecánica.

En el mercado existen distintos sistemas, pero básicamente constan de un conjunto emisor y receptor de ultrasonidos gestionados por un programa informático. Una vez seleccionada la ficha técnica del vehículo que se encuentra en el programa informático, el emisor se posiciona en los puntos que hay que controlar y emite unas ondas que son captadas por el receptor. En función del tiempo que las ondas tardan en recorrer el trayecto, el ordenador calcula la posición del punto y lo compara con los valores memorizados en la ficha, indicando en la pantalla de forma gráfica y numérica el resultado de la medición.

Este sistema también puede medir por comparación cualquier parte del vehículo.

7.13. Sistema de control positivo

Este sistema de comprobación fue uno de los primeros que se diseñaron para la comprobación de las carrocerías; su facilidad y sencillez de utilización han hecho que perdure hasta la actualidad.

Básicamente consiste en comprobar directamente la alineación de la carrocería utilizando unos útiles que el fabricante de la bancada ha diseñado en función de las cotas proporcionadas por los fabricantes de vehículos para cada punto de control (Figura 7.71). La comprobación se realiza sin necesidad de ningún tipo de medición, solamente verificando que los útiles se adaptan o se acoplan correctamente al punto indicado (Figura 7.72). Si no es así, se realizarán los tiros de tracción necesarios hasta conseguir el acoplamiento. La comprobación se puede realizar tanto con mecánica montada como desmontada.

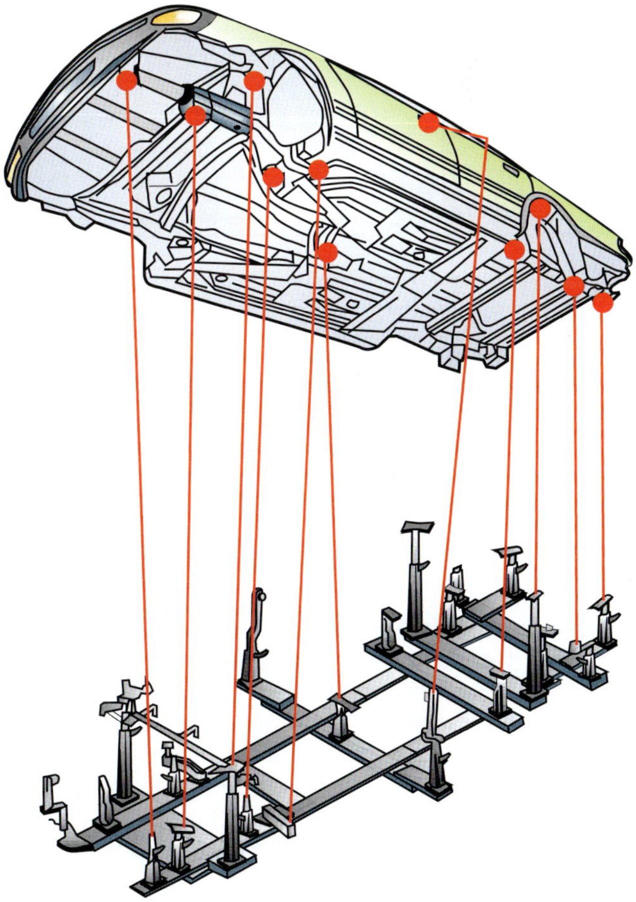

Figura 7.71. Sistema de control positivo.

Este sistema de medición aporta una serie de ventajas como son:

- Su sencillez de utilización.

- Eliminación de los criterios de tolerancia, ya que el conjunto está diseñado con estas tolerancias.
- Actualmente el sistema es semiuniversal, debido a que las torres y las traviesas son comunes para todos los vehículos, solo los cabezales son específicos para cada vehículo.
- Su sistema de fijación es muy completo y robusto.

El inconveniente que tiene este sistema es que para cada modelo de vehículo se necesitan unos cabezales distintos, con el coste económico que esto supone. Para solventar este problema, los fabricantes que comercializan este sistema de medida ofrecen la posibilidad de adquirir unos útiles básicos, que son comunes a todos los modelos, y el resto de los útiles los proporcionan en función de la necesidad del taller en régimen de alquiler.

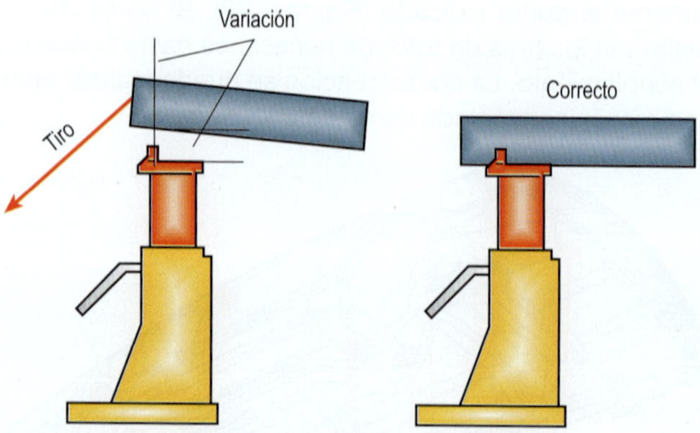

Figura 7.72. Útiles de comprobación de los puntos de control.

El equipo se utiliza sobre un bastidor que está preparado para acoplar el sistema, lo que significa que antes de montar el vehículo en la bancada se hace necesario realizar un prediagnóstico visual y seguidamente con el compás de varas, para verificar que efectivamente uno o varios puntos no están dentro de las cotas establecidas por el fabricante del vehículo.

Tal y como se puede observar en la Figura 7.73 el sistema está compuesto por:

- **Traviesas modulares** de sección tubular, cuya parte superior tiene una serie de taladros sobre los que se montan unas torres.
- **Torres universales** en las que se alojan los útiles específicos para cada vehículo, denominados cabezales. Cada torre está identificada y dispone de una marca que indica su colocación correcta y están construidas de un material robusto, capaz de soportar los esfuerzos de tracción necesarios en la reparación.
- **Los cabezales** suelen ser de acero cromado, muy resistentes, pero de peso reducido. Se sujetan a las torres con un simple pasador, acoplándose a la carrocería de diferentes maneras en función del punto que hay que medir. Para cada punto existe un acoplamiento específico.

En la ficha técnica de cada vehículo se indica claramente (Figura 7.74):

- La posición de las traviesas sobre el bastidor.
- La posición y orientación de las torres sobre las traviesas.
- Los cabezales correspondientes a los puntos que hay que controlar y su posición dentro de la torre.

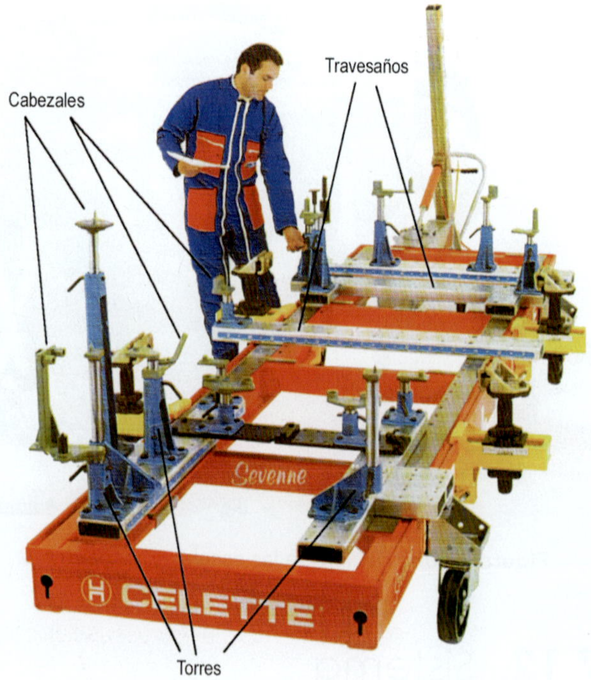

Figura 7.73. Bancada de control positivo.

7.14. Mantenimiento de los sistemas de medidas

Los sistemas de medidas son instrumentos de precisión que siempre se deberán manejar con mucho cuidado para conservar la precisión de sus mediciones. El mantenimiento de estos equipos no requiere procesos complicados, pero sí respetar las siguientes normas:

- Limpiar el puente de medida, los adaptadores y los tubos de extensión después de cada uso.
- Guardar siempre las partes del sistema de medición en el carro portaherramientas o en un armario específico.
- Aceitar periódicamente las partes deslizantes de las correderas.
- Al menos una vez al año (antes, en función de su uso), o cuando se sospeche que el sistema de medición ha sufrido daños, deberá comprobarse el equipo con los medios indicados por el fabricante.
- No forzar ni golpear ningún componente del sistema.

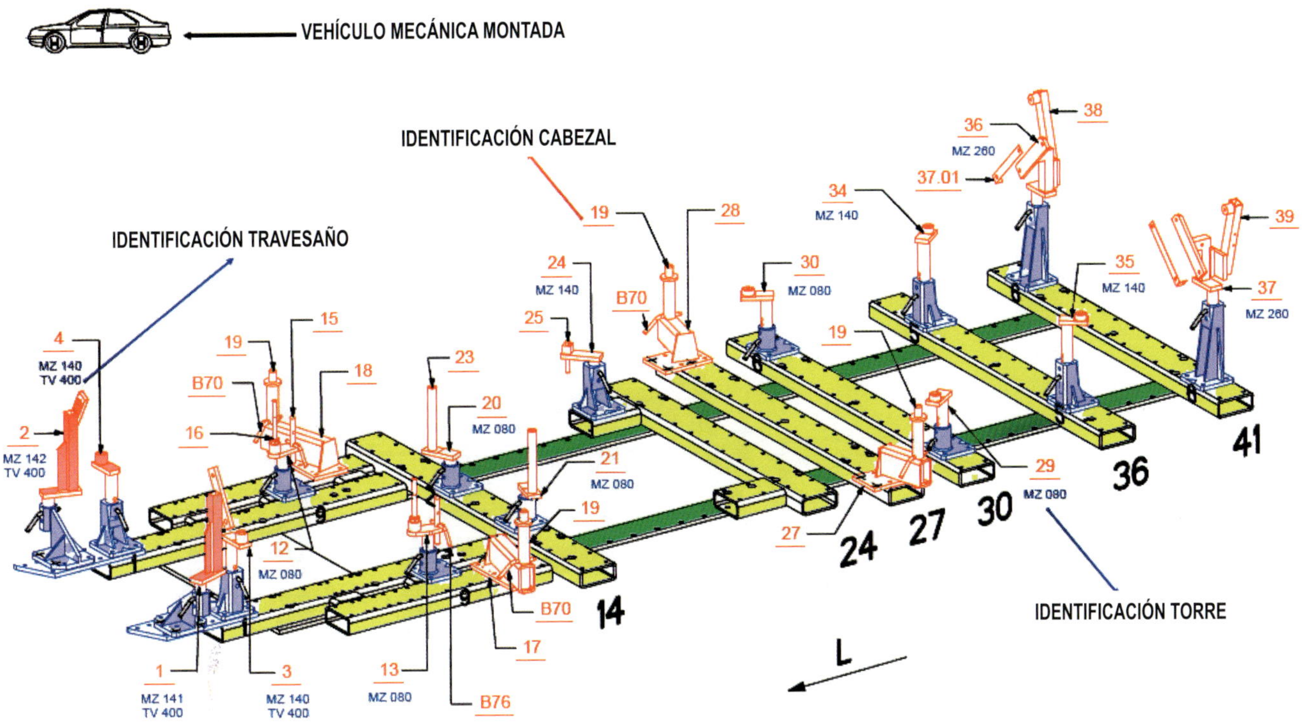

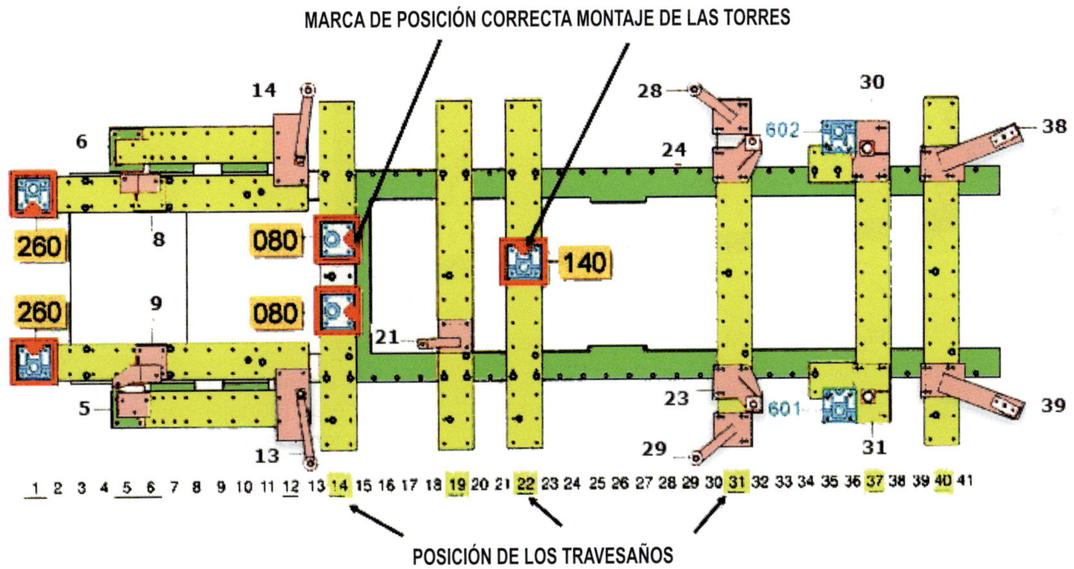

Figura 7.74. Ficha técnica.

La mejor forma de asegurarse de que los sistemas de medidas estén siempre en buen uso es planificar un mantenimiento preventivo para cada máquina, es decir, establecer un calendario donde se anoten las revisiones y las incidencias encontradas.

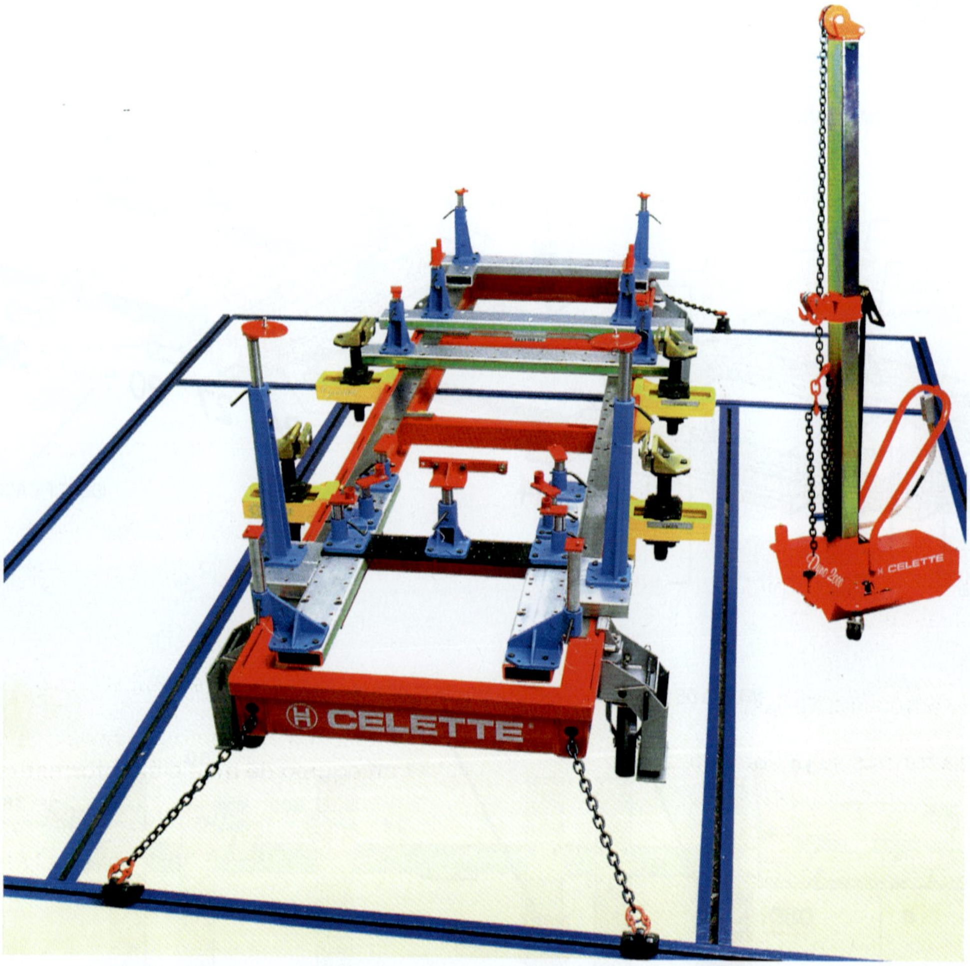

Figura 7.75. Mantenimiento de los sistemas de medidas.

CUESTIONES

7.1. Explica cuáles son las líneas principales que definen las cotas de una carrocería.

7.2. Anota los distintos sistemas para comprobar o diagnosticar los puntos de control de la carrocería.

7.3. Desarrolla los pasos que debes seguir para realizar un prediagnóstico visual de una colisión.

7.4. ¿Cuántas medidas se tienen que realizar, utilizando el compás de varas, en cada punto de control, para verificarlo por el sistema de comparación? Razona las operaciones.

7.5. Dibuja la desalineación que se tiene que producir en las galgas de nivel cuando el bastidor tiene una deformación de hundimiento.

7.6. ¿Cuáles son las precauciones que se deben tomar para la conservación de los aparatos de medida?

7.7. ¿Qué es el compás MZCross?

7.8. ¿De cuántas formas se puede utilizar el compás de varas?

7.9. Indica los sistemas más usuales para realizar un diagnóstico con una medición universal.

7.10. ¿Qué es el sistema de control positivo?

7.11. Indica qué cota representa la coordenada X.

7.12. La coordenada de longitud, ¿con qué letra se representa?

7.13. Indica qué cota representa la coordenada Z.

7.14. Indica los nombres de los elementos del compás de la imagen siguiente.

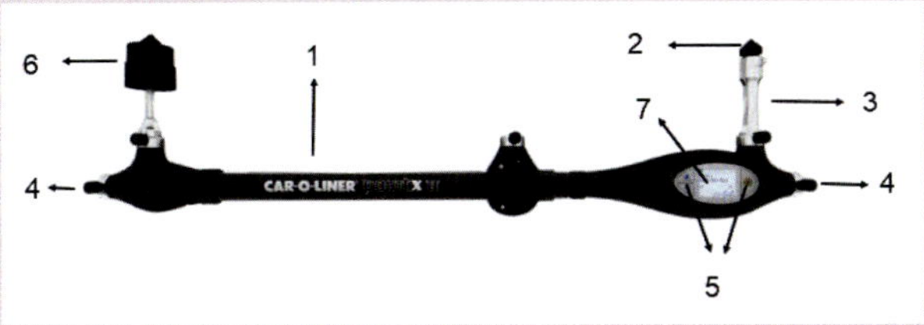

7.15. Indica qué representan los números 4, 5, 6 y 7 de la ficha técnica de Celette.

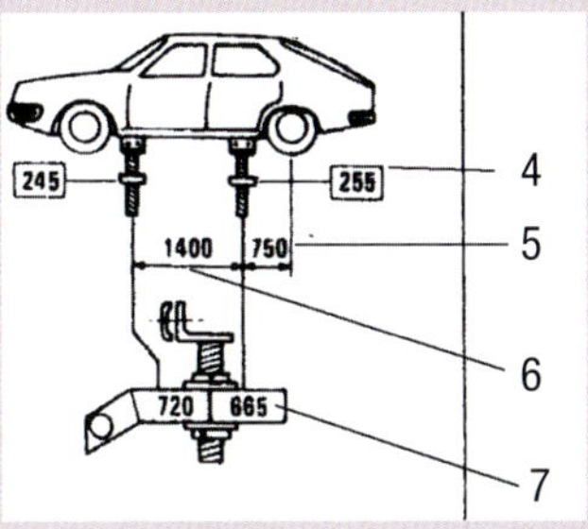

7.16. Indica qué representan las letras marcadas en la figura.

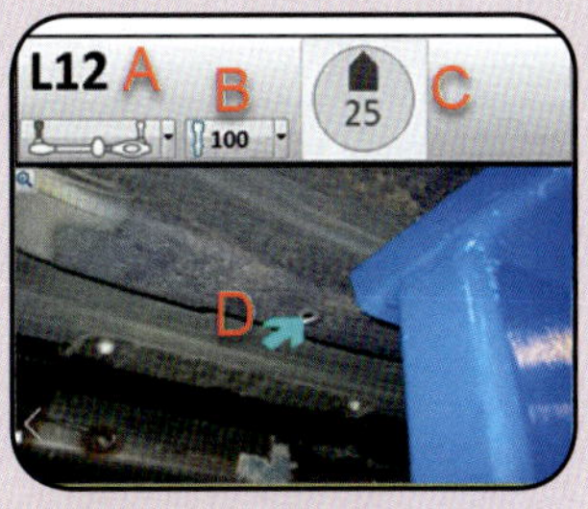

7.17. Indica los elementos básicos que componen un equipo de medición informatizado.

7.18. En la ficha técnica de Car-O-Liner, ¿qué representan los números 2, 26 y 3?

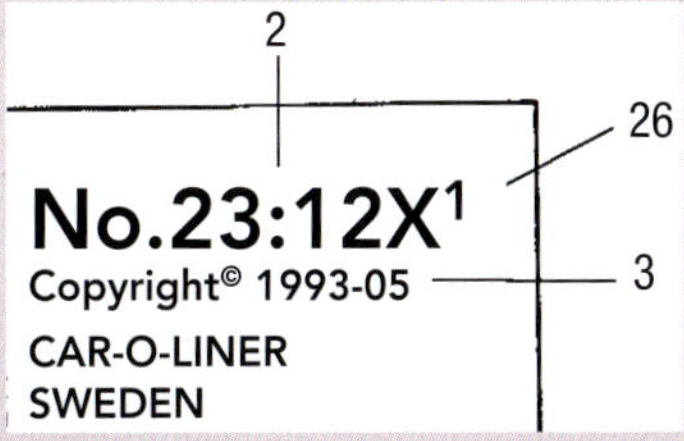

7.19. Indica qué representan los números de la imagen del sistema de medición láser.

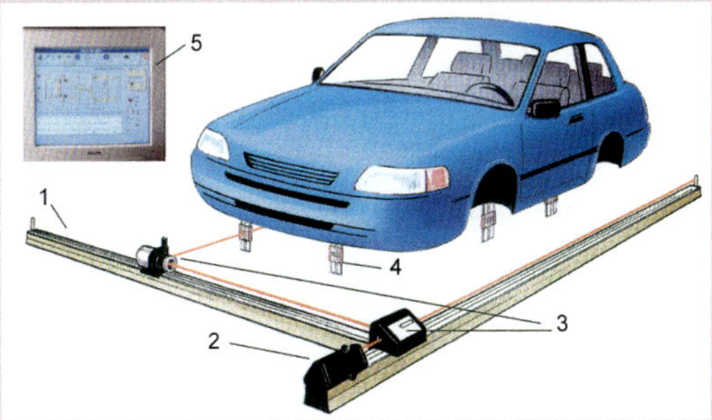

7.20. Indica qué representan los números de la imagen del sistema de medición de control positivo.

■ ACTIVIDADES PROPUESTAS

7.1. Localiza la ficha técnica de tres vehículos del taller.

7.2. Indica las cotas y los útiles que son necesarios para controlar el punto n.º 8 de la ficha de Car-O-Liner que figura en esta unidad.

7.3. Anota qué representan los números 4, 7, 12 y 10 de la ficha técnica de Celette de esta unidad.

7.4. Un vehículo ha recibido un golpe lateral por otro vehículo que circulaba a gran velocidad. Anota los elementos que se pueden deformar debido a esta colisión y las comprobaciones que se tienen que realizar.

7.5. Localiza en internet tres equipos de medidas diferentes del que tienes en el centro educativo y analiza sus diferencias.

7.6. Un vehículo ha recibido una colisión frontal. Completa el siguiente cuadro:

Elementos deformados	Elementos que pueden estar deformados	Comprobaciones que realizar
Parachoques delantero		
Aletas delanteras		
Pase de ruedas delantero		
Travesaño delantero		
Largueros del bastidor inferior		
Soporte de la suspensión		
Capó motor		

8

TIROS DE TRACCIÓN Y PROCESO DE REPARACIÓN CON BANCADA

CONTENIDO

OBJETIVOS

- Aprender a establecer un método para realizar los tiros de tracción en la dirección adecuada.
- Comprender los problemas de las tensiones y sobretensiones.
- Estudiar y analizar distintos tipos de tracción.
- Saber planificar y desarrollar el trabajo.
- Conocer y utilizar las medidas de seguridad en la reparación.
- Planificar los tiros de tracción necesarios para establecer las cotas originales.
- Reconocer cuáles son las diferentes situaciones de anclaje de la carrocería a la bancada.

INTRODUCCIÓN

La reparación estructural de la carrocería es una operación que, *a priori*, puede parecer dificultosa, pero en realidad se trata de aplicar (como en los demás trabajos relacionados con la reparación del automóvil) un buen método de trabajo (Figura 8.1).

En reparación se denomina tiros de tracción al proceso de restituir la parte deformada de la carrocería, utilizando equipos de tracción. Cuando en una carrocería se ha producido una deformación, el trabajo de enderezado o alineación implica la utilización de los medios descritos en la Unidad 6, pero el uso exclusivo de esas herramientas no es suficiente, ya que si el enderezado se realiza de forma incorrecta puede provocar una deformación mayor.

La fuerza que desarrollan estos equipos se tiene que realizar en el sentido y la dirección correctos.

El principio básico para la alineación de la carrocería consiste en aplicar en la misma dirección una fuerza de tracción igual a la fuerza que provocó la deformación, pero en sentido contrario. Como se verá en esta unidad, llevar las zonas deformadas a sus cotas originales casi nunca se consigue aplicando directamente el principio básico, debido a que la carrocería no se deforma por igual, ya que está compuesta por refuerzos, nervaduras, distintos materiales, etc., siendo necesario realizar diferentes tiros hasta conseguir restituir las cotas originales.

La forma más sencilla de determinar dónde realizar el tiro correctamente es aplicar el sentido común e imaginar cómo se tiraría si se hiciera con las manos. Esta unidad está dedicada a estudiar distintas posibilidades para determinar la dirección de la tracción.

En primer lugar se describen sistemas simples para localizar la dirección adecuada, para más adelante exponer ejemplos de tracción sobre vehículo.

La reparación estructural de un vehículo al que previamente se ha diagnosticado su deformación y se ha decidido reparar en bancada se realiza a través de las siguientes secuencias de trabajo:

- Planificación del trabajo.
- Desmontaje de los elementos que puedan impedir o dificultar la reparación.
- Medidas de seguridad aplicables en el proceso de estirado.
- Sujeción del vehículo en la bancada.
- Vehículos con bastidor y carrocería.
- Vehículos con dificultades en el amarre a la bancada.
- Montaje y centrado del sistema de medida.
- Selección de los puntos que hay que controlar en la zona dañada.
- Planificación de los tiros de enderezado y comprobación de las cotas.
- Montaje de los elementos de la carrocería que puedan utilizarse para comprobar visualmente la correcta reparación del vehículo (capó, puertas, aletas, etcétera).

Antes de comenzar la reparación siempre es aconsejable y necesario limpiar el vehículo para evitar que la suciedad pueda ocultar pequeñas deformaciones, o que en el transcurso de la reparación se desprendan ocasionando pequeñas molestias al reparador, o dañe los útiles de medidas.

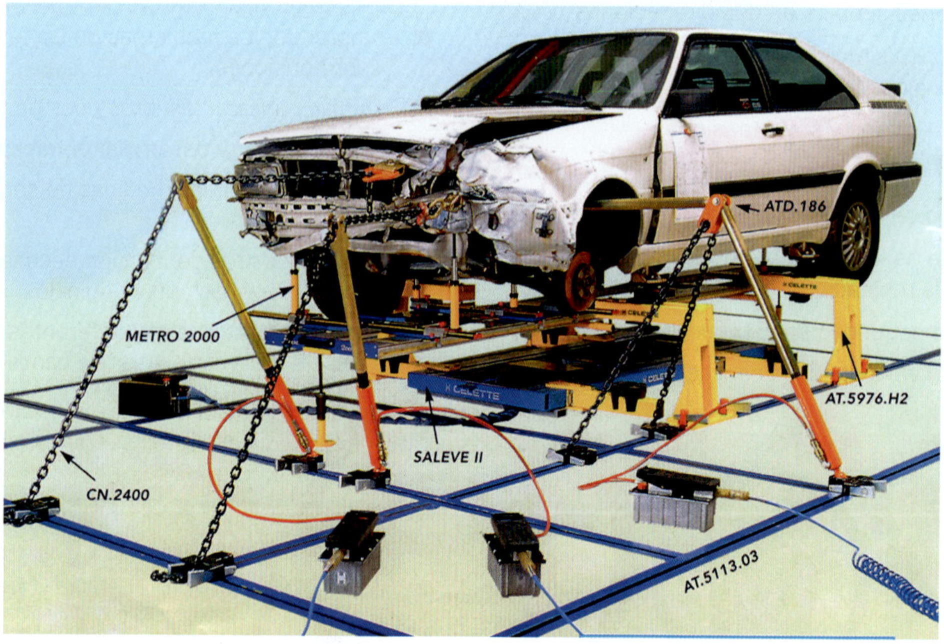

Figura 8.1. Reparación estructural de la carrocería.

8.1. Deformaciones simples en dos dimensiones

En este ejemplo se parte de una estructura cuadrada que representa una colisión en la esquina superior izquierda, provocando la deformación de esa zona (Figura 8.2). En este caso, para localizar la dirección en la que se tiene que aplicar la fuerza de tracción necesaria para alinear la estructura se procederá de la siguiente forma:

1. Medir las cotas del punto A deformado (a).
2. Medir las cotas de ese punto si no estuviera deformado, A" (b).
3. Trazar una línea que una los dos puntos (c).

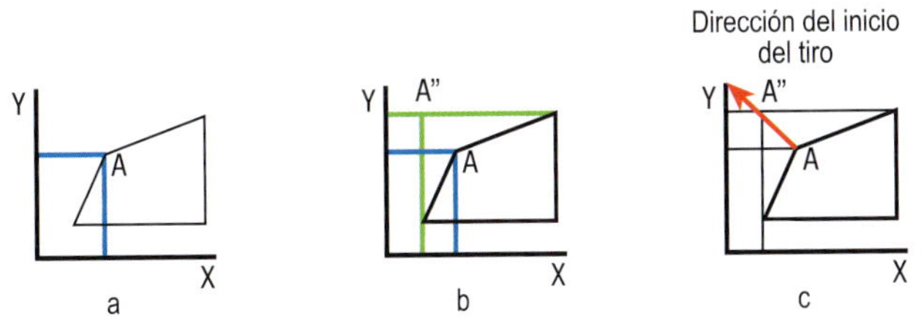

Figura 8.2. Ejemplo de tiro en una deformación simple.

La fuerza de tracción se podrá realizar a lo largo del vector que une los dos puntos, pero en sentido contrario a la fuerza deformadora.

El siguiente ejemplo se basa en una barra que ha sufrido un fuerte golpe en su extremo libre provocándole su deformación, a la vez que un aplastamiento de material (Figura 8.3). El proceso de reparación es similar al caso anterior, bien entendido que en ambos casos y una vez realizados los primeros tiros es necesario comprobar la evolución del alineamiento de la estructura, por si hubiese que modificar la dirección del tiro, debido a que el material haya cedido más en una dirección que en otra (por ejemplo, más en longitud que en altura).

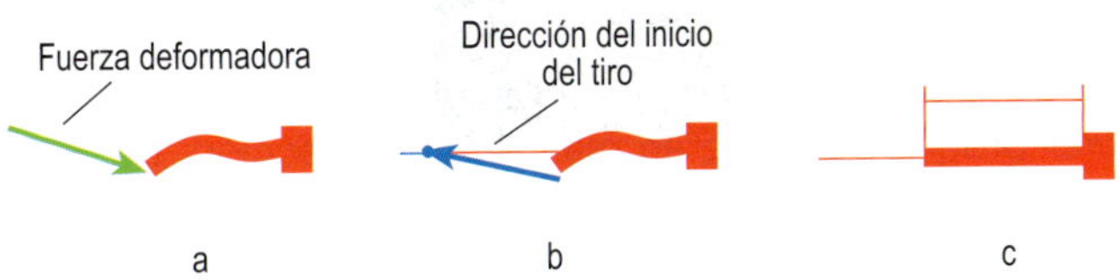

Figura 8.3. Ejemplo de tiro en una deformación simple.

En este caso, el tiro se debe realizar desde un punto que esté situado en la línea de prolongación del eje al que se quiere eliminar la deformación (b). Es importante (como en los demás casos) verificar continuamente las cotas establecidas por el fabricante (c) para no provocar otra deformación que difícilmente podría ser reparada.

Si la deformación producida en la colisión ha sido muy pronunciada es posible que sea necesario realizar varios tiros a la vez. En la Figura 8.4 se representa una deformación con hundimiento a la vez que se ha acortado su longitud. En este caso, es conveniente realizar a la vez dos tiros opuestos simultáneos (F_1 F_2), siguiendo la línea del eje para llevarlo a su cota original de longitud, pero, como se ha producido un gran hundimiento, si se intenta conformar esta estructura realizando exclusivamente estos tiros, se podría provocar un alargamiento no deseado del material. Para evitar este problema habrá que realizar a la vez otro tiro de tracción, en sentido opuesto al hundimiento (F_3), para facilitar que la estructura vuelva a su posición original, sin necesidad de forzar los tiros opuestos.

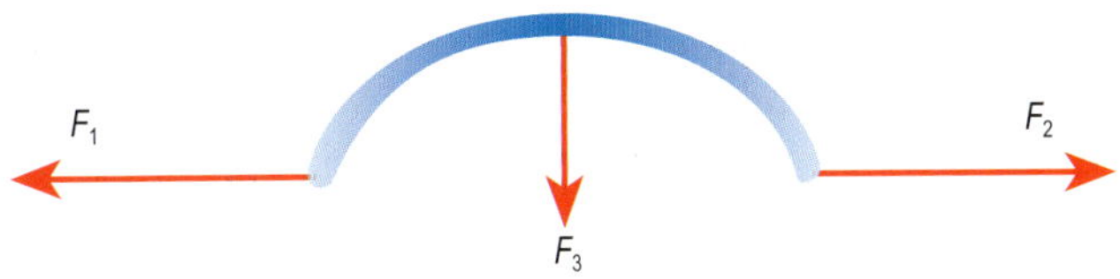

Figura 8.4. Ejemplo de realizar tres tiros a la vez.

8.2. Deformaciones simples en objetos tridimensionales

Las deformaciones explicadas anteriormente no suelen tener aplicaciones reales en las colisiones que sufren los vehículos, ya que las carrocerías son estructuras tridimensionales cuyas caras están unidas unas con otras y las fuerzas deformadoras que actúan sobre una cara influyen a su vez en las caras adyacentes, reaccionando en conjunto, produciendo una variación en las tres cotas que definen cada punto (altura, longitud y anchura).

La dirección del tiro en estos casos tendrá que tener en cuenta las cotas originales y las cotas del punto o la zona deformada. A continuación se desarrollan unos ejemplos de deformación sobre un cubo para poder analizar la forma correcta de realizar los tiros.

En la Figura 8.5 se encuentra un cubo que sufre una colisión en el punto A, provocándole una deformación hacia el interior que afecta a sus tres cotas (anchura, longitud y altura). La conformación de esta estructura se realiza utilizando el mismo método explicado anteriormente, es decir, se miden las cotas del punto deformado A y se comparan con las cotas del punto B, que se corresponden con las cotas originales de ese punto. La dirección del tiro inicial se encontrará en la unión de ambos puntos, pero en sentido contrario a la fuerza que provocó la deformación.

La magnitud de la fuerza de tracción debe tener en cuenta la capacidad de recuperación del material y su límite elástico; por ello los tiros se realizan en varias fases, comprobando en cada una de ellas la reacción que han producido.

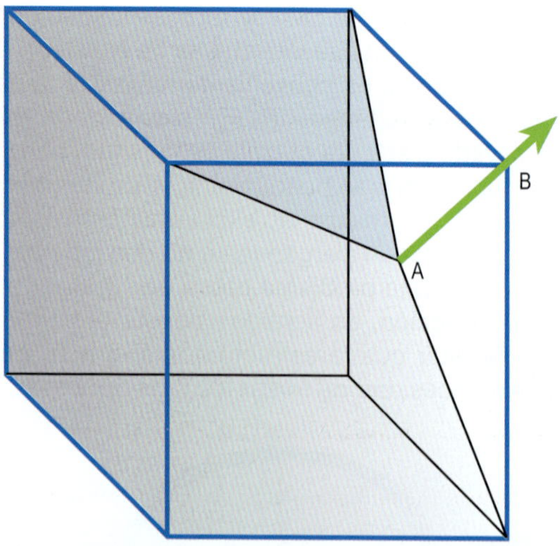

Figura 8.5. Ejemplo de tiro en deformación tridimensional realizando el tiro desde un solo punto.

Si la deformación se ha producido en una superficie amplia, en vez de en un punto, el tiro es necesario realizarlo en varios puntos a la vez, pues si se realiza en un solo punto se puede provocar una reacción no deseada. En el ejemplo de la Figura 8.6 la dirección del tiro se localiza igual que en los casos anteriores, pero realizando a la vez dos tiros *F* desde dos puntos distintos. De esta forma la alineación de la estructura se realizará de manera segura y más rápidamente.

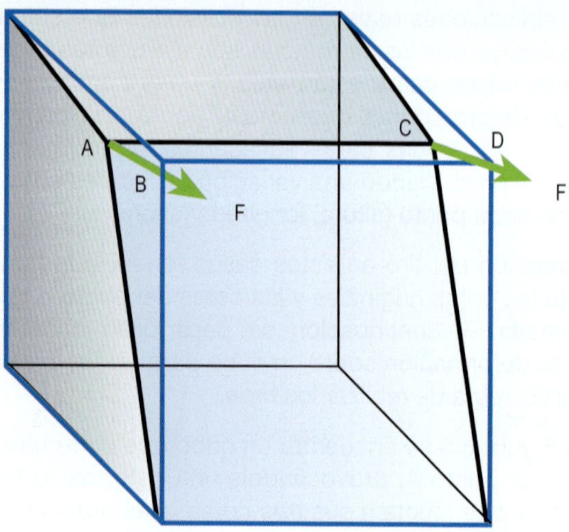

Figura 8.6. Ejemplo de tiro en deformación tridimensional realizando el tiro desde dos puntos a la vez.

En las deformaciones que se producen en las carrocerías es posible determinar con exactitud las cotas deformadas, pero las cotas originales se tienen que establecer en la mayoría de las ocasiones en el espacio, es decir, imaginando en dónde tendrían que estar en su posición correcta (Figura 8.7); esto es debido a la dificultad que se presenta en muchas ocasiones para montar los útiles de medida en las cotas originales. La forma más sencilla de decidir el primer tiro es imaginar cómo se realizaría si se hiciera el tiro con las manos, trazando una línea imaginaria entre las cotas deformadas y las cotas originales, aplicando la fuerza en sentido contrario a la deformación. Si el impacto ha producido una deformación pequeña, seguramente realizando este tiro será suficiente para restablecer las cotas originales, pero si la deformación es grande, la conformación de la carrocería no se podrá realizar con este primer tiro, ya que su desplazamiento dependerá de la configuración espacial, solución constructiva (resistencia de los materiales, configuración, anclaje, etc.). Se tendrán que realizar varios tiros y comprobar con frecuencia las cotas y decidir la nueva dirección del tiro.

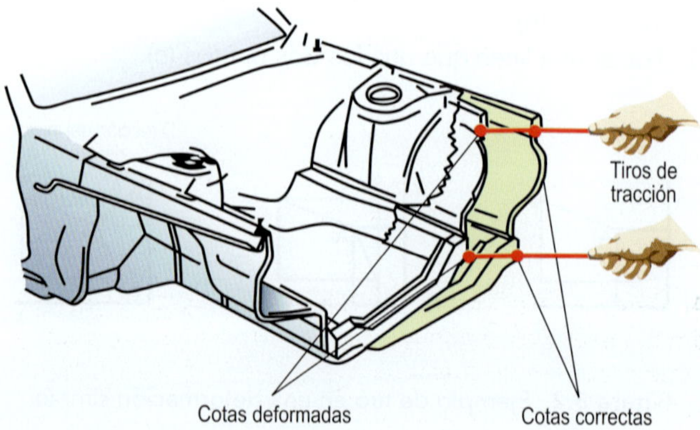

Figura 8.7. Ejemplo de cómo visualizar los tiros.

Las cotas se comprobarán siempre sin que la zona que se va a reparar esté sometida a tensión, es decir, realizar el tiro, observar su desplazamiento, aflojar el tiro y comprobar las cotas, decidir de nuevo la dirección del tiro y volver a repetir la misma operación tantas veces como sea necesario hasta restablecer las cotas originales.

Existen diversas formas de realizar los tiros de tracción y para cada una existe un equipo concreto tal y como se explicó en la Unidad 6 (escuadras, columnas y tiros vectoriales); en ocasiones se tendrá que utilizar la combinación de más de un método. Con el sistema de escuadra y columna el tiro realizado es prácticamente constante, pero para reparar determinadas deformaciones se necesita tirar progresivamente en más de una dirección. En estos casos es más práctico utilizar el sistema vectorial, que está basado en los sistemas de fuerzas angulares determinados por la configuración de un triángulo formado por un pistón hidráulico y una cadena, la cual por uno de sus extremos está anclada a la parte deformada y por el otro a una zona fija indeformable. Cuando el pistón ejerce presión la cadena se tensa y uno de los lados se desplaza. Evidentemente será el lado anclado a la carrocería, llevando la zona deformada en la dirección establecida. Este desplazamiento se puede continuar hasta que el extremo anclado alcance la perpendicular; si se sigue provocando el desplazamiento la cadena estará expuesta a una sobrecarga no deseada y se cambiará la dirección del tiro.

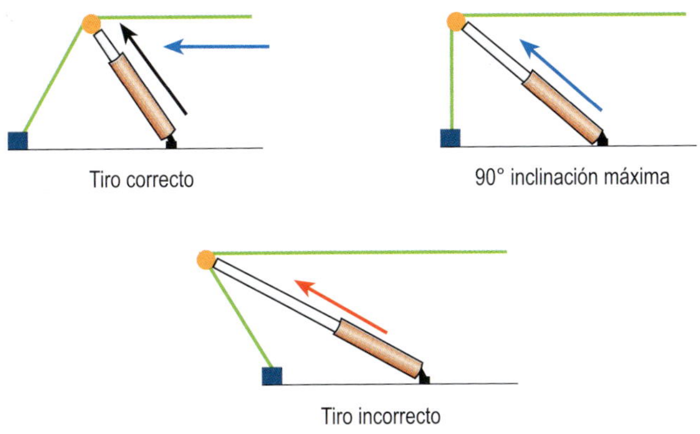

Figura 8.8. Posiciones de tiros vectoriales.

8.3. Sujeción, tensiones y sobretensiones

Analizada la deformación y determinada la dirección del tiro necesario para conformar la carrocería, es muy importante realizar una buena sujeción del útil que va a aplicar la fuerza.

La línea de tiro debe pasar por el centro de sujeción de la pinza o útil. Si se realiza la fuerza en una posición distinta se producirá una fuerza giratoria que puede provocar la deformación del punto de anclaje o de las zonas adyacentes.

En la Figura 8.9 se muestra la forma correcta de realizar el tiro en el correspondiente útil de anclaje.

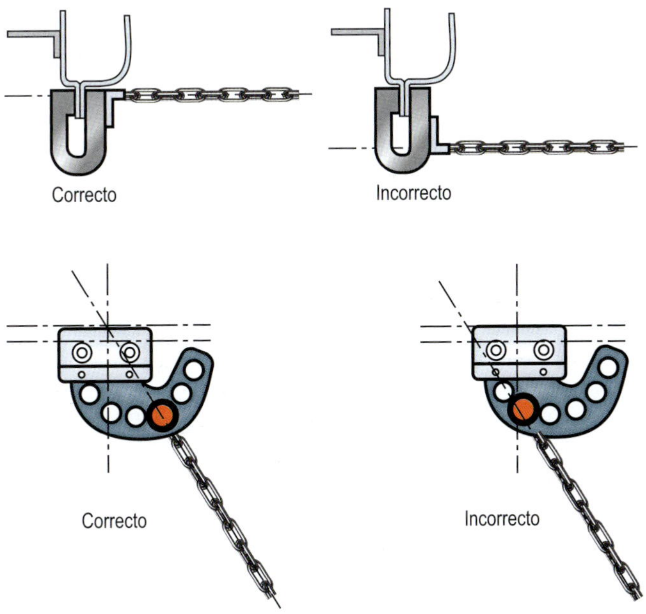

Figura 8.9. Ejemplo de cómo realizar distintos tiros.

Cuando se produce una deformación plástica, la estructura granular se desajusta con relación a su forma original.

Figura 8.10. Estructura granular correcta.

En la nueva configuración de la estructura después de la colisión, los granos que están en el exterior de la chapa se distorsionan, alargándose todo lo que le permite su forma geométrica. Los granos que se encuentran en el interior también están distorsionados, pero por compresión, debido a que el espacio que ocupaban los granos se ve reducido considerablemente. Los que se encuentran entre las dos zonas también se encuentran deformados, dependiendo esta deformación de las zonas más cercanas. En definitiva, toda la estructura está sometida a unas tensiones que hacen que la deformación se mantenga.

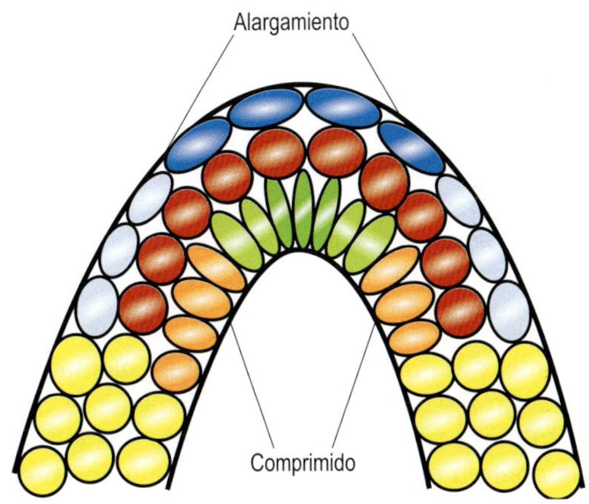

Figura 8.11. Estructura granular con tensión y deformada.

Los dibujos representados aquí solo son esquemáticos para simular la estructura interna del material y facilitar su comprensión.

Cuando se trabaja la chapa para reparar una colisión no es suficiente con devolverle sus cotas originales, ya que lo único que se consigue es darle su forma superficial. En su interior puede que la estructura granular siga con distorsiones, o incluso que al aplicar los tiros de enderezado se provoquen otras deformaciones estructurales de los granos. En definitiva, la estructura está sometida a tensiones internas que provocan que se encuentre en un estado inestable, pudiendo tener como consecuencia que en una nueva colisión (aunque sea de una menor intensidad que la producida anteriormente) la chapa se deforme con mayor facilidad.

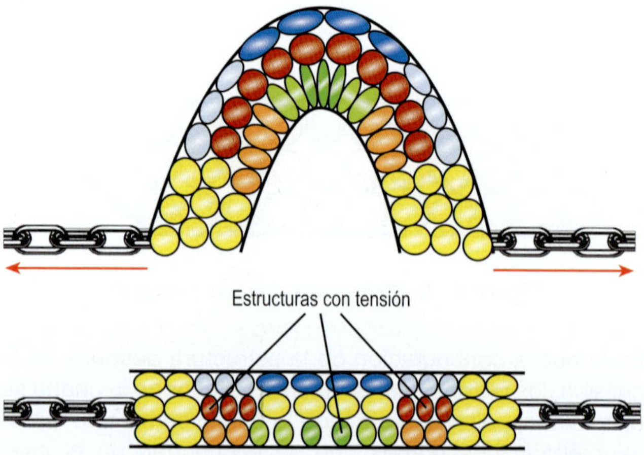

Figura 8.12. Estructuras granulares con tensión.

La eliminación total de estas tensiones se consigue con la recristalización de la estructura, proceso que consiste en que en el metal deformado aparecen nuevos núcleos de cristalización, alrededor de los cuales surgen nuevos granos de los fragmentos de los granos deformados o destruidos. Generalmente se considera que la temperatura óptima de recristalización es, en grados absolutos o Kelvin, la mitad de la temperatura de fusión de dicho metal. A la temperatura de recristalización, la eliminación de tensiones de los granos destruidos, así como el aumento de su tamaño, es decir, el crecimiento de los granos, se verifica muy lentamente, acelerándose al elevar la temperatura de calentamiento. En la velocidad de crecimiento de los granos influye notablemente la magnitud de la deformación anterior. Si hubo un grado de deformación considerable, el grano crece poco.

Como el metal deformado no se debe calentar, para no alterar sus propiedades, se puede disminuir la distorsión de la estructura provocada por la deformación distribuyendo la energía almacenada (tensiones y compresiones) en esa zona, golpeando el metal en frío.

En la reparación de la carrocería no es aconsejable el calentamiento del metal para su conformación, pues en principio el reparador desconoce la temperatura de fusión del material; además, los aceros HSS no deben calentarse. La aplicación de calor, sobre todo si es con una llama oxiacetilénica, produce oxidación y descarburación del metal, provocando pérdida de material y su ablandamiento. El calentamiento de la carrocería solo se puede realizar en aquellos casos que está indicado por el fabricante del vehículo. En estos casos, el control de la temperatura que va adquiriendo la chapa se realiza con el lápiz de calor; para ello hay que tener en cuenta que se debe marcar la zona que hay que calentar cuando aún está fría. Al llegar a la temperatura de referencia del lápiz la marca se licuará.

En el caso de aplicar calor, conviene recordar las siguientes recomendaciones:

- No se debe realizar esta operación fijándose exclusivamente en el color del metal, pues es un método poco exacto y se trabajaría con una banda de grados muy amplia.
- No realizar esta operación en zonas que no tengan acceso por el otro lado, como pueden ser los largueros, ya que nunca se podrá proteger de la corrosión la zona interior.
- No enfriar bruscamente la zona calentada con agua o aire. Un enfriamiento brusco puede provocar que se endurezca el metal superficialmente y se vuelva frágil (temple) y quebradizo.

Para eliminar las tensiones internas en la conformación en frío de una carrocería es necesario golpear con el martillo la zona deformada y las zonas adyacentes, mientras el equipo de tracción aún tiene sometida la zona deformada en tensión (Figura 8.13). Estos golpes no han de ser excesivamente fuertes, para no provocar deformaciones puntuales; de igual forma se utilizará un martillo con una base amplia para que ocupe un área más grande. Esto se produce debido a que la estructura granular deformada por alargamiento o compresión tiende a recuperar su estado original. Al realizar el tiro de tracción y darle a la chapa su forma original, muchos granos recuperarán su estado inicial, otros en cambio necesitarán una energía adicional que provoque el deslizamiento de los granos para ayudarlos a volver a su estado natural. Esta energía es transmitida por el golpeteo del martillo y se ha de realizar para que sea efectivo cuando el equipo de tracción está realizando la fuerza conformadora. Por último, puede que un número indeterminado de granos, debido a su deformación o destrucción, no logre recuperar su estado original, quedándose con la tensión adquirida en la deformación.

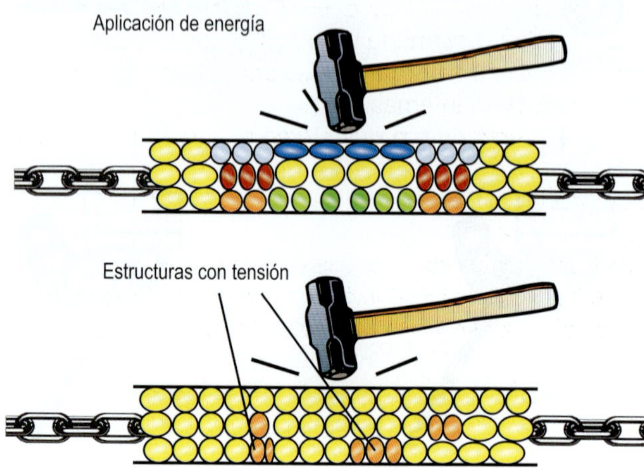

Figura 8.13. Eliminación de la tensión de la estructura granular.

El reparador no puede tener constancia de cuántos granos han quedado correctamente y cuántos deformados o destruidos al realizar la conformación de la carrocería, pero tiene la certeza de que si respeta correctamente el proceso de reparación indicado por el fabricante del vehículo, la calidad del trabajo será la adecuada en función de las pruebas y ensayos que el propio fabricante ha realizado en sus laboratorios. Así pues, es imprescindible respetar paso a paso los procesos descritos en los manuales de reparación de cada fabricante para cada zona del vehículo.

Por último, y tan importante como los dos conceptos explicados anteriormente, es conocer cuándo se produce una sobretensión.

La sobretensión se produce cuando la zona sometida a esfuerzo de tracción sobrepasa las dimensiones de las cotas establecidas, el material se alarga y se estrecha (Figura 8.14) provocando una zona más débil, difícilmente recuperable. El daño por sobretensión siempre está producido por no medir con exactitud, o por no comprobar el avance de la conformación con frecuencia.

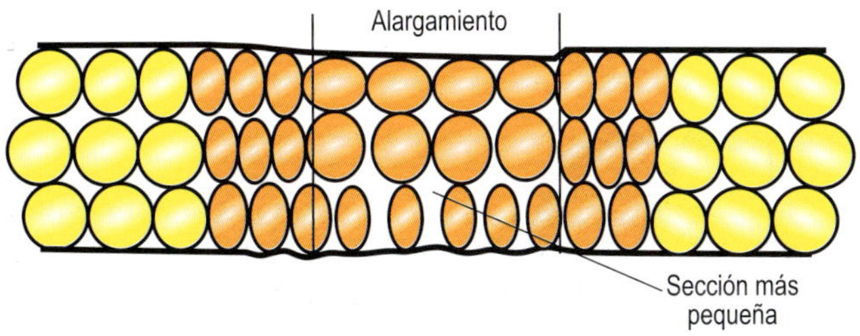

Figura 8.14. Sobretensión de la estructura.

Para evitar este problema es conveniente recordar las siguientes consideraciones al realizar el conformado de la carrocería:

- Analizar detenidamente la deformación producida.
- Decidir la dirección del primer tiro de tracción.
- Realizar la tracción muy despacio y fijarse cómo reacciona la zona deformada y las zonas adyacentes.
- Golpear la zona deformada y la zona adyacente para eliminar tensiones internas.
- Quitar la fuerza de tiro que ejerce el equipo de tracción sobre la zona deformada.
- Comprobar con el equipo de medida la evolución de la conformación.
- Analizar y decidir de nuevo la dirección del tiro.
- Repetir las operaciones indicadas tantas veces como sea necesario hasta conseguir restituir las cotas originales.

8.4. Casos prácticos de tiros

A continuación, en diferentes y variadas imágenes, se exponen varios casos prácticos de ejemplos de tiros.

Figura 8.15. Tracción lateral en el borde derecho.

Figura 8.16. Tracción hacia abajo en larguero utilizando reenvío.

Figura 8.17. Tracción hacia arriba en el borde del techo, utilizando un gato hidráulico adicional.

Figura 8.19. Primer tiro del lateral derecho del frontal.

Figura 8.18. Doble tiro de la parte trasera y frontal.

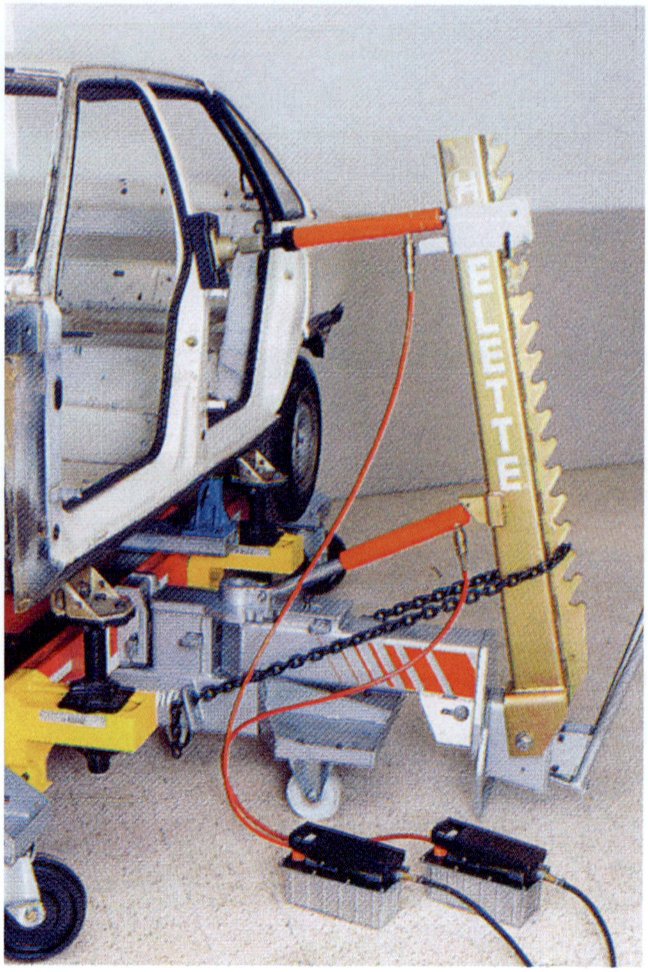

Figura 8.20. Empuje del pilar.

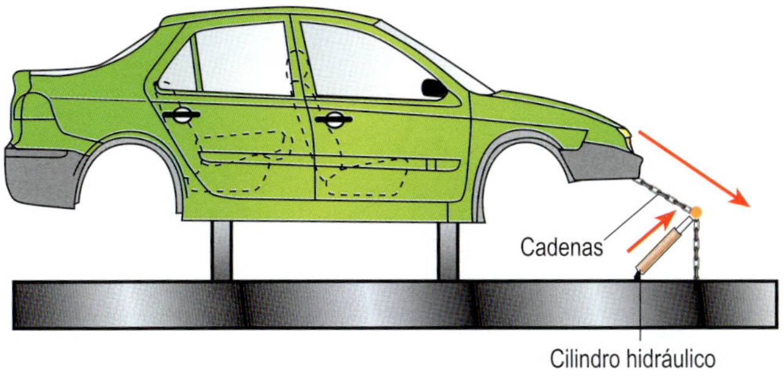

Figura 8.21. Tiro vectorial del frontal hacia delante y hacia abajo.

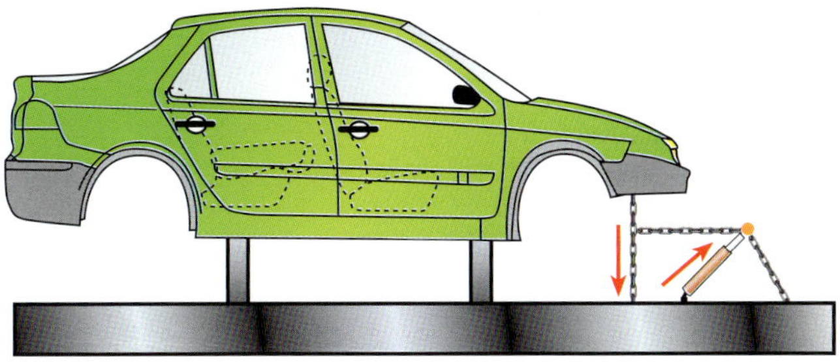

Figura 8.22. Tiro vectorial del frontal hacia abajo.

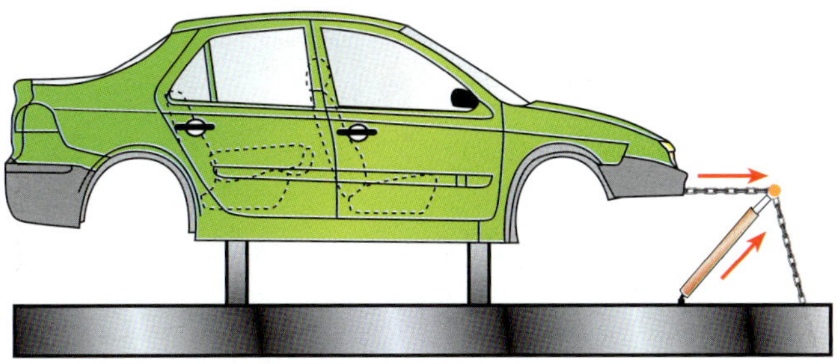

Figura 8.23. Tiro vectorial del frontal hacia delante.

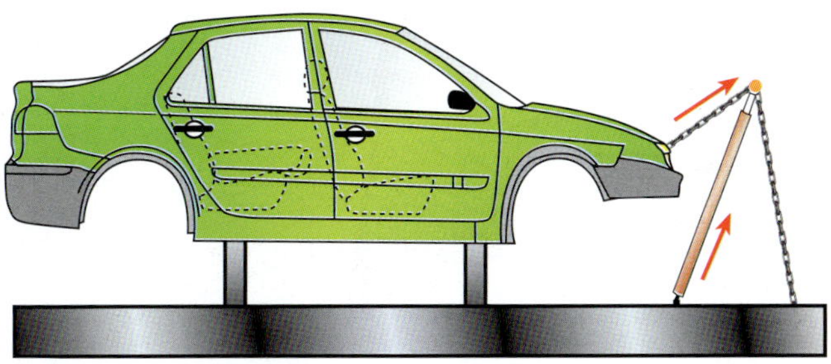

Figura 8.24. Tiro vectorial del frontal hacia arriba y hacia delante.

Figura 8.25. Tiro de tracción para eliminar la deformación de la puerta.

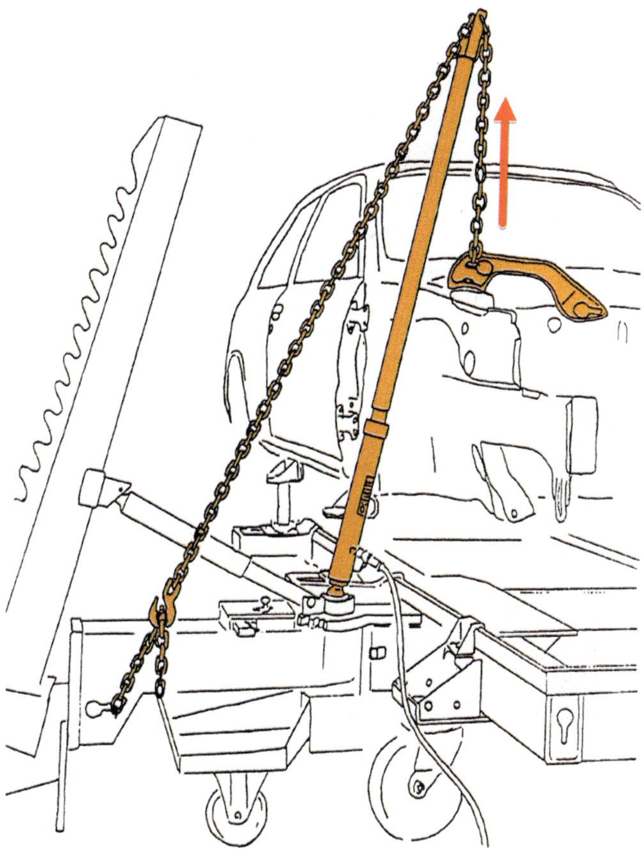

Figura 8.26. Tiro hacia arriba desde la torreta de suspensión.

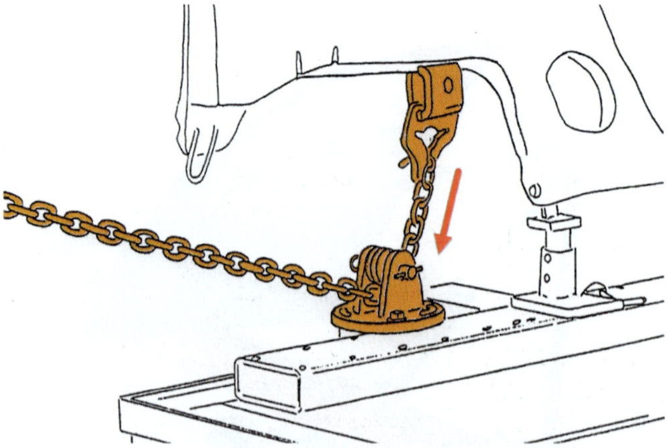

Figura 8.27. Tiro hacia delante y hacia abajo del larguero izquierdo.

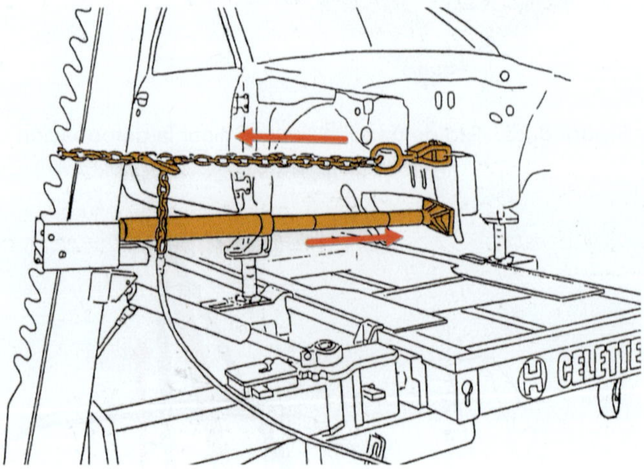

Figura 8.28. Tiro lateral de la parte superior del larguero y empuje hacia dentro de la parte inferior.

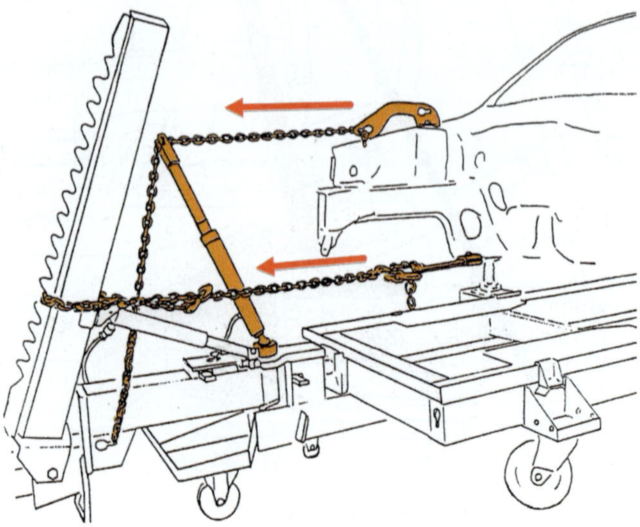

Figura 8.29. Tiro hacia delante de la torre de suspensión y tiro hacia delante de la zona inferior del larguero.

Figura 8.30. Tiro hacia abajo de la parte exterior del larguero.

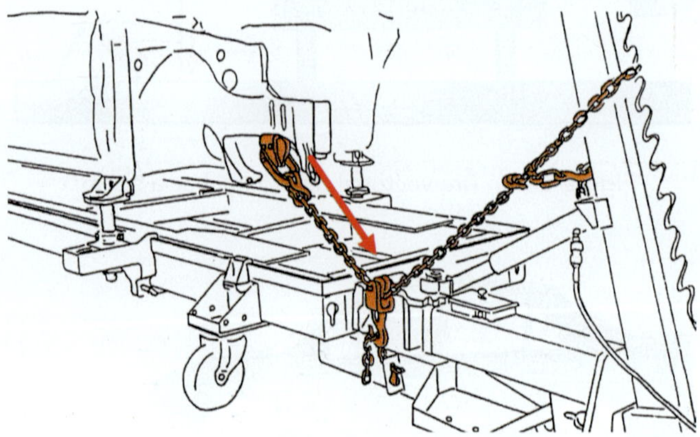

Figura 8.31. Tiro hacia abajo y adelante de la parte exterior del larguero.

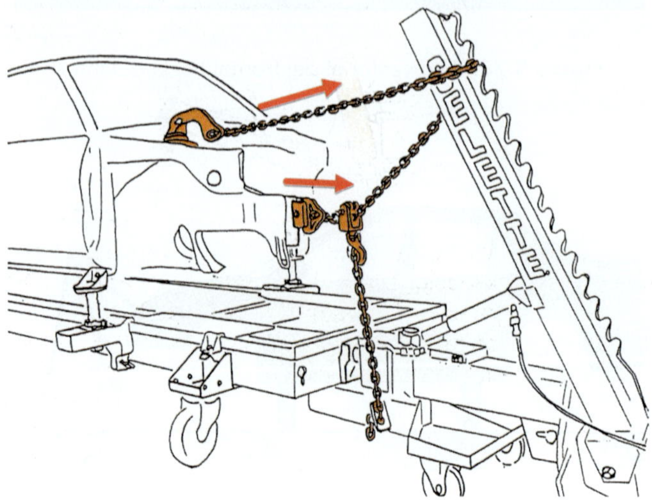

Figura 8.32. Tiro hacia delante y arriba de la torre de suspensión; a la vez, se tira hacia delante del larguero.

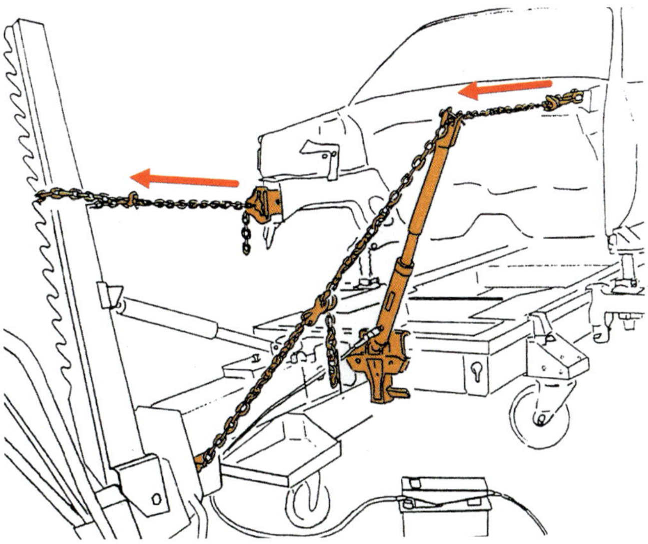

Figura 8.33. Tiro hacia delante y arriba del larguero derecho y tiro hacia delante de la parte superior del salpicadero.

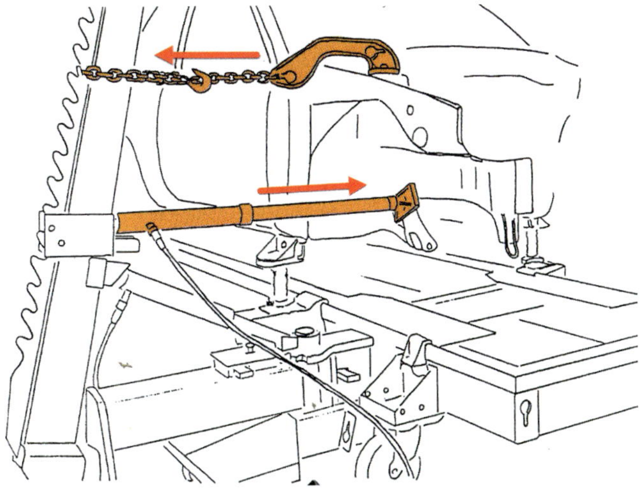

Figura 8.35. Tiro lateral de la torre de suspensión y empuje de la parte inferior del larguero.

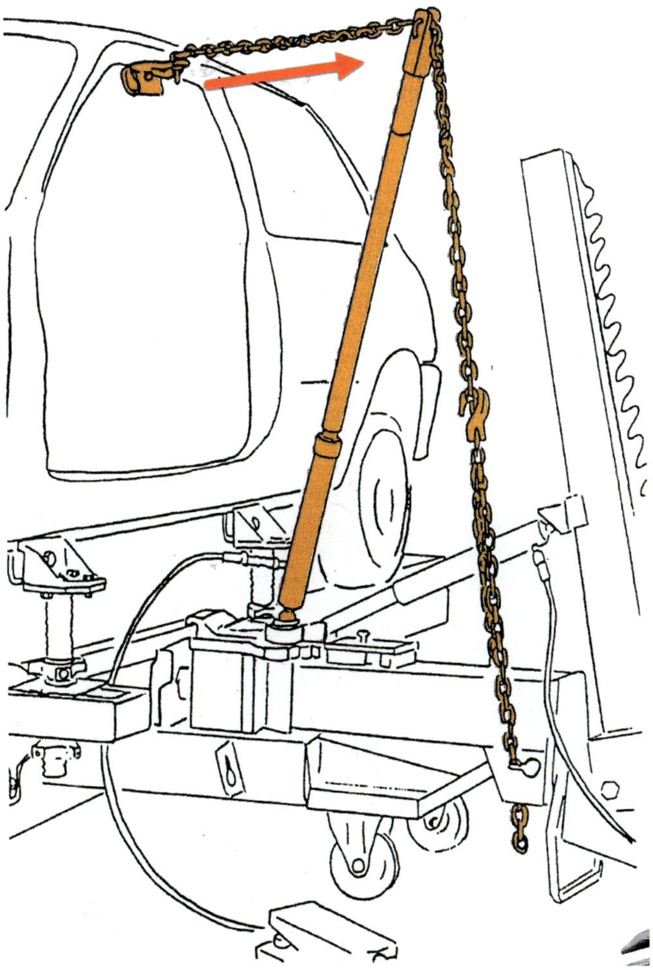

Figura 8.34. Tiro lateral del marco de la puerta.

8.5. Planificación del trabajo

Una vez tomada la decisión de reparar el vehículo en la bancada, y antes de iniciar la reparación, es necesario dedicar un tiempo para trazar un plan de trabajo con el fin de poder prever con antelación las necesidades, ahorrar esfuerzo y tiempo. En este plan se tendrán en cuenta los siguientes puntos:

- Localizar el manual de reparación del vehículo.
- Localizar las fichas técnicas de la bancada.
- Analizar la extensión de la deformación que se ha producido en el vehículo. Tal y como se indicó en las unidades anteriores, se debe revisar detenidamente el alcance de la deformación, tanto el daño producido directamente por el golpe, como los que se han provocado como consecuencia del mismo. Este análisis se hace indispensable, sobre todo si el operario que va a realizar la reparación no es la misma persona que realizó el diagnóstico previo.
- Determinar qué piezas o elementos se tienen que desmontar, en función del análisis del alcance de la colisión.
- Prever dónde se van a almacenar las piezas que se desmonten.
- Localizar y verificar el estado de los puntos de anclaje de las pinzas. En la ficha técnica se especifican distintos puntos de anclaje. Por tanto, se debe evaluar cuáles serán los más idóneos en función de la deformación.
- Establecer las secuencias de cómo se van a efectuar los tiros de enderezado. Este apartado es de vital importancia y hay que dedicarle el tiempo que sea necesario, pues la colocación incorrecta de las cadenas puede provocar una mayor deformación. Cuando se esté seguro, se debe actuar, pero observando minuciosamente el desarrollo de la conformación de la carrocería.

8.6. Desmontaje de los elementos que puedan impedir o dificultar la reparación

Como norma solo se tienen que desmontar las piezas o elementos que dificulten el acceso a las zonas que se han de reparar, ya que la mayoría de las bancadas están preparadas para poder comprobar cotas y reparar el vehículo, tanto con la mecánica montada como desmontada. Por tanto, dependiendo del modelo de vehículo y de la zona dañada será necesario desmontar distintos elementos.

Para tomar esta decisión se debe analizar la deformación y su alcance, teniendo en cuenta las siguientes consideraciones:

- Al observar que la deformación se ha producido en una zona en la que no hay elementos que puedan dificultar su reparación (por ejemplo, el final de uno de los largueros) no se debe desmontar nada.
- Por el contrario, si el mismo larguero tiene una deformación en una zona que sirve de soporte a otros elementos (motor, caja de cambios, radiador, etc.) y existen dudas, desmontar de momento los elementos atornillados más fáciles de desmontar y observar de nuevo la deformación. Quizá al tener más visión de la zona se tengan más elementos de juicio para decidir si se sigue desmontando o ver la posibilidad de reparar. Si realmente continúan las dudas, desmontar todos los elementos. Esta decisión irá en beneficio de la calidad de la reparación.
- En caso de tener que desmontar circuitos que contengan materiales que puedan contaminar el medio ambiente (aceites, líquidos refrigerantes, etc.) recordar la obligación de recogerlos en recipientes específicos para su posterior tratamiento o reutilización.
- No guardar las piezas y los elementos desmontados dentro del vehículo. Utilizar un carro o estantería identificando el vehículo que se está reparando.

Figura 8.36. Carro para almacenar elementos del vehículo.

- Anotar las piezas defectuosas que aparezcan en el desmontaje. Esta norma tan elemental ahorrará tiempo a la hora de confeccionar el pedido de material nuevo para el montaje, o para hacer un presupuesto más exacto.
- Si la deformación que tiene el vehículo impide desmontar piezas o elementos que es necesario desmontar (por ejemplo, en un golpe frontal donde se ve la necesidad de desmontar el motor, pero está siendo presionado por la traviesa del frontal). En este caso desmontar los elementos atornillados que se puedan (radiador, paragolpes, faros, etc.) y más adelante, cuando se realice un primer tiro y la traviesa no presione al motor, se podrá desmontar el resto.

8.7. Medidas de seguridad en el proceso de estirado

La falta de atención en el proceso de enderezado en la estructura de un vehículo puede originar desperfectos en la propia estructura, en el equipo de medición y estiraje, o incluso provocar accidentes a operarios y personas que están alrededor de la bancada. Por tanto, antes de iniciar la reparación, y en el transcurso de la misma, hay que tener presentes constantemente las siguientes medidas de seguridad:

- Utilizar correctamente el equipo de estiraje, acoplando para cada tiro el útil adecuado.
- Antes de realizar cualquier tiro asegurarse siempre de que el vehículo está bien anclado. Recordar que es mejor anclar el vehículo con todos los amarres posibles, que anclarlo apresuradamente por ahorrar tiempo.
- Comprobar siempre que las mordazas de anclaje y de las distintas pinzas de tiro están en buen estado.

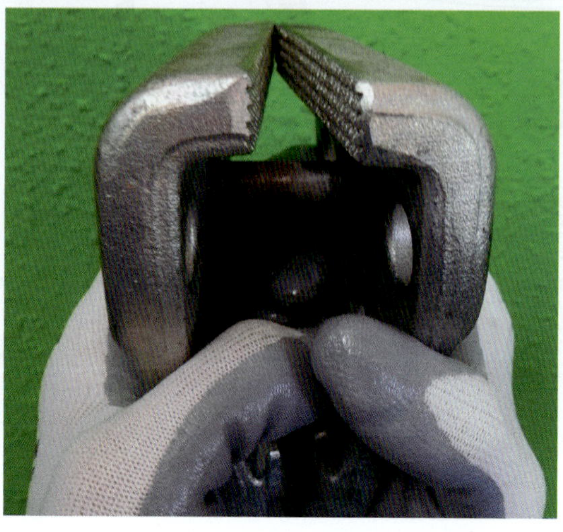

Figura 8.37. Verificación de las mordazas.

- En los vehículos con lunas pegadas, recordar que estas forman parte de la estructura del vehículo. Por tanto, no desmontarlas antes de realizar los tiros previos de enderezado; más adelante, si fuese necesario, pueden ser desmontadas.
- Verificar que cuando las cadenas comienzan a realizar el tiro, las mordazas no resbalan.
- Utilizar en todo momento la cadena adecuada para cada tiro (recordar que no todas las cadenas están diseñadas para soportar los mismos esfuerzos).
- Es preferible no prolongar las cadenas. En caso necesario, no unirlas con tornillos (Figura 8.38), ya que desaparece la seguridad de que puedan soportar el esfuerzo. Utilizar los útiles de prolongación adecuados.

Figura 8.38. Nunca empalmar las cadenas.

- Verificar que la cadena no está retorcida cuando realiza el esfuerzo.
- No olvidar nunca conectar adecuadamente la cadena de seguridad antes de realizar el tiro.
- Si en el proceso de reparación se tiene que realizar un cambio de sección parcial de una pieza, proceder tal y como indique el manual de reparación del vehículo. De lo contrario, puede que se esté cambiando el reparto de fuerzas en la estructura.
- Cuando se realiza un tiro de tracción nadie debe colocarse en la misma dirección de las cadenas que realizan el tiro, ya que si se sueltan por rotura o resbalamiento pueden ocasionar un accidente grave.
- Como norma, no situarse nunca dentro del habitáculo cuando se estén realizando los tiros de enderezamiento.
- Utilizar guantes de cuero y calzado adecuado.
- Evitar que las cadenas rocen con aristas pronunciadas o aristas cortantes.
- Si se realizan reparaciones sin haber desmontado parte de la mecánica, o se tiene que trabajar cerca del tapizado del habitáculo, proteger estas zonas adecuadamente.
- Muchos de los útiles que se tienen que utilizar tienen un peso considerable y, en ocasiones, dependiendo del modelo de bancada, del vehículo que reparar o de ambas cosas, las posiciones del operario resultan inadecuadas, pudiendo provocar lesiones si no se realizan correctamente. Para evitar estos accidentes, que muchas veces son irreversibles, recordar la forma correcta de levantar peso a fin de evitar posturas forzadas del cuerpo.

Figura 8.39. Trabajar siempre utilizando los medios más adecuados.

- Comprobar con frecuencia las dimensiones de la reparación para evitar pasarse de las cotas establecidas.
- Iniciar los tiros de tracción lentamente, observando los movimientos que se producen en la estructura y en las cadenas.
- Utilizar gafas de seguridad cuando se manipule con el martillo la cuña de bloqueo.

Figura 8.40. Sujetar correctamente las mordazas.

8.7.1. Símbolos de seguridad en los útiles de enderezado

En ocasiones, en el equipamiento y en los manuales descriptivos de las bancadas, además de los rótulos de seguridad, aparecen una serie de símbolos con el objeto de recordar los riesgos inherentes a la realización de determinados trabajos o impedir el uso incorrecto del equipo.

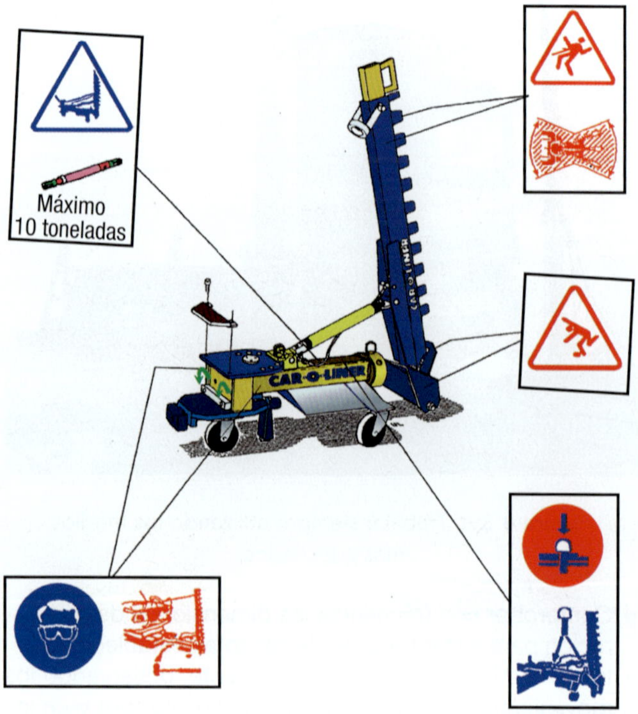

Figura 8.41. Símbolos de seguridad de la escuadra de tiro.

Figura 8.42. Colocar siempre un cable de seguridad.

Los símbolos más usuales son los que se detallan en la Tabla 8.1.

Tabla 8.1. Símbolos de seguridad

Símbolo	Descripción
	Utilizar gafas de seguridad cuando se golpee sobre la cuña de bloqueo.
	Asegurarse de que los pernos de seguridad están colocados correctamente.
	Equipo de tracción preparado para un cilindro de 10 toneladas de potencia máxima.
	Prestar atención a la posible proyección de objetos durante los trabajos de enderezamiento. No situarse detrás o cerca del enderezador por tracción durante una operación de enderezado.
	Tener precaución para no tropezar con las mangueras de conexión.

8.8. Sujeción del vehículo en la bancada

En este apartado se analizan en primer lugar dos procesos para ver cómo se debe amarrar un vehículo en la bancada, y después se verán aquellos vehículos que ofrecen dificultades en el amarre a la bancada.

PROCESO DE SUJECIÓN DEL VEHÍCULO EN LA BANCADA

1. Se iniciará la reparación localizando y anotando los datos de la placa identificativa del vehículo.

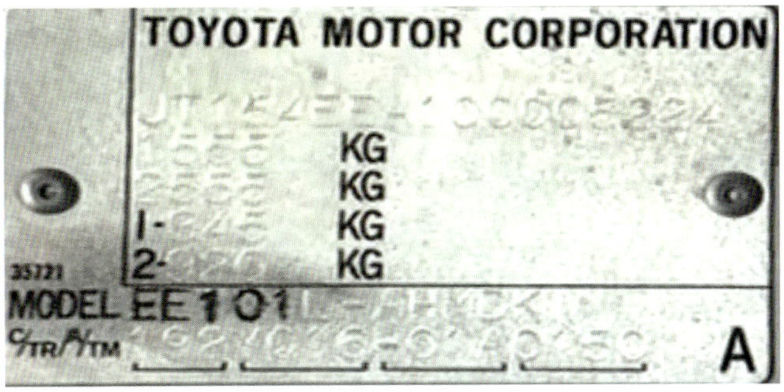

2. En el índice de las fichas técnicas que proporciona el fabricante de la bancada, localizar el vehículo y anotar el número de la ficha técnica que corresponda.

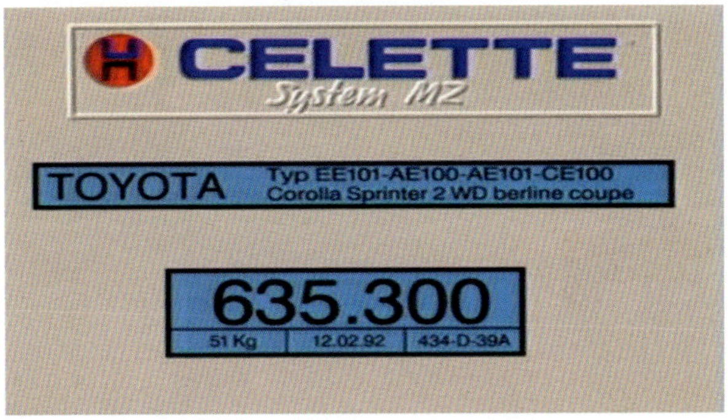

3. Localizadas las fichas, es conveniente introducirlas en una funda de plástico y, con unos imanes o cinta adhesiva, sujetarlas en la carrocería del vehículo o en otro sitio donde siempre estén al alcance del operario para su consulta rápida.

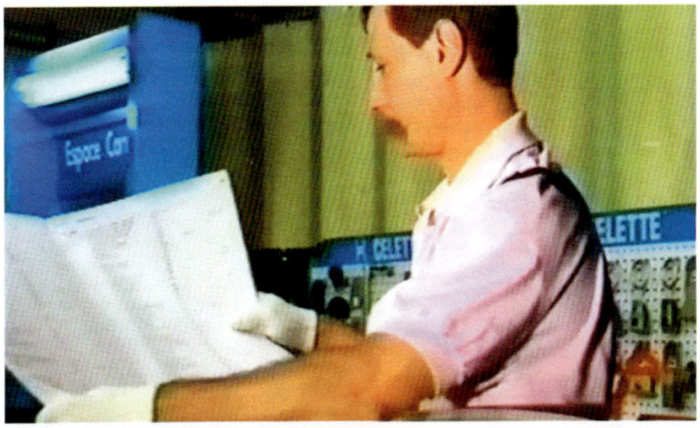

4. La primera información que se necesita es la distancia a la que se deben colocar las mordazas de sujeción, ya que para realizar tiros de tracción es indispensable que el vehículo esté fuertemente sujeto sobre la bancada.

   La sujeción de las mordazas de agarre se realiza en zonas resistentes indicadas en las fichas técnicas, normalmente en las pestañas de los estribos. Aunque, dependiendo de la bancada, también se pueden anclar utilizando unos útiles que sirven a la vez de soporte y de control de las cotas, tanto con mecánica montada como desmontada.

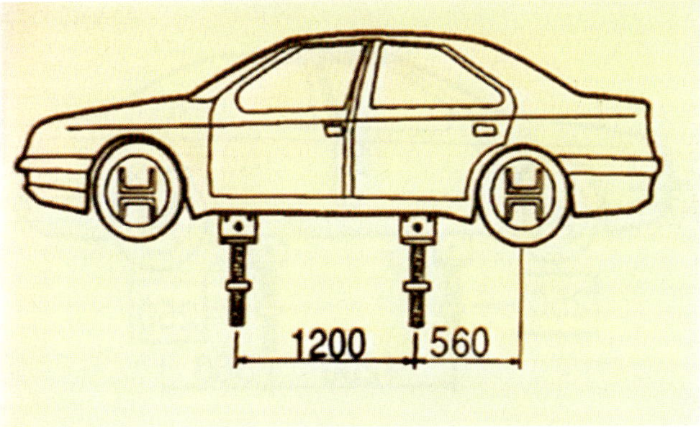

5.

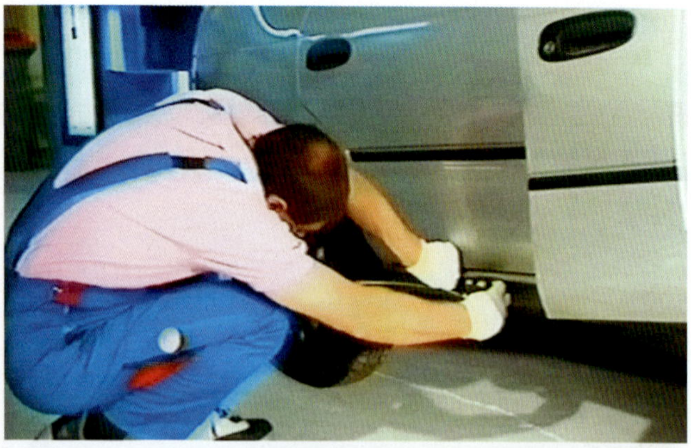

Partiendo del centro del eje trasero del vehículo, marcar con una tiza o un trozo de cinta de enmascarar la distancia a la que se debe sujetar la primera mordaza. A continuación, y partiendo de la última marca, tal y como indica la ficha del ejemplo, marcar la distancia a la que debe sujetarse la segunda mordaza.

Realizar esta operación en ambos lados del vehículo.

6.

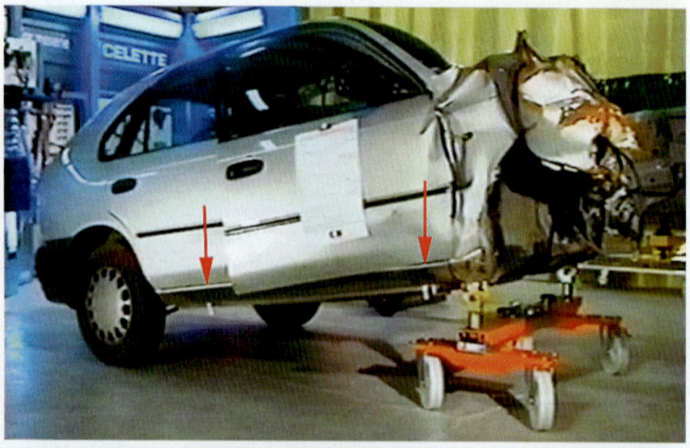

Una vez marcada la posición de las mordazas, limpiar la zona donde han de ir ancladas.

7.

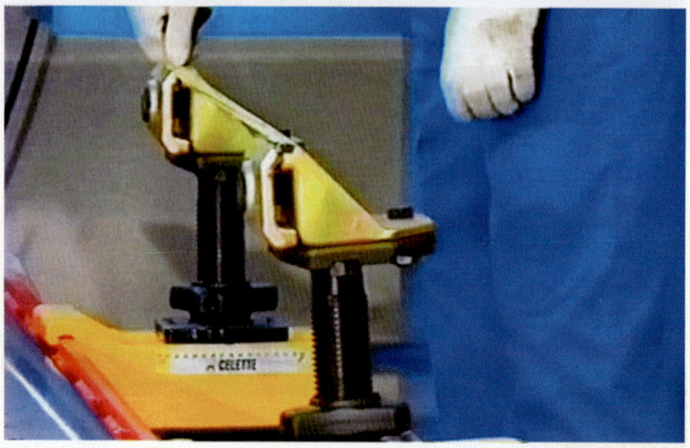

Montar los brazos que sujetan las mordazas en la bancada y posicionarlas a la medida indicada en la ficha.

En algunos modelos de bancadas las mordazas guardan posición de lado (izquierda/derecha). En tal caso, vendrá indicado en la ficha técnica.

8.

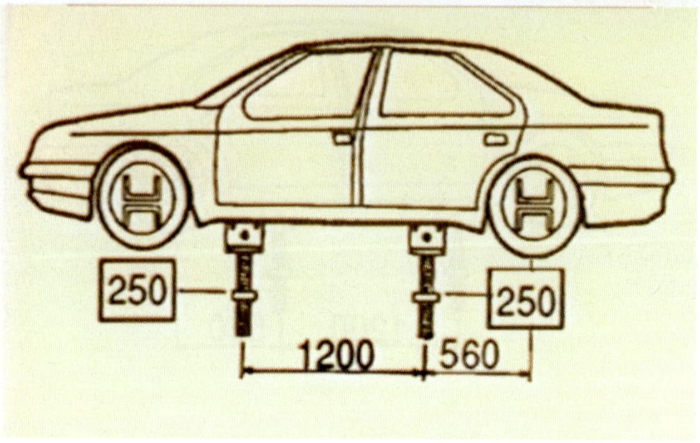

Volver a mirar la ficha y comprobar la altura a la que deben estar las mordazas. En este caso a 250 mm.

9. La medida viene indicada normalmente en una escala graduada en milímetros que tiene el brazo de sujeción de las mordazas. El punto de referencia para su medida suele ser la parte superior de la tuerca de bloqueo del brazo.

10. Revisar de nuevo la ficha y comprobar la medida de anchura a la que deben estar los brazos.

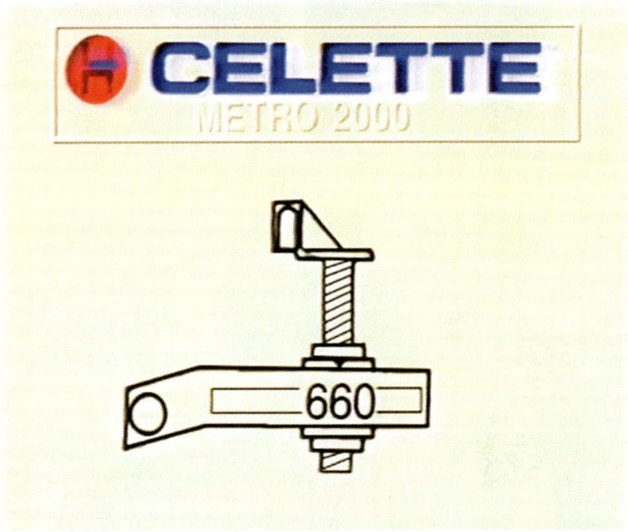

11. En el ejemplo son 660 mm, que se conseguirá desplazando el brazo sobre el soporte hasta la medida indicada.

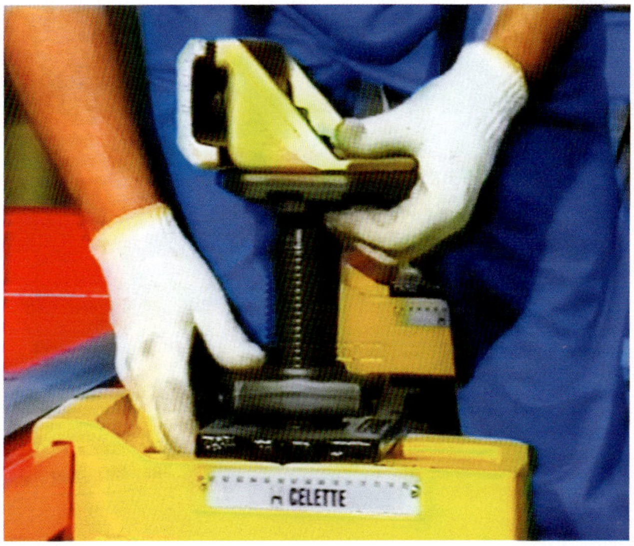

Una vez colocados los soportes de amarre a las medidas indicadas en las fichas, abrir totalmente las mordazas y subir el vehículo a la bancada utilizando los medios de que se disponga:

- Caballete fijo.
- Caballete con ruedas.

12.

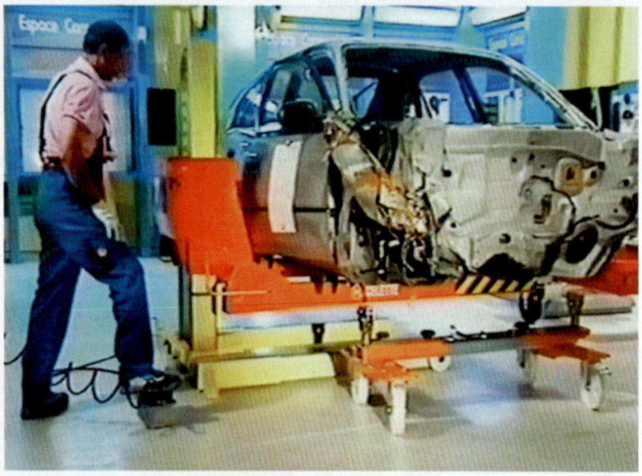

Elevador fijo o móvil.

13.

Pantógrafo con ayuda de plataforma, etcétera.

14.

15.	Las marcas realizadas anteriormente en el vehículo deben coincidir con el centro de las mordazas. Apretar las mordazas.	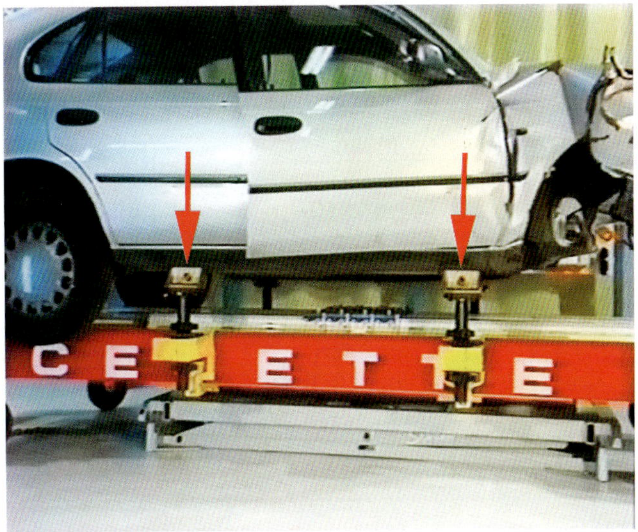
16.	Las mordazas pueden tener distintas formas o aprietes, en función del fabricante de la bancada. En la figura se está utilizando una sujeción con dobles mordazas.	
17.	Con soportes que son, a la vez, puntos de amarre y de control de cotas, utilizándose las mordazas solo para sujetar mejor la carrocería a la hora de realizar los tiros de enderezados, para que no se produzcan deformaciones en los puntos de control/amarre.	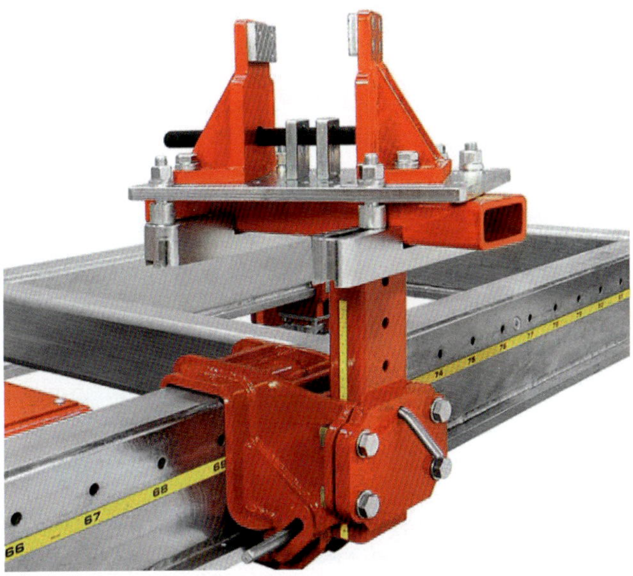

PROCESO DE SUJECIÓN DE VEHÍCULOS CON BASTIDOR Y CARROCERÍA

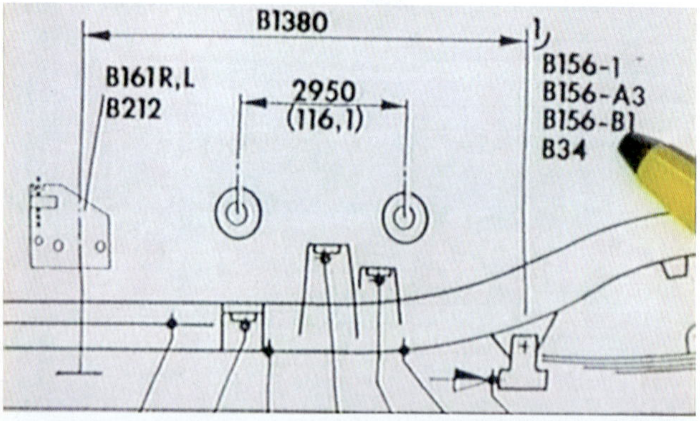

En los vehículos con bastidor y carrocería separada, la sujeción a la bancada no se puede realizar en las pestañas de los estribos. En estos vehículos el amarre suele hacerse con útiles distintos. Como en los demás casos, vienen indicados en la ficha técnica de la bancada. 1.

En el ejemplo de la foto, la sujeción en la parte trasera se realiza en uno de los soportes de la suspensión con los útiles y suplementos indicados en la ficha. 2.

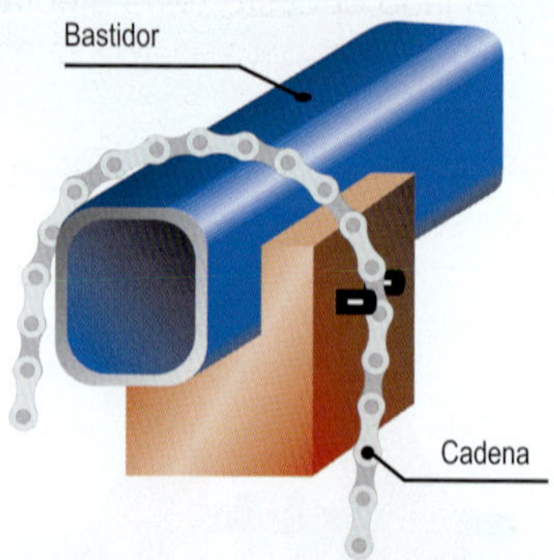

A la medida indicada en la ficha (1380 mm) se monta un útil que, a través de una cadena, abraza el bastidor sujetándolo fuertemente.

De esta forma se suple la carencia de pestaña en los estribos.

Dependiendo del vehículo, el fabricante tiene diseñada la mejor forma de sujeción. Así pues, es muy importante no adoptar métodos de sujeción sin consultar con las fichas técnicas y, en caso de su ausencia, consultar con el fabricante de la bancada para evitar posibles deformaciones no deseadas. 3.

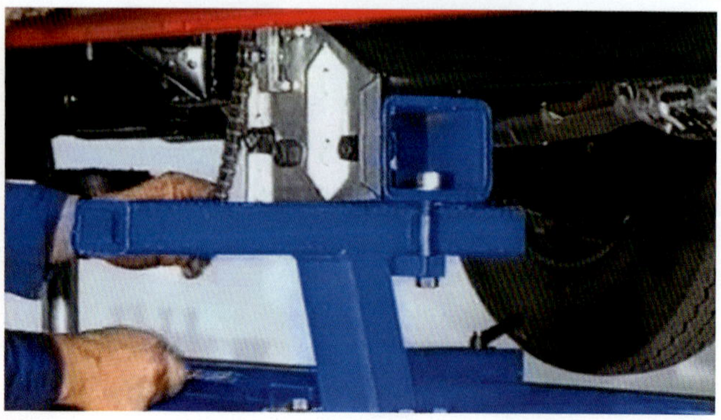

Al bordear el bastidor con la cadena, asegurarse de que no ha pinzado ningún cable eléctrico o tubería. 4.

8.8.1. Vehículos con dificultades en el amarre a la bancada

La reparación estructural de la carrocería implica la utilización de grandes fuerzas, por lo que el vehículo debe anclarse fuertemente a la bancada. Como ya se ha indicado anteriormente, las pestañas inferiores de los estribos son los apoyos más utilizados en las carrocerías autoportantes.

Estos puntos de sujeción son de total fiabilidad cuando se realizan tiros longitudinales, tanto hacia delante como hacia atrás. Pero si se necesita aplicar tiros de tracción laterales o verticales con grandes fuerzas, se corre el riesgo de que los agarres instalados no sean suficientes para garantizar que no se produzcan daños en zonas que no estaban deformadas.

Por otro lado, si la deformación de la carrocería se ha producido en la zona donde se ha de amarrar una pinza, la reparación debe iniciarse por esta zona, hasta conseguir que se sitúe en sus cotas originales y la mordaza de agarre se pueda anclar correctamente.

A continuación, se exponen distintos ejemplos que se pueden presentar en el proceso de anclar el vehículo a la bancada, proponiendo distintas soluciones para cada caso. No obstante, pueden presentarse deformaciones distintas a los ejemplos que se presentan, que requieran aplicar la fusión de los distintos métodos presentados.

En el ejemplo de la Figura 8.35 el vehículo se puede agarrar con tres mordazas, la cuarta mordaza no se puede anclar porque la zona está deformada como consecuencia de la colisión.

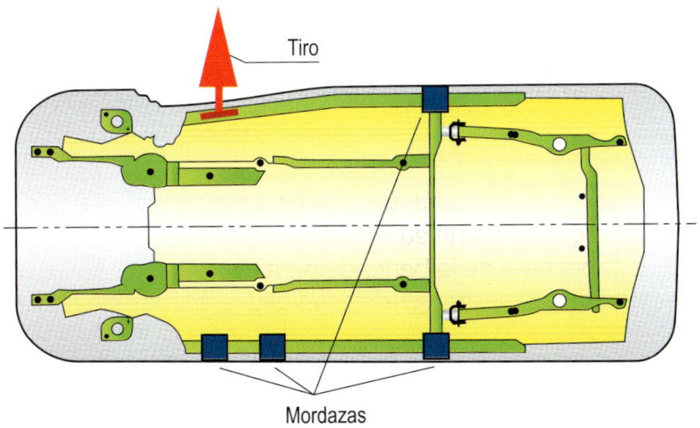

Figura 8.43. Carrocería anclada con tres mordazas en un lado.

En este caso, si la deformación no es muy pronunciada, sería suficiente con utilizar otro amarre en el lado opuesto y realizar los primeros tiros con el fin de llevar a su cota original la zona del cuarto punto de anclaje y así amarrar correctamente la carrocería para seguir reparando el resto de la deformación.

Si la deformación es tan pronunciada que ha afectado al larguero delantero izquierdo, pero sin afectar ningún punto del lado opuesto (Figura 8.44), no es suficiente con poner más puntos de anclaje en el lado no deformado, como en el caso anterior.

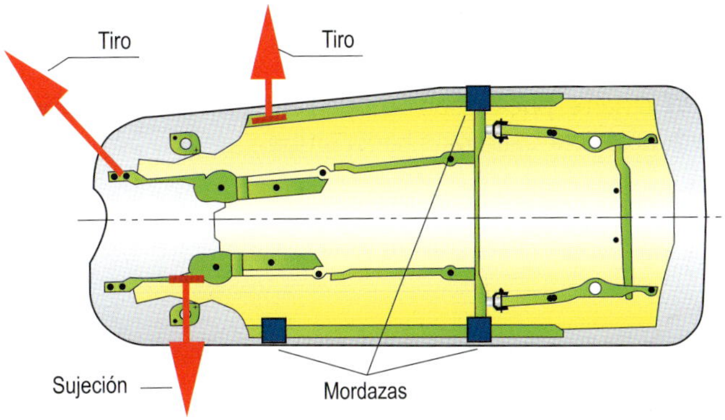

Figura 8.44. Carrocería anclada con tres mordazas y cadena de sujeción.

En este caso es necesario sujetar el vehículo en el lateral no deformado con las dos mordazas que se pueden anclar correctamente y, a continuación, montar una cadena de sujeción en el larguero derecho, en una zona un poco más elevada que las mordazas de agarre, para evitar que se pueda desplazar cuando se realicen los tiros de tracción en el lado opuesto.

En el ejemplo de la Figura 8.45 la deformación alcanza todo el lateral y el lado opuesto tiene afectados los extremos delanteros y traseros, pero se puede anclar correctamente en la zona central, por las dos mordazas de anclaje.

En este tipo de deformación no es suficiente con sujetar lateralmente el vehículo, puesto que está deformado. La solución consistirá en realizar distintos tiros simultáneos, hasta llevar la zona central a las cotas en las que se pueden amarrar correctamente las mordazas y dejar la carrocería bien anclada para continuar con el resto de la reparación.

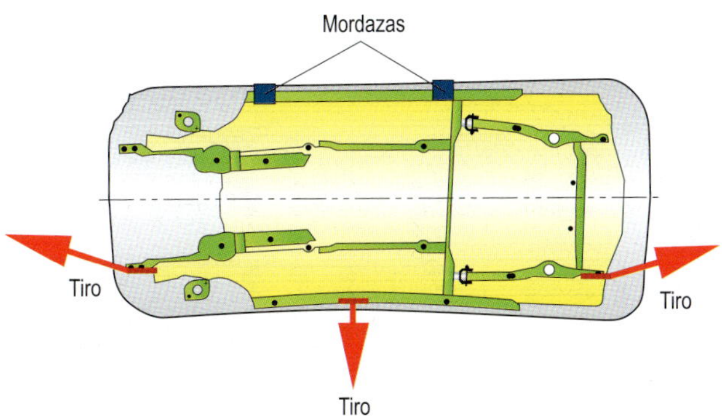

Figura 8.45. Carrocería anclada con dos mordazas y tres tiros a la vez.

En el caso de que la carrocería se pueda anclar correctamente por sus cuatro mordazas y la deformación haya producido una variación en la altura del larguero, es aconsejable instalar un soporte adicional en la zona más cercana a la deformación que esté dentro de cotas para realizar tiros verticales, tanto hacia arriba como hacia abajo, sin el temor de provocar otras deformaciones (Figura 8.46).

Este amarre puede ser en ocasiones un gato adicional, para provocar esfuerzos hacia arriba.

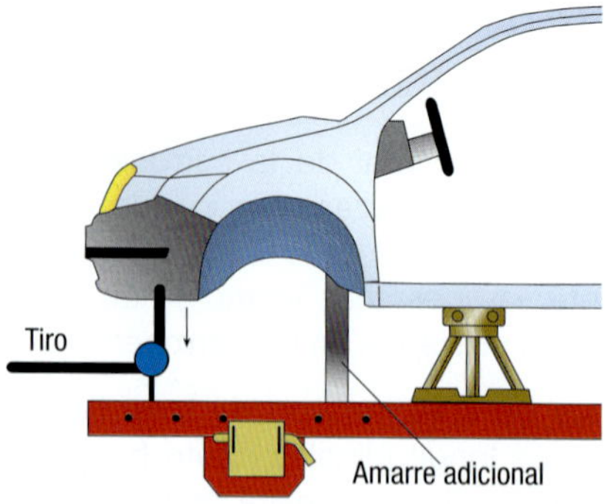

Figura 8.46. Carrocería anclada con soporte adicional para realizar tiro hacia abajo.

PROCESO DE MONTAJE Y CENTRADO DEL SISTEMA DE MEDIDA

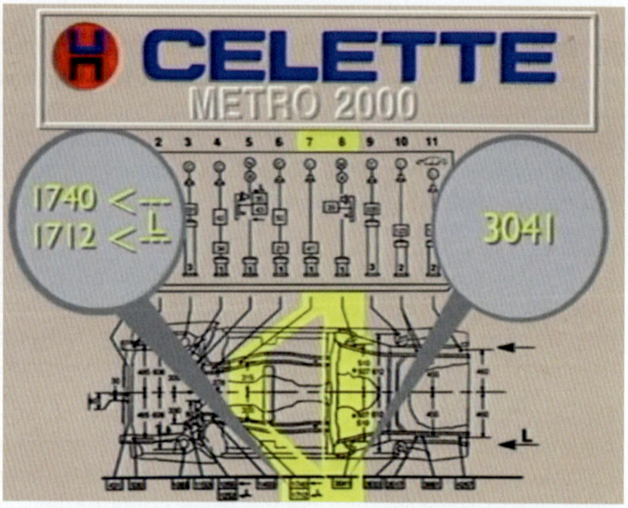

Instalar en la bancada el sistema de medida, salvo que sea un modelo que lo tenga instalado de forma permanente.

Con la ficha delante y observando los bajos del vehículo, elegir distintos puntos simétricos que no hayan sufrido daños en la colisión, para centrar el equipo de medida respecto del vehículo.

Es recomendable un mínimo de tres o cuatro puntos lo más alejados posible unos de otros.

1.

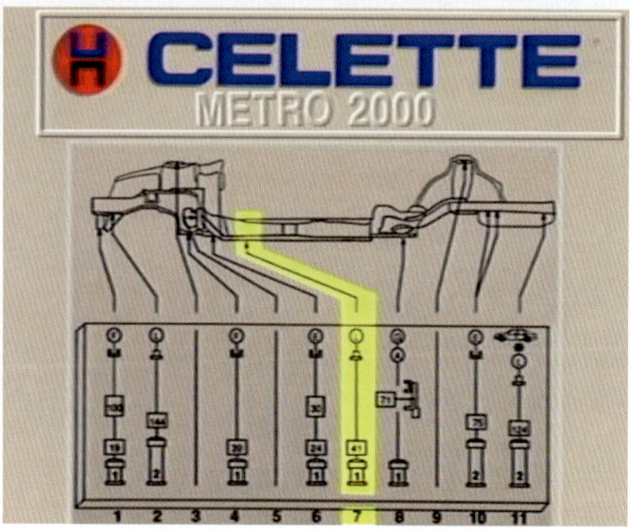

Sobre la ficha, elegir las torres, los distanciales y los terminales necesarios para comprobar los puntos elegidos.

2.

3. Montar las torres en los puntos elegidos y comprobar las medidas de cada punto.

4. Si algunos de los puntos elegidos son tornillos de la suspensión, instalar los adaptadores adecuados.

Es muy importante cerciorarse de que los adaptadores y prolongadores son los indicados en la ficha. De lo contrario, las medidas serían incorrectas.

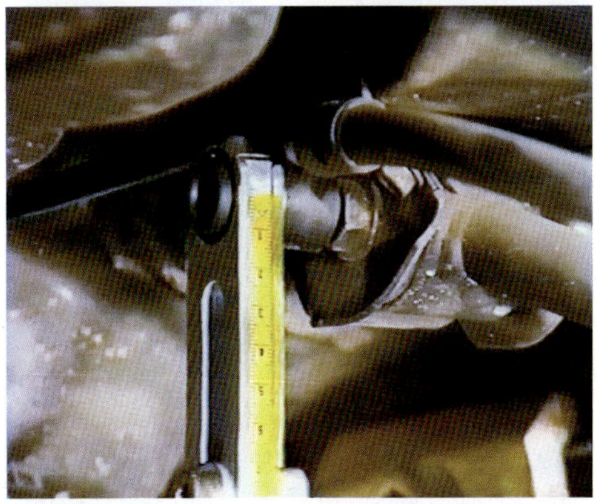

5. Una vez instaladas todas las torres de medida, si se comprueba que no tienen la cota de altura indicada en la ficha, se pueden subir o bajar las mordazas (por tanto, el vehículo) girando la tuerca de bloqueo del brazo, hasta conseguir la medida indicada en la ficha.

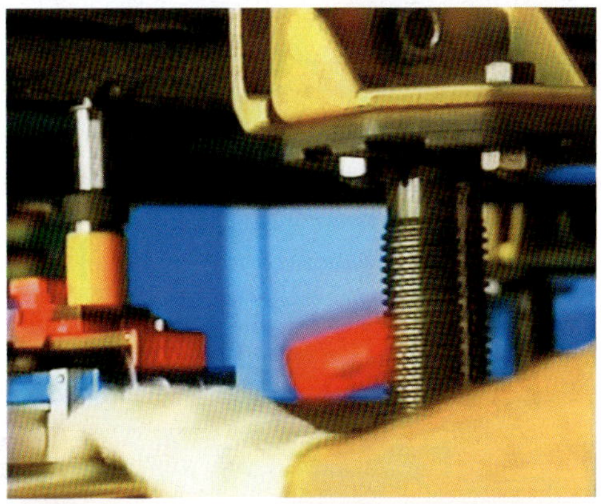

6. Tras comprobar que las cotas son las correctas, inmovilizar los brazos apretando las tuercas de bloqueo.

Las medidas de anchura y longitud deben coincidir con las indicadas en la ficha. En caso contrario, indicaría que ese o esos puntos también han sido afectados por la colisión.

PROCESO DE SELECCIÓN DE LOS PUNTOS A CONTROLAR EN LA ZONA DAÑADA

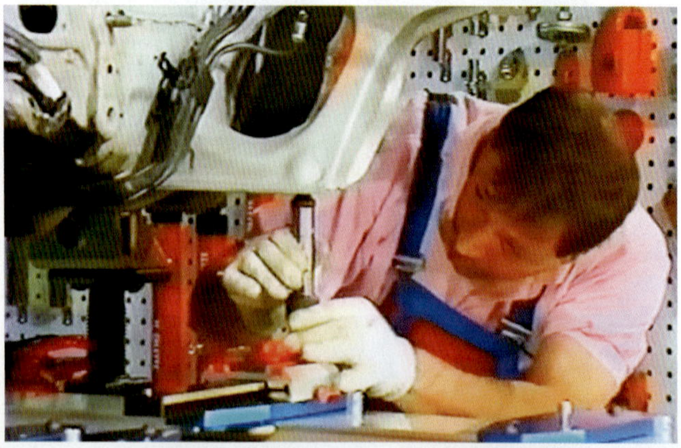

Centrado definitivamente el equipo de medida, seleccionar distintos puntos que a simple vista hayan sido afectados por la colisión.

Es importante revisar de nuevo el vehículo partiendo de la zona que ha sido controlada para el centrado del equipo de medida, observando la existencia de arrugas o pliegues, antes de decidirse por los puntos que hay que controlar. En caso de dudas, comenzar controlando los puntos más cercanos a la zona utilizada para el centrado y avanzar hacia la zona que sí se ve que está afectada por el golpe.

1.

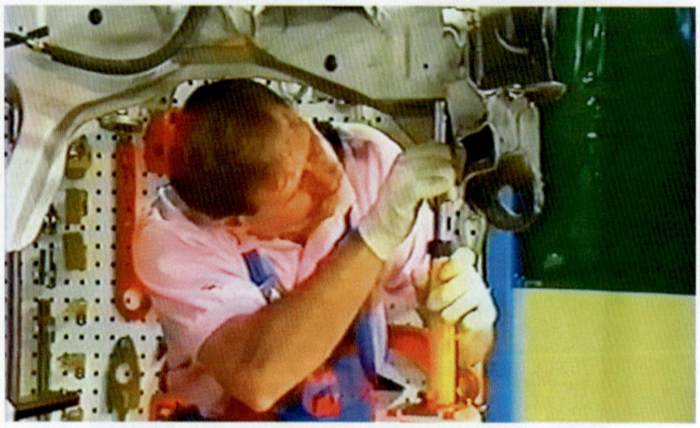

En cada punto seleccionado comprobar las medidas de altura, anchura y longitud y compararlas con las medidas indicadas en la ficha. Las variaciones existentes permitirán cuantificar la deformación y cómo se han de realizar los tiros para restablecer las cotas originales.

2.

PROCESO DE PLANIFICACIÓN DE LOS TIROS DE ENDEREZADO Y COMPROBACIÓN DE LAS COTAS

Realizado el diagnóstico de la deformación, montar la escuadra de tiro en la zona elegida para iniciar la reparación.

1.

2.

Sujetar la escuadra de tiro a la bancada de la forma indicada por el fabricante.

En muchos casos, para bloquear la escuadra se utiliza una cuña, la cual, una vez introducida, hay que golpearla para su bloqueo total. Estos golpes se han de dar con un mazo de cobre para evitar la deformación de la cuña.

El mazo de cobre puede proyectar pequeñas virutas al ser golpeado, por lo que es necesario utilizar gafas y guantes de protección.

3.

Montar las mordazas de tiro en los puntos seleccionados para iniciar la reparación, observando cómo se desarrolla el enderezado de las arrugas y pliegues.

4.

No realizar ningún tiro sin montar antes correctamente el cable de seguridad.

El cable de seguridad se ha de colocar tanto en la cadena que realiza el tiro, como entre el brazo de la escuadra y el cuerpo del enderezador, para impedir que el brazo se desplace excesivamente hacia atrás si se produce un deslizamiento de las mordazas de agarre o una rotura de la cadena.

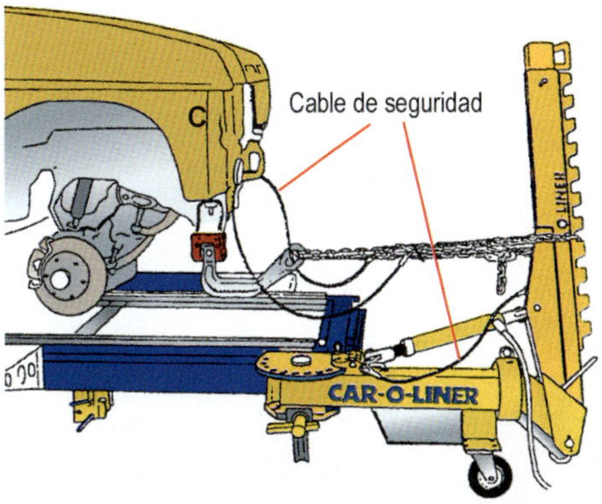

5.

Recordar que una vez realizado el tiro, y antes de quitar la presión en la escuadra, es necesario dar unos golpes en la zona que se está enderezando para eliminar o disminuir las tensiones internas del material.

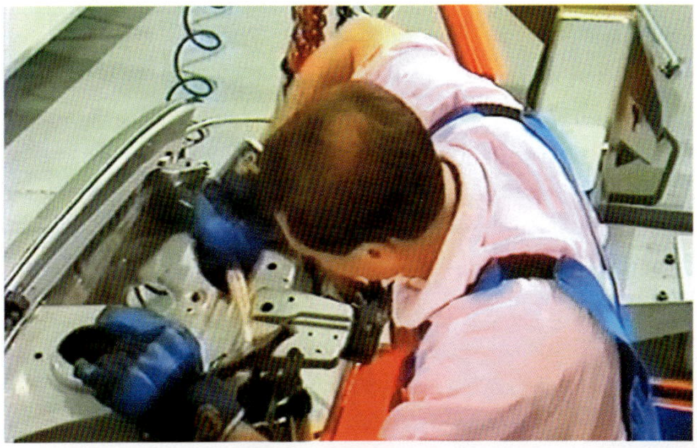

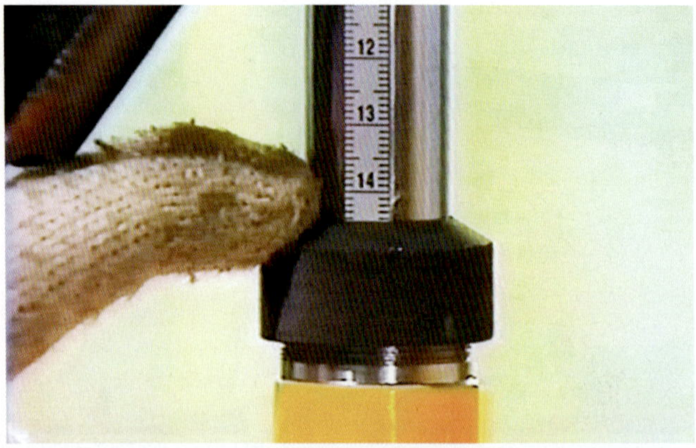

Después de cada tiro, aflojar la tensión de la escuadra y comprobar la evolución de la carrocería en los puntos de control.

Es mejor realizar diversos tiros e ir avanzando poco a poco, para evitar rebasar las medidas indicadas en la ficha.

6.

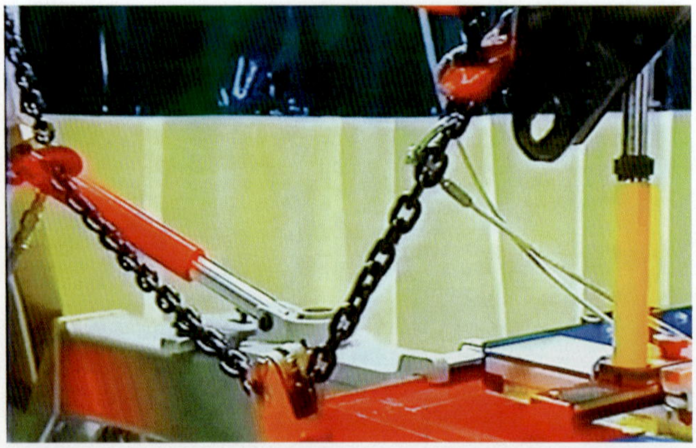

Los tiros, tal y como se indicó, se han de realizar en sentido contrario a la deformación, pero como la carrocería no se deforma por igual, debido a su configuración y refuerzos, a veces es necesario realizar tiros siguiendo direcciones diferentes para que la estructura recupere su forma original. De aquí la importancia de ir comprobando después de cada tiro la evolución de los puntos de control.

7.

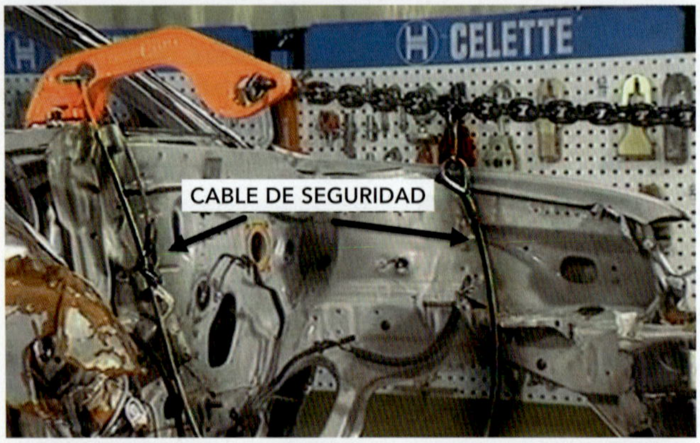

Utilizar siempre los útiles adecuados para cada tiro.

8.

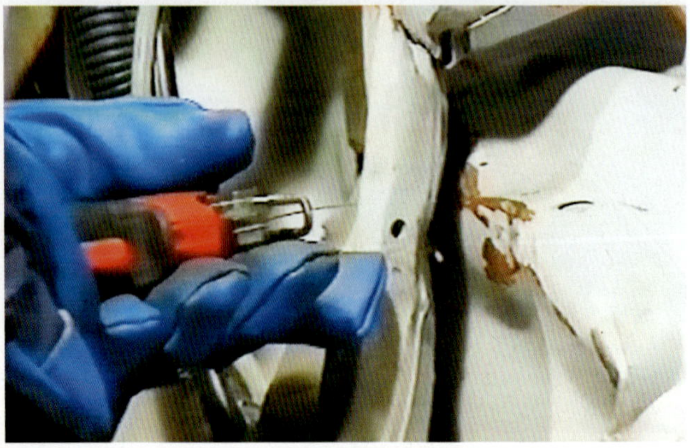

Algunas zonas pueden presentar deformaciones que no son reparables. En estos casos, una vez realizado un primer estiraje para conseguir un enderezado previo, la reparación se realiza sustituyendo las piezas o con un cambio de sección parcial. En ambos casos, los cortes se han de realizar de acuerdo con el manual de reparación del fabricante del vehículo.

No obstante, es necesario comprobar siempre que la zona anterior a la zona afectada está dentro de las cotas establecidas en la ficha.

9.

10. Una vez preparadas las piezas nuevas (en este ejemplo, larguero y pase de rueda derecho) para su anclaje, tal y como establece el manual de reparación, realizar un montaje previo para comprobar su correcta ubicación.

11. Acudir de nuevo a la ficha técnica y comprobar las torres que se tienen que instalar en el equipo de medida para que las nuevas piezas queden ancladas correctamente.

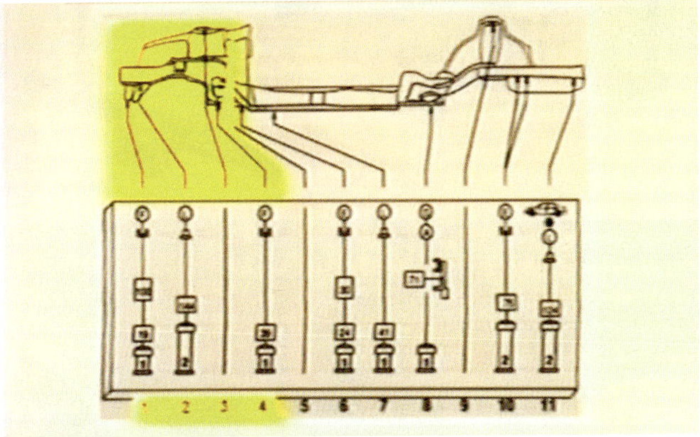

12. Montar de nuevo el larguero e inmovilizarlo con los útiles adecuados (brazo de anclaje, etc.), y comprobar de nuevo las cotas.

Es importante no proceder a la unión definitiva de las piezas cuando solo están sujetas por las torres de medición, ya que en el transcurso de la soldadura pueden producirse desviaciones.

13. Cada fabricante de bancada tiene un juego de accesorios para inmovilizar las piezas en las cotas indicadas en la ficha mientras se realiza su unión.

Estos accesorios pueden combinarse entre sí para adaptarse a las necesidades de cada unión y vehículo.

14.

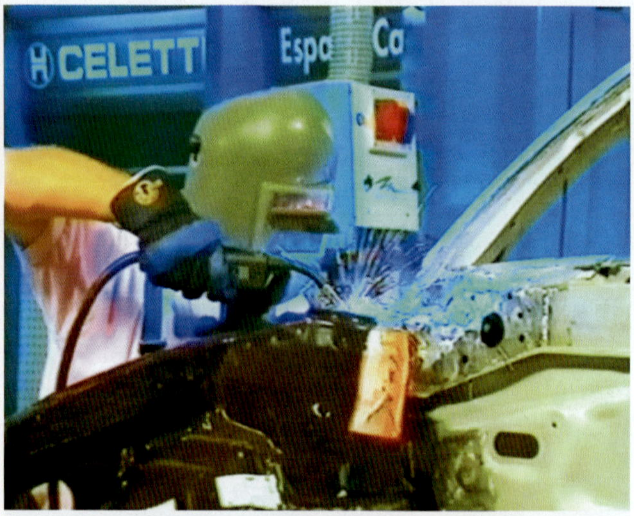

Comprobado definitivamente que las cotas son las correctas y que todo está bien sujeto, proceder a la soldadura utilizando los medios adecuados según el fabricante del vehículo y las protecciones personales y ambientales necesarias.

No olvidar aplicar los tratamientos anticorrosivos necesarios en cada unión.

15.

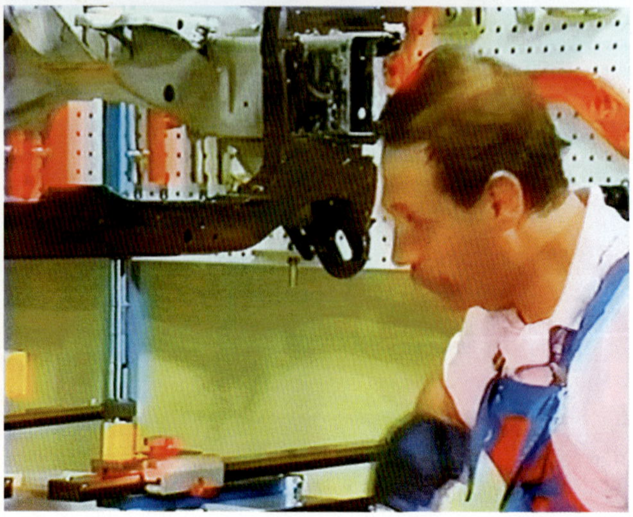

Terminada la unión de las piezas, retirar el brazo de anclaje y comprobar de nuevo todas las cotas.

La comprobación reiterada de las cotas garantiza que el proceso de reparación se está efectuando correctamente y, por tanto, la calidad del trabajo realizado.

Recordar siempre que «para después, puede ser tarde».

Comprobar siempre las tres cotas: altura, anchura y longitud.

16.

17. Para verificar la parte superior del frontal también se puede utilizar el compás de simetría, con el que se pueden comprobar distintos puntos que han de ser equidistantes entre sí.

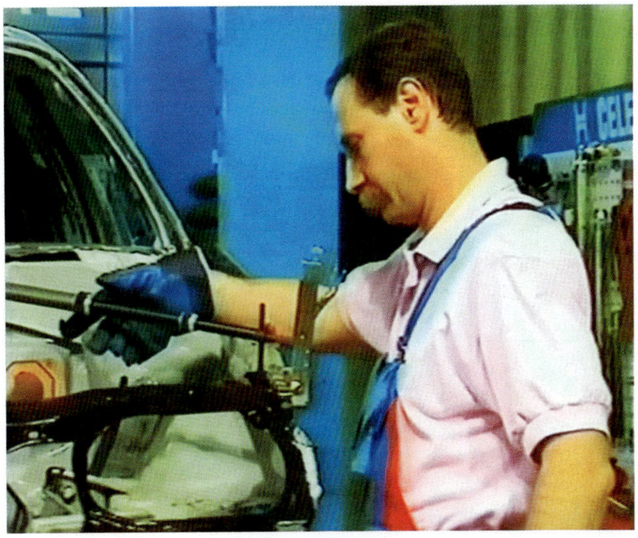

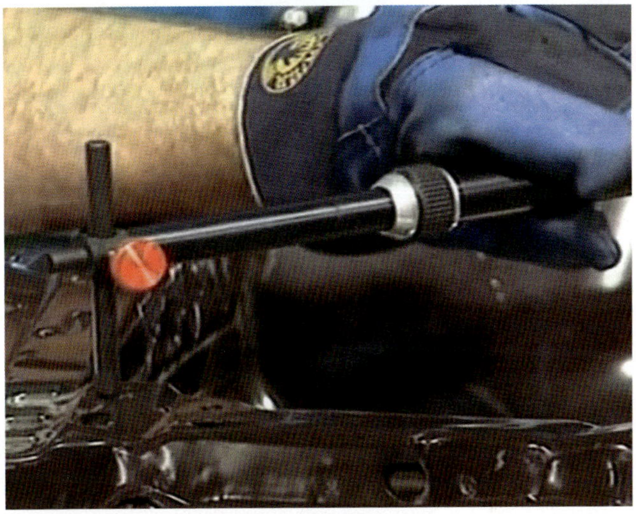

PROCESO DE MONTAJE DE LOS ELEMENTOS DE LA CARROCERÍA QUE PUEDAN SERVIR DE REFERENCIA PARA COMPROBAR VISUALMENTE LA CORRECTA REPARACIÓN DEL VEHÍCULO

1. Montar el capó y las aletas comprobando que la separación entre ambos es la adecuada y que la separación entre aleta y puerta también es la correcta (Figura 8.47).

2. Si todas las verificaciones son positivas, el vehículo está listo para pasar al proceso de preparación para el pintado.

Figura 8.47. Montaje final de los elementos y verificación de la correcta reparación.

3.

PROCESO DE REPARACIÓN DE UN GOLPE FRONTAL EN BANCADA Y SISTEMA DE MEDIDA INFORMATIZADA (Car-O-Tronic Vision)

El proceso parte de que el vehículo está montado en la bancada, sujeto con cuatro mordazas universales y con el sistema de medida centrado.

1. Se inicia el proceso midiendo los puntos afectados por la deformación.

2.

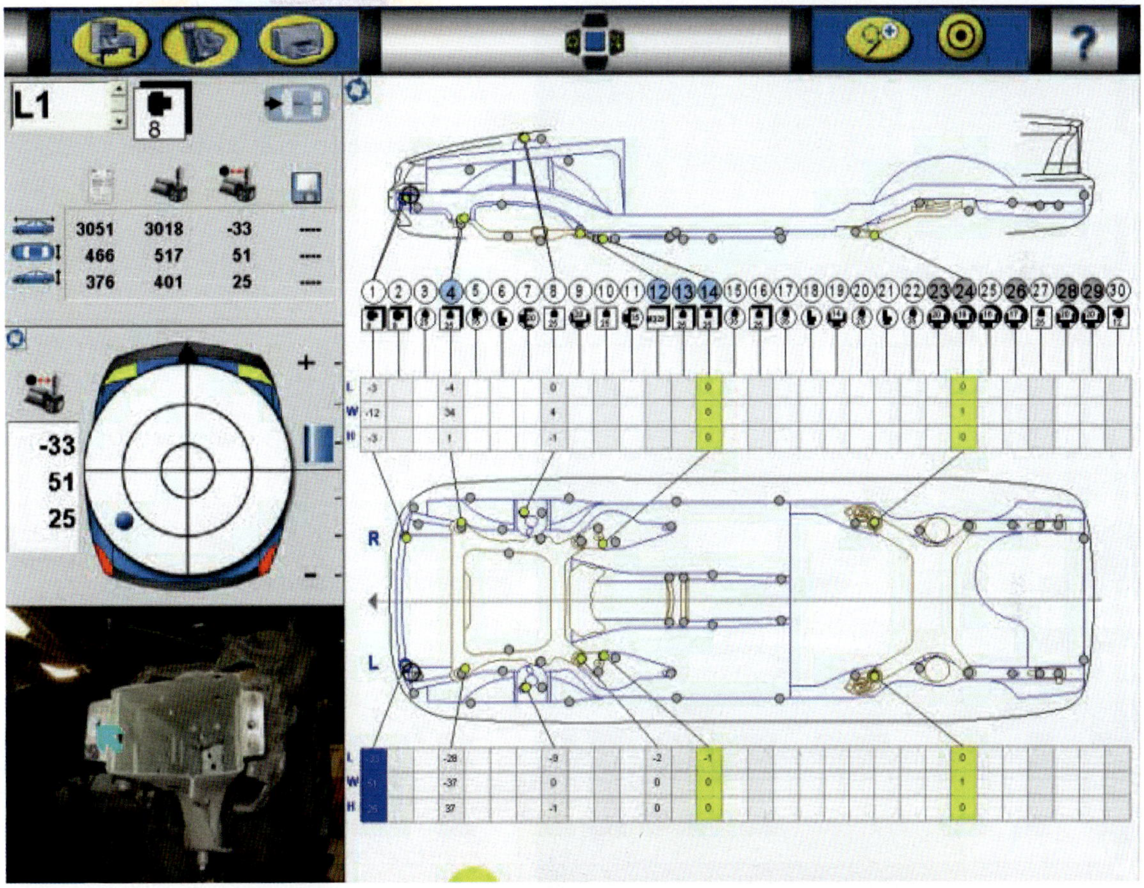

- Se han seleccionado los puntos 14 y 24 para el centrado del equipo de medida.
- Se comprueba que los siguientes puntos indican diferentes deformaciones:
  - 12L tiene una deformación de longitud de –2 mm.
  - 8R tiene una deformación de anchura de 4 mm y –1 mm en altura.
  - 8L tiene una deformación de longitud de –9 mm y –1 mm en altura.
  - 4R tiene una deformación de –4 mm de longitud, 34 mm de anchura y 1 mm en altura.
  - 4L tiene una deformación de –29 mm de longitud, –37 mm de anchura y 37 mm en altura.
  - 1R tiene una deformación de –3 mm de longitud, –12 mm de anchura y –3 mm en altura.
  - 1L tiene una deformación de –33 mm de longitud, 51 mm de anchura y 25 mm en altura.

3.

Se detecta que las deformaciones son muy grandes, de tal forma que parte del larguero izquierdo ha de ser reemplazado.

Antes de quitarlo se ha de llevar a su medida la zona colindante; para ello hay que realizar unos primeros tiros.

Como los esfuerzos que hay que realizar son muy grandes, se opta por sujetar la carrocería en dos nuevos puntos:

- El punto 12 R.
- El punto 23 L.

Consultando en la ficha técnica, los útiles adecuados son:

4.

Nueva sujeción en el punto 12R.

5.

Nueva sujeción en el punto 23L.

6.

- Instalar el adaptador del medidor adecuado y dejarlo conectado en el punto que hay que medir.
- Con el útil adecuado, conectar la escuadra de tiro con el larguero izquierdo.
- Realizar un primer tiro longitudinal hasta llevar la diana al centro. Esto indicará que ese punto está en medida.
- Recordar siempre instalar la cadena de seguridad.

7.	Sin retirar la tensión de tiro, dar varios golpes para eliminar la tensión granular.	
8.	Conectar el útil adecuado con la escuadra de tiro y el larguero para realizar un primer tiro hacia abajo hasta que esté en medida.	
9.	Sin retirar la tensión de tiro, dar varios golpes para eliminar la tensión granular.	
10.	Montar los adaptadores adecuados para verificar el punto de la torreta de suspensión.	

Montar el útil de tiro en la torreta y realizar un tiro para llevarlo a su medida.

Antes de retirar la tensión de tiro realizar unos golpes para quitar la tensión estructural.

11.

Quitar la tensión y volver a comprobar los puntos de la torreta y del larguero.

12.

Montar el adaptador adecuado para medir el larguero derecho.

Montar los útiles de tiro y efectuar un tiro para dejar el punto en su medida.

Antes de quitar la tensión realizar unos golpes para quitar la tensión.

13.

Quitar la tensión y verificar en diversos puntos que el larguero derecho está con las medidas correctas.

14.

15. Montar un nuevo útil de sujeción para que no se pueda desplazar el larguero derecho.

Volver a comprobar que los puntos del larguero derecho tienen las medidas correctas.

16. Una vez realizado el primer estiraje comprobar que las zonas que es posible reparar tienen las medidas correctas.
A continuación, consultar el manual de reparaciones para ver por dónde se puede proceder al corte de la zona deformada del larguero izquierdo.

Cortar esa zona y preparar las piezas nuevas que se deben montar en función del manual de reparación.

17. Basándose en la ficha técnica montar un nuevo útil de sujeción con las medidas indicadas, con el objeto de sujetar la nueva pieza mientras se procede a su unión por soldadura.

18. Colocar la nueva pieza preparando previamente los bordes que se van a unir.

Sujetarla por un lado al útil de sujeción, y por el otro con unas mordazas.

Volver a comprobar las medidas de montaje de la nueva pieza.

19. Puntear las uniones con las máquinas de soldar indicadas en el manual.

20. Volver a comprobar las medidas para cerciorarse de que todo está correcto y proceder a terminar de soldar las uniones.

21. Desmontar todos los útiles de sujeción adicional y comprobar de nuevo que todos los puntos afectados por la deformación tienen las medidas indicadas en la ficha técnica.

22. Montar el resto de los elementos de la carrocería y verificar que las holguras entre ellos son las correctas.

CUESTIONES

8.1. ¿Qué diferencia fundamental hay entre las deformaciones simples y tridimensionales explicadas en esta unidad?

8.2. Explica los conceptos de tensiones y sobretensiones.

8.3. Desarrolla los pasos necesarios para realizar el conformado de la carrocería.

8.4. En un tiro vectorial, ¿cuál es la inclinación máxima que debe haber entre el extremo de la cadena anclado y el punto de tiro?

8.5. Explica por qué dando unos golpes desaparecen las tensiones internas en las zonas que están sometidas a tiro.

8.6. Anota todos los pasos necesarios para planificar correctamente el conformado de la carrocería cuando se ha tenido una fuerte deformación como consecuencia de una colisión.

8.7. Indica cuál es el proceso adecuado para anclar una carrocería al bastidor cuando solo se puede sujetar en un lateral, debido a que el lado opuesto tiene una gran deformación.

8.8. Indica un mínimo de cuatro medidas de seguridad en el proceso de enderezado de la carrocería.

8.9. ¿Qué diferencia fundamental existe entre los vehículos autoportantes y con bastidor a la hora de anclarlos?

8.10. Una vez localizada la ficha del vehículo que hay que reparar y para instalar y centrar el sistema de medida, ¿qué es lo primero que hay que hacer?

8.11. Indica cuál de las tres figuras siguientes está realizando un tiro incorrecto.

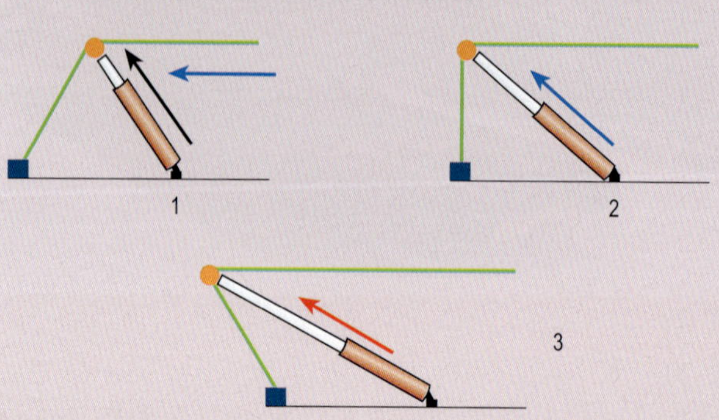

8.12. Indica qué fallo tiene este montaje para realizar un tiro.

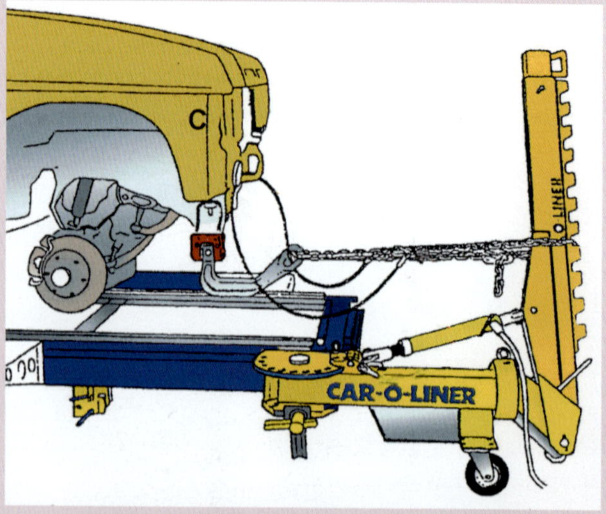

8.13. Sobre la carrocería que se muestra en la siguiente figura se va a realizar un tiro muy fuerte. ¿Tiene la figura algún error?

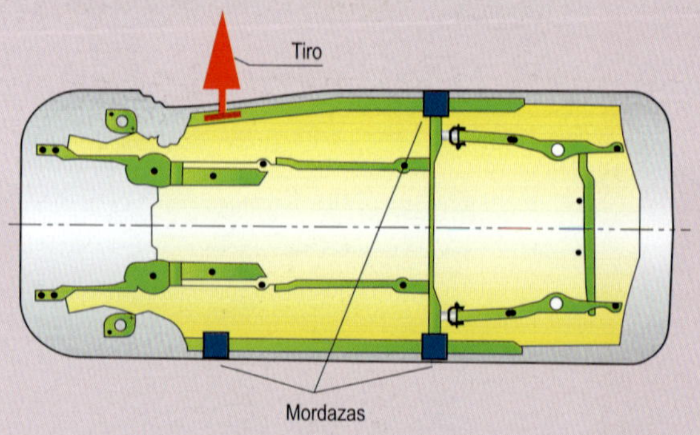

8.14. Sobre el vehículo que se muestra en la siguiente figura, indica cómo se realizaría un tiro frontal recto hacia delante, utilizando un gato y una cadena.

8.15. Señala qué tiro se está realizando en la imagen siguiente e indica cómo se llaman los elementos de donde se está tirando.

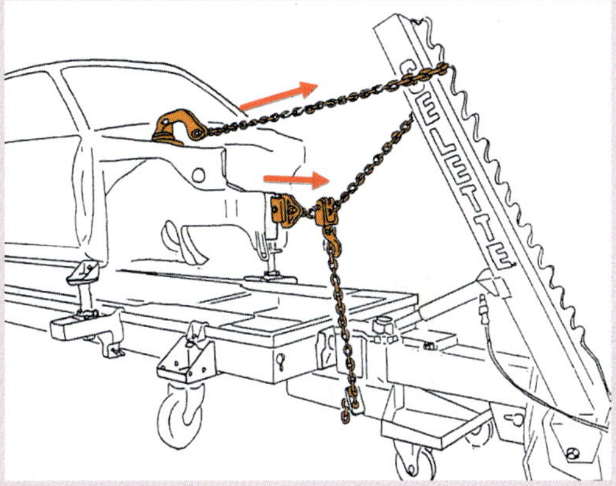

8.16. Sobre el vehículo que se muestra en la siguiente figura, indica cómo se realizaría un tiro frontal hacia delante y hacia abajo, utilizando un gato y una cadena.

8.17. Señala qué tiro se está realizando en la imagen siguiente e indica cómo se llaman los elementos de donde se está tirando.

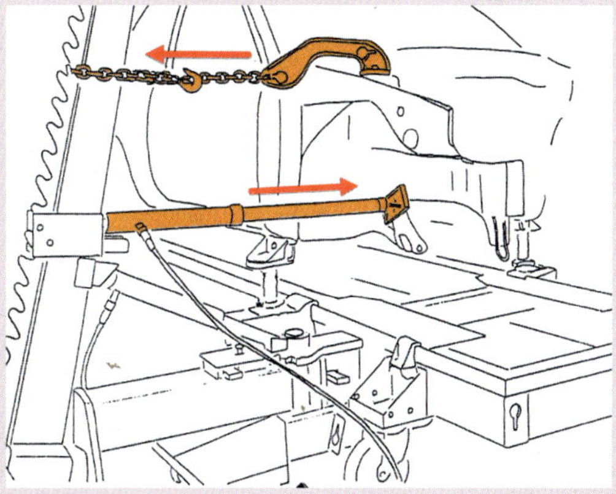

8.18. En la ficha técnica que aparece abajo, ¿qué representan los puntos marcados en amarillo?

8.19. En la ficha técnica de la actividad anterior, ¿qué deformación se indica en el punto 4R? ¿Y en el punto 1R?

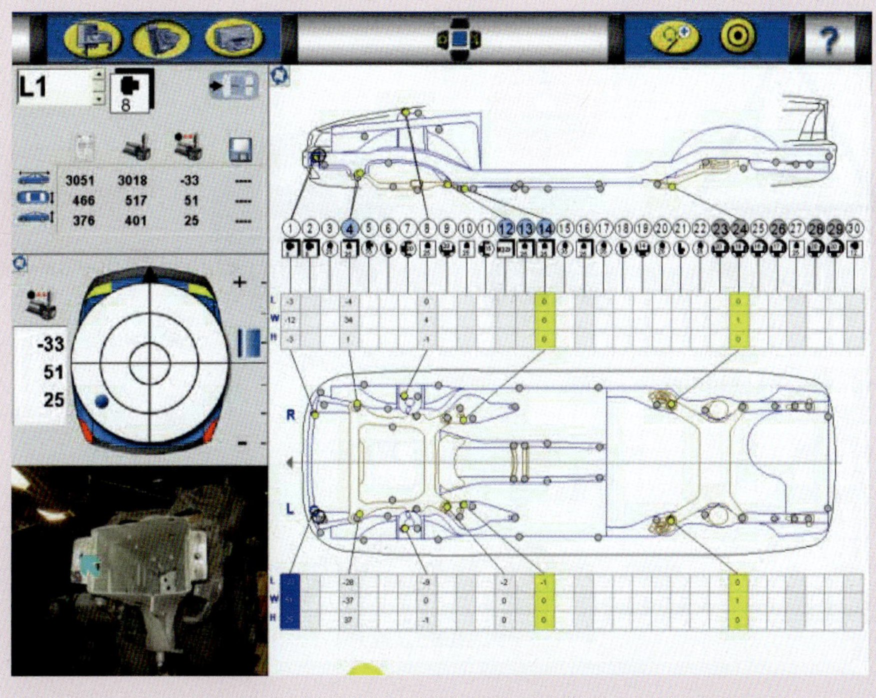

ACTIVIDADES PROPUESTAS

8.1. Dibuja la dirección y el sentido de las fuerzas de tracción necesarias para conformar la deformación del dibujo.

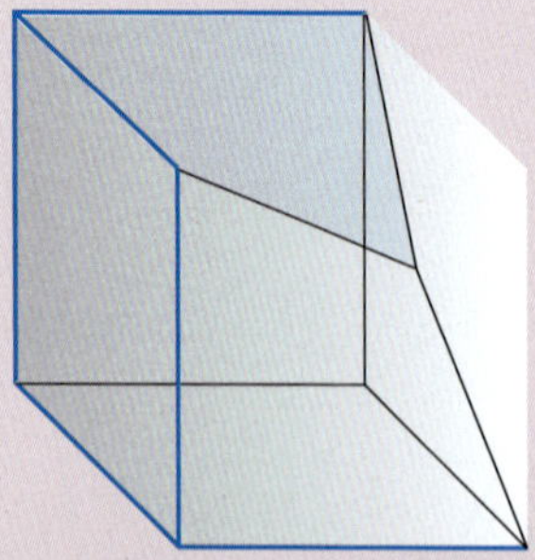

8.2. ¿Cuál es el tiro correcto en los siguientes dibujos?

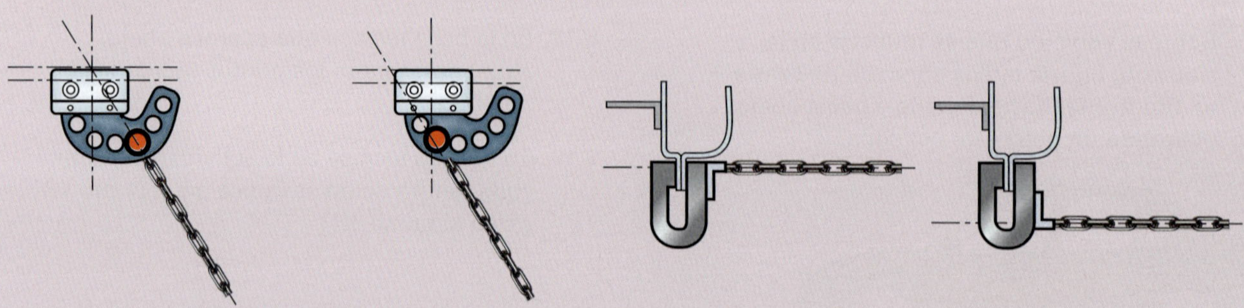

8.3. Un vehículo ha sufrido una colisión frontal contra un árbol cuando circulaba a gran velocidad. Realiza el proceso completo de la reparación, desde su prediagnóstico hasta su total reparación, anotando las partes deformadas, los útiles necesarios, localización de la ficha técnica, los tiros, etcétera.

8.4. Anota qué indican estos símbolos.

8.5. ¿Qué está indicando el siguiente esquema?

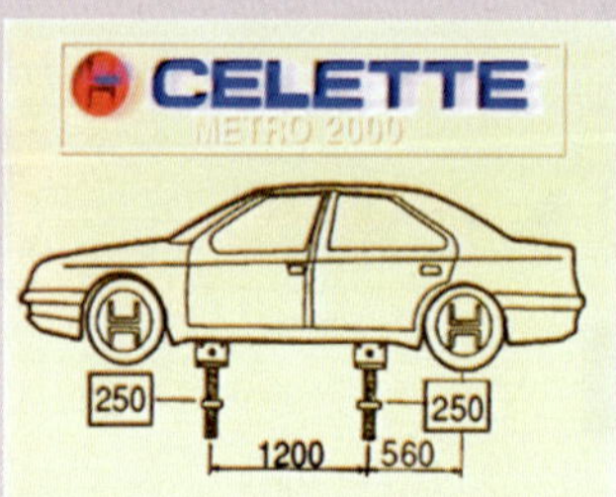